21 世纪全国本科院校电气信息类创新型应用人才培养规划教材

自动控制原理

主　编　谭功全　谭　飞
副主编　陈永会　陈昌忠

内 容 简 介

自动控制原理是系统与控制学科领域的一门基础课程。本书按照课程教学大纲和学科定位,以线性时不变系统为基本研究对象,对线性系统的时间分析理论和频率分析理论做了全面系统的论述。全书共分8章,主要内容包括自动控制的基本概念,控制系统的数学模型及其推算,线性系统的时域分析法、根轨迹分析法和频率响应分析法,线性系统的校正与综合,线性离散系统分析,非线性系统的描述函数分析法和相平面分析法,以及线性系统的时域和频域综合方法等。各章还含有 MATLAB 支持下的计算机辅助分析与设计,以及典型例题和习题。

本书可作为高等院校自动化、电气自动化、机械、化工、生物、冶金和管理等专业的教科书,也可供从事自动控制类的各专业工程技术人员自学参考。

图书在版编目(CIP)数据

自动控制原理/谭功全,谭飞主编. —北京:北京大学出版社,2013.5
(21世纪全国本科院校电气信息类创新型应用人才培养规划教材)
ISBN 978-7-301-22448-9

Ⅰ.①自… Ⅱ.①谭…②谭… Ⅲ.①自动控制理论—高等学校—教材 Ⅳ.①TP13

中国版本图书馆 CIP 数据核字(2013)第 084204 号

书　　　　名:	**自动控制原理**
著作责任者:	谭功全　谭　飞　主　编
策划编辑:	郑　双　程志强
责任编辑:	魏红梅
标准书号:	ISBN 978-7-301-22448-9/TP · 1282
出版发行:	北京大学出版社
地　　　　址:	北京市海淀区成府路 205 号　100871
网　　　　址:	http://www.pup.cn　新浪官方微博:@北京大学出版社
电子信箱:	pup_6@163.com
电　　　　话:	邮购部 62752015　发行部 62750672　编辑部 62750667　出版部 62754962
印　　刷　　者:	北京京华虎彩印刷有限公司
经　　销　　者:	新华书店
	787mm×1092mm　16 开本　23.25 印张　535 千字
	2013 年 5 月第 1 版　2016 年 2 月第 2 次印刷
定　　　　价:	44.00 元

未经许可,不得以任何方式复制或抄袭本书之部分或全部内容。
版权所有,侵权必究
举报电话:010-62752024　电子信箱:fd@pup.pku.edu.cn

前　言

自动控制原理是控制科学与工程一级学科的重要理论基础，是高等学校自动化、机械、电子、航空航天等专业的一门核心基础理论课程，也是控制学科全国硕士研究生入学考试专业基础课的必考科目。自动控制技术已广泛应用于机械制造、农业、化工、交通、航空航天、生物和制药等众多产业部门，极大地提高了社会劳动效率，改善了人们的劳动条件，提高了人民的生活水平。

在控制技术需求的推动下，控制理论本身也取得了显著进步。从线性系统到非线性系统，从连续事件系统到离散事件系统，从集中参数系统到分布参数系统等的研究有了新的突破。自适应、自校正、自修复、自组织系统的研究和应用也有了新的发展。自动控制原理课程中的很多概念、方法、原理和结论，对于研究系统与控制理论的许多学科分支起到不可或缺的基础性作用。

本书按照教学大纲的要求编写，突出基础性、先进性和易读性，以强调概念的物理意义和工程应用为背景，全面阐述自动控制的基本理论、基本概念、基本方法和结论，并配有大量的例题和习题。本书以分析为主、综合为辅，并引入 MATLAB 辅助分析与设计。在介绍过程中力求避免高深的数学论证，着重于解释清楚结论的正确内涵和直观意义，培养正确和灵活运用理论解决实际问题的能力与技巧。书中的材料都是按照控制理论的逐步发展过程来组织编写的。读者应具备有关微分方程、电路分析、积分变换、复变函数和普通物理等课程的一些基础知识。

本书由谭功全负责组织编写，具体分工为：谭飞编写第 1 章和第 3 章，陈再秀编写第 2 章，方宁编写第 4 章，陈永会编写第 5 章，谭功全编写第 6 章，陈昌忠编写第 7 章，任小洪和谭功全编写第 8 章。全书由谭功全和谭飞负责统稿和定稿。

由于编者水平有限，书中难免存在不妥和疏漏之处，恳请广大读者不吝批评指正。

编　者
2013 年 2 月

目 录

第1章 绪论 ·········· 1
- 1.1 自动控制的历史 ·········· 3
- 1.2 控制系统的基本概念 ·········· 5
  - 1.2.1 自动控制问题的提出 ·········· 5
  - 1.2.2 开环控制系统 ·········· 7
  - 1.2.3 闭环控制系统 ·········· 8
  - 1.2.4 开环控制系统与闭环控制系统的比较 ·········· 9
  - 1.2.5 控制系统示例 ·········· 10
- 1.3 控制系统的分类 ·········· 13
  - 1.3.1 按自动控制系统是否形成闭合回路分类 ·········· 13
  - 1.3.2 按信号的结构特点分类 ·········· 14
  - 1.3.3 按给定值信号的特点分类 ·········· 15
  - 1.3.4 按控制系统元件的特性分类 ·········· 15
  - 1.3.5 按控制系统信号的形式分类 ·········· 17
  - 1.3.6 其他的分类方法 ·········· 17
- 1.4 控制系统的响应模态与基本要求 ·········· 18
- 本章小结 ·········· 19
- 习题1 ·········· 20

第2章 控制系统的数学模型 ·········· 21
- 2.1 系统建模与动态方程 ·········· 23
  - 2.1.1 电气和电子系统 ·········· 23
  - 2.1.2 机械系统 ·········· 25
  - 2.1.3 热量系统 ·········· 27
  - 2.1.4 非线性系统微分方程的线性化 ·········· 28
- 2.2 线性定常系统的传递函数 ·········· 30
  - 2.2.1 传递函数的定义 ·········· 30
  - 2.2.2 传递函数的性质 ·········· 32
  - 2.2.3 典型环节的传递函数 ·········· 32
  - 2.2.4 系统传递函数 ·········· 35
- 2.3 控制系统的结构图与化简 ·········· 35
  - 2.3.1 结构图的组成 ·········· 36
  - 2.3.2 结构图的建立 ·········· 36
  - 2.3.3 结构图的等效变换 ·········· 37
  - 2.3.4 自动控制系统的传递函数 ·········· 44
- 2.4 信号流图和梅森增益公式 ·········· 46
  - 2.4.1 信号流图 ·········· 46
  - 2.4.2 梅逊公式 ·········· 47
- 本章小结 ·········· 49
- 习题2 ·········· 50

第3章 线性系统的时域分析法 ·········· 54
- 3.1 概述 ·········· 56
  - 3.1.1 时域法的作用和特点 ·········· 56
  - 3.1.2 时域法常用的典型输入信号 ·········· 56
  - 3.1.3 系统的时域性能指标 ·········· 56
- 3.2 一阶系统的时域分析 ·········· 58
  - 3.2.1 一阶系统传递函数标准形式及单位阶跃响应 ·········· 58
  - 3.2.2 一阶系统动态性能指标计算 ·········· 59
  - 3.2.3 典型输入下一阶系统的响应 ·········· 60
- 3.3 二阶系统的时域分析 ·········· 62
  - 3.3.1 二阶系统传递函数标准形式及分类 ·········· 62
  - 3.3.2 过阻尼二阶系统动态性能指标计算 ·········· 63
  - 3.3.3 欠阻尼二阶系统动态性能指标计算 ·········· 66
  - 3.3.4 改善二阶系统动态性能的措施 ·········· 78
- 3.4 高阶系统的时域分析 ·········· 81
  - 3.4.1 高阶系统单位阶跃响应 ·········· 81
  - 3.4.2 闭环主导极点 ·········· 82
  - 3.4.3 估算高阶系统动态性能指标的零点极点法 ·········· 82
- 3.5 线性系统的稳定性分析 ·········· 84

- 3.5.1 稳定性的概念 ……………… 84
- 3.5.2 稳定的充要条件 …………… 84
- 3.5.3 稳定判据 …………………… 85
- 3.6 线性系统的稳态误差分析 ………… 89
  - 3.6.1 误差与稳态误差 …………… 90
  - 3.6.2 计算稳态误差的一般方法… 90
  - 3.6.3 静态误差系数法 …………… 92
  - 3.6.4 干扰作用引起的稳态误差分析 …………………………… 95
  - 3.6.5 动态误差系数法 …………… 97
  - 3.6.6 减小稳态误差的方法 ……… 100
- 本章小结 …………………………… 101
- 习题 3 ………………………………… 102

第 4 章 根轨迹 ……………………… 107

- 4.1 根轨迹基本概念 …………………… 109
  - 4.1.1 根轨迹 ……………………… 109
  - 4.1.2 根轨迹方程 ………………… 110
- 4.2 绘制根轨迹 ………………………… 111
  - 4.2.1 绘制根轨迹的基本法则 … 111
  - 4.2.2 根轨迹绘制举例 …………… 117
  - 4.2.3 正反馈系统的根轨迹 ……… 118
  - 4.2.4 参数根轨迹 ………………… 120
- 4.3 基于根轨迹的系统性能分析 ……… 122
- 4.4 开环零、极点分布对系统性能的影响 ……………………………… 125
- 本章小结 …………………………… 129
- 习题 4 ………………………………… 129

第 5 章 线性系统的频率响应分析法 … 134

- 5.1 频率响应特性 ……………………… 135
  - 5.1.1 正弦稳态响应和频率响应 … 136
  - 5.1.2 传递函数和正弦传递函数 … 138
  - 5.1.3 频率响应特性的图形表示 … 139
- 5.2 伯德图 ……………………………… 141
  - 5.2.1 基本环节的伯德图 ………… 141
  - 5.2.2 开环频率特性的伯德图 …… 149
  - 5.2.3 最小相位系统和非最小相位系统 ………………………… 155
- 5.3 奈奎斯特图 ………………………… 158
  - 5.3.1 典型系统的奈奎斯特图 …… 158
  - 5.3.2 开环奈奎斯特图的一般绘制方法 ………………………… 162
- 5.4 奈奎斯特稳定性 …………………… 166
  - 5.4.1 幅角原理和奈奎斯特判据 ……………………………… 166
  - 5.4.2 奈奎斯特判据的应用 ……… 170
  - 5.4.3 相对稳定性 ………………… 177
- 5.5 频率响应特性与系统性能 ………… 183
  - 5.5.1 频率响应特性与系统的稳态性能 ………………………… 183
  - 5.5.2 频率响应特性与系统的动态性能 ………………………… 185
  - 5.5.3 频率响应特性与系统的鲁棒性 …………………………… 191
- 5.6 期望开环和闭环频率特性 ………… 196
  - 5.6.1 期望开环频率特性 ………… 196
  - 5.6.2 期望闭环频率特性 ………… 199
- 本章小结 …………………………… 200
- 习题 5 ………………………………… 201

第 6 章 线性系统的校正与综合 …… 205

- 6.1 系统综合的基本概念 ……………… 206
  - 6.1.1 系统的校正方式 …………… 207
  - 6.1.2 系统的性能指标 …………… 209
  - 6.1.3 典型校正环节 ……………… 211
  - 6.1.4 典型校正方法 ……………… 218
- 6.2 滞后校正 …………………………… 219
  - 6.2.1 基于根轨迹法的滞后校正技术 ………………………… 219
  - 6.2.2 基于伯德图的滞后校正技术 ………………………… 222
  - 6.2.3 基于参数搜索的滞后校正技术 ………………………… 224
- 6.3 超前校正 …………………………… 226
  - 6.3.1 基于根轨迹的超前校正技术 ………………………… 226
  - 6.3.2 基于伯德图的超前校正技术 ………………………… 228
  - 6.3.3 基于参数搜索的超前校正技术 ………………………… 230
- 6.4 滞后超前校正 ……………………… 232
  - 6.4.1 基于根轨迹法的滞后超前校正技术 …………………… 232

        6.4.2 基于伯德图的滞后超前
              校正技术 ………… 235
        6.4.3 基于参数搜索的滞后超前
              校正技术 ………… 237
   6.5 二自由度控制系统 …………… 240
        6.5.1 二自由度控制结构 …… 240
        6.5.2 二自由度系统跟踪特性的
              零点配置法 …………… 243
   6.6 内模控制系统 ………………… 246
        6.6.1 内模控制与内部稳定性 … 246
        6.6.2 内模控制器设计方法 …… 249
   本章小结 …………………………… 254
   习题 6 ……………………………… 254

第 7 章 线性离散系统 …………… 258

   7.1 离散系统概述 ………………… 260
   7.2 信号的采样与复现 …………… 261
        7.2.1 采样函数 ……………… 261
        7.2.2 采样定理——采样频率的
              选择 ……………………… 262
        7.2.3 保持器——采样信号的
              复现 ……………………… 262
   7.3 z 变换理论 …………………… 264
        7.3.1 z 变换的定义 ………… 264
        7.3.2 z 变换求法 …………… 265
        7.3.3 z 变换的基本定理 …… 268
        7.3.4 z 反变换 ……………… 272
        7.3.5 用 z 变换法解差分方程 … 275
   7.4 线性离散系统的数学模型 …… 276
        7.4.1 差分方程 ……………… 276
        7.4.2 脉冲传递函数 ………… 277
   7.5 离散系统的稳定性分析 ……… 286
        7.5.1 离散系统的零点、极点
              概念 ……………………… 286
        7.5.2 Z 平面与 S 平面的映射
              关系 ……………………… 287
        7.5.3 离散系统稳定的充要条件 … 289
        7.5.4 劳斯判据在 z 域中的应用 … 290
        7.5.5 朱利判据 ……………… 293
   7.6 离散系统的稳态性能分析 …… 295
        7.6.1 离散系统的稳态误差 … 295

        7.6.2 离散系统稳态性能分析
              举例 ……………………… 298
   7.7 离散系统的动态性能分析 …… 300
        7.7.1 由动态响应曲线直接求得
              动态指标 ………………… 300
        7.7.2 闭环极点位置与系统过渡
              过程的关系 ……………… 302
        7.7.3 离散系统的性能分析示例 … 304
   7.8 应用 MATLAB 进行离散系统
       分析 …………………………… 306
   本章小结 …………………………… 310
   习题 7 ……………………………… 310

第 8 章 非线性控制系统分析 …… 313

   8.1 非线性系统概述 ……………… 314
        8.1.1 非线性现象 …………… 315
        8.1.2 典型非线性特性 ……… 316
        8.1.3 非线性系统的分析方法 … 320
   8.2 描述函数法 …………………… 322
        8.2.1 谐波线性化与描述函数 … 322
        8.2.2 典型非线性特性的描述
              函数 ……………………… 324
        8.2.3 组合非线性特性 ……… 329
        8.2.4 基于描述函数的非线性
              系统分析 ………………… 331
   8.3 相平面法 ……………………… 338
        8.3.1 相轨迹的基本概念 …… 338
        8.3.2 线性二阶系统的相轨迹
              与特性 …………………… 339
        8.3.3 相轨迹绘制方法及其一般
              特性 ……………………… 344
        8.3.4 极限环 ………………… 346
        8.3.5 非线性系统的相平面
              分析 ……………………… 348
   本章小结 …………………………… 351
   习题 8 ……………………………… 351

**附表 1 常用函数的拉氏变换及 z 变换
       对照表** …………………………… 355

**附表 2 常见典型的非线性特性及描述
       函数** ……………………………… 356

参考文献 ……………………………… 358

第1章 绪 论

在科学技术飞速发展的今天，自动控制技术及理论已经广泛应用于石油、化工、机械、冶金、电子、电力、航空、航海、航天、核反应堆、国防等各个学科领域，高效率地创造社会财富，服务于国家建设，是促进社会发展，丰富人民生活不可缺少的技术手段。

教学目标

- 了解自动控制原理的发展历史；
- 精通自动控制系统的基本结构；
- 掌握自动控制原理经典部分的研究内容；
- 掌握控制系统各环节的定义和系统的性能要求；
- 理解自动控制系统各个要求间的矛盾性。

教学要求

知识要点	能力要求	相关知识
发展历史	(1) 了解控制理论知识体系的发展； (2) 了解做出控制理论卓越成就的人物及事件	
经典与现代控制理论	(1) 了解控制历史的发展和控制理论的分类； (2) 理解经典控制理论的研究方法、对象和内容	经典控制、现代控制
系统结构及分类	(1) 了解控制系统的分类方法； (2) 理解各分类方法的分类结果； (3) 掌握按结构和输入分类的各系统特性及要求	控制系统分类方法
系统的评价	(1) 了解控制系统的评判方法与方式； (2) 理解控制系统的动态与静态特点； (3) 掌握动态系统的评判要求(稳、快、准)及关系	

推荐阅读资料

1. 维纳. 控制论. 郝季仁，译. 北京：科学出版社，1961.
2. 项国波. 控制理论的发展. 电气时代，2005，11.

3. 陈复扬. 自动控制原理. 北京：国防工业出版社，2010.
4. 王庆林. 自动控制理论的早期发展历史. 自动化博览，1996，5：22—25.

 基本概念

自动控制：在没有人直接参与的情况下，通过控制装置使被控对象或过程按照预定的规律运行。

自动控制系统：由控制装置和被控对象组成，能够实现自动控制任务的系统。

被控变量：在控制系统中，保证系统被控对象按规定的任务正常运行需要加以控制的物理量。

控制量：控制器的输出，作为被控制量的控制指令而加给系统对象的输入量，也称控制输入。

扰动量：干扰或破坏系统按预定规律运行的输入量，也称扰动输入或干扰输入。

反馈：通过测量变换装置将系统或元件的输出量反送到输入端，与输入信号相比较并作为控制决策的依据。反送到输入端的信号称为反馈信号。

负反馈：单回路中各环节正负符号之积为负，通常表现为反馈信号与输入信号相减，其差为偏差信号。

负反馈控制原理：检测偏差用以消除偏差。分析负反馈系统中利用偏差信号产生相应的控制作用，力图消除或减少偏差的相关理论。

开环控制系统：表现为系统的输入和被控制量之间不存在反馈回路。开环控制又分为无扰补偿和输入补偿两种。

闭环控制系统：系统输出端与输入端存在反馈回路，即输出量对控制量有直接影响的系统。自动控制原理课程中所讨论的主要是闭环负反馈控制系统。

复合控制系统：一种将开环控制和闭环控制结合在一起的控制系统。它在闭环控制的基础上，用开环方式增加一个控制输入信号或扰动输入信号的顺馈通道，目的是提高系统的精度。

稳定性：系统正常工作的必要条件。稳定性是衡量系统相对于不稳定的"距离"描述。

准确性：在系统过渡过程结束后，描述系统输出与期望值间差，系统的这个差越小准确性越高。

快速性：对控制系统响应速度快慢的描述，系统过渡过程消失越快，达到稳定所需时间越短，快速性越好。系统的稳定性足够好、频带足够宽，才可能实现快速性的要求。

 引例：马尔萨斯人口论

马尔萨斯主义产生于18世纪，是以英国经济学家马尔萨斯为代表的资产阶级学派。马尔萨斯在其代表作《人口原则》和《政治经济学原理》中提出了"马尔萨斯人口论"，他指出：人类必须控制人口的增长；否则，贫穷是人类不可改变的命运。他还提出：第一，食物为人类生存所必需；第二，人口繁衍是必然的，几乎保持现状；在这两者中，人口增殖力比土地生产人类生活资料力更为巨大。在无所妨碍时，人口以几何级数增加率增加，即以1、2、4、8、16、32、64、128、256、512的增加率增加；生活资料将以1、2、3、4、5、6、7、8、9、10的算术级数增加率增加。当人口增加超过了生活资料的增加，自然就会以贫困和罪恶来限制人口的增加。18世纪前，世界人口不到十亿，中国只有几千万，但到1999年10月12日，全世界的人口总数突破60亿，世界人民的生活比18世纪好得多，为什么？满足人民不断增长的物质财富高效率地创造归因于什么手段呢？

自动控制理论是研究关于自动控制系统组成、分析和设计的一般性理论，是研究自动控制共同规律的技术科学。学习和研究自动控制理论是为了探索自动控制系统中变量的运动规律和改变这种运动规律的可能性和途径，为建立高性能的自动控制系统提供必要的理论根据。作为现代的工程技术人员和科学工作者，必须具备一定的自动控制理论基础知识。

近年来，控制学科的应用范围不断扩大，已经扩展到高级楼宇、交通管理、生物医学、生态环境、经济管理、社会科学和其他许多社会生活领域，并为各学科之间的相互渗透起到了促进作用。自动控制技术的不断应用使生产过程实现了自动化，提高了劳动生产率和产品质量，并且创造了大量的社会财富，满足了人们日益增长的物质需求，极大提高了社会生产力水平，还降低了生产成本，提高了经济效益，改善了劳动条件，从而使人们从繁重的体力劳动和单调重复的脑力劳动中解放出来，提高了人类的生活品质。自动控制技术在人类征服大自然、探索新能源、发展空间技术和创造人类社会文明等方面都具有十分重要的意义。

自动控制原理是自动控制技术的理论基础，是一门理论性较强的工程科学。根据自动控制技术发展的不同阶段，自动控制理论一般可分为经典控制理论和现代控制理论两大部分。

经典控制理论主要以描述线性定常系统的传递函数为基础，研究单输入、单输出一类自动控制系统的分析和设计问题，由于发展较早，现已成熟。在工程上，它相当成功地解决了大量实际问题，因此是研究自动控制系统的重要理论基础。

现代控制理论主要以状态空间法为基础，研究多输入、多输出一类自动控制系统的分析和设计问题。随着现代科学技术的发展，已出现最优控制、最佳滤波、模糊控制、系统辨识、自适应控制等一些新的控制方式。因此它也是研究庞大的系统工程和模仿人类智能等方面的控制必不可少的理论基础。

本书内容以经典控制理论的分析为主，同时由于 MATLAB 软件的诞生，使控制系统的分析与设计由相当烦琐变得简单。MATLAB 为控制系统的设计与仿真提供了一个强有力的工具。

1.1 自动控制的历史

自动控制理论是在人类征服自然的生产实践活动中孕育、产生并随着社会生产和科学技术的进步而不断发展、完善起来的。

早在古代，劳动人民就凭借生产实践中积累的丰富经验和对反馈概念的直观认识，发明了许多闪烁控制理论智慧火花的杰作。例如，我国北宋时代（公元 1086—1089 年）苏颂和韩公廉利用天衡装置制造的水运仪象台，就是一个按负反馈原理构成的闭环非线性自动控制系统；1681 年 Dennis Papin 发明了用做安全调节装置的锅炉压力调节器；1765 年俄国人普尔佐诺夫（I. Polzunov）发明了蒸汽锅炉水位调节器等。

1788 年，英国人瓦特（James Watt）在他人发明的蒸汽机上使用了离心调速器，解决了蒸汽机的速度控制问题，引起了人们对控制技术的重视。以后人们曾经试图改善调速器的准确性，却常常导致系统产生振荡。

实践中出现的问题，促使科学家们从理论上进行探索研究。1868 年，英国物理学家麦克斯韦（J. C. Maxwell）通过对调速系统线性常微分方程的建立和分析，解释了瓦特速度控制系统中出现的不稳定问题，开辟了用数学方法研究控制系统的途径。此后，英国数学家劳斯(E. J. Routh)和德国数学家古尔维茨(A. Hurwitz)分别在 1877 年和 1895 年独立地建立了直接根据代数方程的系数判别系统稳定性的准则。这些方法奠定了经典控制理论中时域分析法的基础。

1932 年，美国物理学家奈奎斯特(H. Nyquist)研究了长距离电话线信号传输中出现的失真问题，运用复变函数理论建立了以频率特性为基础的稳定性判据，奠定了频率响应法的基础。随后，伯德(H. W. Bode)和尼柯尔斯(N. B. Nichols)在 20 世纪 30 年代末和 40 年代初进一步将频率响应法加以发展，形成了经典控制理论的频域分析法。为工程技术人员提供了一个设计反馈控制系统的有效工具。

第二次世界大战期间，反馈控制方法被广泛应用于设计研制飞机自动驾驶仪、火炮定位系统、雷达天线控制系统及其他军用系统。这些系统的复杂性和对快速跟踪、精确控制的高性能追求，迫切要求拓展已有的控制技术，促使许多新的见解和方法的产生。同时，还促进了对非线性系统、采样系统及随机控制系统的研究。

1948 年，美国科学家伊万斯(W. R. Evans)创立了根轨迹分析方法，为分析系统性能随系统参数变化的规律性提供了有力工具，被广泛应用于反馈控制系统的分析和设计中。

1948 年以美国学者维纳(N. Wiener)的《控制论》为标志，控制理论体系正式形成。

以传递函数作为描述系统的数学模型，以时域分析法、根轨迹法和频域分析法为主要分析设计工具，这样就构成了经典控制理论的基本框架。到 20 世纪 50 年代，经典控制理论已发展到相当成熟的地步，形成了相对完整的理论体系，为指导当时的控制工程实践发挥了极大的作用。

经典控制理论研究的对象基本上是以线性定常系统为主的单输入单输出系统，还不能解决如时变参数问题，多变量、强耦合等复杂的控制问题。

20 世纪 50 年代中期，空间技术的发展迫切要求解决更复杂的多变量系统、非线性系统的最优控制问题(如火箭和宇航器的导航、跟踪和着陆过程中的高精度，低消耗控制等)。实践的需求推动了控制理论的进步，同时，计算机技术的发展也从计算手段上为控制理论的发展提供了条件，适合于描述航天器的运动规律，又便于计算机求解的状态空间描述成为主要的模型形式。俄国数学家李雅普诺夫(A. M. Lyapunov)1892 年创立的稳定性理论被引用到控制中。1956 年，前苏联科学家庞特里亚金(L. S. Pontryagin)提出极大值原理；同年，美国数学家 R·贝尔曼(R. Bellman)创立了动态规划。极大值原理和动态规划为解决最优控制问题提供了理论工具。1959 年美国数学家卡尔曼(R. Kalman)提出了著名的卡尔曼滤波器，1960 年卡尔曼又提出系统的可控性和可观测性问题。到 20 世纪 60 年代初，一套以状态方程作为描述系统的数学模型，以最优控制和卡尔曼滤波为核心的控制系统分析、设计的新原理和方法基本确定，现代控制理论应运而生。

现代控制理论主要利用计算机作为系统建模分析、设计乃至控制的手段，适用于多变量、非线性、时变系统。现代控制理论在航空、航天、制导与控制中创造了辉煌的成就，使人类迈向宇宙的梦想变为现实。

为了解决现代控制理论在工业生产过程中所遇到的被控对象精确状态空间模型不易建立、合适的最优性能指标难以构造、所得最优控制器往往过于复杂等问题，科学家们通过不懈努力，近几十年中不断提出一些新的控制方法和理论，如自适应控制，模糊控制，预测控制，容错控制，鲁棒控制，非线性控制和大系统、复杂系统控制等，大大扩展了控制理论的研究范围。表 1.1 为自动控制发展的各阶段理论比较表。

表 1.1 各阶段理论比较

	经典控制理论	现代控制理论	大系统理论
对象	单输入单输出线性定常系统、连续与离散系统	线性与非线性、定常与时变、单变量与多变量、连续系统与离散系统	规模庞大、结构复杂、变量众多、关联严重、信息不完备的信息系统
方法	时域、根轨迹、频域法	时域矩阵法	时域法
数学工具	拉普拉斯变换（简称拉氏变换）	矩阵与向量空间理论	控制论、运筹学
数学模型	传递函数	状态方程与输出方程	子系统
基本内容	时域法、频域法、根轨迹法、描述函数法、相平面法、代数与几何稳定判据、校正网络设计、Z 变化法	线性系统基础理论（包括系统的数学模型、运动的分析、稳定性的分析、能控性与能观测性、状态反馈与观测器）、系统辨识、最优控制、自适应控制、最优滤波及鲁棒性控制	多级递阶控制、分解-协调原理、分散最优控制、大系统型模降阶理论
主要问题	稳定性问题	最优化问题	系统的最优化
控制装置	无源与有源 RC 网络	数字计算机	数字计算机
着眼点	输出	状态方程与输出方程	大系统的最优化
评价	具体情况具体分析，适宜处理较简单系统的控制问题	具有优越性，更适合处理复杂系统的控制问题	应用控制和管理的思路，适用于多学科交叉综合的研究控制领域

控制理论实质是一种方法论。控制论的基本概念和方法是人类认识史上的一个飞跃，开辟了人类认识世界的新途径。在几百年的发展历程中，控制论形成了时域法和复域法两种主要的方法体系。这两种方法体系各有所长，它们是相互补充、互相促进，并且不断发展的，目前正向智能控制系统方向发展，具有自组织、自学习、自修复功能，甚至可自繁殖。控制理论已形成了以理论控制论为中心的四大分支（面对的对象不同）：工程控制论、生物控制论、社会控制论和智能控制论。

1.2 控制系统的基本概念

1.2.1 自动控制问题的提出

在许多工业生产过程或生产设备运行中，为了保证正常的工作条件，往往需要对某些物理量(如温度、压力、流量、液位、电压、位移、转速等)进行控制，使其尽量维持在某个数值附近，或使其按一定规律变化。要满足这种需要，就应该对生产机械或设备进行及时的操作，以抵消外界干扰的影响。这种借助某种仪器设备工具等使对象的某一个或多个属性满足希望运动规律的操作通常称为**控制**，用人工操作称为**人工控制**，用自动装置来完成操作称为**自动控制**。

如图 1.1(a)所示，是人工控制水位保持恒定的供水系统。水池中的水位是被控制的物理量，简称被控量。水池这个设备是控制的对象，简称被控物理对象。当水位在给定的期望位置且流入、流出量相等时，它处于平衡状态。当出口用水的变化使流出量发生变化、水位给定值发生变化或管路系统等原因使进水发生变化时，就需要对流入量进行必要的操作控制使水位恢复到给定位置，并使流入与流出量相等，重新达到平衡状态。在人工控制方式下，工人用眼观看水位情况，用脑比较实际水位与期望水位的差异并根据经验做出决策，确定进水阀门的调节方向与幅度，然后用手操作进水阀门进行调节，最终使水位等于给定值。只要水位偏离了期望值，工人便要重复上述调节过程。

如图 1.1(b)所示，是水池水位自动控制系统的一种简单形式。图中用浮子代替人的眼睛，用来测量水位高低；另用一套杠杆机构代替人的大脑和手的功能，用来进行比较、计算误差并实施控制。杠杆的一端由浮子带动，另一端则连向进水阀门。当用水量增大时，水位开始下降，浮子也随之降低，通过杠杆的作用将进水阀门开大，使水位回到期望值附近。反之，若用水量变小，水位及浮子上升，进水阀关小，水位自动下降到期望值附近。整个过程中无需人工直接参与，控制过程是自动进行的。

图 1.1(b)所示的系统虽然可以实现自动控制，但由于结构简陋而存在缺陷，主要表现在被控制的水位高度将随着出水量的变化而变化。出水量越多，水位就越低，偏离期望值就越远，误差越大。控制的结果总存在着一定范围的误差值。这是因为当出水量增加时，为了使水位基本保持恒定不变，就得开大阀门，增加进水量。要开大进水阀，唯一的途径是浮子要下降得更多，这意味着实际水位要偏离期望值更多。这样，整个系统就会在较低的水位上建立起新的平衡状态。这时的水位与原来没受干扰前的水位比较是有差距的。

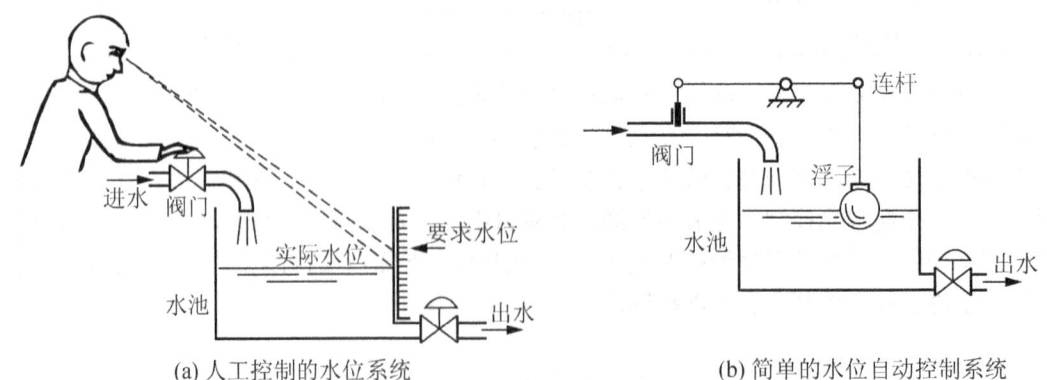

(a) 人工控制的水位系统　　　　　　　　　　(b) 简单的水位自动控制系统

图 1.1　水位控制系统

为克服上述缺点，可在原系统中增加一些设备而组成较完善的自动控制系统，如图 1.2 所示。这里，浮子仍是测量元件，连杆起着比较作用，它将期望水位与实际水位两者进行比较，得出误差，同时推动电位器的滑臂上下移动。电位器输出电压反映了误差的性质(大小和方向)。电位器输出的微弱电压经放大器放大后驱动直流伺服电动机,其转轴经减速器后拖动进水阀门,对系统施加控制作用。

在正常情况下,实际水位等于期望值,此时,电位器的滑臂居中,$u_c = 0$。当出水量增大时,浮子下降,带动电位器滑臂向上移动,$u_c > 0$,经放大后成为 u_a,控制电动机正向旋转,以增大进水阀门开度,促使水位回升。当实际水位回复到期望值时,$u_c = 0$,系统达到新的平衡状态。

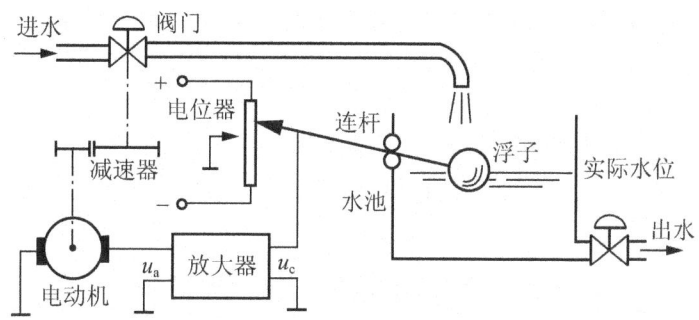

图 1.2 水位控制系统

可见,该系统在运行时,无论何种干扰引起水位出现偏差,系统都要进行调节,最终总是使实际水位等于期望值,大大提高了控制精度。

由此例可知,自动控制和人工控制极为相似,自动控制系统只不过是把某些装置有机地组合在一起,以代替人的职能而已。图 1.2 中的浮子相当于人的眼睛,对实际水位进行测量;连杆和电位器类似于大脑,完成比较运算,给出偏差的大小和极性;电动机相当于人手,调节阀门开度,对水位实施控制。这些装置相互配合,承担着控制的职能,通常称之为控制器(或控制装置)。任何一个控制系统,都是由被控对象和控制器两部分所组成的。

水位系统预先给定的水位参数(高度)称为**参考输入**或**给定输入**。系统中的储罐水位这个属性称为控制系统的**被控变量**。在运行过程中受到进水流量、出口使用量等的变化使水位偏离预定的位置的因素称为**扰动**。水位的测量比较装置测出实际参数与预先给定的运行参数的**偏差**,就会使水位装置的某些设备装置进行控制调节,能起控制作用的设备装置称为**控制器**。控制器发出的控制输出信号称为**控制量**。反应控制量、扰动和被控变量间的关系的系统装置(或环节)称为**被控对象**,如水位系统中的储水罐。在控制器作用下使水位回到预定的位置或偏差在允许范围内,这就形成了无人操作的**自动控制系统**。简单地说就是,使对象的某一个或多个属性按人为期望的规律运行的过程就叫做控制,人不参与而用仪器、控制工具完成控制功能使对象属性达到控制要求就叫做**自动控制**。

从结构上讲,自动控制系统有两种最基本的形式,即开环控制和闭环控制。**其中闭环控制系统是工业生产用得最为广泛的系统**,也是本书讨论的主要内容。

1.2.2 开环控制系统

最常见的控制方式有三种:开环控制、闭环控制和复合控制。对于某一个具体的系统,采取什么样的控制手段,应该根据具体的用途和目的而定。

系统的控制输入不受输出影响的控制系统称开环控制系统。在开环控制系统中,输入端与输出端之间,只有信号的前向通道而不存在由输出端到输入端的反馈通路。

图 1.3 所示的他激直流电动机转速控制系统就是一个开环控制系统。它的任务是控制直流电动机以恒定的转速带动负载工作。系统的工作原理是:调节电位器 R 的滑臂,使其输出给定参考电压 u_r。u_r 经电压放大和功率放大后成为 u_a,送到电动机的电枢端,用来控制电动机转速。在负载恒定的条件下,他激直流电动机的转速 ω 与电枢电压 u_a 成正比,只要改变给定电压 u_r,便可得到相应的电动机转速 ω。

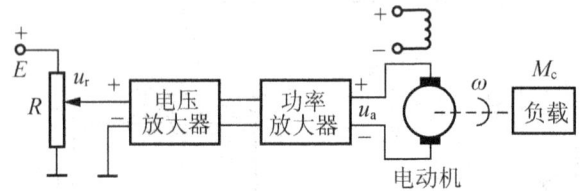

图 1.3 他激直流电动机转速开环控制系统

在本系统中,直流电动机是被控对象,电动机的转速 ω 是被控量,也称为系统的输出量或输出信号。把参考电压 u_r 通常称为系统的给定量或输入量。

就图 1.3 而言,只有输入量 u_r 对输出量 ω 的单向控制作用,而输出量 ω 对输入量 u_r 却没有任何影响和联系,称这种系统为**开环控制系统**。

直流电动机转速开环控制系统可用图 1.4 所示的框图表示。图中用方框代表系统中具有相应职能的元部件;用箭头表示元部件之间的信号及其传递方向。电动机负载转矩 M_c 的任何变动,都会使输出量 ω 偏离希望值,这种作用称之为干扰或扰动,在图 1.4 中用一个作用在电动机上的箭头来表示。

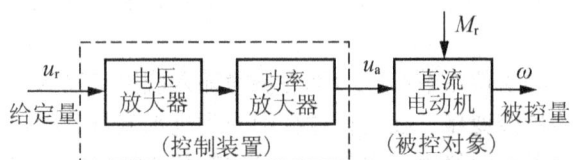

图 1.4 他激直流电动机转速开环控制系统框图

1.2.3 闭环控制系统

开环控制系统精度不高和适应性不强的主要原因是缺少从系统输出到输入的反馈回路,即缺少对输出的监视和偏离希望时相应的操作控制。若要提高控制精度,必须把输出量的信息反馈到输入端,通过比较输入值与输出值,产生偏差信号,该偏差信号以一定的控制规律产生控制作用,逐步减小以至消除这一偏差,从而实现所要求的控制性能。

在图 1.3 所示的直流电动机转速开环控制系统中,加入一台测速发电机,并对电路稍作改变,便构成了如图 1.5 所示的直流电动机转速闭环控制系统。

图 1.5 中,测速发电机由电动机同轴带动,它将电动机的实际转速 ω(系统输出量)测量出来,并转换成电压 u_f,再反馈到系统的输入端,与给定值电压 u_r(系统输入量)进行比较,从而得出电压 $u_e = u_r - u_f$。由于该电压能间接地反映出误差的性质(即大小和正负方

向),通常称之为偏差信号,简称偏差。偏差 u_e 经放大器放大后成为 u_a,用以控制电动机转速 ω。

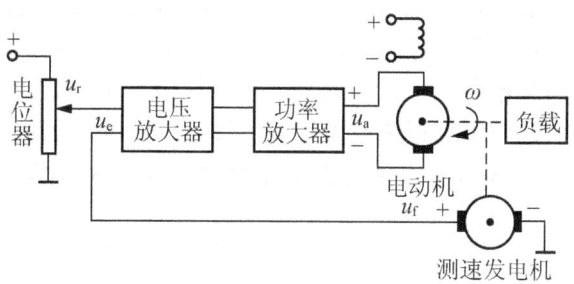

图 1.5 直流电动机转速闭环控制系统

直流电动机转速闭环控制系统可用图 1.6 的框图来表示。通常,把从系统输入量到输出量之间的通道称为**前向通道**;从转速输出量到比较环节的反馈信号之间的通道称为**反馈通道**。将检测出来的输出量送回到系统的输入端,并与输入量比较的过程称为**反馈**。若回路中所有环节符号(包括反馈中比较环节的负号)的乘积为负,则称为**负反馈**。图 1.6 中若电压放大器环节、功率放大器环节、直流电动机环节、测速发电机环节的输入、输出同向,即都为正的符号,则反馈通道进入比较环节的符号为负就决定了系统为负反馈,反之,若为正,则称为**正反馈**。框图中用符号"○"表示比较环节,其输出量等于各个输入量的代数和。因此,各个输入量均须用正、负号表明其极性。图中清楚地表明,由于采用了反馈回路,致使信号的传输路径形成闭合回路,使输出量反过来直接影响控制作用。这种通过反馈回路使系统构成闭环,并按偏差产生控制作用,用以减小或消除偏差的控制系统,称为**闭环控制系统**,或称**反馈控制系统**。

必须指出,在系统主反馈通道中,只有采用负反馈才能达到控制的目的。若采用正反馈,很容易使偏差越来越大,导致系统发散而无法工作。

闭环系统工作的本质机理是:将系统的输出信号引回到输入端,与输入信号相比较,利用所得的偏差信号对系统进行调节,达到减小偏差或消除偏差的目的。这就是负反馈控制原理,它是构成闭环控制系统的核心。闭环控制系统是本课程讨论的重点。

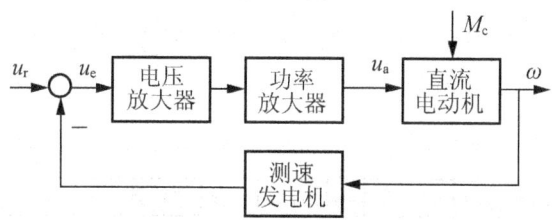

图 1.6 直流电动机闭环框图

1.2.4 开环控制系统与闭环控制系统的比较

一般来说,开环控制系统结构比较简单,成本较低。其缺点是控制精度不高,抑制干扰能力差,而且对系统参数变化比较敏感,一般用于可以不考虑外界影响或精度要求不高的场合,如洗衣机、步进电机控制及水位调节等。

在闭环控制系统中，不论是输入信号的变化，或者干扰的影响，或者系统内部的变化，只要是被控量偏离了规定值，都会产生相应的作用去消除偏差。因此，闭环控制抑制干扰能力强，与开环控制相比，系统对参数变化不敏感，可以选用不太精密的元件构成较为精密的控制系统，获得满意的动态特性和控制精度。但是采用反馈装置需要添加元部件，造价较高，同时也增加了系统的复杂性。如果系统的结构参数选取不适当，控制过程可能变得很差，甚至出现振荡或发散等不稳定的情况，因此，如何分析系统，合理选择系统的结构参数，从而获得满意的系统性能，是自动控制理论必须研究解决的问题。

1.2.5 控制系统示例

1. 电压调节系统

电压调节系统工作原理如图 1.7 所示。系统在运行过程中，不论负载如何变化，要求发电机能够提供由给定电位器设定的规定电压值。在负载恒定，发电机输出规定电压的情况下，偏差电压 $\Delta u = u_r - u = 0$，放大器输出为零，电动机不动，励磁电位器的滑臂保持在原来的位置上，发电机的励磁电流不变，发电机在原动机带动下维持恒定的输出电压。当负载增加使发电机输出电压低于规定电压时，输出电压在反馈口与给定电压经比较后所得的偏差电压 $\Delta u = u_r - u > 0$，放大器输出电压 u_1 便驱动电动机带动励磁电位器的滑臂顺时针旋转，使励磁电流增加，发电机输出电压 u 上升。直到 u 达到规定电压 u_r 时，电动机停止转动，发电机在新的平衡状态下运行，输出满足要求的电压。

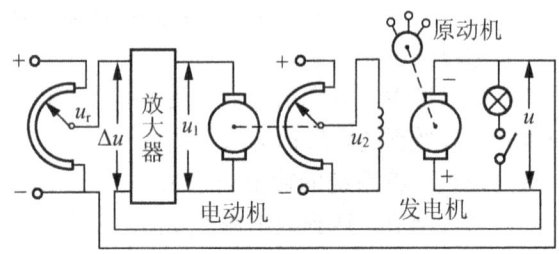

图 1.7 电压调节系统原理图

系统中，发电机是被控对象，发电机的输出电压是被控量，给定量是给定电位器设定的电压 u_r。系统框图如图 1.8 所示。

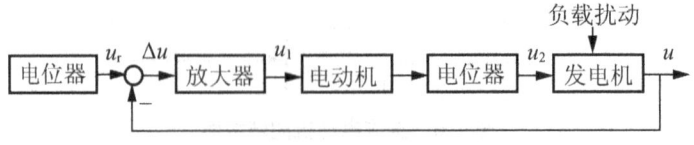

图 1.8 电压调节系统框图

2. 函数记录仪

函数记录仪是一种通用记录仪，它可以在直角坐标上自动描绘两个电量的函数关系。同时，记录仪还带有走纸机构，用以描绘一个电量对时间的函数关系。

函数记录仪通常由衰减器、测量元件、放大元件、伺服电动机、测速机组、齿轮系及绳轮等组成，其工作原理如图 1.9 所示。系统的输入(给定量)是待记录电压，被控对象是记录笔，笔的位移是被控量。系统的任务是控制记录笔位移，在纸上描绘出待记录的电压曲线。

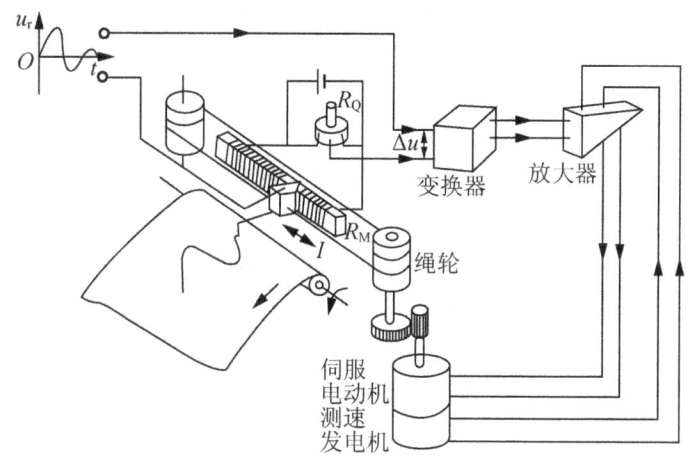

图 1.9　函数记录仪工作原理图

在图 1.9 中，测量元件是由电位器 R_Q 和 R_M 组成的桥式测量电路，记录笔就固定在电位器 R_M 的滑臂上，因此，测量电路的输出电压 u_p 与记录笔位移成正比。当有慢变的输入电压 u_r 时，在放大元件输入口得到偏差电压 $\Delta u = u_r - u_p$，经放大后驱动伺服电动机，并通过齿轮减速器及绳轮带动记录笔移动，同时使偏差电压减小。当偏差电压 $\Delta u = 0$ 时，电动机停止转动，记录笔也静止不动。此时 $u_p = u_r$，表明记录笔位移与输入电压相对应。如果输入电压随时间连续变化，记录笔便描绘出相应的电压曲线。

函数记录仪框图如图 1.10 所示。其中，测速发电机是校正元件，它测量电动机转速并进行反馈，用以增加阻尼，改善系统性能。

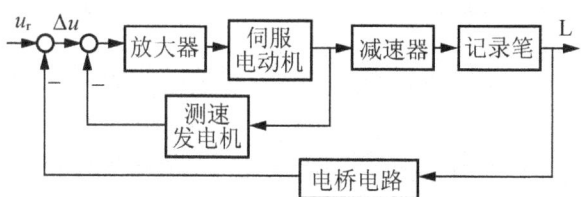

图 1.10　函数记录仪控制系统框图

3. 火炮方位角控制系统

采用自整角机作为角度测量元件的火炮方位角控制系统如图 1.11 所示。图中的自整角机工作在变压器状态，自整角发送机 BD 的转子与输入轴联结，转子绕组通入单相交流电；自整角接收机 BS 的转子则与输出轴(炮架的方位角轴)相连接。

当转动瞄准具输入一个角度 θ_i 的瞬间，由于火炮方位角 $\theta_o \neq \theta_i$，会出现角位置偏差 θ_e。这时，自整角接收机 BS 的转子输出一个相应的交流调制信号电压 u_e，其幅值与 θ_e 的大小

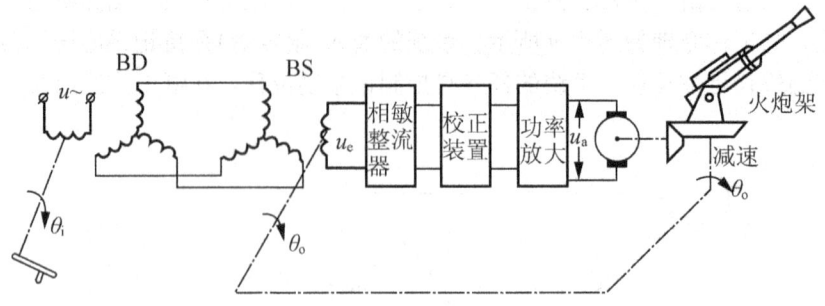

图 1.11　火炮方位角控制系统示意图

成正比，相位则取决于 θ_e 的极性。当偏差角 $\theta_e > 0$ 时，交流调制信号呈正相位；当 $\theta_e < 0$ 时，交流调制信号呈反相位。该调制信号经相敏整流器解调后，变成一个与 θ_e 的大小和极性对应的直流电压，经校正装置、放大器处理后成为 u_a。u_a 驱动电动机带动炮架转动，同时带动自整角接收机的转子将火炮方位角反馈到输入端。显然，电动机的旋转方向必须是朝着减小或消除偏差角 θ_e 的方向转动，直到 $\theta_o = \theta_i$ 为止。这样，火炮就指向了手柄给定的方位角上。

在该系统中，火炮是被控对象，火炮方位角 θ_o 是被控量，给定量是由手柄给定的方位角 θ_i。系统框图如图 1.12 所示。

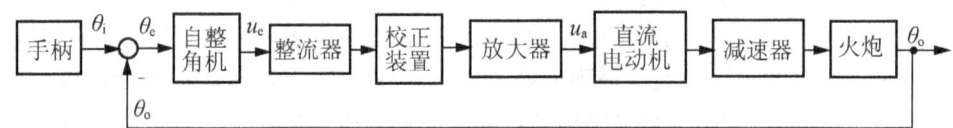

图 1.12　火炮方位角控制系统方框图

4. 飞机自动驾驶仪系统

飞机自动驾驶仪是一种能保持或改变飞机飞行状态的自动装置。它可以稳定飞机的姿态、高度和航迹；可以操纵飞机爬高、下滑和转弯。飞机和驾驶仪组成的控制系统称为飞机自动驾驶仪系统。

如同飞行员操纵飞机一样，自动驾驶仪控制飞机飞行是通过控制飞机的三个操纵面（升降舵、方向舵、副翼）的偏转，改变舵面的空气动力特性，以形成围绕飞机质心的旋转力矩，从而改变飞机的飞行姿态和轨迹。现以比例式自动驾驶仪稳定飞机俯仰角的过程为例，说明其工作原理。图 1.13 为飞机自动驾驶仪系统稳定俯仰角的工作原理示意图。

图中，垂直陀螺仪作为测量元件用以测量飞机的俯仰角，当飞机以给定俯仰角水平飞行时，陀螺仪电位计没有电压输出；如果飞机受到扰动，使俯仰角向下偏离期望值，陀螺仪电位计便输出与俯仰角偏差成正比的信号，经放大器放大后驱动舵机。这样，一方面推动升降舵面向上偏转，产生使飞机抬头的转矩，以减小俯仰角偏差；另一方面带动反馈电位计滑臂，输出与舵偏角成正比的电压信号并反馈到输入端。随着俯仰角偏差的减小，陀螺仪电位计输出的信号越来越小，舵偏角也随之减小，直到俯仰角回到期望值，这时，舵面也恢复到原来状态。

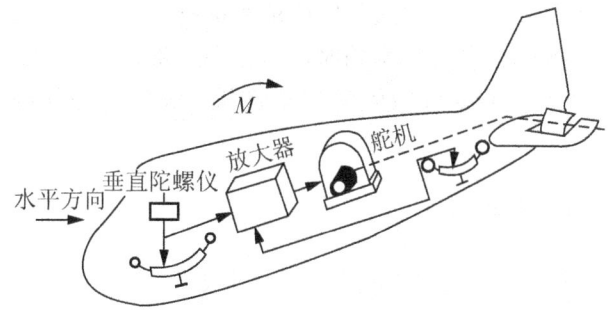

图 1.13　飞机自动驾驶仪系统原理图

图 1.14 是飞机自动驾驶仪俯仰角稳定系统框图。图中，飞机是被控对象，俯仰角是被控量，放大器、舵机、垂直陀螺仪、反馈电位计等组成控制装置，即自动驾驶仪。参考量是给定的常值俯仰角，控制系统的任务就是在任何扰动（如阵风或气流冲击）作用下，始终保持飞机以给定俯仰角飞行。

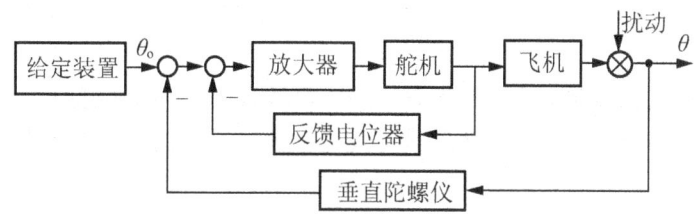

图 1.14　俯仰角控制系统方框图

1.3　控制系统的分类

随着自动控制理论和自动控制技术的不断发展，生产过程的自动化水平不断提高，生产过程的自动控制系统也在日益发展和完善，目前已出现了各种各样的新型的自动控制系统。因此，很难确切地列举它们的全部分类，下面仅介绍几种常用的分类方法。

1.3.1　按自动控制系统是否形成闭合回路分类

1. 开环控制系统

如前所述，一个控制系统，若在其控制器的输入信号中不包含受控对象输出端的被控量的反馈信号，则为开环控制系统。

开环控制系统易受各种干扰的影响，其控制精度较低，但结构简单，成本低，也容易实现，所以可用在对控制要求不高的小型机器设备上。而对控制要求较高的大型装置和设备，则需要采用闭环控制系统。

2. 闭环控制系统

如前所述，一个控制系统，若在其控制器的输入信号中包含来自被控对象输出端的被控量的反馈信号，则为闭环控制系统，或为反馈控制系统。

闭环控制系统，较之开环控制方式可以使被控量有更高的控制品质。因为在闭环控制系统中，当受控对象受到各种扰动影响时，可以通过被控量变化后的反馈作用使控制器动作，进行控制和调节，使被控量恢复到给定值。相反，开环控制系统就做不到这一点。

1.3.2 按信号的结构特点分类

1. 反馈控制系统

反馈控制系统是根据被控量和给定值的偏差进行调节的，最后使系统消除偏差，达到被控量等于给定值的目的。因为反馈控制系统是将被控量变化的信号反馈到控制器的输入端，形成一个闭合回路，所以反馈控制系统也一定是闭环控制系统。它是生产过程控制系统中最基本的一种。一个复杂的控制系统（实际生产过程往往是很复杂的，因而构成的控制系统也往往是很复杂的）也可能有多个反馈信号（除被控量的反馈信号外，还有其他的反馈信号），组成多个闭合回路，如图1.14所示，称为多回路俯仰角反馈控制系统。

此外，系统的输入变量 r 有时也不止一个，可能有 m 个输入变量 $r_1, r_2, \cdots, r_m$。具有多个输入变量的系统，称为多输入系统；反之，只有一个输入变量的系统，称为单输入系统。

2. 前馈控制系统

前馈控制系统直接根据扰动信号进行调节，扰动量是控制的依据，由于它没有被控制量的反馈信号，故不形成闭合回路，所以它是一种开环控制系统，如图1.3所示。扰动量 $d(t)$ 将使被控量 $y(t)$ 发生变化，扰动量 $d(t)$ 经测量变送元件测量、变送后送入前馈控制器，前馈控制器根据扰动量 $d(t)$ 的大小发出控制作用 $u(t)$ 到被控对象，及时抵消扰动量 $d(t)$ 对被控对象的影响，从而使被控量 $y(t)$ 保持不变。但是由于前馈控制是一种开环控制系统，没有被控量的反馈作用，不能保持被控量控制的精度（例如，当有其他不可测量的扰动影响被控对象时，被控量的变化无法被抵消），所以在实际生产过程自动控制中是不能单独使用的。但是，针对图1.3的可测量扰动 $d(t)$，前馈控制将十分有效地控制被控量的变化，这个特点是很有用的。因而一般在反馈控制系统中加入前馈控制作用，构成前馈—反馈复合控制系统，达到兼取两者优点的目的。

3. 前馈—反馈复合控制系统

图1.15是前馈—反馈复合控制系统的框图。它是在反馈控制系统的基础上增加了对主要扰动 $d(t)$ 的前馈补偿作用。图1.15中的补偿环节可以是一个较简单的环节，对于控制要求较高的被控对象，补偿环节也就是一个控制器，即前馈控制器。当扰动 $d(t)$ 发生后，补偿信号作用到控制器后，能及时消除扰动对被控量的影响，而反馈回路的作用将保证被控量能较精确地等于给定值，改善了被控量 $y(t)$ 的控制精度。

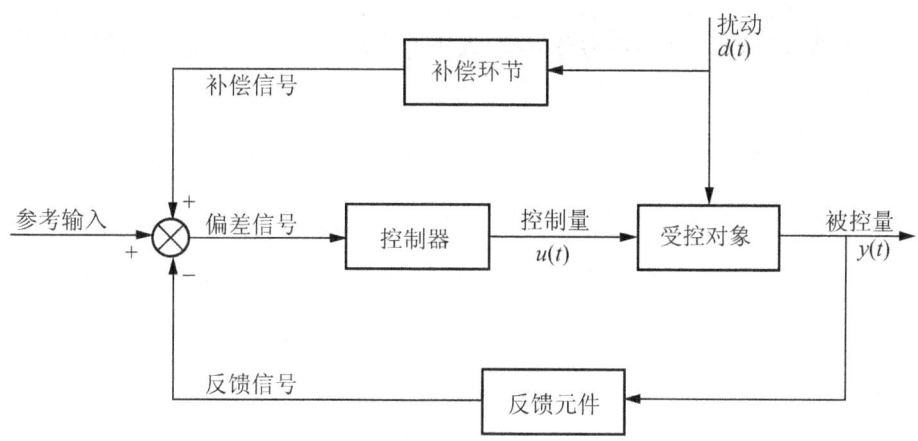

图 1.15 前馈-反馈复合控制系统框图

1.3.3 按给定值信号的特点分类

1. 恒值控制系统

若自动控制系统的任务是保持被控量恒定不变,也即使被控量在控制过程结束时,被控量等于给定值。这是生产过程中用得最多的一种控制系统,如发电机电压控制,电动机转速控制,电力网的频率(周波)控制,各种恒温、恒压、恒液位等控制都是属于恒值控制系统。

2. 随动控制系统

随动控制系统又简称随动系统,它是给定信号随时间的变化规律事先不能确定的控制系统,随动控制系统的任务是在各种情况下快速、准确地使被控量跟踪给定值的变化。如自动跟踪卫星的雷达天线控制系统、工业自动化仪表中的显示记录等均属于随动控制系统。

3. 程序控制系统

在程序控制系统中,它的给定值按事先预定的规律变化,是一个已知的时间函数,控制的目的是要求被控量按确定的给定值的时间函数来改变,如机械加工中的数控机床、加热炉自动温度控制系统等均属于程序控制系统的范畴。

1.3.4 按控制系统元件的特性分类

1. 线性控制系统

按系统是否满足均匀性和叠加性要求,可将系统分成线性系统和非线性系统。

若一个系统在输入 $r_1(t)$ 作用下产生输出 $c_1(t)$,在输入 $r_2(t)$ 作用下产生输出 $c_2(t)$,在输入 $a_1r_1(t)+a_2r_2(t)$ 作用下系统输出为 $a_1c_1(t)+a_2c_2(t)$(其中 $r_1(t)$、$r_2(t)$ 是任意的输入信号;a_1、a_2 是任意的常数),则该系统满足均匀性和叠加性要求,是**线性系统**,否则是**非线性系统**。

当控制系统的各元件的输入/输出特性是线性特性，如图1.16所示，控制系统的动态过程可以用线性微分方程(或线性差分方程)来描述，称这种控制系统为线性控制系统。

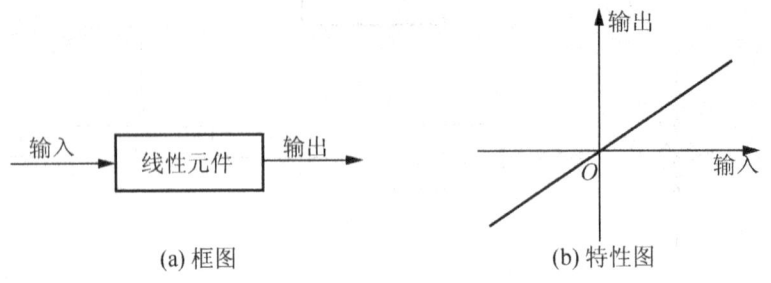

图1.16 线性元件的特性

线性控制系统的特点是可以应用叠加原理，当系统存在几个输入信号时，系统的输出信号等于各个输入信号分别作用于系统时系统输出信号之和。

若描述系统的线性微分方程的系数是不随时间而变化的常数，则这种线性系统称为**线性定常系统**。如果控制系统的输入/输出满足均匀性和叠加性，就叫做**线性控制系统**，这种系统的响应曲线只取决于输入信号的形状和系统的特性，而与输入信号施加的时间无关。若线性微分方程的系数是时间的函数，则这种线性系统称为**线性时变系统**，这种系统的响应曲线不仅取决于输入信号的形状和系统的特性，而且和输入信号施加的时刻有关，分析方法比较复杂。本教材主要讨论线性定常系统。

2. 非线性控制系统

当控制系统中有一个或一个以上的非线性元件时，系统的特性就要用非线性方程来描述，由非线性方程描述的控制系统称为非线性控制系统，在控制系统中常见的非线性元件有饱和非线性、死区非线性、磁滞非线性、继电器特性非线性等，如图1.17所示。

非线性控制系统不能应用叠加原理。严格地讲，实际的控制系统都存在着不同程度的非线性特性，但大部分的非线性特性当系统变量变化范围不大时，可对非线性特性进行"线性化"处理，这样就可应用线性控制理论进行分析和讨论。但是，如果在系统中能正确地使用非线性元件，有时可以收到意想不到的控制效果。因此，近年来在实际应用系统中引入非线性特性以改善控制系统的质量，已取得很成功的经验。本书将主要研究线性系统。对不能简化及近似处理的非线性系统将在第8章对其控制系统性能的影响作一简要阐述。

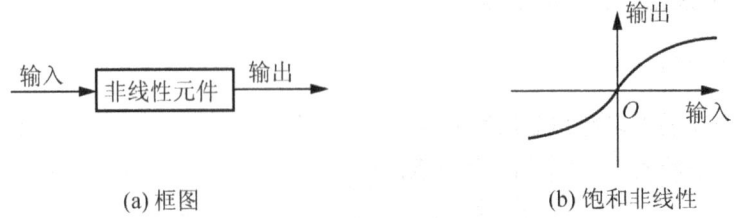

图1.17 非线性元件静态特性举例

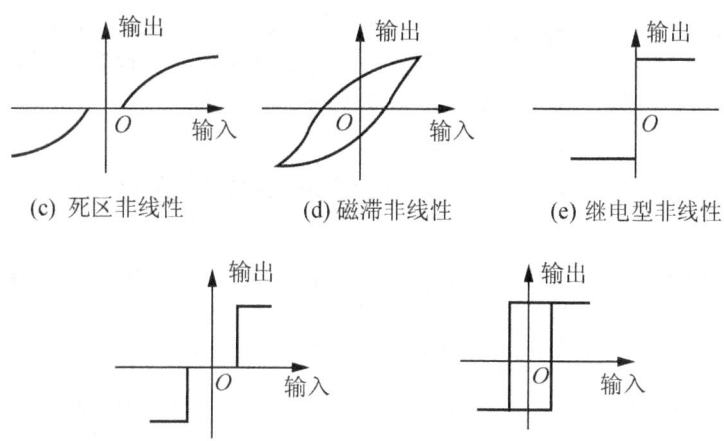

(c) 死区非线性　　(d) 磁滞非线性　　(e) 继电型非线性

(f) 带有死区的继电型非线性　　(g) 具有磁滞的继电型非线性

图 1.17　非线性元件静态特性举例(续)

1.3.5　按控制系统信号的形式分类

1. 连续控制系统

若控制系统的传递信号全都是时间的连续函数，则称这种系统为连续控制系统。连续控制系统又常称为模拟量控制系统(相对于数字量信号控制系统而言)。本书主要研究连续控制系统。

2. 离散控制系统

控制系统在某一处或几处传递的信号是脉冲系列或数字形式的，在时间上是离散的，称为离散控制系统。离散控制系统的主要特点是，在系统中采用采样开关，将连续信号转变成离散信号，如图 1.18 所示。图 1.18(a)中采样开关 S 将连续信号 $x(t)$ 转变成离散信号 $x^*(t)$。连续信号 $x(t)$ 的时间响应曲线如图 1.18(b)所示。经采样后的离散信号与时间轴 t 的关系如图 1.18(c)所示。本书将在第 7 章对其作一简要阐述。

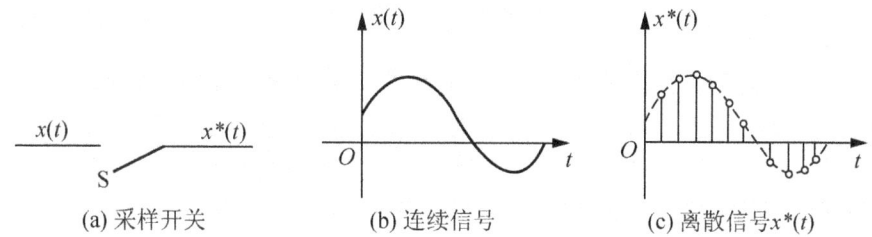

(a) 采样开关　　(b) 连续信号　　(c) 离散信号 $x^*(t)$

图 1.18　采样开关将连续信号转变为离散信号

1.3.6　其他的分类方法

自动控制系统的分类方法还有很多，例如，按控制系统的输入和输出信号的数量来分，有单输入/单输出系统和多输入/多输出系统；按控制器采用常规的模拟量控制器还是采用计算机控制,则可分为常规控制系统和计算机控制系统;按照不同的控制理论分支设计的新型控制系统,则可分为最优控制系统、自适应控制系统、预测控制系统、模糊控制系统、神经元网络控制系统等,这里就不一一介绍了。

1.4 控制系统的响应模态与基本要求

实际物理系统一般都含有储能元件或惯性元件,因而系统的输出量和反馈量总是迟后于输入量的变化。因此,当自动控制系统受到各种干扰(扰动)或人为要求给定值(参考输入)改变时,被控量就会发生变化,偏离给定值。通过系统的自动控制作用,经过一定的过渡过程,被控量又恢复到原来的稳态值或稳定到一个新的给定值。这时系统从原来的平衡状态过渡到一个新的平衡状态,我们把被控量在变化中的过渡过程称为动态过程(即随时间而变的过程),又称**暂态过程**。过渡过程结束后的输出响应称为**稳态过程**。系统的输出响应可分为暂态过程和稳态过程两部分。

对自动控制系统最基本的要求是必须稳定。对于稳定系统,如果系统输入一个激励后即刻撤销,经过一段时间控制系统能够恢复到原先状态。对于定值控制的稳定系统,被控量的稳态误差(偏差)为零或在允许的范围之内(具体稳态误差可以多大,要根据具体的生产过程的要求而定)。对于一个好的自动控制系统来说,一般要求稳态误差越小越好,最好稳态误差为零。但在实际生产过程中往往做不到完全使稳态误差为零,只能要求稳态误差越小越好。一般要求稳态误差在被控量额定值的2‰~5‰之内。

自动控制系统除了要求满足稳态性能之外,还应满足动态过程的性能要求,在具体介绍自动控制系统的动态过程要求之前,先看看控制系统的动态过程(动态特性)有哪几种类型,一般的自动控制系统被控量变化的动态特性有以下几种。

(1) 单调过程。被控量 $y(t)$ 单调变化(即没有"正"、"负"的变化),缓慢地到达新的平衡状态(新的稳态值),如图1.19(a)所示,一般这种动态过程具有较长的动态过程时间(即到达新的平衡状态所需的时间长)。

(2) 衰减振荡过程。被控量 $y(t)$ 的动态过程是一个振荡过程,但是振荡的幅度不断地在衰减,到过渡过程结束时,被控量会达到新的稳态值。这种过程的最大幅度称为超调量,如图1.19(b)所示。

(3) 等幅振荡过程。被控量 $y(t)$ 的动态过程是一个持续等幅振荡过程,始终不能达到新的稳态值,如图1.19(c)所示。这种过程如果振荡的幅度较大,生产过程不允许,则认为是一种不稳定的系统,如果振荡的幅度较小,生产过程可以允许,则认为是稳定的系统,但在理论上归为不稳定一类。

(4) 渐扩振荡过程。被控量 $y(t)$ 的动态过程不但是一个振荡的过程,而且振荡的幅度越来越大,以致会大大超过被控量允许的误差范围,如图1.19(d)所示,这是一种典型的不稳定过程,设计自动控制系统要绝对避免产生这种情况。

一般说来,自动控制系统如果设计合理,其动态过程多属于图1.19(b)的情况。为了满足生产过程的要求,我们希望控制系统的动态过程不仅是稳定的,并且希望过渡过程时间(又称调整时间)越短越好,振荡幅度越小越好,衰减得越快越好。

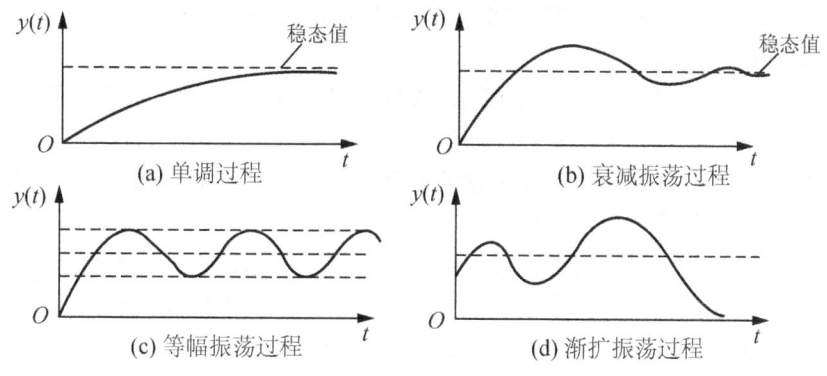

图 1.19 自动控制系统被控量的动态特性

综上所述，在系统稳定的基础上，对于一个自动控制系统的性能要求可以概括为三个方面：稳定性、快速性和准确性。不同的控制对象、不同的工作方式和控制任务，对系统的品质指标要求也往往不相同。一般说来，对系统品质指标的基本要求可以归纳为三个字：稳、快、准。

稳：是指系统的稳定性。稳定性是系统受扰后，重新恢复平衡状态的能力。任何一个能够正常工作的控制系统，首先必须是稳定的。稳定是对自动控制系统最基本的要求。注意稳定性和稳定是有区别的，稳定是相对于不稳定而言的，是稳与不稳的问题，是个绝对概念，而稳定性是一个相比较的问题，是一种稳定情况与另一种稳定情况的比较，是一个相对概念，可用一种指标衡量系统离不稳定边界的最小"距离"来表示。不稳定的控制系统是无法使用的，系统激烈而持久的振荡会导致功率元件过载，甚至使设备损坏而发生事故，从而系统崩溃，这是绝不允许的。

快：是指系统的快速性。快速性是衡量控制系统暂态过渡过程快慢的性能要求。描述系统动态性能可以用平稳性和快速性加以衡量。平稳指系统由初始状态运动到新的平衡状态时，具有较小的过调和振荡性，主要反映稳的问题，快速性指系统运动到新的平衡状态所需要的调节时间越短越好。动态性能是衡量系统质量高低的重要指标。

准：是指系统的准确性。准确性是系统稳态（静态）时的精度要求。对一个稳定的系统而言，过渡过程结束后，系统输出量的实际值与期望值之差称为**稳态误差**，它是衡量系统控制精度的重要指标。稳态误差越小，表示系统的准确性越好，控制精度越高。

由于被控对象的具体情况不同，各种系统对三项性能指标的要求应有所侧重。例如，恒值系统一般对控制系统的稳限制比较严格，随动系统一般对动态性能的快要求较高。

同一个系统，上述三项性能指标之间往往是相互制约的。提高过程的快速性，可能会引起系统强烈振荡甚至不稳定；改善了平稳性，控制过程又可能很迟缓，甚至使最终精度也变差。提高准确性往往也会降低快速性和稳定性。分析和解决这些矛盾，将是本课程讨论的重要内容。

本 章 小 结

本章首先介绍了控制的内容及发展的历史，以水位控制为实例，介绍了自动控制理论中经常用到的术语：被控对象、参考输入信号（给定值信号）、扰动、偏差信号、被控量、控制量和自动控制系统等。

本章以电动机转速控制系统和记录仪、火炮、飞机等控制系统为例说明什么是开环控制系统和闭环控制系统，并指出实际生产过程中的自动控制系统绝大部分都是闭环控制系统，也就是负反馈控制系统。自动控制系统还有其他各种分类的方法，但自动控制理论主要是研究按偏差调节的反馈控制系统。

本章最后一节介绍了对自动控制系统的性能要求，即稳定性、快速性和准确性。指出对一个自动控制系统最基本的要求是稳定性，然后进一步要求快速性和准确性，当后两者互相有矛盾时，设计自动控制系统时要兼顾两方面的要求。

习 题 1

1.1 解释下列名词术语：自动控制系统、被控对象、扰动、给定值、参考输入、反馈。

1.2 试举出几个日常生活中的开环控制系统和闭环控制系统的实例，并说明它们的工作原理。

1.3 开环控制系统和闭环控制系统各有什么优缺点？

1.4 什么是反馈控制系统、前馈控制系统、前馈—反馈复合控制系统？

1.5 反馈控制系统的动态过程（动态特性）有哪几种类型？生产过程希望的动态特性是什么？

1.6 举出几个生产过程自动控制系统中常遇到的非线性元件，并说明是什么类型的非线性元件。

1.7 对自动控制系统基本的性能要求是什么？最主要的要求是什么？

1.8 如图 1.20 所示，为一电位器位置随动系统，输入量为给定转角 θ_r；输出量为随动系统的随动转角 θ_c。R_P 为圆盘式滑动电位器，K_s 为功率放大器。说明：

(1) 该系统由哪些环节组成？各起什么作用？试用框图表示出该系统的组成和结构。

(2) 该系统是有差系统还是无差系统？

(3) 说明当输入转角 θ_r 变化时输出转角 θ_c 的跟随过程。

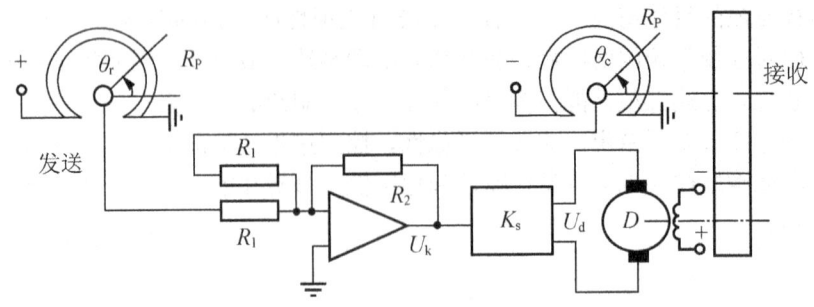

图 1.20 电位器位置随动系统

第 2 章

控制系统的数学模型

　　实际的自动控制系统是多种多样的,不同的系统既有它们的共性,又有它们的个性。当需要从定量角度分析和研究系统以达到改善系统性能的目的时,就需要借助于定量描述系统输入/输出量之间规律的数学模型。要建立数学模型,需要用数学方程或图形描述系统输入/输出及内部各物理量之间的动态关系,用数学的符号和语言把它表述为数学函数(即数学模型)。控制系统的数学模型就是实际系统的数学简化,即根据实际系统的特性建立模型,又通过模型结果来解释实际系统问题、预测未来的发展规律、为控制某一现象的发展提供某种意义下的最优策略或较好策略。不同的实际系统可以有相同的数学模型,即具有相似性,这样就可以避免重复分析,个性则由实际系统决定。对于同一个给定的系统,数学模型不是唯一的,可以有多种不同的描述方法,根据具体系统和具体条件的不同(建立数学模型时的简化性和分析结果的精确性),建立一个合理的数学模型。本书中的数学模型有:微分方程、差分方程、传递函数、频率特性、结构图和信号流图等,其中传递函数和频率特性最为常见。

教学目标

- 了解实际系统建立数学模型的重要性,掌握系统建立数学模型的方法;
- 重点掌握传递函数的概念、结构图的建立与等效变换、梅逊公式;
- 熟练掌握传递函数的性质及局限性;
- 掌握微分方程建立和非线性方程小偏差线性化的方法、意义及局限;
- 了解非线性系统线性化的条件和方法;
- 明确零初始条件的物理含义,明确传递函数与微分方程之间的关系;
- 掌握典型环节的概念;熟悉常用元部件的传递函数,明确系统常用的传递函数形式;
- 学会由系统微分方程建立系统结构图;
- 熟练掌握用拉氏变换方法求解线性常微分方程的方法,熟练掌握利用结构图等效变换和梅逊公式求系统传递函数的方法。

 教学要求

知识要点	能力要求	相关知识
实际系统建模	(1) 了解实际系统的特点； (2) 掌握建模步骤和建模方法	元件特点，系统工作原理、作用和物理、化学规律
非线性系统线性化	(1) 了解非线性系统的线性化条件； (2) 掌握非线性系统线性化方法：小偏差线性化	泰勒级数
传递函数	(1) 掌握传递函数的定义、系统零极点、性质； (2) 掌握传递函数求解方法和典型环节的传递函数； (3) 掌握框图化简； (4) 掌握信号流图及梅逊公式	拉氏变换

 推荐阅读资料

1. 顾钟文，杨双华．工业系统建模．杭州：浙江大学出版社，1995．
2. 李少远，蔡文剑．工业过程辨识与控制．北京：化学工业出版社，2005．
3. 肖田元．连续系统建模与仿真．北京：电子工业出版社，2010．
4. 陈复扬．自动控制原理．北京：国防工业出版社，2010．
5. 张晓华．系统建模与仿真．北京：清华大学出版社，2006．

 基本概念

模型：对系统运行规律的一种相似描述。

数学模型：用数学方法对系统输入/输出运行规律的相似表达。

传递函数：对于线性定常系统，在零初始条件下，系统输出量的拉氏变换与输入量的拉氏变换之比。传递函数的概念适用于线性定常单输入/单输出系统描述。

极点：传递函数分母等于零对应方程的根。

零点：传递函数分子等于零对应方程的根。

框图等效变换原则：对任一环节进行变换时，该环节输出受影响信号变换前和变换后的输出量应保持不变。

框图化简：就是将串联环节、并联环节和基本反馈环节用一个等效环节代替。

 引例：模型的作用

为了能够利用地理信息系统工具来解决现实世界中的问题，首先必须将复杂的地理事物和现象抽象到计算机中进行表示、处理和分析，其结果就是空间数据模型。

空间数据模型可分为以下几类。

（1）概念模型，分为三种：①场模型，用于描述空间中连续分布的现象；②对象模型，用于描述各种空间地物；③网路模型，可以模拟现实世界中的各种物与物间联系的网络。

(2) 逻辑数据模型(常用的有矢量数据模型、栅格数据模型和面向对象数据模型等)。

(3) 物理数据模型,是指概念数据模型在计算机内部具体的存储形式和操作机制,即在物理磁盘上如何存放和存取,是系统抽象的最底层。

目前常见的有专门的模型生产企业根据用户要求加工投标方案模型、地产售楼模型、城市规划模型、园林景观模型、室内商场模型、公共建筑模型、军事模型、地形模型、工业厂区模型、机械模型,以及先进的声、光、电、多媒体模型等,为企事业单位更好地完成宣传、生产、科学研究等工作。

2.1 系统建模与动态方程

因实际控制系统的数学模型不具有唯一性,所以必须根据系统的分析和设计要求选用恰当的数学模型。任何控制系统都由元件构成,根据元件在系统中的工作原理、作用和物理、化学规律,确定元件输入/输出之间的关系。在经典控制理论中,常用微分方程描述系统动态性能。

控制系统建立数学模型的方法有两种:解析法和实验法。解析法(也称为机理建模、白箱建模)就是已知系统具体结构,根据系统工作原理和元件遵循的物理、化学等科学规律,列写出数学关系式的建模方法;实验法(也称为系统辨识法、黑箱建模)就是系统具体结构未知,通过实验得到实验数据,进行数据处理、分析建立数学模型的建模方法。本书采用解析法建模。

解析法建立微分方程模型的步骤如下:

(1) 根据元件特性,确立元件的输入量和输出量;根据具体系统需要引入合适的中间变量、提出合理的系统假设进行数学简化。

(2) 根据元件在工作过程中遵循的物理、化学、生物等科学规律,在满足条件的情况下考虑主要因素,忽略次要因素,列出原始微分方程。

(3) 消去中间变量,根据分析和设计要求整理出所需的系统输入与输出之间关系的微分方程,即数学模型。

2.1.1 电气和电子系统

电子电路系统遵循克希霍夫(基尔霍夫)电压定律和电流定律。

1. 元件数学模型的建立

【例 2.1】试建立如图 2.1 所示电感元件的数学模型。

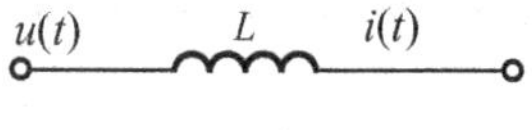

$$u(t) \quad L \quad i(t)$$

图 2.1 电感元件

【解】明确输入、输出量。元件的输入量为电压 $u(t)$,输出量为电流 $i(t)$。

列出原始微分方程式。根据电感元件的性质得

$$u(t) = L \cdot \frac{\mathrm{d}i(t)}{\mathrm{d}t} \tag{2.1}$$

式(2.1)所示为图 2.1 电感元件的数学模型。

2. 电气和电子控制系统数学模型的建立

【例 2.2】建立如图 2.2 所示 LRC 电路系统的数学模型。

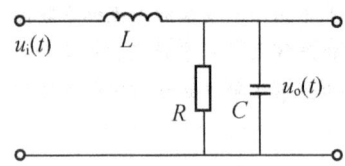

图 2.2　LRC 电路系统

【解】明确输入、输出量。网络的输入量为电压 $u_i(t)$，输出量为电压 $u_o(t)$。

列出微分方程式。根据元件特性和电路理论得

$$u_i(t) = L\frac{di_L(t)}{dt} + u_o(t)$$

$$u_o(t) = \frac{1}{C}\int i_C(t)dt = i_R(t) \cdot R$$

$$i_L(t) = i_C(t) + i_R(t)$$

式中，$i_L(t)$、$i_C(t)$、$i_R(t)$ 为元件电流，是电路系统引入的中间变量，$i_C(t) = C\dfrac{du_o(t)}{dt}$。

消去中间变量并整理得

$$u_i(t) = LC\frac{d^2 u_o(t)}{dt^2} + \frac{L}{R}\frac{du_o(t)}{dt} + u_o(t) \tag{2.2}$$

式(2.2)是一个二阶线性微分方程，是图 2.2 电路网络的数学模型。

【例 2.3】建立如图 2.3 所示的 RC 电路网络串联系统的数学模型。

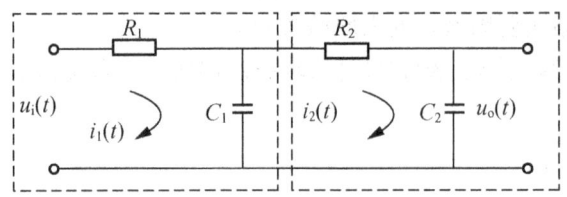

图 2.3　RC 串联电路系统

【解】明确输入、输出量。电路网络的输入量为电压 $u_i(t)$，输出量为电流 $u_o(t)$。

列出原始微分方程式。根据电路理论得

$$\frac{1}{C_1}\int [i_1(t) - i_2(t)]dt + R_1 i_1(t) = u_i(t)$$

$$\frac{1}{C_1}\int [i_2(t) - i_1(t)]dt + R_2 i_2(t) + \frac{1}{C_2}\int i_2(t)dt = 0$$

$$\frac{1}{C_2}\int i_2(t)dt = u_o(t)$$

式中，$i_1(t)$ 为 R_1、C_1 构成回路时的回路电流；$i_2(t)$ 为 R_2、C_2 构成回路时的回路电流，都是中间变量。

消去中间变量，得

$$u_i(t) = R_1C_1R_2C_2 \frac{d^2u_o(t)}{dt^2} + (R_1C_1+R_2C_2+R_1C_2)\frac{du_o(t)}{dt} + u_o(t) \quad (2.3)$$

式(2.3)是图 2.3 两个 RC 电路回路串联的数学模型，但不是两个 RC 网络数学模型的串联。因为后一级 R_2C_2 网络是前一级 R_1C_1 网络的负载，有不可以忽略的负载效应。

2.1.2 机械系统

1. 简单机械系统位移微分方程

【例 2.4】试建立如图 2.4 所示机械系统的数学模型。m 为物体质量，地面光滑无摩擦。

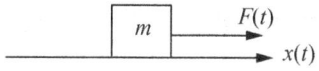

图 2.4 简单机械位移系统

【解】明确输入、输出量。系统的输入量为外力 $F(t)$，输出量为位移 $x(t)$。

列出原始微分方程式。根据牛顿运动定律，有

$$F(t) = ma = m \cdot \frac{dv(t)}{dt} = m \cdot \frac{d^2x(t)}{dt^2} \quad (2.4)$$

式中，$a = dv(t)/dt$ 为加速度。

式(2.4)所示为图 2.4 简单机械系统的数学模型。

【例 2.5】建立如图 2.5 所示机械位移系统 m 在外力作用下的位移运动方程。

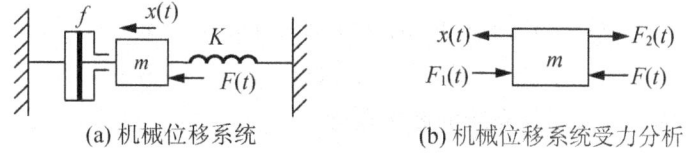

(a) 机械位移系统　　　　(b) 机械位移系统受力分析

图 2.5 机械位移系统与机械位移系统受力分析

【解】**方法一**　明确输入、输出量。系统的输入量为外力 $F(t)$，输出量为位移 $x(t)$。

列出原始微分方程式。根据 m 的受力分析和牛顿运动定律得

$$F(t) - F_1(t) - F_2(t) = ma = m\frac{d^2x(t)}{dt^2}$$

$$F_1(t) = f\frac{dx(t)}{dt}, \quad F_2(t) = Kx(t)$$

式中，速度 $v(t) = dx(t)/dt$、加速度 $a = d^2x(t)/dt^2$，$F_1(t)$ 是阻尼器的阻尼力，方向与运动方向相反，大小与运动速度成正比，f 为阻尼系数；$F_2(t)$ 是弹簧弹性力，方向与运动方向相反，大小与位移成正比，K 为弹性系数。

消去中间变量：

$$m\frac{d^2x(t)}{dt^2} + f\frac{dx(t)}{dt} + Kx(t) = F(t) \quad (2.5)$$

式(2.5)所示为图 2.5 机械系统的数学模型。

方法二　应用 MATLAB 求解。

```
Clear;syms F F1 F2 m x xp xpp K f
F1=f*xp;F2=K*x[x]=solve('m*xpp=F-f*xp-K*x)
```

运行结果：

$$\frac{m}{K}\frac{d^2x(t)}{dt^2}+\frac{f}{K}\frac{dx(t)}{dt}+x(t)=\frac{1}{K}F(t)$$

【例2.6】建立如图2.6所示汽车悬浮系统的数学模型（车体垂直运动）。

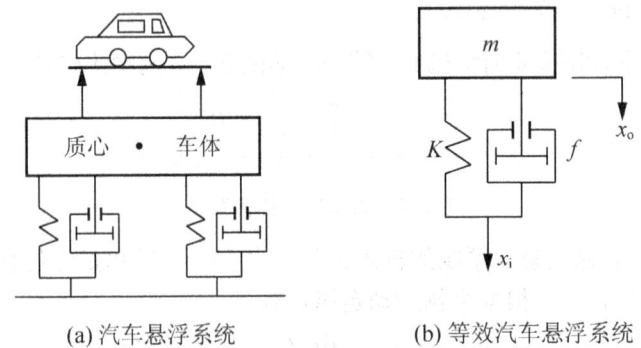

(a) 汽车悬浮系统　　　　(b) 等效汽车悬浮系统

图2.6　汽车悬浮系统与等效汽车悬浮系统

【解】明确输入、输出量。输入量为 $x_i(t)$，是地面凹凸不平引起的位移量，输出量为 $x_o(t)$，是汽车相对水平地面的垂直位移量。

列出原始微分方程式。根据受力分析和牛顿运动定律得

$$m\ddot{x}_o(t)+f[\dot{x}_o(t)-\dot{x}_i(t)]+K[x_o(t)-x_i(t)]=0 \\ m\ddot{x}_o(t)+f\dot{x}_o(t)+Kx_o(t)=f\dot{x}_i(t)+Kx_i(t) \tag{2.6}$$

式(2.6)所示为图2.6机械系统的数学模型。

2. 机械系统转动方程

【例2.7】建立如图2.7所示他励直流电动机拖动系统的数学模型。忽略电动机和负载折合到电动机轴上的黏性摩擦系数。

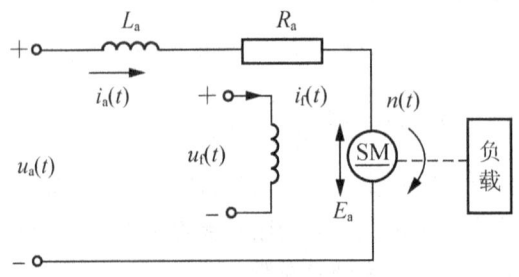

图2.7　他励直流电动机拖动系统

【解】明确输入、输出量。电枢电压 $u_a(t)$ 为输入量，电动机转速 $n(t)$ 为输出量。列出原始微分方程式。

根据电枢回路电压平衡方程得

$$u_a(t) = L_a \frac{di_a(t)}{dt} + R_a i_a(t) + E_a(t)$$

式中，R_a、L_a 分别是电枢电路的总电阻和总电感；$E_a(t)$ 为电枢反电动势，$E_a(t) = C_e \phi n(t)$，C_e 是反电势系数，Φ_f 为励磁磁通，为常值。

电磁转矩方程为

$$T(t) = C_t \phi i_a(t)$$

式中，C_t 是电动机转矩系数；$T(t)$ 是电枢电流产生的电磁转矩。

电动机轴上的转矩平衡方程为

$$\frac{GD^2}{375} \cdot \frac{dn(t)}{dt} = T(t) - T_2(t)$$

式中，$GD^2/375$ 为电动机和负载折合到电动机轴上的转动惯量；T_2 是折合到电动机轴上的总负载转矩。

消去中间变量，有

$$L_a \frac{GD^2}{375} \cdot \frac{d^2 n(t)}{dt^2} + R_a C_t \Phi \frac{GD^2}{375} \frac{dn(t)}{dt} + C_t C_e \Phi^2 n(t) = C_t \Phi u_a(t) - L_a \frac{dT_2(t)}{dt} - R_a C_t \Phi T_2(t)$$

他励电动机作为动力设备，是感性负载，电枢电感较小，$L_a \approx 0$，电枢电阻很小，$R_a \approx 0$。

$$n(t) = \frac{u_a(t)}{C_e \Phi} \tag{2.7}$$

式(2.7)所示为图 2.7 机械系统的数学模型。

由他励直流电动机数学模型可知：他励直流电动机的转速 $n(t)$ 与电枢电压 $u_a(t)$ 成正比，所以此电动机又可作为测速发电机使用，转速与电压之间的关系为 $u_a(t) = C_e \Phi n(t)$。

2.1.3 热量系统

【例 2.8】建立图 2.8 所示电炉加热系统的数学模型。

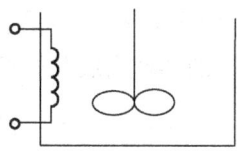

图 2.8 电炉加热系统

【解】明确输入、输出量。电炉丝发出的总热量 q 为输入量，电炉升高的温度 θ 为输出量。

系统平衡方程：电炉丝发出的总热量＝液体温度升高所需热量＋容器壁向外散失的热量，即

$$c \frac{d\theta}{dt} + K\theta = q \tag{2.8}$$

式中，c 为炉子的热容量，此系统温度升高所需热量为 $c \frac{d\theta}{dt}$；K 为比例常数，散失的热量为 $K\theta$。

式(2.8)所示为图2.8机械系统的数学模型。

不同的实际控制系统,不管它们是机械的、电气的、热力的、还是经济学的、生物学的,都可以用微分方程描述,且数学模型还可能完全相同,如式(2.2)、式(2.3)、式(2.5),把这种具有相同数学模型的不同物理系统统称为相似系统。利用相似系统这一性质,在控制系统中分析数学模型,既可以避开实物系统分析,分析结果又能适合于各式各样的系统,避免了相似系统的重复研究。

2.1.4 非线性系统微分方程的线性化

数学模型建立的首要条件:元件和系统都具有线性特性。但实际控制系统中,所有的元件和系统都是非线性的,所以常常只能根据实际工程系统的特点,在合理的、可能的条件下对非线性元件、非线性系统的非线性方程进行近似处理,使其为线性方程,即线性化。

1. 线性化的特点

元件、系统能线性化的条件:实际元件、控制系统常以某一工作点为平衡点,信号围绕该平衡点的信号小范围内变化,此时得到的非线性系统输出可以看成是在平衡点附近有限工作范围内的线性系统输出,即非线性系统线性化。

线性化的方法:①某些因素忽略不记,直接取常值;②小偏差线性化,即代表非线性系统的非线性函数在给定区域内如果各阶导数都存在的情况下,则在给定平衡点的邻域内将非线性函数展开为泰勒级数,当偏差范围很小时,忽略泰勒级数展开式中偏差的高次项,得到只包含偏差一次项的线性化方程式的方法。此方法常用,但不满足条件的不能线性化处理。

2. 小偏差线性化的处理方法

假设有一个非线性元件系统,输入量为x,输出量为y,y与x之间为连续变化的非线性函数$y=f(x)$,静态工作点A为(x_0, y_0),且在静态工作点处各阶导数都存在,当$x=x_0+\Delta x$时,$y=y_0+\Delta y$,则在x_0的邻域内展开成泰勒级数为

$$y=f(x)=f(x_0)+\left(\frac{df(x)}{dx}\right)_{x=x_0}(x-x_0)+\frac{1}{2!}\left(\frac{d^2 f(x)}{dx^2}\right)_{x=x_0}(x-x_0)^2+\cdots \quad (2.9)$$

当增量Δx很小时,即$x-x_0\approx 0$,忽略二次方及二次方以上的各项,即作0处理,有

$$y-y_0=f(x)-f(x_0)=\left(\frac{df(x)}{dx}\right)_{x=x_0}(x-x_0) \quad (2.10)$$

式中,$y_0=f(x_0)$,$K=\left(\frac{df(x)}{dx}\right)_{x=x_0}$,取$\Delta y=y-y_0$,$\Delta x=(x-x_0)$。

$\Delta y=K\Delta x$,略去增量符号Δ,便得到函数在工作点附近的线性化方程:

$$y=Kx \quad (2.11)$$

式中,K是比例系数,实际上是函数$y=f(x)$在A点的切线斜率,如图2.9所示。

式(2.11)所示函数为非线性元件或系统的线性化数学模型。

如果非线性元件或系统有多个输入量,一样可以采用小偏差线性化方法处理。

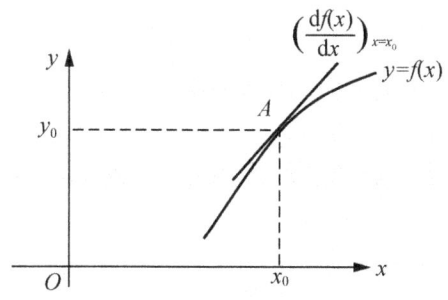

图 2.9 小偏差线性化示意图

3. 系统线性化数学模型的建立步骤

只有非线性系统满足线性化的条件下才能建立其数学模型。建立数学模型的步骤如下。

(1) 根据非线性系统列出非线性微分方程。
(2) 确定非线性系统的稳定工作点，并求出稳定工作点处各变量的工作状态。
(3) 检查非线性部分是否满足线性化处理条件，满足则进行线性化处理，否则不能线性化。
(4) 在工作点的领域内将非线性函数通过增量的形式表示成线性函数。
(5) 联立解方程得到只含有系统总输入和总输出的线性化方程。

注意：

(1) 线性化方程中的参数选择与工作点有关。工作点不同，相应的参数也不同，因此在进行线性化时，应首先确定工作点。
(2) 当输入量信号变化范围较大时，用上述方法进行线性化处理势必引起较大的误差。所以，要注意它的条件和信号变化的范围。
(3) 若非线性特性是不连续的，不能满足展开成为泰勒级数的条件，就不能进行线性化处理。这类非线性称为本质非线性，要用非线性自动控制理论来解决。

【例 2.9】建立图 2.10 所示系统的数学模型。

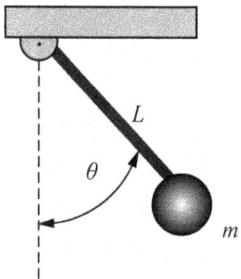

图 2.10 单摆非线性系统

【解】由动力学得

$$ml\ddot{\theta}+ul\dot{\theta}+mg\sin\theta=0$$

此系统为非线性，以 $\theta=0$ 作平衡位置，小球作小摆动，则 $\sin\theta\approx\theta$。

此时有
$$ml\ddot{\theta}+ul\dot{\theta}+mg\theta=0 \tag{2.12}$$
式(2.12)所示为图2.10机械系统的数学模型。

2.2 线性定常系统的传递函数

控制系统通常建立的数学模型是微分方程,在一定激励的作用下,系统有响应,且为时间的函数,然后根据响应函数可以画出响应曲线。但对于复杂系统,想得到系统的输出很困难,因为高阶微分方程不容易求解。若将微分方程经过拉氏变换后求解,则可大大减小计算量。

2.2.1 传递函数的定义

线性定常系统传递函数的定义:在初始条件全部为零的假设条件下,系统输出量(响应函数)的拉氏变换与输入量(激励函数)的拉氏变换之比。

线性定常系统微分方程的一般形式可写为

$$a_n \frac{d^n y(t)}{dt^n} + a_{n-1} \frac{d^{n-1} y(t)}{dt^{n-1}} + \cdots + a_1 \frac{dy(t)}{dt} + a_0 y(t)$$
$$= b_m \frac{d^m x(t)}{dt^m} + b_{m-1} \frac{d^{m-1} x(t)}{dt^{m-1}} + \cdots + b_1 \frac{dx(t)}{dt} + b_0 x(t)$$

式中,$y(t)$为输出量,$x(t)$为输入量。

在全部初始条件假设为零的条件下,对微分方程两边进行拉氏变换。输入量的拉普拉斯为$X(s)=L[x(t)]$,输出量的拉普拉斯为$Y(s)=L[y(t)]$。

$$(a_n s^n + a_{n-1} s^{n-1} + \cdots + a_1 s + a_0) Y(s) = (b_m s^m + b_{m-1} s^{m-1} + \cdots + b_1 s + b_0) X(s) \tag{2.13}$$

线性定常系统传递函数为

$$G(s) = \frac{Y(s)}{X(s)} = \frac{b_m s^m + b_{m-1} s^{m-1} + \cdots + b_1 s + b_0}{a_n s^n + a_{n-1} s^{n-1} + \cdots + a_1 s + a_0} = \frac{M(s)}{N(s)} \tag{2.14}$$

注意:传递函数只适用于线性定常系统,输出量为$Y(s)=G(s)\cdot X(s)$,当输入为单位脉冲$[X(s)=1]$时,其响应就是传递函数$Y(s)=G(s)$。分母多项式$a_n s^n + a_{n-1} s^{n-1} + \cdots + a_0$为系统的特征多项式,当$N(s)=a_n s^n + a_{n-1} s^{n-1} + \cdots + a_0 = 0$时的解为传递函数(系统)的**极点**,用"×"表示;分子多项式$M(s)=b_m s^m + b_{m-1} s^{m-1} + \cdots + b_1 s + b_0 = 0$的解为传递函数(系统)的**零点**,用"○"表示。实际系统因含有惯性元件,所以总是分母的阶次高于或等于分子的阶次(即$n \geq m$且为实数)。

在MATLAB里,可以用分子、分母多项式系数构成的两个向量num与den表示系统:
$$G(s) = \frac{Y(s)}{X(s)} = \frac{b_m s^m + b_{m-1} s^{m-1} + \cdots + b_1 s + b_0}{a_n s^n + a_{n-1} s^{n-1} + \cdots + a_1 s + a_0} = \frac{\text{num}(s)}{\text{den}(s)}$$
$$\text{num}=[b_m, b_{m-1}, \cdots, b_0],\ \text{den}=[a_n, a_{n-1}, \cdots, a_0]$$

传递函数的表达形式有如下三种:

(1) 零、极点形式:

$$G(s) = \frac{b_m}{a_n} \cdot \frac{s^m + d_{m-1} s^{m-1} + \cdots + d_1 s + d_0}{s^n + c_{n-1} s^{n-1} + \cdots + c_1 s + c_0} = K \frac{\prod_{i=1}^{m}(s+z_i)}{\prod_{j=1}^{n}(s+p_j)} \tag{2.15}$$

式中，$-z_i(i=1,2,3,\cdots,m)$ 为零点，$-p_j(j=1,2,3,\cdots,n)$ 为极点，$K=\dfrac{b_m}{a_n}$ 为零、极点形式时传递函数的增益。

用根轨迹分析系统时通常采用此种传递函数表达形式。

稳定系统的零、极点分布如图 2.11 所示。

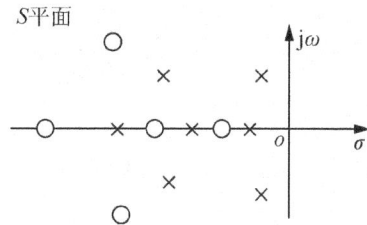

图 2.11　稳定系统零、极点分布图

在 MATLAB 里，可以用 z、p、k 构成的向量组表示系统：

$$G(s)=K\frac{(s+z_1)(s+z_2)\cdots(s+z_m)}{(s+p_1)(s+p_2)\cdots(s+p_n)}$$

$z=[z_1,z_2,\cdots,z_m]$，$p=[p_1,p_2,\cdots,p_n]$，$k=[K]$

（2）时间常数形式：

$$G(s)=\frac{b_0}{a_0}\cdot\frac{d'_m s^m+d'_{m-1}s^{m-1}+\cdots+d'_1 s+1}{c'_n s^n+c'_{n-1}s^{n-1}+\cdots+c'_1 s+1}=K'\cdot\frac{\prod\limits_{i=1}^{m}(t_i s+1)}{\prod\limits_{j=1}^{n}(T_j s+1)} \quad (2.16)$$

式中，t_i 为分子各因子的时间常数，T_j 为分母各因子的时间常数，$K'=\dfrac{b_0}{a_0}$ 为时间传递函数时的增益。

时域分析法和频域分析法传递函数常采用此种表示方法。

（3）考虑到零极点除有不为零的实数解外，可能有 ν 个为零的解，还可能有复数解，所以还可以把传递函数的形式表示为

$$\begin{aligned}G(s)&=\frac{K}{s^\nu}\cdot\frac{\prod\limits_{i=1}^{m_1}(s+z_i)\prod\limits_{k=1}^{m_2}(s^2+2\zeta_k\omega_k s+\omega_k^2)}{\prod\limits_{j=1}^{n_1}(s+p_j)\prod\limits_{l=1}^{n_2}(s^2+2\zeta_l\omega_l s+\omega_l^2)}\\ &=\frac{K}{s^\nu}\cdot\frac{\prod\limits_{i=1}^{m_1}(t_i s+1)\prod\limits_{k=1}^{m_2}(t_k^2 s^2+2\zeta_k\tau_k s+1)}{\prod\limits_{j=1}^{n_1}(T_j s+1)\prod\limits_{l=1}^{n_2}(T_L^2 s^2+2\zeta_l T_l s+1)}\end{aligned} \quad (2.17)$$

式中，ζ 为阻尼比，$m_1+2m_2=m$，$n_1+2n_2+\nu=n$；如为开环传递函数时，ν 表示系统的型别（$\nu=0$ 时，为 0 型系统；$\nu=1$ 时，为 1 型系统；$\nu=2$ 时，为 2 型系统等）。误差分析和伯德图（Bode）常采用此种表示方法。

在 MATLAB 里，各种形式的传递函数间可以相互转换。

【例 2.10】已知系统的零极点传递函数 $G(s)=2\dfrac{(s+1)}{s(s+3)(s+5)}$，求其等效的传递函数。

【解】应用 MATLAB 求解。

```
Z=[-1];P=[0;-3;-5];K=2;sys1=zpk(Z,P,K);sys=tf(sys1)
```

运行结果：

$$G(s)=\frac{2s+2}{s^3+8s^2+15s}$$

【例 2.11】已知系统的传递函数 $G(s)=\dfrac{2s+10}{s^3+5s^2+6s}$，求零、极点传递函数。

【解】应用 MATLAB 求解。

```
num=[2;10];den=[1;5;6];sys=tf(num,den);G=zpk(sys)
```

运行结果：

$$G(s)=\frac{2(s+5)}{s(s+2)(s+3)}$$

2.2.2 传递函数的性质

（1）传递函数是只适于线性定常系统的一种数学模型，表示输入、输出变量之间的关系。

（2）传递函数是系统本身的一种属性，与系统元件和结构有关，与输入量的大小、性质无关。

（3）传递函数与微分方程这两种数学模型可以相互转换。

（4）传递函数不提供实物系统物理结构方面的信息。因为不同系统可以有完全相同的传递函数，所以可以通过一个传递函数掌握多个相似系统的性质。

（5）如果因为系统物理结构未知，可以通过实验方法来确定系统的传递函数。

2.2.3 典型环节的传递函数

从系统的传递函数表达式可以看出，它由一些基本因子构成，这些基本因子被称为典型环节的传递函数。典型环节有以下几个环节。

1. 比例环节

比例环节，又称放大环节或无惯性环节，是指输出量 $y(t)$ 与输入量 $x(t)$ 之间是一种固定比值关系。作用是输出量能够按一定的比例复现输入量。

数学模型：

$$y(t)=Kx(t) \tag{2.18}$$

传递函数：

$$G(s)=\frac{Y(s)}{X(s)}=K \tag{2.19}$$

式中，K 为比例系数或传递系数。

实际中常用的例子如图 2.12 所示。

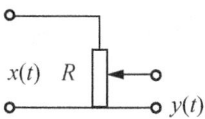

图 2.12 比例环节实物系统

2. 惯性环节

惯性环节是指输出量 $y(t)$ 与输入量 $x(t)$ 之间是微分关系。作用：与比例环节相比，其输出量不能立即跟随输入量变化，存在一定的时间延迟。时间常数 T 越大，环节的惯性越大，延迟的时间也就越长。

数学模型：

$$T\frac{\mathrm{d}y(t)}{\mathrm{d}t}+y(t)=x(t) \quad (T \text{ 为时间常数}) \tag{2.20}$$

传递函数：

$$G(s)=\frac{Y(s)}{X(s)}=\frac{1}{Ts+1} \tag{2.21}$$

实际中常用的惯性环节实物系统如图 2.13 所示。

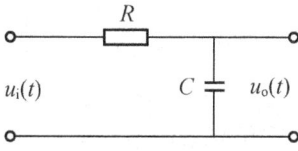

图 2.13 惯性环节实物系统

3. 积分环节

积分环节是指输出量 $y(t)$ 与输入量 $x(t)$ 之间的关系用微分方程表示。作用：输出量与输入量的积分成正比的无限增加。

数学模型：

$$y(t)=K\int x(t)\mathrm{d}t \quad (t \geqslant 0) \tag{2.22}$$

传递函数：

$$G(s)=\frac{Y(s)}{X(s)}=\frac{K}{s} \tag{2.23}$$

实际中常用的积分环节实物系统如图 2.14 所示。

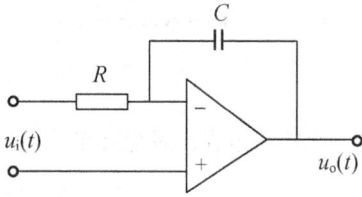

图 2.14 积分环节实物系统

4. 振荡环节

典型振荡环节是指输出量 $y(t)$ 与输入量 $x(t)$ 之间的关系用微分方程表示。

数学模型：

$$T^2\frac{d^2y(t)}{dt^2}+2T\zeta\frac{dy(t)}{dt}+y(t)=x(t) \tag{2.24}$$

传递函数：

$$G(s)=\frac{Y(s)}{X(s)}=\frac{1}{T^2s^2+2\zeta Ts+1}=\frac{\frac{1}{T^2}}{s^2+\frac{2\zeta}{T}s+\frac{1}{T^2}}=\frac{\omega_n^2}{s^2+2\zeta\omega_n s+\omega_n^2} \tag{2.25}$$

式中，T 为时间常数，ζ 为阻尼系数（阻尼比），$\omega_n=1/T$ 为无阻尼自然振荡频率。对于振荡环节恒有 $0\leqslant\zeta<1$。

5. 微分环节

微分环节是指输出量 $y(t)$ 与输入量 $x(t)$ 之间的关系用微分方程表示。作用：反应输入量的变化趋势。常用的微分环节如表 2.1 所示。

表 2.1　常用的微分环节

微分环节	数学模型	传递函数
纯微分环节	$y(t)=\tau\dfrac{dx(t)}{dt}$　$(t\geqslant0)$	$G(s)=\dfrac{Y(s)}{X(s)}=\tau s$
一阶微分环节	$y(t)=\tau\dfrac{dx(t)}{dt}+x(t)$　$(t\geqslant0)$	$G(s)=\dfrac{Y(s)}{X(s)}=\tau s+1$
二阶微分环节	$y(t)=\tau^2\dfrac{d^2x(t)}{dt^2}+2\tau\zeta\dfrac{dx(t)}{dt}+x(t)$　$(0<\zeta<1,\ t\geqslant0)$	$G(s)=\dfrac{Y(s)}{X(s)}=\tau^2s^2+2\tau\zeta s+1$

实际中常用的微分环节实物系统如图 2.15 所示。常用微分环节的传递函数没有极点，只有零点。

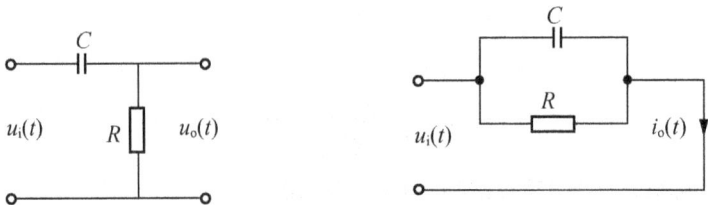

图 2.15　微分环节实物系统

6. 延迟环节

延迟环节又称为时滞环节、纯滞后环节、时延环节。作用：输出量经过一段时间延迟后可以完全复现输入量。

数学模型：
$$y(t)=x(t-\tau)\cdot z(t-\tau) \quad (\tau \text{ 为延迟时间}) \quad (2.26)$$

传递函数：
$$G(s)=\frac{Y(s)}{X(s)}=e^{-\tau s} \quad (2.27)$$

2.2.4 系统传递函数

【例 2.12】网络系统如图 2.3 所示，试求 RC 串联网络的传递函数。

【解】**方法一** 根据系统电路定律得
$$u_i(t)=R_1C_1R_2C_2\frac{d^2u_o(t)}{dt^2}+(R_1C_1+R_2C_2+R_1C_2)\frac{du_o(t)}{dt}+u_o(t) \quad (2.28)$$

拉氏变换后得到传递函数为
$$\frac{U_o(s)}{U_i(s)}=\frac{1}{R_1C_1R_2C_2s^2+(R_1C_1+R_2C_2+R_1C_2)s+1} \quad (2.29)$$

方法二 电气元件的复数阻抗是电气元件两端的电压相量与流过元件的电流相量之比，用 Z 表示，即 $Z=\dot{U}/\dot{I}$，电阻、电感、电容的复数阻抗分别为 R、$j\omega L$、$1/j\omega C$。当拉氏变换时，只需要把 $j\omega$ 换成 s，则电阻、电感、电容的复数阻抗分别为 R、Ls、$1/Cs$。系统中用 Z_1、Z_2、Z_3、Z_4 表示对应元件的复数阻抗。设初始条件为 0（此阻抗法才适用）。图 2.3 的复数阻抗电路系统如图 2.16 所示。

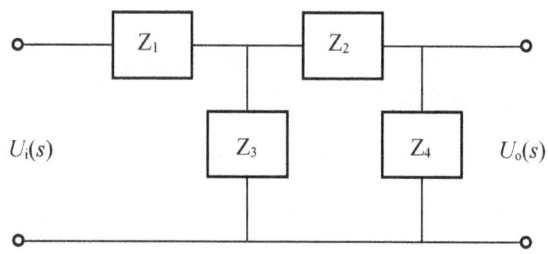

图 2.16 RC 串联网络复阻抗电路系统

$$\frac{U_o(s)}{U_i(s)}=\frac{Z_3Z_4}{Z_1(Z_2+Z_3+Z_4)+Z_3(Z_2+Z_4)} \quad (2.30)$$

代入对应元件的复数阻抗 $Z_1=R_1$、$Z_2=R_2$、$Z_3=1/C_1s$、$Z_4=1/C_2s$ 得到
$$\frac{U_o(s)}{U_i(s)}=\frac{1}{R_1C_1R_2C_2s^2+(R_1C_1+R_2C_2+R_1C_2)s+1} \quad (2.31)$$

式(2.31)所示为图 2.5 电路系统的数学模型。

2.3 控制系统的结构图与化简

结构图是将系统图形化的一种数学模型，即用结构图代表实物系统。优点：既能表明系统的组成和信号的传递方向，又能表示系统信号在传递过程中的数学关系。

2.3.1 结构图的组成

控制系统结构图的组成如图2.17所示。

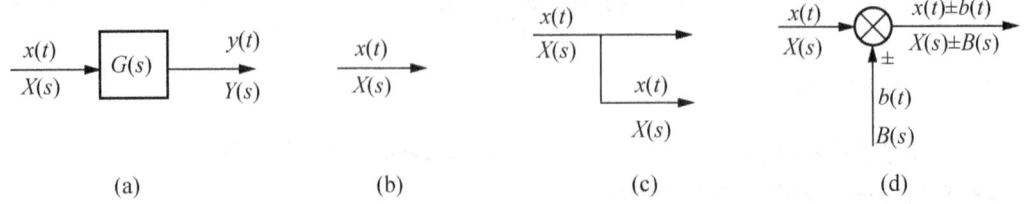

图2.17 控制系统结构图组成

方块：表示元件或环节的输入变量到输出变量之间的函数关系。方块中表达式$G(s)$即为传递函数，对信号起运算、转换作用，如图2.17(a)所示，$Y(s)=G(s)X(s)$。

信号线：用带箭头的有向直线表示。箭头方向表示信号的传递方向，在信号线上标注的是原函数或象函数（已拉氏变换过的），如图2.17(b)所示。

分支点（引出点）：表示把一个信号分成两个（或多个）信号输出。每一路信号与原信号完全相同，如图2.17(c)所示。

综合点（比较点或相加点）：对两个或两个以上的相同性质信号进行代数和计算。信号相加用"+"（框图中通常可以省略），信号相减用"-"，如图2.17(d)所示。

2.3.2 结构图的建立

【例2.13】绘出电感元件L的结构图，并写出传递函数。

【解】电感元件L的结构图如图2.18所示。

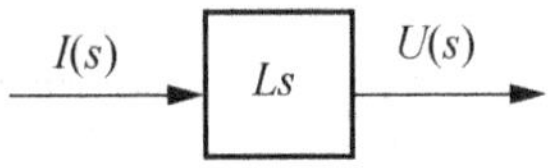

图2.18 电感元件L的结构图

$$G(s)=\frac{U(s)}{I(s)}=Ls \qquad (2.32)$$

式(2.32)所示为线性电感元件的传递函数。

【例2.14】电路网络系统如图2.3所示，试绘出该系统的结构图。

【解】$I_1(s)=[U_i(s)-U(s)]\times\dfrac{1}{R_1}$ (a)

$I_3(s)=[I_1(s)-I_2(s)]$ (b)

$U(s)=\dfrac{I_3(s)}{C_1 s}$ (c)

$I_2(s)=[U(s)-U_o(s)]\times\dfrac{1}{R_2}$ (d)

$U_o(s)=\dfrac{I_2(s)}{C_2 s}$ (e)

该系统的结构图如图 2.19 所示。

绘制控制系统结构图的步骤如下。

(1) 列出每个元件的微分方程,并进行拉氏变换。

(2) 画出每个方程的结构图,并标出传递函数和信号。

(3) 根据信号的先后关系,连接所有微分方程的结构图。

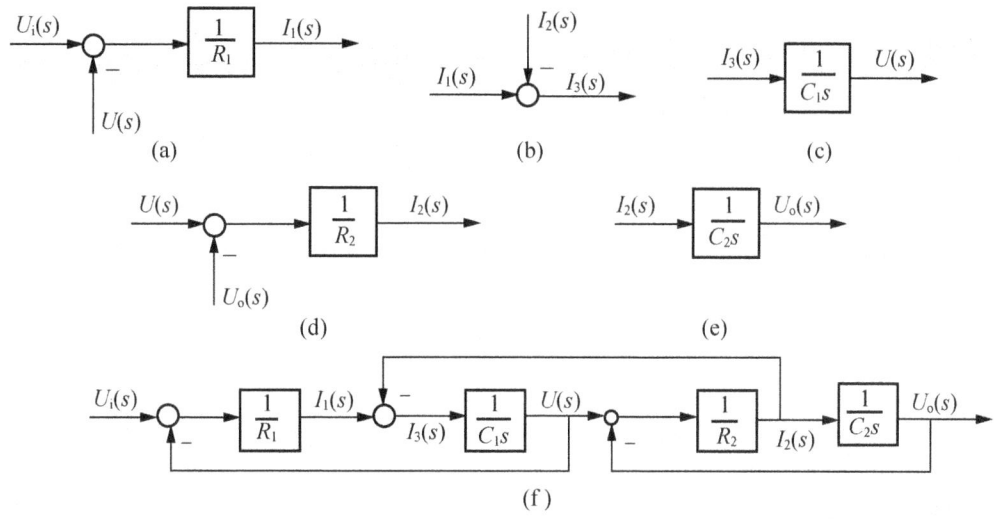

图 2.19 结构图建立过程

2.3.3 结构图的等效变换

一个控制系统一般都很复杂,其结构图也相当复杂,对其分析时必须把复杂系统转换成简单系统。所以,对复杂系统的框图化简是非常必要的。

化简的原则:化简前后的系统输入量和输出量的数学关系不变。

化简分类:环节的合并;信号引出点、相加点的移动;信号引出点、相加点的交换。

1. 环节的合并

1) 环节的串联

串联等效框图如图 2.20 所示。

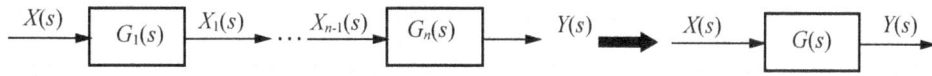

图 2.20 串联结构图及等校结构图

串联特点:前一个环节的输出信号是下一个环节的输入信号,依次按顺序连接(注意不改变其他信号的性质)。

$$\begin{aligned} X_1(s) &= G_1(s)X(s) \\ X_2(s) &= G_2(s)X_1(s) \\ &\vdots \\ Y(s) &= G_n(s)X_{n-1}(s) \end{aligned} \tag{2.33}$$

n 个环节串联后的传递函数等效为各传递函数相乘,即

$$G(s) = \frac{Y(s)}{X(s)} = \prod_{i=1}^{n} G_i(s) \tag{2.34}$$

【例 2.15】 两个子系统分别为:$G_1(s) = \dfrac{10}{s^2+2s+10} = \dfrac{\text{num1}}{\text{den1}}$,$G_2(s) = \dfrac{5}{s+5} = \dfrac{\text{num2}}{\text{den2}}$,建立两子系统串联构成的系统模型。

【解】 方法一 $G(s) = G_1(s) \cdot G_2(s) = \dfrac{10}{s^2+2s+10} \cdot \dfrac{5}{s+5} = \dfrac{50}{s^3+7s^2+20s+50}$

方法二 应用 MATLAB 求解。

```
num1=[10];
den1=[1 2 10];
num2=[5];
den2=[1 5];
[num,dem]=series(num1,den1,num2,den2)
```

运行结果:

$$\text{num/den} = \frac{50}{S^3+7S^2+20S+50}$$

2) 环节的并联

并联等效框图如图 2.21 所示。

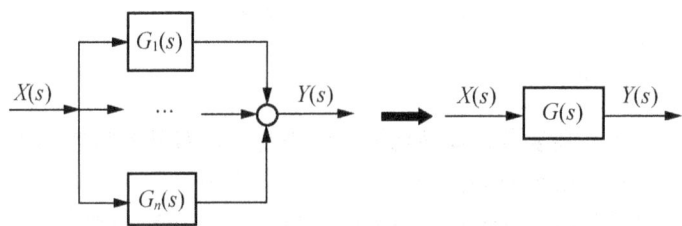

图 2.21 并联等效框图

特点:各环节有相同的输入信号,输出信号等于各环节输出信号的代数和。

$$Y(s) = G_1(s)X(s) + G_2(s)X(s) + \cdots + G_{n-1}(s)X(s) + G_n(s)X(s)$$

n 个环节串联后的传递函数等效为各传递函数之和,即

$$G(s) = \frac{Y(s)}{X(s)} = \sum_{i=1}^{n} G_i(s) \tag{2.35}$$

【例 2.16】 两个子系统如例 2.15 的 $G_1(s)$,$G_2(s)$,建立两子系统并联构成的数学模型。

【解】 方法一 $G(s) = G_1(s) + G_2(s) = \dfrac{10}{s^2+2s+10} + \dfrac{5}{s+5} = \dfrac{5s^2+20s+100}{s^3+7s^2+20s+50}$

方法二 应用 MATLAB 求解。

```
[num,den]=parallel(num1,den1,num2,den2)
```

运行结果:

$$\text{num/den} = \frac{5s^2+20s+100}{s^3+7s^2+20s+50}$$

3) 反馈环节

反馈环节等效框图如图 2.22 所示。

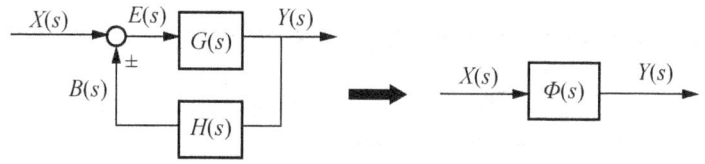

图 2.22 反馈环节等效框图

特点：将环节的输出量反馈回输入端构成闭环，目的是改善环节的特性。该环节由 $G(s)$ 和 $H(s)$ 两个环节连接而成，如图 2.22 所示，称为反馈连接。"＋"号为正反馈，表示输入信号与反馈信号相加；"－"号为负反馈，表示输入信号与反馈信号相减。构成反馈连接后，信号的传递形成了封闭的路线，即闭环控制。按照控制信号的传递方向，可将闭环回路分成两个通道：前向通道和反馈通道。前向通道传递是指输入信号到输出信号的正向传递通道，其传递函数称为前向通道传递函数，如 $G(s)$。反馈通道是把输出信号反馈到输入端，其传递函数称为反馈通道传递函数，如 $H(s)$。当 $H(s)=1$ 时，称为单位反馈。将反馈环节 $H(s)$ 的输出端断开，则前向通道传递函数与反馈通道传递函数的乘积 $G(s)H(s)$ 称为系统的开环传递函数。

$$\begin{aligned} Y(s) &= E(s) \cdot G(s) \\ E(s) &= X(s) \pm B(s) \\ B(s) &= H(s) \cdot Y(s) \end{aligned} \quad (2.36)$$

则得到反馈环节等效传递函数：

$$\Phi(s) = \frac{Y(s)}{X(s)} = \frac{G(s)}{1 \mp G(s)H(s)} \quad (2.37)$$

反馈环节的闭环传递函数描述：

$$\Phi(s) = \frac{\text{前向通道传递函数}}{1 \mp \text{开环传递函数}} \quad (2.38)$$

【例 2.17】两个子系统如例 2.15 的 $G_1(s)$，$G_2(s)$，建立两个子系统构成反馈系统的数学模型。

【解】$G_1(s)$ 为前向通道增益、$G_2(s)$ 为反向通道增益。

方法一 $G(s) = \dfrac{G_1(s)}{1+G_1(s)G_2(s)} = \dfrac{10s+50}{s^3+7s^2+20s+100}$

方法二 应用 MATLAB 求解。

[num,den]=feedback(num1,den1,num2,den2)

运行结果：

$$\text{num/den} = \frac{10s+50}{s^3+7s^2+20s+100}$$

2. 信号相加点、分支点的移动

在复杂控制系统中，经常会出现信号交错，使得环节不能直接进行信号合并。所以，常常会对信号相加点、分支点的移动。

信号相加点、分支点的移动原则：移动前后输出信号不变。

1) 相加点移动

(1) 相加点后移：把相加点从环节的输入端移到输出端，如图 2.23 所示。

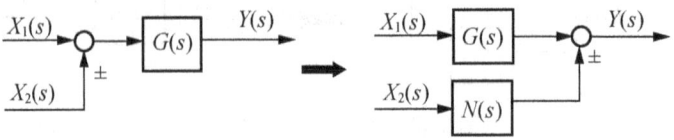

图 2.23　相加点后移框图

移动前：
$$Y(s) = [X_1(s) \pm X_2(s)] G(s) = X_1(s)G(s) \pm X_2(s)G(s) \tag{2.39}$$

移动后：
$$Y(s) = X_1(s)G(s) \pm X_2(s)N(s) \tag{2.40}$$

因移动前后输出信号不变，所以
$$N(s) = G(s) \tag{2.41}$$

(2) 相加点前移：把相加点从环节的输出端移到输入端，如图 2.24 所示。

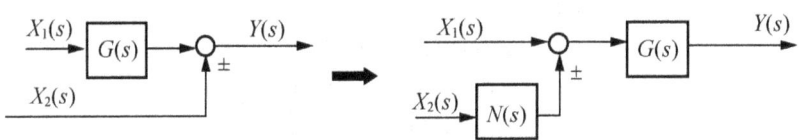

图 2.24　相加点前移框图

移动前：
$$Y(s) = X_1(s)G(s) \pm X_2(s) \tag{2.42}$$

移动后：
$$Y(s) = [X_1(s) \pm X_2(s)N(s)] G(s) = X_1(s)G(s) \pm X_2(s)N(s)G(s) \tag{2.43}$$

因移动前后输出信号不变，所以
$$N(s) = \frac{1}{G(s)} \tag{2.44}$$

2) 分支点移动

(1) 分支点前移：从环节的输出端移到输入端，如图 2.25 所示。

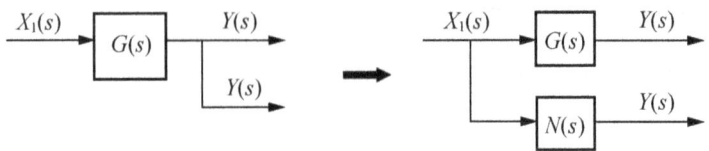

图 2.25　分支点前移框图

移动前：
$$Y(s) = X_1(s)G(s) \tag{2.45}$$

移动后：
$$Y(s)=X_1(s)G(s)=X_1(s)N(s) \tag{2.46}$$

因移动前后输出信号不变，所以
$$N(s)=G(s) \tag{2.47}$$

(2) 分支点后移：从环节的输入端移到输出端，如图 2.26 所示。

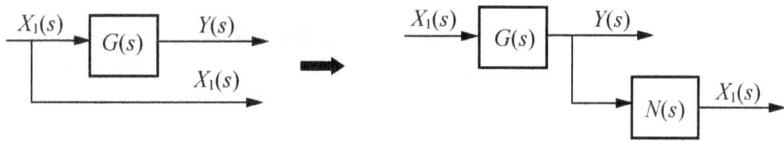

图 2.26　分支点后移框图

移动前：
$$Y(s)=X_1(s)G(s) \tag{2.48}$$

移动后：
$$\begin{aligned}Y(s)&=X_1(s)G(s)\\X_1(s)&=N(s)Y(s)\end{aligned} \tag{2.49}$$

因移动前后输出信号不变，所以
$$N(s)=\frac{1}{G(s)} \tag{2.50}$$

3. 相邻的多个分支点或相加点可以交换位置

(1) 相邻的信号相加点位置可以互换，如图 2.27 所示。

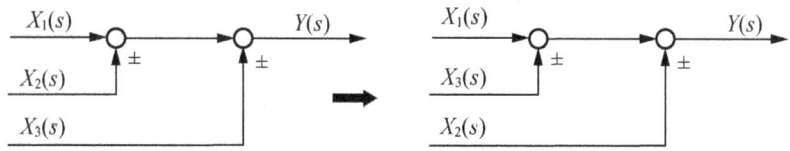

图 2.27　相邻信号相加点互换框图

$$Y(s)=[X_1(s)\pm X_2(s)]\pm X_3(s)=[X_1(s)\pm X_3(s)]\pm X_2(s)$$

(2) 同一信号的引出点位置可以互换，如图 2.28 所示。

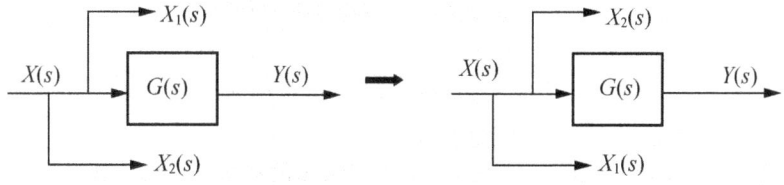

图 2.28　同一信号引出点位置互换框图

$$X(s)=X_1(s)=X_2(s)$$

(3) 分支点和相加点一般不交换位置（交换后处理较复杂），如图 2.29 所示。

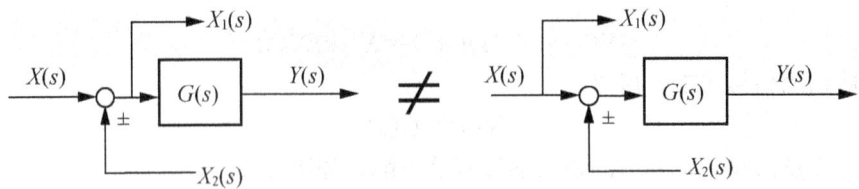

图2.29 支点和相加点不交换位置框图

4. 符号处理

符号移动如图2.30所示。

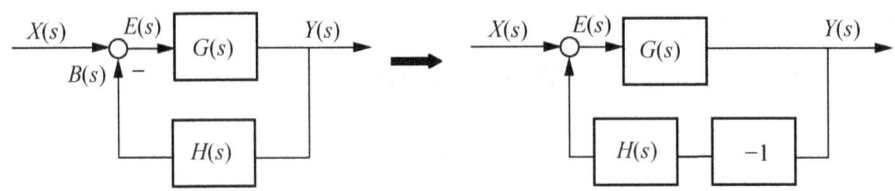

图2.30 符号移动框图

$$E(s)=X(s)-B(s)$$
$$B(s)=H(s)Y(s) \tag{2.51}$$
$$E(s)=X(s)+(-1)H(s)Y(s)$$

总结：化简时，一般情况下按相加点向相加点移动，引出点向引出点移动（即向同类移动、相邻同类移动时化简更简单）。

5. 框图化简举例

【例2.18】如图2.31所示，试将非单位反馈框图等效为单位反馈框图。

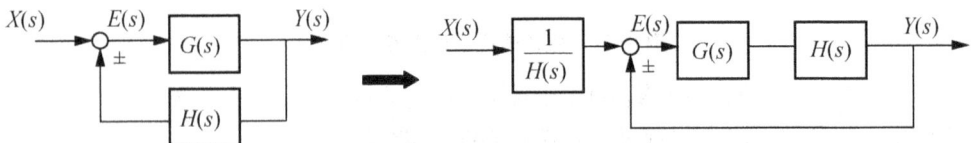

图2.31 非单位反馈等效为单位反馈框图

【解】
$$\frac{Y(s)}{U(s)}=\frac{G(s)}{1\pm G(s)H(s)}=\frac{1}{H(s)}\cdot\frac{G(s)H(s)}{1\pm G(s)H(s)} \tag{2.52}$$

【例2.19】试对图2.19的框图进行化简。

【解】方法一 如图2.32所示，为图2.19框图化简过程。

$$\Phi(s)=\frac{1}{R_1C_1R_2C_2s^2+(R_1C_1+R_2C_2+R_1C_2)s+1} \tag{2.53}$$

方法二 图2.19系统中 $R_1=R_2=2\Omega$，$C_1=C_2=2H$，用Simulink动态模型求系统传递函数，系统结构模型如图2.33所示。

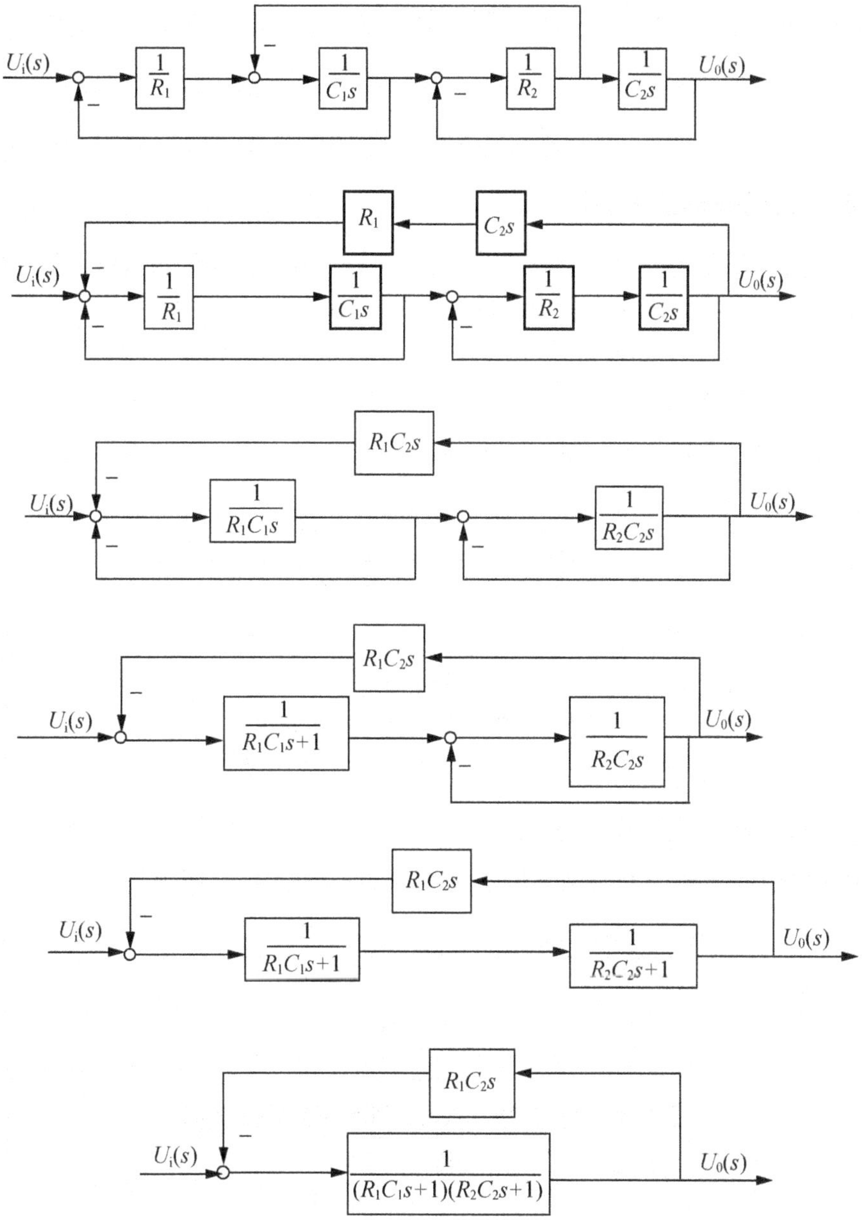

图 2.32 框图化简过程

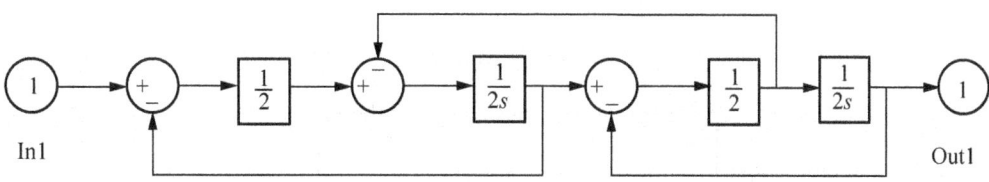

图 2.33 系统的结构模型(mx0201.mdl)

```
[A,B,C,D]=linmod('mx0201');[num,den]=ss2tf(A,B,C,D);
```

运行结果：

$$\Phi(s)=\frac{1}{16s^2+12s+1}$$

2.3.4 自动控制系统的传递函数

自动控制系统不是一个个完全独立的系统，工作过程中会受到很多信号的作用。这些信号分为两种：一种是作用于系统输入端的给定信号 $X(s)$（参考输入信号、指令信号），此信号为系统的激励；另一种是可能作用于系统任何部分的干扰信号 $N(s)$。

1. 自动控制系统的典型结构

自动控制系统的典型结构如图 2.34 所示。

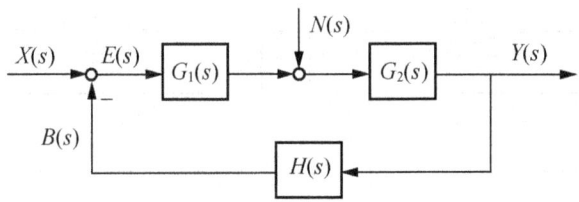

图 2.34 自动控制系统的典型结构

2. 输入信号作用下的闭环传递函数

1) 给定信号作用下的闭环传递函数

令干扰信号 $N(s)=0$，只有给定信号 $X(s)$ 作用，如图 2.35 所示。

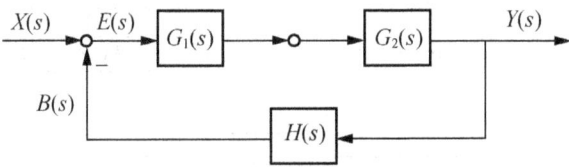

图 2.35 $N(s)=0$，$X(s)$ 作用下的自动控制系统

输出信号 $Y(s)$ 对输入信号 $X(s)$ 的闭环传递函数：

$$\Phi(s)=\frac{Y(s)}{X(s)}=\frac{G_1(s)G_2(s)}{1+G_1(s)G_2(s)H(s)} \tag{2.54}$$

2) 扰动输入作用下的闭环传递函数

令给定信号 $X(s)=0$，只有干扰信号 $N(s)$ 作用，如图 2.36 所示。

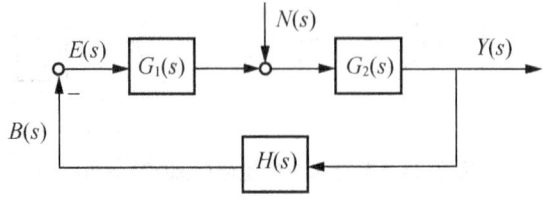

图 2.36 $X(s)=0$，$N(s)$ 作用下的自动控制系统

输出信号 $Y(s)$ 对输入干扰信号 $N(s)$ 的闭环传递函数：

$$\phi_n(s)=\frac{Y(s)}{N(s)}=\frac{G_2(s)}{1+G_1(s)G_2(s)H(s)} \tag{2.55}$$

给定信号和扰动信号同时作用下系统的总输出：

$$\begin{aligned}Y(s)&=\frac{G_1(s)G_2(s)}{1+G_1(s)G_2(s)H(s)}X(s)+\frac{G_2(s)}{1+G_1(s)G_2(s)H(s)}N(s)\\&=\frac{G_2(s)}{1+G_1(s)G_2(s)H(s)}\left[G_1(s)X(s)+N(s)\right]\end{aligned} \tag{2.56}$$

由式 2.55 可知：当 $|G_1(s)H(s)|\gg1$ 和 $|G_1(s)G_2(s)H(s)|\gg1$ 时，闭环传递函数 $\phi_n(s)=\frac{Y(S)}{N(S)}\approx0$，扰动信号被抑制，干扰被克服，所以自动控制系统通常构成闭环控制系统。

3. 闭环系统的偏差传递函数

偏差 $e(t)$：给定输入信号 $x(t)$ 与主反馈信号 $b(t)$ 的偏差。

$$e(t)=x(t)-b(t) \text{ 或 } E(s)=X(s)-B(s) \tag{2.57}$$

1) 给定输入作用下的偏差传递函数

令干扰信号 $N(s)=0$，只有给定信号 $X(s)$ 的作用，如图 2.37 所示。

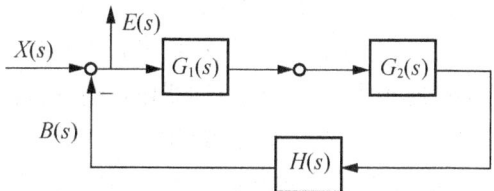

图 2.37 $N(s)=0$，$X(s)$ 作用下的偏差控制系统

输出信号 $E(s)$ 对输入信号 $X(s)$ 的闭环传递函数：

$$\Phi_E(s)=\frac{E(s)}{X(s)}=\frac{1}{1+G_1(s)G_2(s)H(s)} \tag{2.58}$$

2) 干扰输入作用下的偏差传递函数

令干扰信号 $X(s)=0$，只有给定信号 $N(s)$ 的作用，如图 2.38 所示。

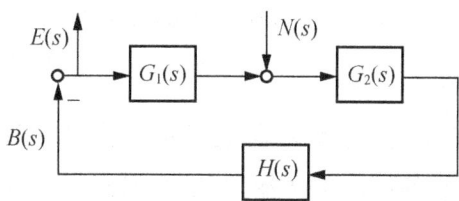

图 2.38 $X(s)=0$，$N(s)$ 作用下的偏差控制系统

输出信号 $E(s)$ 对输入信号 $N(s)$ 的闭环传递函数：

$$\Phi_E(s)=\frac{E(s)}{N(s)}=\frac{-G_2(s)H(s)}{1+G_1(s)G_2(s)H(s)} \tag{2.59}$$

给定信号和扰动信号同时作用下系统的总偏差：

$$E(s) = \frac{1}{1+G_1(s)G_2(s)H(s)}X(s) + \frac{-G_2(s)H(s)}{1+G_1(s)G_2(s)H(s)}N(s) \tag{2.60}$$

总结：一个闭环控制系统的所有闭环传递函数都具有相同的分母，它表示闭环控制系统的本质，称其为闭环系统的特征多项式。如典型自动控制系统的 $1+G_K(s)$，其中 $G_K(s) = G_1(s)G_2(s)H(s)$ 为开环传递函数，$1+G_K(s)=0$ 为闭环系统的特征方程，特征方程的解为闭环系统的特征根或闭环系统的极点。

2.4 信号流图和梅森增益公式

有部分系统其结构图化简较困难，采用信号流图比较方便。信号流图就是用图形来描述线性代数方程组之间的因果关系。它适用于描述线性系统，为 S 域模型，与结构图(框图)是一致的。

2.4.1 信号流图

1. 信号流图的组成

信号流图的基本组成单元有两个：节点和支路，如图 2.39 所示。

节点用"○"示意：表示系统中的一个变量或信号，也有相加点和引出点的作用。

支路用"→"示意：表示连接两个节点的有向线段，箭头方向表示信号的流向，指向节点的支路叫做输入支路(如 —→○)；指出节点的支路叫做输出支路(如 ○—→)。

传输(又称支路增益)：定量表示变量从支路一端沿箭头方向传递到另一端的函数关系。

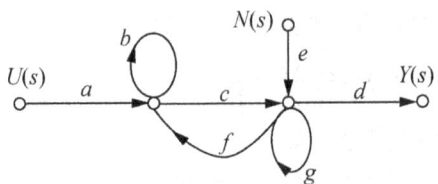

图 2.39 某控制系统的信号流图

2. 信号流图的基本概念

源节点(输入节点)：只有输出支路无输入支路的节点(如 ○—→)。

阱节点(输出节点)：只有输入支路无输出支路的节点(如 —→○)。

混合节点：既有输入支路又有输出支路的节点(如 —→○—→)。

通道是指从某一节点开始，沿支路箭头方向连续经过一些支路终止于另一节点或同一节点的路径。通道传输：通道中各支路传输的乘积。前向通道：从源节点开始，沿支路箭头方向连续经过一些支路终止于阱节点，与其他任何节点相交的次数不多于一次的路径。前向通道传输：前向通道中各支路传输的乘积，如 $P_1 = acd$，$P_2 = ed$。

回路：通道的起点和终点是同一点，与其他任何节点相交的次数不多于一次的路径。
回路传输：回路中各支路传输的乘积，如 $L_1=b$，$L_2=cf$，$L_3=g$。只与一个节点相交的回路称为自回路，如 $L_1=b$，$L_3=g$。不接触回路：信号流图中没有任何共同节点的回路，如 L_1 和 L_3。不接触回路的传输：$L_1L_3=bg$。

2.4.2 梅逊公式

自动控制系统中，任意输入节点到输出节点的传递函数用梅森增益公式表示为

$$G(s) = \frac{1}{\Delta}\sum_{k=1}^{n} P_k \Delta_k \tag{2.61}$$

式中，Δ 为特征式，$\Delta = 1 - \sum L_a + \sum L_b L_c - \sum L_d L_e L_f + \cdots$；$\sum L_a$ 为所有单独回路的回路增益之和；$\sum L_b L_c$ 为所有两两互不接触的单独回路增益乘积之和；$\sum L_d L_e L_f$ 为所有存在的 3 个互不接触回路的单独回路增益乘积之和；n 为输入节点到输出节点前向通道的条数；P_k 为从输入节点到输出节点第 k 条前向通道的总增益；Δ_k 为去掉第 k 条前向通道的节点和支路后余下部分的特征式（即令与此前向通道接触回路的增益为 0 时，特征式 Δ 所余下的）。

【例 2.20】 某系统信号流图如图 2.39 所示，试求该系统的输出表达式。

【解】 有两个前向通道，分别为

$$P_1 = acd；P_2 = de$$

有三个回路，分别为

$$L_1 = b；L_2 = cf；L_3 = g$$

$$\Delta = 1 - \sum L_a + \sum L_b L_c = 1 - b - cf - g + bg$$

$$\Delta_1 = 1；\Delta_2 = 1 - b$$

$$Y(s) = \frac{P_1 \Delta_1}{\Delta}U(s) + \frac{P_2 \Delta_2}{\Delta}N(s) = \frac{acd \cdot U(s) + (1-b) \cdot deN(s)}{1 - b - cf - g + bg} \tag{2.62}$$

式(2.62)所示为图 2.39 系统的传递函数。

【例 2.21】 直流调速系统结构图如图 2.40 所示，求该系统的传递函数和输出表达式。

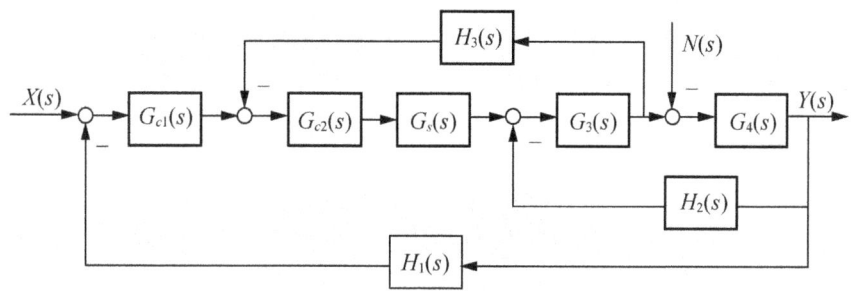

图 2.40 直流调速系统框图

【解】 结构图直接用梅逊公式不易观察，所以先由结构图画出相应的信号流图。
结构图画相应信号流图的依据：结构图的方块与信号流图的支路对应；结构图的信号

线与信号流图的节点对应；在信号流图中，节点还有结构图中相加点和引出点的作用，但结构图中相加点是代数相加减，信号流图的节点是算术相加，所以结构图相减时，在信号流图中的相应支路增益乘以"-1"。

结构图画相应信号流图的步骤如下。

(1) 把结构图的信号线用相应节点表示，并根据信号传递顺序，将节点从左往右依次排列。

(2) 把结构图的方块用支路表示，方块中的传递函数用支路增益表示。

(3) 消去不必要的节点并做简单化简。

图 2.40 所示系统的信号流图如图 2.41 所示。

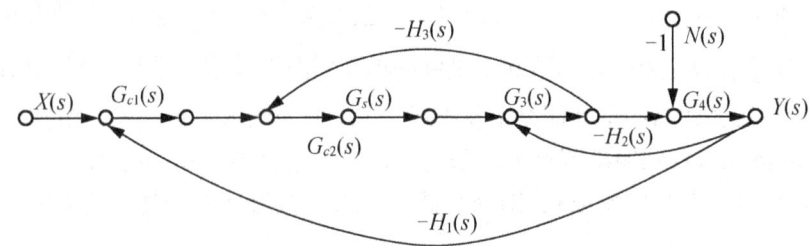

图 2.41 图 2.40 所示系统的信号流图

信号流图的特征式：

$$\Delta = 1 - [-G_{c1}(s)G_{c2}(s)G_S(s)G_3(s)G_4(s)H_1(s) - G_3(s)G_4(s)H_2(s) \\ - G_{c2}(s)G_S(s)G_3(s)H_3(s)]$$

$X(s)$ 到 $Y(s)$ 的前向通道增益和余因子式：

$$P_1 = G_{c1}(s)G_{c2}(s)G_S(s)G_3(s)G_4(s), \quad \Delta_1 = 1 \tag{2.63}$$

由梅逊公式可求的系统的传递函数：

$$\Phi(s) = \frac{Y(s)}{X(s)} = \frac{P_1 \Delta_1}{\Delta}$$

$$= \frac{G_{c1}(s)G_{c2}(s)G_S(s)G_3(s)G_4(s)}{1 + G_{c1}(s)G_{c2}(s)G_S(s)G_3(s)G_4(s)H_1(s) + G_3(s)G_4(s)H_2(s) + G_{c2}(s)G_S(s)G_3(s)H_3(s)}$$

$N(s)$ 到 $Y(s)$ 的前向通道增益和余因子式：

$$P_N = -G_4(S), \quad \Delta_N = 1 + G_{c2}(s)G_S(s)G_3(s)H_3(s) \tag{2.64}$$

由梅逊公式可求的系统的传递函数：

$$\Phi_N(s) = \frac{Y(s)}{N(s)} = \frac{P_N \Delta_N}{\Delta}$$

$$= \frac{-G_4(s)[1 + G_{c2}(s)G_S(s)G_3(S)H_3(s)]}{1 + G_{c1}(s)G_{c2}(s)G_S(s)G_3(s)G_4(s)H_1(s) + G_3(s)G_4(s)H_2(s) + G_{c2}(s)G_S(s)G_3(s)H_3(s)}$$

系统的输出为

$$Y(s) = \Phi(s)X(s) + \Phi_N(s)N(s) \tag{2.65}$$

式(2.65)所示为图 2.40 系统的输出表达式。

【例 2.22】 建立如图 2.42 所示系统的结构图和传递函数。

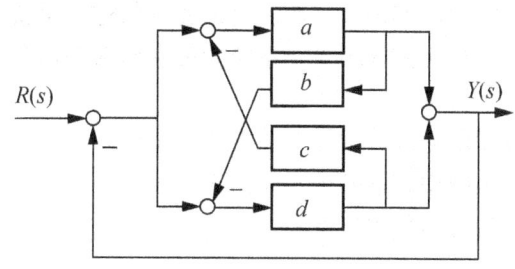

图 2.42 系统结构图

【解】图 2.42 所示系统的信号流图如图 2.43 所示。

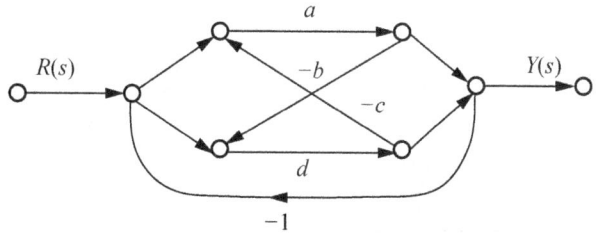

图 2.43 图 2.42 所示系统的信号流图

有四条前向通道:

$P_1=a$, $\Delta_1=1$; $P_2=-adb$, $\Delta_2=1$; $P_3=-adc$, $\Delta_3=1$; $P_4=d$, $\Delta_4=1$

有五个回路:

$$L_1=-a; \quad L_2=adb; \quad L_3=adbc; \quad L_4=adc; \quad L_5=-d$$

$$\Delta = 1-\sum L_a + \sum L_b L_c = 1+a+d-abd-dca-abdc$$

$$G(s) = \frac{\sum_{K=1}^{4} P_K \Delta_K}{\Delta} = \frac{a+d-ad(b+c)}{1+a+d-ad(bc+b+c)} \tag{2.66}$$

式(2.66)所示为图 2.42 元件的传递函数。

本 章 小 结

分析或设计控制系统,首先需要建立系统的数学模型。本章介绍了建立数学模型的一般方法、数学模型的类型及其特点。

(1) 将实际物理系统理想化构成物理模型,物理模型的数学描述即为数学模型。只有经过仔细的分析研究,抓住本质的主流因素,忽略次要因素,才能建立起既便于研究,又能基本反映实际物理过程的数学模型。少数物理系统可以用机理分析法建立数学模型,多数系统需通过实验辨识方法建模。

(2) 实际的控制系统都是非线性的,为了使系统的分析和设计变得更加简便,常常在一定的范围内、一定的条件下用小偏差线性化方法将非线性系统化为线性系统。

(3) 由于引入了拉氏变换,在初始条件为零的条件下,线性定常系统的时间域表示的微分方程可以转化为代数方程，即传递函数。而传递函数这一重要概念的建立，又给系统用结构图表示创造了可能，从而使得求复杂系统的传递函数和微分方程，可以运用变换法则和公式较容易地进行。

（4）结构图和信号流图是系统数学模型的图形表示形式，不但可以使系统内部各物理量的变换和信号传递关系在图中较清晰地反映出来，而且能通过等效变换和化简或梅逊公式求得系统的传递函数，因此运用很方便。

习　题　2

2.1　写出如图 2.44 所示的各电路网络的传递函数。

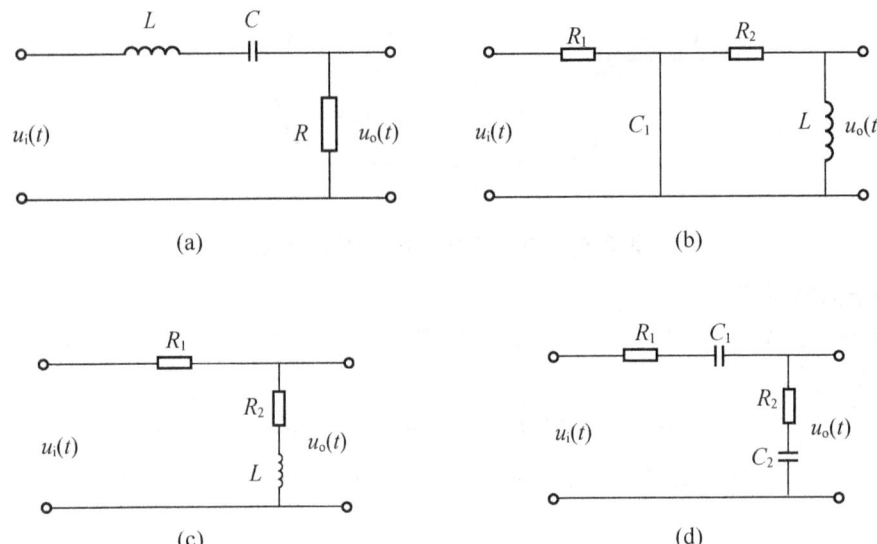

图 2.44　电路网络

2.2　求如图 2.45 所示的机械系统的传递函数 $[x(t), x_1(t), x_2(t)$ 为输出量，地面无摩擦$]$。

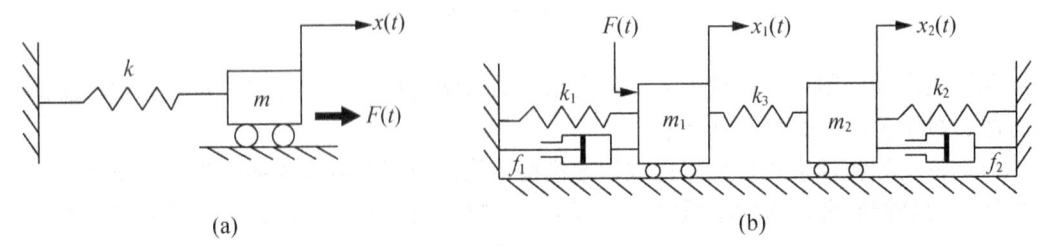

图 2.45　机械系统

2.3　求图 2.46 所示的各有源网络的传递函数。

2.4　什么是传递函数？定义传递函数的前提条件是什么？为什么要附加这个条件？传递函数有哪些特点？自动控制系统有哪几种典型环节？它们的传递函数是什么样的？

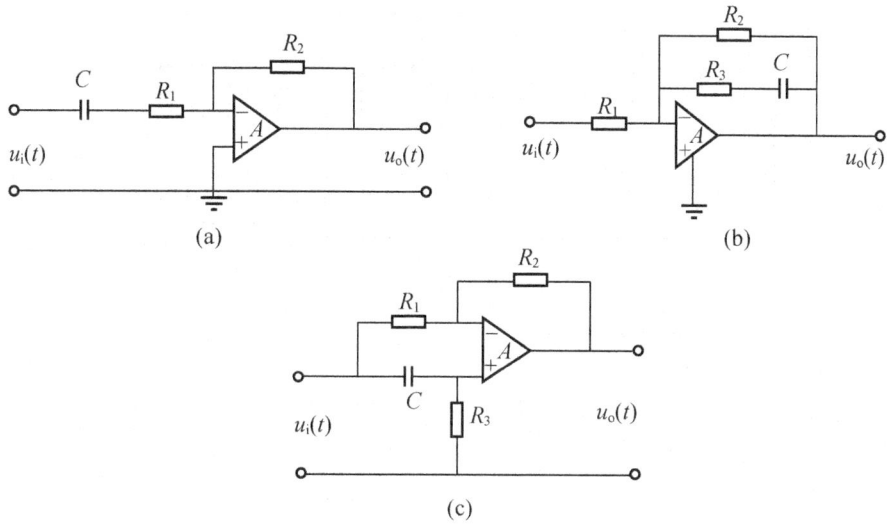

图 2.46 有源网络

2.5 已知系统微分方程组如下：

$$x_1(t)=u_i(t)-u_o(t), \quad x_2(t)=\tau\frac{\mathrm{d}x_1(t)}{\mathrm{d}t}+K_1x_1(t)$$

$$x_3(t)=K_2x_2(t), \quad x_4(t)=x_3(t)-K_5u_o(t)$$

$$\frac{\mathrm{d}x_5(t)}{\mathrm{d}t}=K_3x_4(t), \quad T\frac{\mathrm{d}u_o(t)}{\mathrm{d}t}+u_o(t)=K_4x_5(t)$$

式中，τ，T，K_1，$\cdots$，K_5 均为常数。试建立以 $u_i(t)$ 为输入、$u_o(t)$ 为输出的系统结构图，并求系统的传递函数 $\dfrac{U_o(s)}{U_i(s)}$。

2.6 试化简如图 2.47 所示系统的结构图，并写出相应的传递函数。

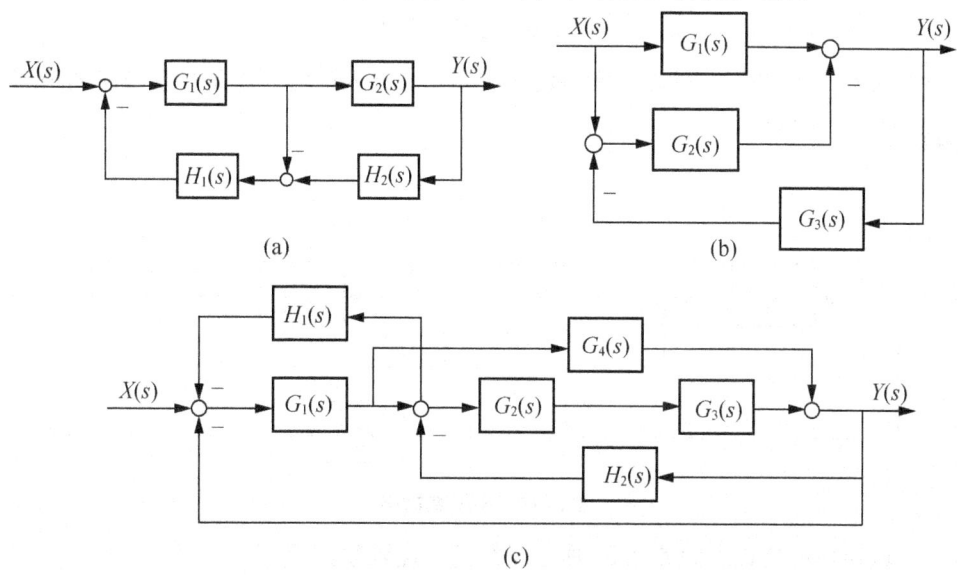

图 2.47 系统结构图

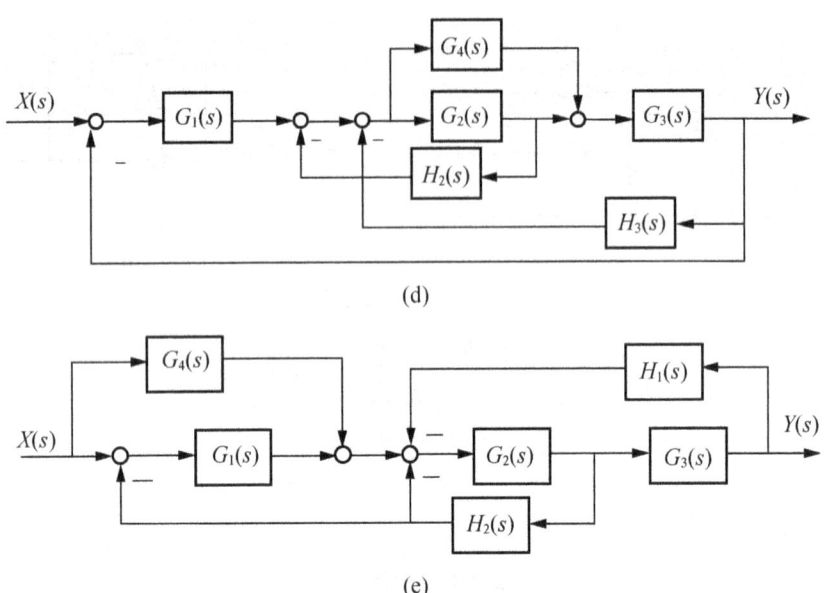

(d)

(e)

图 2.47 系统结构图(续)

2.7 试化简如图 2.48 所示系统的结构图,并求 $\dfrac{Y(s)}{X(s)}$,$\dfrac{Y(s)}{N(s)}$。

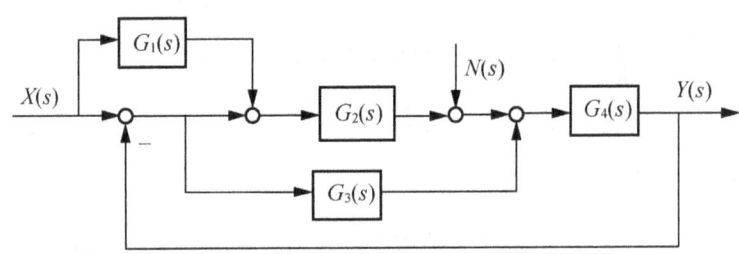

图 2.48 系统结构图

2.8 如图 2.49 所示,试求当参考输入量和扰动输入量同时作用于系统时的稳态误差传递函数 $\dfrac{E(s)}{X(s)}$,$\dfrac{E(s)}{N(s)}$。

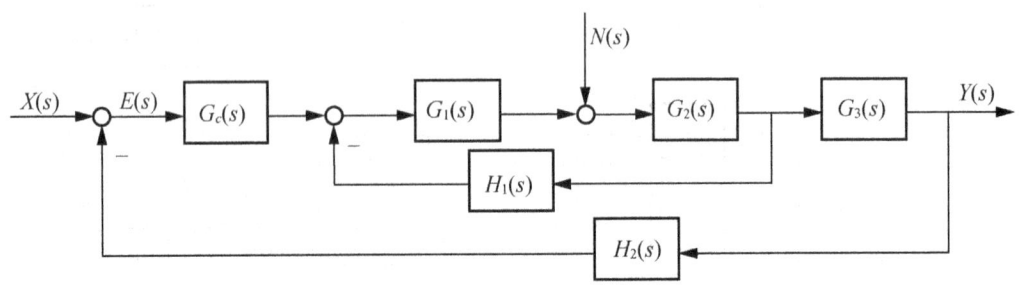

图 2.49 系统结构图

2.9 试用梅逊公式求如图 2.50 所示系统的传递函数。

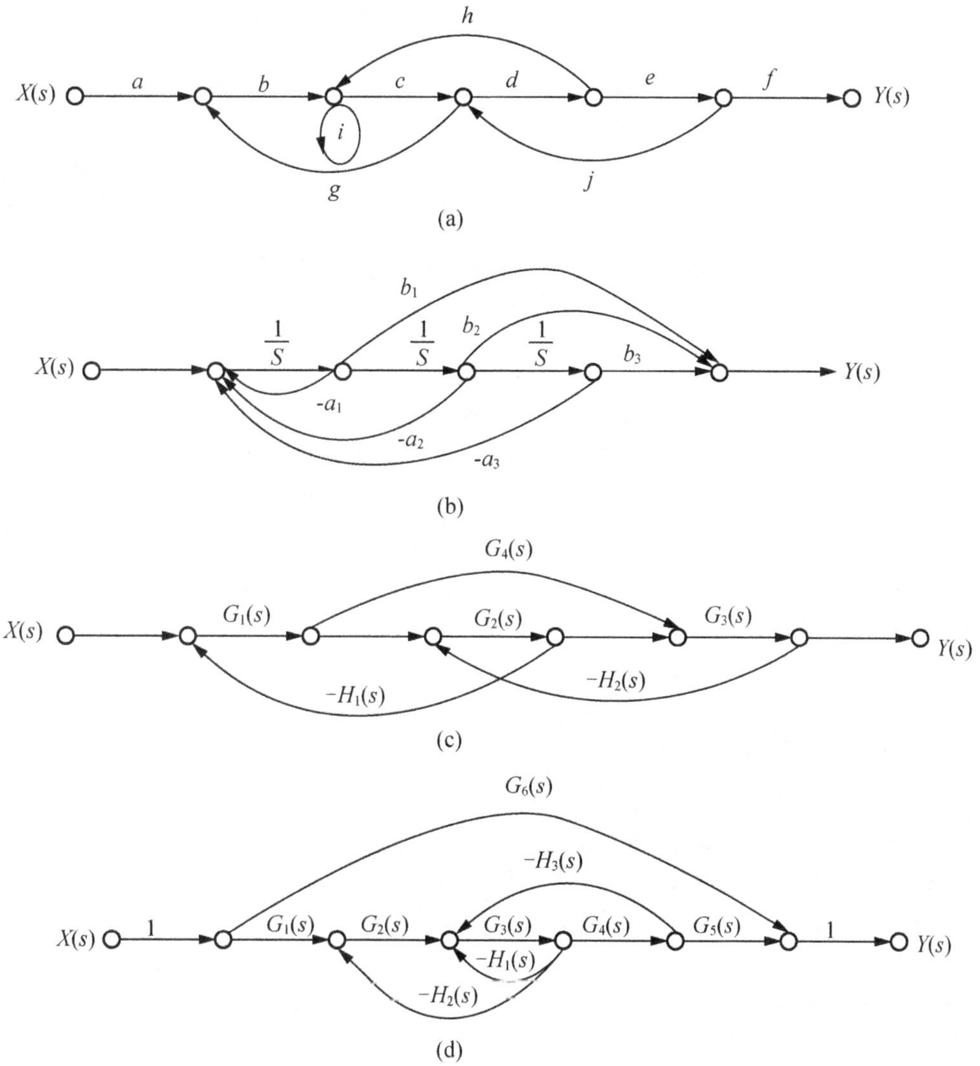

图 2.50 系统信号流图

2.10 试用梅逊公式求如图 2.51 所示系统的传递函数。

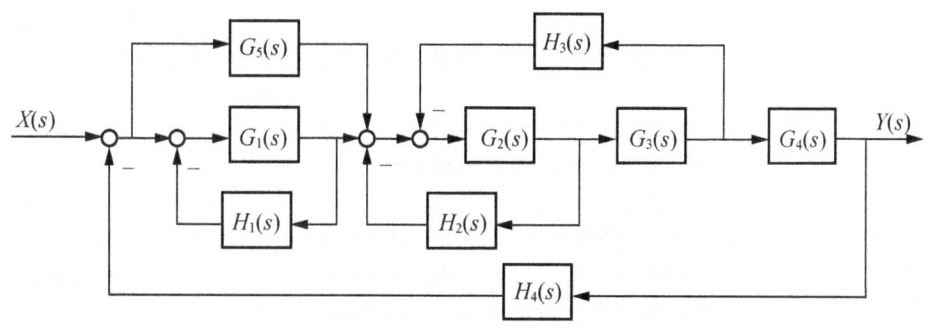

图 2.51 系统结构图

第 3 章
线性系统的时域分析法

所谓分析就是将研究对象的整体分为各个部分、方面、因素和层次，并分别地加以考察的认识活动。分析的目的在于通过从各方面细致地寻找系统的特性关系，进而能够利用得到的分析结论解决存在的实际问题。经典的线性系统的分析方法有时域法、根轨迹法和频域分析法，从各方面分析评判系统的特性，寻找改善系统特性的途径。本章主要从系统的时间响应特性上来分析系统的特征，从而得到改善系统性能的方法。在分析和设计控制系统时，对各种控制系统性能要有评判、比较的依据。这个依据可以通过对这些系统加上各种输入信号，比较它们对特定的输入信号的响应来建立。

教学目标

- 学会分析系统的时域响应，包括动态性能指标；
- 了解各时域指标的物理意义及应用场合；
- 会用劳斯判据判定系统的稳定性，并会求使得系统稳定的参数条件；
- 会根据给出的系统结构图求出系统稳态误差，并设法减小或消除。

教学要求

知识要点	能力要求	相关知识
典型信号及指标	(1) 了解控制典型输入信号和系统指标的应用场合； (2) 掌握各典型信号和阶跃响应指标的定义	拉普拉斯变换
一阶系统	(1) 理解一阶系统的描述模型； (2) 掌握时域响应及阶跃响应的特征	反拉氏变换
二阶系统	(1) 了解二阶阶跃响应及指标的计算过程； (2) 理解各指标与稳、快、准的关系； (3) 掌握典型二阶阶跃响应系统的指标公式及应用	反拉氏变换

续表

知识要点	能力要求	相关知识
系统稳定性判据	(1) 了解控制系统赫尔维茨判据； (2) 理解控制系统稳定的充要条件； (3) 掌握劳斯判据的应用	
稳态误差与型别	(1) 掌握误差的定义； (2) 掌握系统型别与稳态误差的关系； (3) 掌握改变系统稳态误差的方法，包括前馈法	拉氏变换的性质 终值定理

推荐阅读资料

1. 胡寿松．自动控制原理．5版．北京：科学出版社，2007．
2. 胡寿松．自动控制原理习题集．5版．北京：科学出版社，2007．
3. 吴麟．自动控制原理．北京：清华大学出版社，2001．
4. 卢京潮．自动控制原理．2版．西安：西北工业大学出版社，2009．

基本概念

动态过程：在典型输入信号作用下，任何一个控制系统的时间响应，表现了随时间推移系统的运动特征。

瞬态响应：指系统从激励初始状态到稳定状态的响应过程。由于实际控制系统具有惯性、摩擦、阻尼等原因，表现为多种特征。

稳态响应：当t趋近于无穷大时，系统的输出状态，表征系统输入量最终复现输入量的程度。工程上主要指系统进入规定误差带不再跃出的过程。

动态性能指标：控制系统在动态过程所表现的性能指标，常以时域量值的形式给出。通常是系统在初使条件为零(静止状态，输出量和输入量的各阶导数为零)的情况下，对(单位)阶跃输入信号的瞬态响应的考查，包括延迟时间、上升时间、峰值时间、调节时间、超调量。

欠阻尼：二阶系统动态性能指标的阻尼比满足$0<\xi<1$的情况。

闭环主导极点：若高阶闭环系统中距离虚轴最近的一对共轭复数极点(或一个实极点)的实部绝对值仅为其他极点的1/5或更小，并且附近又没有零点，则系统的响应主要由这一对复数极点确定，称之为闭环主导极点。

控制系统稳定的充分必要条件：系统的特征根全部具有负的实部。系统的稳定性只取决于系统的传递特征根(极点)，而与系统的零点和输入无关。若闭环系统的特征方程的特征根全部具有负的实部，这时系统闭环稳定，但不能判断开环是否稳定。

稳态误差：一个稳定的系统在给定输入或扰动输入的作用下，经历过渡过程进入稳态后的误差，可分为输入端稳态误差和输出端稳态误差。

系统型别：闭环系统的开环传递函数含有的积分环节个数。

引例： **事物的认识**

我们知道，自然界中的任何事物都不是单纯的和不可分的，而是具有复杂的构成。它们总是由不同的部分、方面、因素和层次组成。果核可以剖开，化合物可以分解，所谓"元素"、"原子"和"基本粒子"也都不是单纯的，都有一定的结构。客观事物构成的复杂性决定着思维分析的必要性。没有分析，人们对事物只能有个混沌的认识。

为了认识被研究对象的复杂构成，人们从不同的实践角度出发，提出所需要解决的问题，做出不同学科的理论分析。以人们对水稻的认识来说，既有解剖学的分析，又有生理学的分析，还可以给予育种学、营养学、地理学等方面的分析。各种分析的具体方式差别很大，然而，它们都离不开考察研究对象的组织成分，各种性能以及细部结构，只是侧重点不同而已。也就是说，任何分析都是由考察研究对象的"成分—性能—细微结构"诸环节构成的，但各以某一环节为主，其他环节为辅。同样，对控制系统的认识过程也一样，从不同方面、不同角度、不同位置入手进行分析认识。

3.1 概　　述

量化分析和设计系统的首要工作是确定系统的数学模型。一旦建立了合理的、便于分析的数学模型，就可以对已组成的控制系统进行分析，从而得出系统性能的改进方法。分析和校正是自动控制原理课程的两大任务。系统分析是由已知的系统模型确定系统的性能指标；校正是根据需要，在系统中加入一些机构和装置并确定相应的参数，用以改善系统性能，使其满足所要求的性能指标。系统分析的目的在于"认识"系统，系统校正的目的在于"改造"系统。

经典控制理论中，常用时域分析法、根轨迹法或频率分析法来分析控制系统的性能。本章介绍的时域分析法是通过传递函数、拉氏变换及反变换求出系统在典型输入下的输出表达式，从而分析系统时间响应的全部信息。与其他分析法比较，时域分析法是一种直接分析法，具有直观和准确的优点，尤其适用于一、二阶系统性能的分析和计算。对二阶以上的高阶系统常采用频率分析法和根轨迹法，不过借助于当今计算机及 Matlab 语言技术，高阶系统的时域分析也不难。

3.1.1　时域法的作用和特点

时域法是一种直接在时间域中对系统进行分析校正的方法，具有直观、准确的优点，它可以提供系统时间响应的全部信息，但在研究系统参数改变引起系统性能指标变化的趋势这一类问题，以及对系统进行校正设计时，时域法不是非常方便。时域法是最基本的分析方法，该方法引出的概念、方法和结论是以后学习复域法、频域法等其他方法的基础。

3.1.2　时域法常用的典型输入信号

要确定系统性能的优劣，就要在同样的输入条件激励下比较系统的行为。为了在符合实际情况的基础上便于实现和分析计算，时域分析法中一般采用如表 3.1 中的典型输入信号。

3.1.3　系统的时域性能指标

如第 1 章所述，对控制系统的一般要求归纳为稳、准、快。工程上为了定量评价系统性能好坏，必须给出控制系统的性能指标的准确定义和定量计算方法。

稳定是控制系统正常运行的基本条件。系统稳定，其响应过程才能收敛，研究系统的性能（包括动态性能和稳态性能）才有意义。

实际物理系统都存在惯性，输出量的改变是与系统所储有的能量有关的。系统所储有的能量的改变需要有一个过程。在外作用激励下系统从一种稳定状态转换到另一种稳定状态需要一定的时间。一个稳定系统输入为阶跃信号时的典型阶跃响应输出如图3.1所示。响应过程分为暂态过程(也称为过渡过程或瞬态过程)和稳态过程,系统的动态性能指标和稳态性能指标就是分别针对这两个阶段定义的。

表3.1 时域分析法中的典型输入信号

名称	$r(t)$	时域关系	时域图形	$R(s)$	复域关系	例
单位脉冲函数	$\delta(t)=\begin{cases}\infty, & t=0\\ 0, & t\neq 0\end{cases}$ $\int \delta(t)\mathrm{d}t=1$	$\dfrac{\mathrm{d}}{\mathrm{d}t}$ ↑	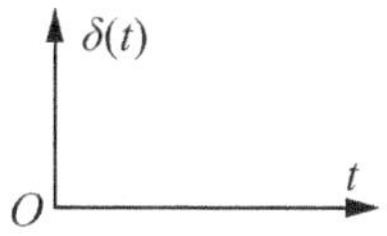	1	$\times s$ ↑	撞击作用 后坐力 电脉冲
单位阶跃函数	$1(t)=\begin{cases}1, & t\geqslant 0\\ 0, & t<0\end{cases}$		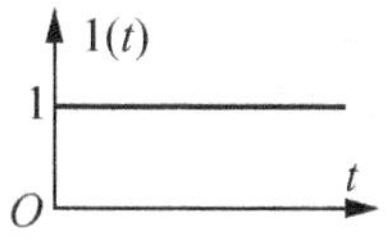	$\dfrac{1}{s}$		开关输入
单位斜坡(速度)函数	$f(t)=\begin{cases}t, & t\geqslant 0\\ 0, & t<0\end{cases}$		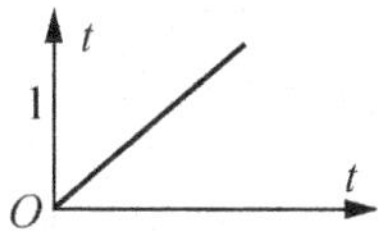	$\dfrac{1}{s^2}$		等速跟踪信号
单位抛物线(加速度)函数	$f(t)=\begin{cases}\dfrac{1}{2}t^2, & t\geqslant 0\\ 0, & t<0\end{cases}$		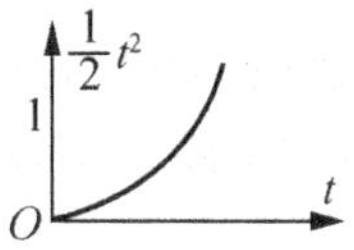	$\dfrac{1}{s^3}$		加速跟踪信号

1. 动态性能

系统动态性能是以系统阶跃响应为基础来衡量的。一般认为阶跃输入对系统而言是比较严峻的工作状态,若系统在阶跃函数作用下的动态性能满足要求,那么系统在其他形式的输入作用下,其动态性能也应是令人满意的。

动态性能指标通常有如下几项。

(1) **延迟时间** t_d,指阶跃响应第一次达到终值 $h(\infty)$ 的 50% 所需的时间。

(2) **上升时间** t_r,指阶跃响应从终值的 10% 上升到终值的 90% 所需的时间;对有振荡的系统,也可定义为从 0 到第一次达到终值所需的时间。

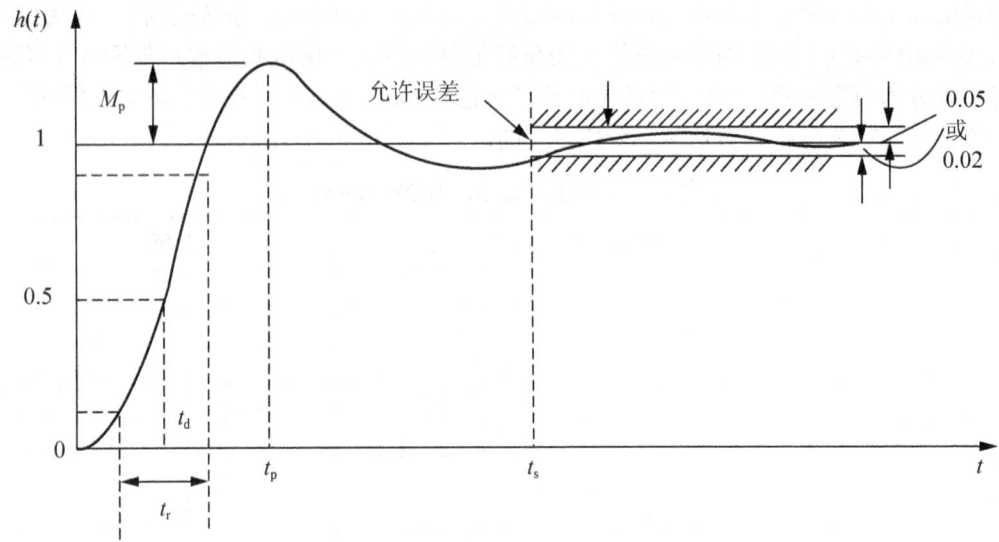

图 3.1 系统的典型阶跃响应及动态性能指标

(3) **峰值时间** t_p,指阶跃响应越过终值 $h(\infty)$ 达到第一个峰值所需的时间。

(4) **调节时间** t_s,指阶跃响应到达并保持在终值 $h(\infty)\pm 5\%$ 误差带内所需的最短时间;有时也用终值的 $\pm 2\%$ 误差带来定义调节时间。除非特别说明,本书以后所说的调节时间均以 $\pm 5\%$ 误差带定义。

(5) **超调量** σ,指峰值 $h(t_p)$ 超出终值 $h(\infty)$ 的百分比,即

$$\sigma = \frac{h(t_p) - h(\infty)}{h(\infty)} \times 100\% \tag{3.1}$$

在上述动态性能指标中,工程上最常用的是调节时间 t_s(描述"快"),超调量 σ(描述"匀")及峰值时间 t_p,它们也是本书重点讨论的动态性能指标。

2. 稳态性能

稳态误差是时间趋于无穷时系统实际输出与理想输出之间的误差,是系统控制精度或抗干扰能力的一种度量。稳态误差有不同定义(具体请参阅第 3.6 节),通常在典型输入下进行测定或计算。

应当指出,系统性能指标的确定应根据实际情况而有所侧重。例如,民航客机要求飞行平稳,不允许有超调;歼击机则要求机动灵活,响应迅速,允许有适当的超调;对于一些启动之后便需要长期运行的生产过程(如化工过程等),则往往更强调稳态精度。

3.2 一阶系统的时域分析

3.2.1 一阶系统传递函数标准形式及单位阶跃响应

一阶系统的典型结构如图 3.2 所示,K 是开环增益。

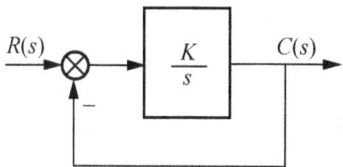

图 3.2　一阶系统典型结构图

系统传递函数的标准形式(尾 1 型)为

$$\Phi(s)=\frac{K}{s+K}=\frac{1}{Ts+1} \tag{3.2}$$

式中，$T=1/K$ 称为一阶系统的时间常数，系统特征根 $\lambda=-1/T$。

系统单位阶跃响应的拉氏变换为

$$C(s)=\Phi(s) \cdot R(s)=\frac{1}{Ts+1}\frac{1}{s}=\frac{1}{s}-\frac{1}{s+1/T}$$

单位阶跃响应为

$$c(t)=L^{-1}[C(s)]=1-\mathrm{e}^{-\frac{t}{T}} \tag{3.3}$$

3.2.2　一阶系统动态性能指标计算

一阶系统的单位阶跃响应如图 3.3 所示，响应是单调的指数上升曲线。依调节时间 t_s 的定义有

$$c(t_s)=1-\mathrm{e}^{-\frac{t_s}{T}}=0.95$$

解得

$$t_s=3T \tag{3.4}$$

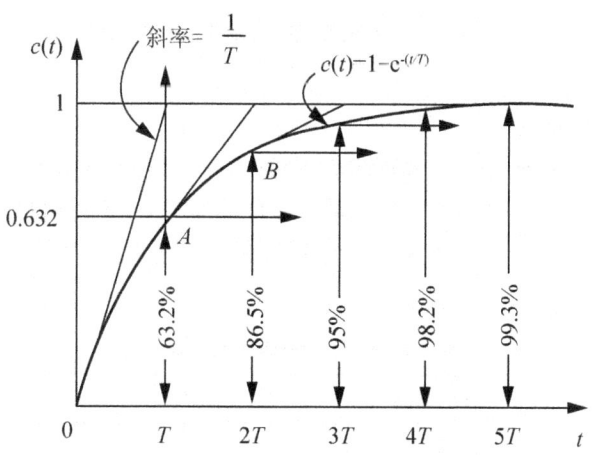

图 3.3　一阶系统的单位阶跃响应

时间常数 T 是一阶系统的重要特征参数。T 越小，系统极点越远离虚轴，过渡过程越快。图 3.4 给出了用 MATLAB 绘制的一阶系统阶跃响应随时间常数 T 变化的趋势。

图 3.4 的绘制程序如下。

```
t=[0:0.1:10];T=1.0;
for i=1:4
  num=[0 1];den=[i* T 1];
  [c,x,t]=step(num,den,t);
  plot(t,c,'k- ');
  holdon;pause(1);
end;grid
```

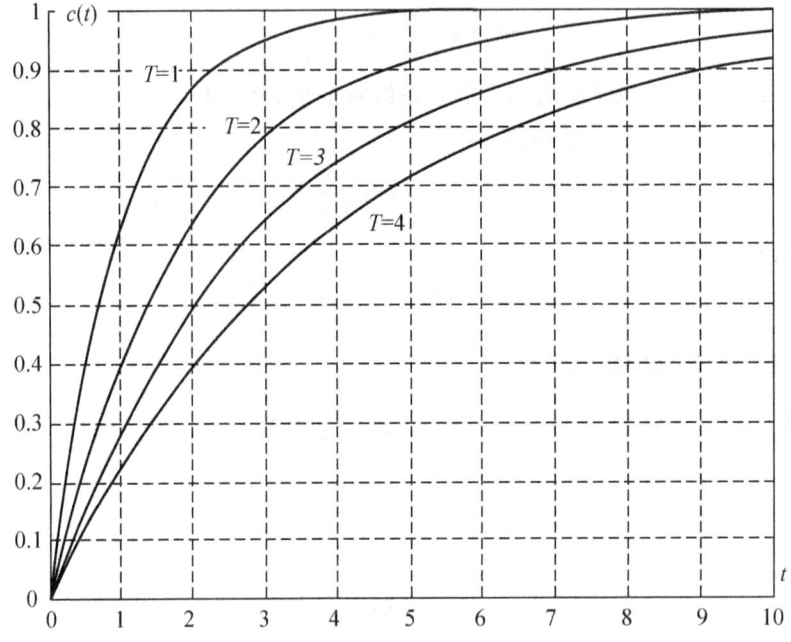

图 3.4 一阶系统阶跃响应随 T 变化的趋势

3.2.3 典型输入下一阶系统的响应

用同样方法讨论一阶系统的脉冲响应和斜坡响应，可将系统典型输入响应列成表 3.2。

从表 3.2 中容易看出，系统对某一输入信号的微分/积分的响应，等于系统对该输入信号的响应的微分/积分。这是线性定常系统的重要性质，对任意阶线性定常系统均适用。

表 3.2 一阶系统典型输入响应

$r(t)$	$R(s)$	$C(s)=\Phi(s)R(s)$	$c(t)$	响应曲线
$\delta(t)$	1	$\dfrac{1}{Ts+1}=\dfrac{\dfrac{1}{T}}{s+\dfrac{1}{T}}$	$c(t)=\dfrac{1}{T}e^{-\frac{1}{T}t}$ $(t\geqslant 0)$	

续表

$r(t)$	$R(s)$	$C(s)=\Phi(s)R(s)$	$c(t)$	响应曲线
$1(t)$	$\dfrac{1}{s}$	$\dfrac{1}{Ts+1}\dfrac{1}{s}=\dfrac{1}{s}-\dfrac{1}{s+\dfrac{1}{T}}$	$c(t)=1-e^{-\frac{1}{T}t}$ $(t\geqslant 0)$	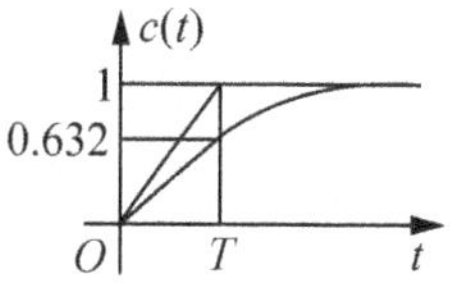
t	$\dfrac{1}{s^2}$	$\dfrac{1}{Ts+1}\cdot\dfrac{1}{s^2}=\dfrac{1}{s^2}-T\left[\dfrac{1}{s}-\dfrac{1}{s+\dfrac{1}{T}}\right]$	$c(t)=t-T(1-e^{-\frac{1}{T}t})$ $(t\geqslant 0)$	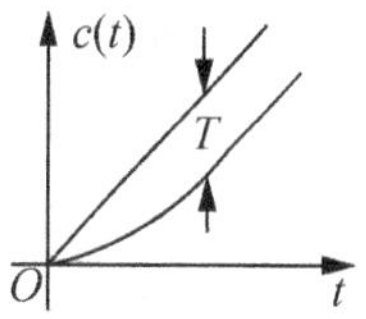

表 3.2 响应曲线的绘制程序如下。

```
t=0:0.1:7;num=[1];den=[1 1];sys1=tf(num,den)
y1=impulse(num,den,t);plot(t,y1,'b-')
xlabel('t/s'),ylabel('y(t)');grid;pause;
y2=step(num,den,t);plot(t,ones(size(t)),'r-',t,y2,'b-');
xlabel('t/s'),ylabel('y(t)');grid;pause;
y3=lsim(sys1,t,t);plot(t,t,'r-',t,y3,'k-');
xlabel('t/s'),ylabel('y(t)');grid;
```

【例 3.1】某温度计插入温度恒定的热水后,其显示温度随时间变化的规律为

$$h(t)=1-e^{-\frac{1}{T}t}$$

实验测得当 $t=60s$ 时温度计读数达到实际水温的 95%,试确定该温度计的传递函数。

【解】依题意,温度计的调节时间为

$$t_s=60s=3T$$

故得

$$T=20s$$
$$h(t)=1-e^{-\frac{1}{T}t}=1-e^{-\frac{1}{20}t}$$

由线性系统性质得

$$k(t)=h'(t)=\frac{1}{20}e^{-\frac{1}{20}t}$$

由传递函数性质得

$$\Phi(s)=L[k(t)]=\frac{1}{20s+1}$$

【例 3.2】原系统传递函数为

$$G(s)=\frac{10}{0.2s+1}$$

现采用如图 3.5 所示的负反馈方式,欲将反馈系统的调节时间减小为原来的 0.1 倍,并且

保证原放大倍数不变,试确定参数 K_0 和 K_1 的取值。

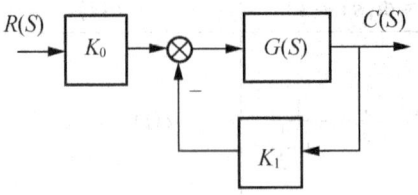

图 3.5 反馈系统结构图

【解】依题意,原系统时间常数 $T=0.2s$,放大倍数 $K=10$,要求反馈后系统的时间常数 $T_\Phi=0.2\times0.1=0.02$,放大倍数 $K_\Phi=K=10$。由结构图,反馈系统传递函数为

$$\Phi(s)=\frac{K_0 G(s)}{1+K_1 G(s)}=\frac{10K_0}{0.2s+1+10K_1}=\frac{\frac{10K_0}{1+10K_1}}{\frac{0.2}{1+10K_1}s+1}=\frac{K_\Phi}{T_\Phi s+1}$$

应有

$$\begin{cases} K_\Phi=\dfrac{10K_0}{1+10K_1}=10 \\ T_\Phi=\dfrac{0.2}{1+10K_1}=0.02 \end{cases}$$

联立求解得

$$\begin{cases} K_1=0.9 \\ K_0=10 \end{cases}$$

3.3 二阶系统的时域分析

3.3.1 二阶系统传递函数标准形式及分类

常见二阶系统结构图如图 3.6 所示,其中 K、T_1 为环节参数。系统闭环传递函数为

$$\Phi(s)=\frac{K}{T_1 s^2+s+K}$$

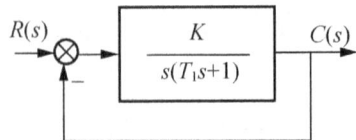

图 3.6 常见二阶系统结构图

化成标准形式为

$$\Phi(s)=\frac{\omega_n^2}{s^2+2\xi\omega_n s+\omega_n^2} \quad (\text{首1型}) \tag{3.5}$$

$$\Phi(s)=\frac{1}{T^2 s^2+2T\xi s+1} \quad (\text{尾1型}) \tag{3.6}$$

式中，$T=\sqrt{\dfrac{T_1}{K}}$，$\omega_n=\dfrac{1}{T}=\sqrt{\dfrac{K}{T_1}}$，$\xi=\dfrac{1}{2}\sqrt{\dfrac{1}{KT_1}}$。

ξ，ω_n 分别称为系统的阻尼比和无阻尼自然频率，是二阶系统重要的特征参数。二阶系统的首 1 标准型传递函数常用于时域分析中，频域分析时则常用尾 1 标准型。

二阶系统闭环特征方程为

$$D(s)=s^2+2\xi\omega_n s+\omega_n^2=0$$

其特征根为

$$\lambda_{1,2}=-\xi\omega_n\pm\omega_n\sqrt{\xi^2-1}$$

若系统阻尼比 ξ 取值范围不同，则特征根形式不同，响应特性也不同，由此可将二阶系统分类，如表 3.3 所示。

表 3.3 二阶系统(按阻尼比 ξ)分类表

分 类	特征根	特征根分布	模 态
$\xi>1$ 过阻尼	$\lambda_{1,2}=-\xi\omega_n\pm\omega_n\sqrt{\xi^2-1}$	λ_2 λ_1 在负实轴上	$e^{\lambda_1 t}$ $e^{\lambda_2 t}$
$\xi=1$ 临界阻尼	$\lambda_{1,2}=-\omega_n$	λ 在负实轴上(二重)	$e^{-\omega_n t}$ $te^{-\omega_n t}$
$0<\xi<1$ 欠阻尼	$\lambda_{1,2}=-\xi\omega_n\pm j\omega_n\sqrt{1-\xi^2}$	λ_1，λ_2 在左半平面共轭	$e^{-\xi\omega_n t}\sin\sqrt{1-\xi^2}\omega_n t$ $e^{-\xi\omega_n t}\cos\sqrt{1-\xi^2}\omega_n t$
$\xi=0$ 零阻尼	$\lambda_{1,2}=\pm j\omega_n$	λ_1，λ_2 在虚轴上	$\sin\omega_n t$ $\cos\omega_n t$

数学上，线性微分方程的解由特解和齐次微分方程的通解组成。通解由微分方程的特征根决定，代表自由响应运动。如果微分方程的特征根是 λ_1，λ_2，…，λ_n 且无重根，则把函数 $e^{\lambda_1 t}$，$e^{\lambda_2 t}$，…，$e^{\lambda_n t}$ 称为该微分方程所描述运动的模态，也称为振型。

如果特征根中有多重根 λ，则模态是具有 $te^{\lambda t}$，$t^2 e^{\lambda t}$……形式的函数。

如果特征根中有共轭复根 $\lambda=\sigma\pm j\omega$，则其共轭复模态 $e^{(\sigma+j\omega)t}$ 与 $e^{(\sigma-j\omega)t}$ 可写成实函数模态 $e^{\sigma t}\sin\omega t$ 与 $e^{\sigma t}\cos\omega t$。

每一种模态可以看成是线性系统自由响应最基本的运动形态，线性系统自由响应则是其相应模态的线性组合。

3.3.2 过阻尼二阶系统动态性能指标计算

设过阻尼二阶系统的极点为

$$\lambda_1 = -\frac{1}{T_1} = -(\xi - \sqrt{\xi^2-1})\omega_n, \quad \lambda_2 = -\frac{1}{T_2} = -(\xi + \sqrt{\xi^2-1})\omega_n \quad (T_1 > T_2)$$

系统单位阶跃响应的拉氏变换为

$$C(s) = \Phi(s)R(s) = \frac{\omega_n^2}{(s+1/T_1)(s+1/T_2)} \cdot \frac{1}{s}, \quad \omega_n = \frac{1}{\sqrt{T_1 T_2}}$$

进行拉氏反变换，得出系统单位阶跃响应

$$h(t) = 1 + \frac{\mathrm{e}^{-\frac{t}{T_1}}}{\frac{T_2}{T_1}-1} + \frac{\mathrm{e}^{-\frac{t}{T_2}}}{\frac{T_1}{T_2}-1} \quad (t \geq 0) \tag{3.7}$$

过阻尼二阶系统单位阶跃响应是无振荡的单调上升曲线。根据式(3.7)，令 T_1/T_2 取不同值，可分别求解出相应的无量纲调节时间 t_s/T_1，如图 3.7 所示。图中 ξ 为参变量，由

$$s^2 + 2\xi\omega_n s + \omega_n^2 = (s+1/T_1)(s+1/T_2)$$

可解出

$$\xi = \frac{1+(T_1/T_2)}{2\sqrt{T_1/T_2}}$$

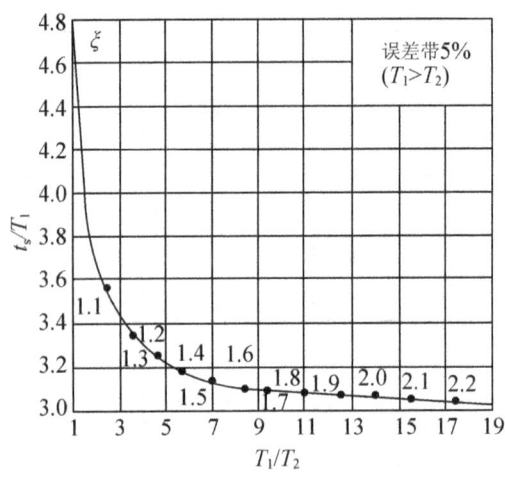

图 3.7 过阻尼二阶系统的调节时间特性

当 T_1/T_2（或 ξ）很大时，特征根 $\lambda_2 = -1/T_2$ 比 $\lambda_1 = -1/T_1$ 远离虚轴，模态 e^{-t/T_2} 很快衰减为零，系统调节时间主要由 $\lambda_1 = -1/T_1$ 对应的模态 e^{-t/T_1} 决定。此时可将过阻尼二阶系统近似看作由 λ_1 确定的一阶系统，估算其动态性能指标。图 3.7 曲线体现了这一规律性。

【例 3.3】某系统闭环传递函数 $\Phi(s) = \dfrac{16}{s^2+10s+16}$，计算系统的动态性能指标。

【解】 $\Phi(s) = \dfrac{16}{s^2+10s+16} = \dfrac{16}{(s+2)(s+8)} = \dfrac{\omega_n^2}{(s+1/T_1)(s+1/T_2)}$

$T_1 = \dfrac{1}{2} = 0.5\mathrm{s}, \quad T_2 = \dfrac{1}{8} = 0.125\mathrm{s}$

$$T_1/T_2=0.5/0.125=4, \quad \xi=\frac{1+(T_1/T_2)}{2\sqrt{T_1/T_2}}=1.25>1$$

图 3.7 的绘制程序如下。

```
Tb=[];Ts=[];t=0:0.005:70;T2=1;T1= T2:0.05*T2:20*T2;
  for j=1:length(T1)
    Tb=[Tb T1(j)/T2 ];
    num=[1/(T1(j)*T2)];
    den=[1(1/T1(j)+1/T2)1/(T1(j)* T2)];
    y=step(num,den,t);
    for k=length(y):- 1:1;
      if(abs(y(k)-1))> =0.05
        Ts=[Ts t(k+1)/T1(j)];% (k*0.005)
        break;
      end
    end
  end
ab=plot(Tb,Ts,'b-');set(ab,'LineWidth',1.5);axis([1 20 3 4.8]);grid;
xlabel('T1/T2'),ylabel('Ts/T1'),title('过阻尼二阶系统调节时间特性');
```

由图 3.7 可得 $\dfrac{t_s}{T_1}=3.3$,计算得

$$t_s=3.3T_1=3.3\times 0.5\text{s}=1.65\text{s}$$

图 3.8 给出了用 MATLAB 绘制的系统单位阶跃响应曲线。

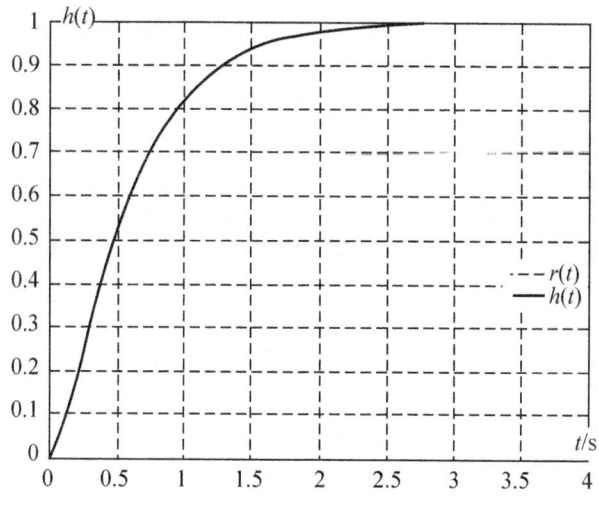

图 3.8 例 3.3 图

图 3.8 及例 3.3 的计算程序如下。

```
t=0:0.05:4;r=ones(size(t));
num=[16];den=[1 10 16];
c=step(num,den,t);
plot(t,r,'--',t,c,'-');
```

```
xlabel('t(s)'),ylabel('h(t)');grid;
```

【例3.4】 角速度随动系统结构图如图3.9所示。图中，K 为开环增益，$T=0.1$s 为伺服电动机时间常数。若要求系统的单位阶跃响应无超调，且调节时间 $t_s \leqslant 1$s，问 K 应取多大？

【解】 根据题意，考虑使系统的调节时间尽量短，应取阻尼比 $\xi=1$。由图3.9可知，令闭环特征方程

$$s^2 + \frac{1}{T}s + \frac{K}{T} = \left(s + \frac{1}{T_1}\right)^2 = s^2 + \frac{2}{T_1}s + \frac{1}{T_1^2} = 0$$

比较系数得

$$\begin{cases} T_1 = 2T = 2 \times 0.1\text{s} = 0.2\text{s} \\ K = T/T_1^2 = 0.1\text{s}/0.2\text{s}^2 = 2.5\text{s}^{-1} \end{cases}$$

由图3.7可得系统调节时间 $t_s = 4.75T_1 = 0.95$s，满足系统要求。

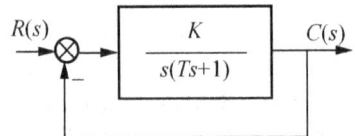

图3.9　角度随动系统结构图

3.3.3　欠阻尼二阶系统动态性能指标计算

1. 欠阻尼二阶系统极点的两种表示方法

欠阻尼二阶系统的极点可以用如图3.10所示的两种形式表示。

(1) 直角坐标表示：

$$\lambda_{1,2} = \sigma \pm j\omega_d = -\xi\omega_n \pm j\sqrt{1-\xi^2}\,\omega_n, \quad \omega_d = \omega_n\sqrt{1-\xi^2} \tag{3.8}$$

(2) "极"坐标表示：

$$\begin{cases} |\lambda| = \omega_n \\ \angle\lambda = \beta \end{cases} \quad \begin{cases} \cos\beta = \xi \\ \sin\beta = \sqrt{1-\xi^2} \end{cases} \quad \beta = \arctan\frac{\sqrt{1-\xi^2}}{\xi} = \arccos\xi \tag{3.9}$$

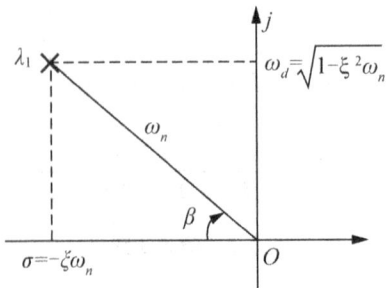

图3.10　欠阻尼二阶系统极点表示

2. 欠阻尼二阶系统的单位阶跃响应

由式(3.5)可得系统单位阶跃响应的拉氏变换为

$$H(s)=\Phi(s)R(s)=\frac{\omega_n^2}{s^2+2\xi\omega_n s+\omega_n^2}\frac{1}{s}=\frac{1}{s}-\frac{s+2\xi\omega_n}{(s+\xi\omega_n)^2+(1-\xi^2)\omega_n^2}$$

$$=\frac{1}{s}-\frac{s+\xi\omega_n}{(s+\xi\omega_n)^2+(1-\xi^2)\omega_n^2}-\frac{\xi}{\sqrt{1-\xi^2}}\cdot\frac{\sqrt{1-\xi^2}\,\omega_n}{(s+\xi\omega_n)^2+(1-\xi^2)\omega_n^2}$$

系统单位阶跃响应为

$$\begin{aligned}h(t)&=1-e^{-\xi\omega_n t}\cos(\sqrt{1-\xi^2}\,\omega_n t)-\frac{\xi}{\sqrt{1-\xi^2}}e^{-\xi\omega_n t}\sin(\sqrt{1-\xi^2}\,\omega_n t)\\&=1-\frac{e^{-\xi\omega_n t}}{\sqrt{1-\xi^2}}\left[\sqrt{1-\xi^2}\cos(\sqrt{1-\xi^2}\,\omega_n t)+\xi\sin(\sqrt{1-\xi^2}\,\omega_n t)\right]\\&=1-\frac{e^{-\xi\omega_n t}}{\sqrt{1-\xi^2}}\sin\left(\sqrt{1-\xi^2}\,\omega_n t+\arctan\frac{\sqrt{1-\xi^2}}{\xi}\right)=1-\frac{e^{-\xi\omega_n t}}{\sqrt{1-\xi^2}}\sin(\omega_d t+\beta)\end{aligned}$$

(3.10)

系统单位脉冲响应为

$$k(t)=h'(t)=L^{-1}[\Phi(s)]=L^{-1}\left[\frac{\sqrt{1-\xi^2}\,\omega_n}{(s+\xi\omega_n)^2+(1-\xi^2)\omega_n^2}\cdot\frac{\omega_n}{\sqrt{1-\xi^2}}\right]$$

$$=\frac{\omega_n}{\sqrt{1-\xi^2}}e^{-\xi\omega_n t}\sin\sqrt{1-\xi^2}\,\omega_n t$$

(3.11)

用 MATLAB 绘制典型欠阻尼二阶系统的单位阶跃响应，如图 3.11 所示。响应曲线位于两条包络线 $1\pm e^{-\xi\omega_n t}/\sqrt{1-\xi^2}$ 之间，如图 3.12 所示。包络线收敛速率取决于 $\xi\omega_n$（特征根实部之模），响应的阻尼振荡频率取决于 $\sqrt{1-\xi^2}\,\omega_n$（特征根虚部）。响应的初始值 $h(0)=0$，初始斜率 $h'(0)=0$，终值 $h(\infty)=1$。

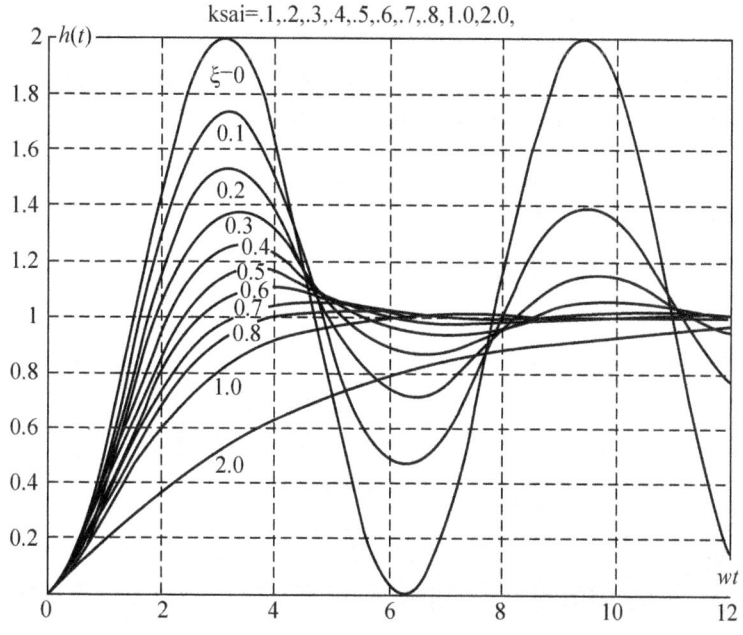

图 3.11 二阶系统单位阶跃响应

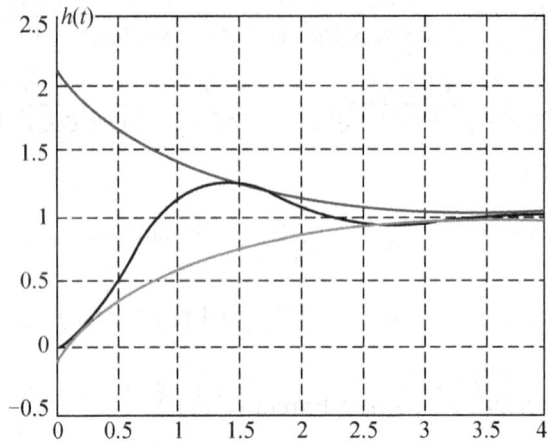

图 3.12 欠阻尼二阶系统单位阶跃响应及包络线

图 3.11 的绘制程序如下。

```
t=[0:0.1:12];c=[];
ksi=[0 0.1 0.2 0.3 0.4 0.5 0.6 0.7 0.8 1.0 2.0];
figure,holdon
for i=ksi
  num=[1];den=[1 2*i 1];   c=step(num,den,t);
  plot(t,c);pause(0.5);
end
xlabel('t'),ylabel('h(t)');
title('ksi=0,0.1,0.2,0.3,0.4,0.5,0.6,0.7,0.8,1.0,2.0'),grid;
```

图 3.12 的绘制程序如下。

```
wn=2.5;ksi=0.4;t=[0:0.02:4];
t1=acos(ksi)*ones(1,length(t));
a1=(1/sqrt(1-ksi^2));
h1=1-a1* exp(-ksi* wn* t).* sin(wn* sqrt(1-ksi^2)* t+t1);
bu=a1* exp(-ksi* wn* t)+ 1;b1=2-bu;
plot(t,h1,'-',t,bu,'--',t,b1,'--',t,ones(size(t)),'k- ');
grid;xlabel('t'),ylabel('h(t)');
```

3. 欠阻尼二阶系统动态性能指标计算

1) 上升时间 t_r

由式 3.10，令 $h(t)=1$ 得

$$\sin(\omega_d t_r + \beta) = 0$$

即有

$$t_r = \frac{\pi - \beta}{\omega_d}$$

2) 峰值时间 t_p

令 $h'(t)=k(t)=0$，利用式(3.11)可得

$$\sin\sqrt{1-\xi^2}\,\omega_n t = 0$$

即有

$$\sqrt{1-\xi^2}\omega_n t = 0, \pi, 2\pi, 3\pi, \cdots$$

由图 3.1 并根据峰值时间定义，可得

$$t_p = \frac{\pi}{\sqrt{1-\xi^2}\omega_n} = \frac{\pi}{\omega_d} \tag{3.12}$$

3) 超调量 $\sigma\%$

将式(3.12)代入式(3.10)整理后可得

$$h(t_p) = 1 + e^{-\xi\pi/\sqrt{1-\xi^2}}$$

$$\sigma\% = \frac{h(t_p) - h(\infty)}{h(\infty)} \times 100\% = e^{-\xi\pi/\sqrt{1-\xi^2}} \times 100\% \tag{3.13}$$

可见，典型欠阻尼二阶系统的超调量 $\sigma\%$ 只与阻尼比 ξ 有关，两者的关系如图 3.13 所示。

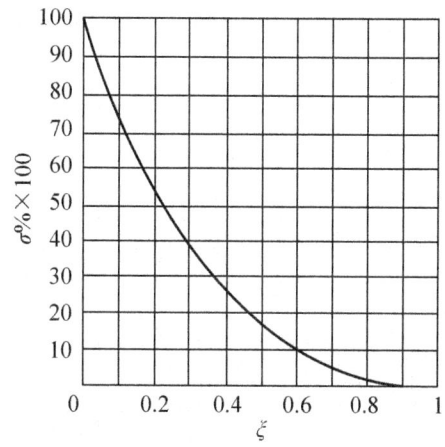

图 3.13　欠阻尼二阶系统 $\sigma\%$ 与 ξ 的关系曲线

图 3.13 的绘制程序如下。

```
P=[];t=0:0.1:50;ks=0:0.005:1;wn=5;
for i=1:length(ks);
  num=wn*wn;
  den=[1  2*ks(i)*wn  wn*wn];
  y=step(num,den,t);
  for k=2:length(y)
  if y(k)<=y(k-1)temp=k-1;break;end
  end
  P=[P,(y(temp)-1)*100];end
plot(ks,P,'b-');xlabel('阻尼比')
ylabel('超调量');  grid;
```

4) 调节时间 t_s

用定义求解系统的调节时间比较麻烦，为简便计，通常按阶跃响应的包络线进入 5% 误差带的时间计算调节时间。

令

$$\left|1+\frac{e^{-\xi\omega_n t}}{\sqrt{1-\xi^2}}-1\right|=\frac{e^{-\xi\omega_n t}}{\sqrt{1-\xi^2}}=0.05$$

可解得

$$t_s=-\frac{\ln 0.05+\frac{1}{2}\ln(1-\xi^2)}{\xi\omega_n}\approx\frac{3.5}{\xi\omega_n} \quad (0.3<\xi<0.8) \qquad (3.14)$$

式(3.12)~式(3.14)为典型欠阻尼二阶系统动态性能指标的计算公式。可见，典型欠阻尼二阶系统超调量 $\sigma\%$ 只取决于阻尼比 ξ，而调节时间 t_s 则与阻尼比 ξ 和自然频率 ω_n 均有关。按式(3.14)计算得出的调节时间 t_s 偏于保守。$\xi\omega_n$ 一定时，调节时间 t_s 实际上随阻尼比 ξ 还有所变化。图3.14给出了用MATLAB绘制的当 $T=1/\omega_n$ 时，调节时间 t_s 与阻尼比 ξ 之间的关系曲线。可看出，当 $\xi=0.707(\beta=45°)$ 时，$t_s\approx 2T$，实际调节时间最短，$\sigma\%=4.32\%\approx 5\%$，超调量又不大，所以一般称 $\xi=0.707$ 为"最佳阻尼比"。工程上取 $\xi\in(0.4,0.8)$ 之间，这时系统调节时间短，超调量小，既满足快速性，又满足稳定性要求。

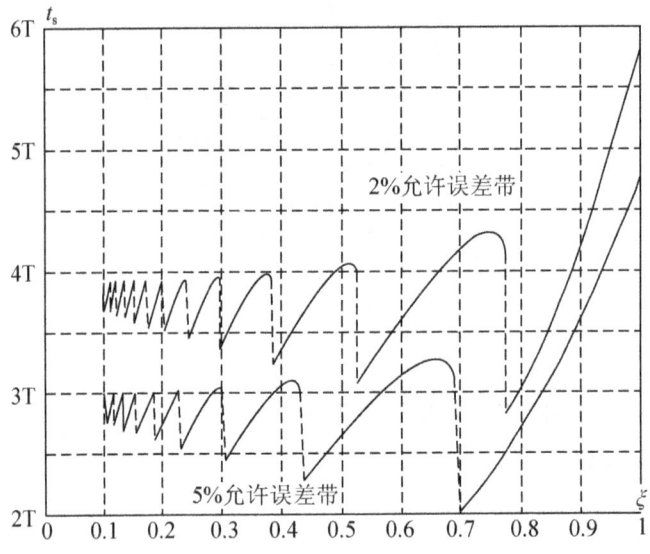

图 3.14　t_s 与 ξ 之间的关系曲线

图3.14的绘制程序如下。

```
Ts2=[];Ts5=[];Ks=[];rl=1;t=0:0.01:50;
for im=10:-0.02:0 % rl-极点实部 im-极点虚部
   Ks=[Ks,cos(atan(im/rl))];
 num=rl*rl+ im*im;den=[1 2*rl rl*rl+ im*im];
 y=step(num,den,t);
 for k=length(t):-1:0 % 从后向前搜索 2% 误差的调节时间
   if(abs(y(k)-1))>=0.02,Ts2=[Ts2,t(k+1)];break,end
 end
 for k=length(t):-1:0 % 从后向前搜索 5% 误差的调节时间
   if(abs(y(k)-1))>=0.05,Ts5=[Ts5,t(k+1)];break,end
```

```
    end
end
figure;a=plot(Ks,Ts2,'r.',Ks,Ts5,'b.');
set(a,'LineWidth',2);grid;
```

4. 典型欠阻尼二阶系统动态性能、系统参数及极点分布之间的关系

根据式(3.13)、式(3.14)及式(3.8)、式(3.9)，可以进一步讨论系统动态性能、系统参数及闭环极点分布间的规律性。

当 ω_n 固定，ξ 增加(β 减小)时，系统极点在 S 复平面按图 3.15 中圆弧轨迹 I 移动，对应系统超调量 $\sigma\%$ 减小；同时由于极点远离虚轴，$\xi\omega_n$ 增加，调节时间 t_s 减小。图 3.16(a)给出了用 MATLAB 绘制的当 $\omega_n=1$，ξ 改变时的系统单位阶跃响应过程。

当 ξ 固定，ω_n 增加时，系统极点在 S 平面按图 3.15 中的射线轨迹 II 移动，对应系统超调量 $\sigma\%$ 不变；由于极点远离虚轴，$\xi\omega_n$ 增加，调节时间 t_s 减小。图 3.16(b)给出了用 MATLAB 绘制的当 $\xi=0.5(\beta=60°)$，ω_n 变化时的系统单位阶跃响应过程。

一般实际系统中，其开环传递函数中的 T 是系统的固定参数，不能随意改变，而开环增益 K(图 3.6)是各环节总的传递系数，可以调节。K 增大时，系统极点在 S 平面按图 3.15 中的垂直线 III 移动，阻尼 ξ 变小，超调量 $\sigma\%$ 会增加。图 3.16(c)给出了用 MATLAB 绘制的当 $T=1$，K 变化时系统单位阶跃响应的过程。

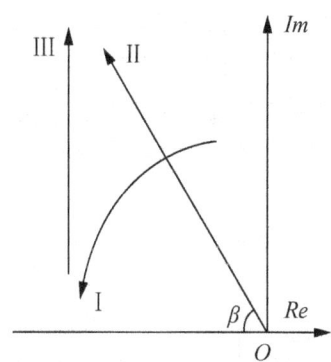

图 3.15 系统极点轨迹

图 3.16 的绘制程序如下。

```
t=[0:0.1:20];r=ones(size(t));wn=1;ksi=[0.1,0.2,0.3,0.4,0.5,0.6,0.7,1,2];
figure,holdon
for i=1:8 % 图 a
  num=ksi(i)*ksi(i)+wn*wn;den=[1,2*ksi(i)*wn,num];c=step(num,den,t);
  ab=plot(t,r,'r-',t,c,'b-');;pause(0.5);set(ab,'LineWidth',1.5);end
xlabel('t/s');ylabel('h(t)');
title('wn=1,ksi=[0.1,0.2,0.3,0.4,0.5,0.6,0.7,1,2]');
grid;pause(2);
clf;holdon;ksi=0.5;wn=[0.25 0.5 1 2 4 8];t=0:0.01:10;r=ones(size(t));
for i=1:length(wn)% 图 b
```

```
    num=wn(i)*wn(i);den=[1,2*ksi*wn(i),wn(i)*wn(i)];  c=step(num,den,t);
    ab=plot(t,r,'r-',t,c,'b-');pause(0.5);  set(ab,'LineWidth',1.5);
end
xlabel('t/s'),ylabel('h(t)');title('ksi=0.5;wn=[0.25 0.5 1 2 4 8]');
grid;pause(2);
clf;holdon;t=[0:0.05:10];r=ones(size(t));T=1;K=[ 0.5,1 2 4 8];
for i=1:length(K)% 图 c
num=K(i);den=[T,1,K(i)];   c=step(num,den,t);
ab=plot(t,r,'r-',t,c,'b-');pause(0.5);set(ab,'LineWidth',1.5);
end
xlabel('t/s');ylabel('h(t)');title('T=1,K=[0.5,1,2,4,8]');grid;
```

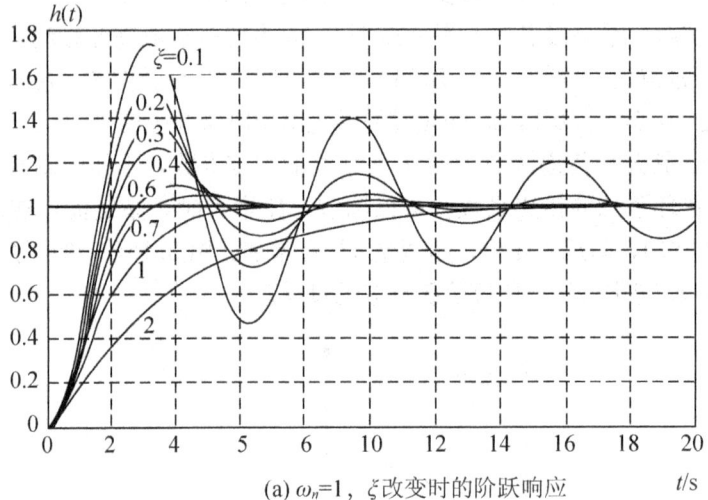

(a) $\omega_n=1$，ξ 改变时的阶跃响应

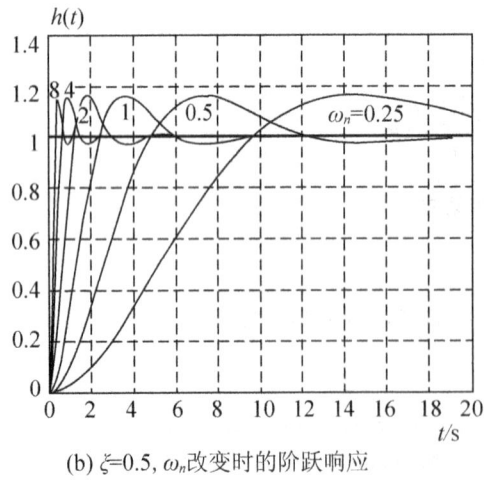

(b) $\xi=0.5$，ω_n 改变时的阶跃响应

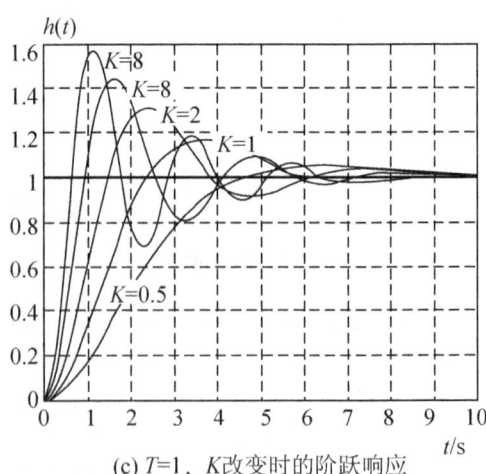

(c) $T=1$，K 改变时的阶跃响应

图 3.16 二阶系统单位阶跃响应

综合上述讨论：要获得满意的系统动态性能，应该适当选择参数，使二阶系统的闭环极点位于 $\beta=45°$ 线附近，使系统具有合适的超调量，并根据情况尽量使其远离虚轴，以提高系统的快速性。

掌握系统动态性能随参数及极点位置变化的规律性，对于分析设计系统是十分重要的。

【例 3.5】控制系统结构图如图 3.17 所示。

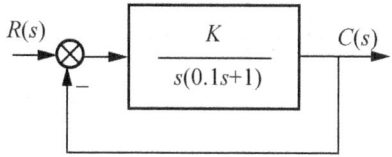

图 3.17　控制系统结构图

(1) 开环增益 $K=10$ 时，求系统的动态性能指标；
(2) 确定使系统阻尼比 $\xi=0.707$ 的 K 值。

【解】(1) $K=10$ 时，系统闭环传递函数

$$\Phi(s)=\frac{G(s)}{1+G(s)}=\frac{100}{s^2+10s+100}$$

$$\omega_n=\sqrt{100}=10, \quad \xi=\frac{10}{2\times10}=0.5$$

$$t_p=\frac{\pi}{\sqrt{1-\xi^2}\omega_n}=\frac{\pi}{\sqrt{1-0.5^2}\times10}\approx0.363$$

$$\sigma\%=e^{-\xi\pi/\sqrt{1-\xi^2}}=e^{-0.5\pi/\sqrt{1-0.5^2}}\approx16.3\%$$

$$t_s=\frac{3.5}{\xi\omega_n}=\frac{3.5}{0.5\times10}=0.7$$

(2) $\Phi(s)=\dfrac{10K}{s^2+10s+10K}$

$$\begin{cases}\omega_n=\sqrt{10K}\\ \xi=\dfrac{10}{2\sqrt{10K}}\end{cases}$$

令 $\xi=0.707$ 得

$$K=\frac{100\times2}{4\times10}=5$$

用 MATLAB 绘制其曲线如图 3.18 所示。

图 3.18 的绘制程序如下。

```
t=[0:0.01:2];r=ones(size(t));
n1=[10];d1=[.1 1 0];% 开环传函系数
[num den]=cloop(n1,d1);% 求单位反馈闭环传函系数
c=step(num,den,t);
plot(t,r,'r--',t,c,'b-');
xlabel('t(s)'),ylabel('h(t)');grid;
```

【例 3.6】系统结构图如图 3.19 所示。求开环增益 K 分别为 10、0.5、0.09 时系统的动态性能指标。

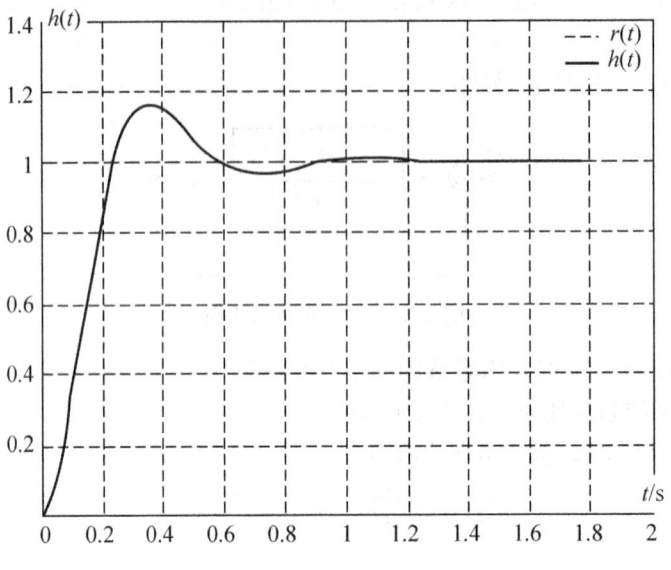

图 3.18 例 3.5 图

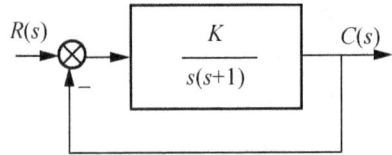

图 3.19 控制系统结构图

【解】当 $K=10$，$K=0.5$ 时，系统为欠阻尼状态，当 $K=0.09$ 时，系统为过阻尼状态，应按相应的公式计算系统的动态指标，如表 3.4 所示。

表 3.4 例 3.6 的计算结果

计算 \ K	10	0.5	0.09
开环传递函数	$G_1(s)=\dfrac{10}{s(s+1)}$	$G_2(s)=\dfrac{0.5}{s(s+1)}$	$G_3(s)=\dfrac{0.09}{s(s+1)}$
闭环传递函数	$\Phi_1(s)=\dfrac{10}{s^2+s+10}$	$\Phi_2(s)=\dfrac{0.5}{s^2+s+0.5}$	$\Phi_3(s)=\dfrac{0.09}{s^2+s+0.09}$
特征参数	$\begin{cases}\omega_n=\sqrt{10}=3.16\\ \xi=\dfrac{1}{2\times 3.16}=0.158\\ \beta=\arccos\xi=81°\end{cases}$	$\begin{cases}\omega_n=\sqrt{0.5}=0.707\\ \xi=\dfrac{1}{2\times 0.707}=0.707\\ \beta=\arccos\xi=45°\end{cases}$	$\begin{cases}\omega_n=\sqrt{0.09}=0.3\\ \xi=\dfrac{1}{2\times 0.3}=1.67\end{cases}$
特征根	$\lambda_{1,2}=-0.5\pm j3.12$	$\lambda_{1,2}=-0.5\pm j0.5$	$\begin{cases}\lambda_1=-0.1\\ \lambda_2=-0.9\end{cases}$ $\begin{cases}T_1=10\\ T_2=1.11\end{cases}$

续表

计算 \ K	10	0.5	0.09
动态性能指标	$\begin{cases} t_p = \dfrac{\pi}{\sqrt{1-\xi^2}\,\omega_n} = 1.01 \\ \sigma\% = e^{-\xi\pi/\sqrt{1-\xi^2}} = 60.4\% \\ t_s = \dfrac{3.5}{\xi\omega_n} = 7 \end{cases}$	$\begin{cases} t_p = \dfrac{\pi}{\sqrt{1-\xi^2}\,\omega_n} = 6.238 \\ \sigma\% = e^{-\xi\pi/\sqrt{1-\xi^2}} = 5\% \\ t_s = \dfrac{3.5}{\xi\omega_n} = 7 \end{cases}$	$\begin{cases} T_1/T_2 = 9 \\ t_s = (t_s/T_1) \cdot T_1 = 31 \\ t_p = \infty \\ \sigma\% = 0 \end{cases}$

图 3.20(a)、(b)为用 MATLAB 绘制的不同 K 值时系统的极点分布和相应的单位阶跃响应曲线。可见，调整系统参数可以使系统动态性能有所改善，但改善的程度有限；而且，改善动态性能和改善稳态性能对 K 的要求相互矛盾，一般只能综合考虑，取折中方案。用后面介绍的速度反馈或比例加微分控制可以进一步提高系统的动态性能。

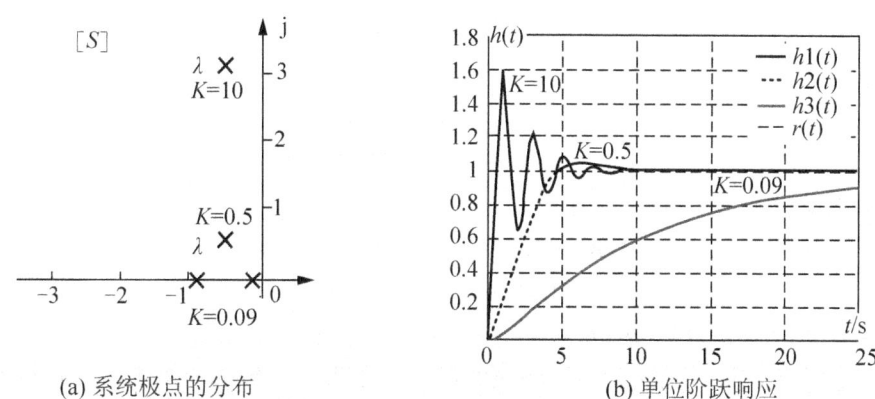

(a) 系统极点的分布　　(b) 单位阶跃响应

图 3.20　$K = 10, 0.5, 0.09$ 时系统极点的分布及单位阶跃响应

图 3.20 及例 3.6 的绘制程序如下。

```
t=[0:0.2:25];C=[];K=[10 0.5 0.09];R=ones(size(t));
for i=1:length(K)
n1=[K(i)];d1=[1 1 0];[num den]=cloop(n1,d1);
y=step(num,den,t);C=[C y];
end
plot(t,C(:,1),'-',t,C(:,2),'--',t,C(:,3),'-');hold on;plot(t,R,'k--');
xlabel('t(s)'),ylabel('c(t)');grid;
```

【例 3.7】二阶系统的结构图及单位阶跃响应分别如图 3.21(a)、(b)所示。试确定系统参数 K_1、K_2、a 的值。

【解】由系统结构图可得

$$\Phi(s) = \frac{K_1 K_2}{s^2 + as + K_2}$$

$$\left. \begin{array}{l} K_2 = \omega_n^2 \\ a = 2\xi\omega_n \end{array} \right\} \tag{3.15}$$

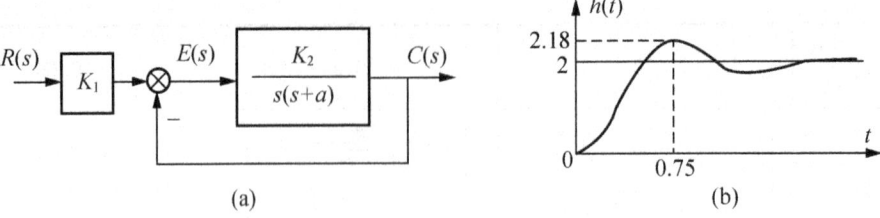

图 3.21 系统结构图及单位阶跃响应

由单位阶跃响应曲线有

$$h(\infty)=2=\lim_{s\to 0}s\Phi(s)R(s)=\lim_{s\to 0}\frac{K_1 K_2}{s^2+as+K_2}=K_1 \tag{3.16}$$

$$\begin{cases} t_p=\dfrac{\pi}{\sqrt{1-\xi^2}\omega_n}=0.75 \\ \sigma\%=\dfrac{2.18-2}{2}=0.09=e^{-\xi\pi/\sqrt{1-\xi^2}} \end{cases}$$

联立求解得

$$\begin{cases} \xi\approx 0.608 \\ \omega_n\approx 5.278 \end{cases} \tag{3.17}$$

将式(3.17)代入式(3.15)得

$$\begin{cases} K_2=5.278^2\approx 27.85 \\ a=2\times 0.608\times 5.278\approx 6.42 \end{cases}$$

因此有 $K_1=2$,$K_2\approx 27.85$,$a\approx 6.42$。

关于二阶系统的脉冲响应和斜坡响应的讨论,方法与一阶系统类似,在此不再赘述。表 3.5 中给出了不同阻尼比下二阶系统的典型输入响应公式及曲线,供查阅。

表 3.5 中图的绘制程序如下。

```
t=0:0.01:20;ksi=[0.1 0.3 0.5 0.7 1 2];
wn=1;figure;holdon;
for i=1:length(ksi)
  num=wn*wn;den=[1 2*ksi(i)*wn wn*wn];
  y=impulse(num,den,t);plot(t,y,'b-');%脉冲响应
end;xlabel('t');ylabel('k(t)');grid;pause(2);
u=ones(size(t));figure;holdon;plot(t,u,'r-')
for i=1:length(ksi)
  num=wn*wn;den=[1 2*ksi(i)*wn wn*wn];
  y=step(num,den,t);plot(t,y,'b-');%阶跃响应
end;xlabel('t');ylabel('k(t)');grid;pause(2);
u=t;figure;hold on;plot(t,u,'r-')
for i=1:length(ksi)
  num=wn*wn;den=[1 2*ksi(i)*wn wn*wn];
  y=lsim(num,den,u,t);plot(t,y,'b-');%斜坡响应
end,xlabel('t');ylabel('k(t)');grid
```

第3章 线性系统的时域分析法

表 3.5 二阶系统典型响应一览表

输入 $r(t)$		输出 $c(t)$ ($t \geq 0$)	响应曲线
$\delta(t)$	$\xi > 1$	$k(t) = \dfrac{\omega_n}{2\sqrt{\xi^2-1}}\left[e^{-(\xi-\sqrt{\xi^2-1})\omega_n t} - e^{-(\xi+\sqrt{\xi^2-1})\omega_n t}\right]$	
	$\xi = 1$	$k(t) = \omega_n^2 t e^{-\omega_n t}$	
	$0 < \xi < 1$	$k(t) = \dfrac{\omega_n}{\sqrt{1-\xi^2}} e^{-\xi\omega_n t} \sin\sqrt{1-\xi^2}\,\omega_n t$	
$1(t)$	$\xi > 1$	$h(t) = 1 + \dfrac{\omega_n}{2\sqrt{\xi^2-1}}\left(\dfrac{e^{s_1 t}}{s_1} - \dfrac{e^{s_2 t}}{s_2}\right)$ $s_1 = (\xi+\sqrt{\xi^2-1})\omega_n,\ s_2 = (\xi-\sqrt{\xi^2-1})\omega_n$	
	$\xi = 1$	$h(t) = 1 - e^{-\omega_n t}(1+\omega_n t)$	
	$0 < \xi < 1$	$h(t) = 1 - \dfrac{e^{-\xi\omega_n t}}{\sqrt{1-\xi^2}}\sin\left(\sqrt{1-\xi^2}\,\omega_n t + \tan^{-1}\dfrac{\sqrt{1-\xi^2}}{\xi}\right)$	
t	$\xi > 1$	$c(t) = t - \dfrac{2\xi}{\omega_n} + \dfrac{2\xi^2-1+2\xi\sqrt{\xi^2-1}}{2\omega_n\sqrt{\xi^2-1}}e^{-(\xi-\sqrt{\xi^2-1})\omega_n t} - \dfrac{2\xi^2-1-2\xi\sqrt{\xi^2-1}}{2\omega_n\sqrt{\xi^2-1}}e^{-(\xi+\sqrt{\xi^2-1})\omega_n t}$	
	$\xi = 1$	$c(t) = t - \dfrac{2}{\omega_n} + \dfrac{2}{\omega_n}\left(1+\dfrac{1}{2}\omega_n t\right)e^{-\omega_n t}$	
	$0 < \xi < 1$	$c(t) = t - \dfrac{2\xi}{\omega_n} + \dfrac{1}{\omega_n}\dfrac{1}{\sqrt{1-\xi^2}} e^{-\xi\omega_n t} \sin\left(\sqrt{1-\xi^2}\,\omega_n t + 2\tan^{-1}\dfrac{\sqrt{1-\xi^2}}{\xi}\right)$	

3.3.4 改善二阶系统动态性能的措施

采用测速反馈和比例加微分控制方式,可以有效改善二阶系统的动态性能。

【例3.8】在如图3.22(a)所示系统中,分别采用测速反馈和比例加微分控制,系统结构图分别如图3.22(b)、(c)所示。其中 $K_t = 0.216$。分别写出它们各自的开环传递函数、闭环传递函数,计算出动态性能指标($\sigma\%$, t_s)并进行对比分析。

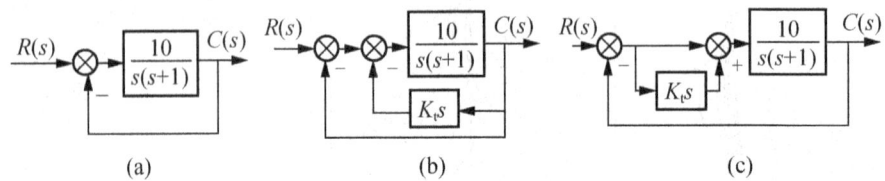

图 3.22 系统结构图

【解】图3.22(a)、(b)中的系统是典型欠阻尼二阶系统,其动态性能指标($\sigma\%$, t_s)按式(3.13)、式(3.14)计算。而图3.22(c)表示的系统有一个闭环零点,不符合上述公式应用的条件。将各系统的性能指标的计算及比较列于表3.6中。图3.22所示的系统可以用表3.7中相应的公式(或用MATLAB)计算其动态性能指标。可以看出,采用测速反馈和比例加微分控制后,系统动态性能得到了明显改善。

表3.6 原系统、测速反馈和比例加微分控制方式下系统性能的计算及比较

系统结构图		图3.22(a)	图3.22(b)	图3.22(c)
开环传递函数		$G_a(s)=\dfrac{10}{s(s+1)}$	$G_b(s)=\dfrac{10(K_t s+1)}{s(s+1)}$	$G_c(s)=\dfrac{10(K_t s+1)}{s(s+1)}$
闭环传递函数		$\Phi_a(s)=\dfrac{10}{s^2+s+10}$	$\Phi_b(s)=\dfrac{10}{s^2+(1+10K_t)s+10}$	$\Phi_c(s)=\dfrac{10(K_t s+1)}{s^2+(1+10K_t)s+10}$
系统参数	ξ	0.158	0.5	0.5
	ω_n	3.16	3.16	3.16
开环	零点	—	−4.63	−4.63
	极点	0, −1	0, −1	0, −1
闭环	零点	—	—	−4.63
	极点	−0.5±j3.12	−1.58±j2.74	−1.58±j2.74
动态性能	t_p	1.01	1.15	1.05
	$\sigma\%$	60%	16.3%	23%
	t_s	7	2.2	2.1

从物理本质上讲,图3.22(b)系统引入速度(微分)反馈,相当于增加了系统的阻尼,使系统的振荡性得到抑制,超调量减小;图3.22(c)所示系统采用了比例加微分控制,微分信号有超前性,相当于系统的调节作用提前,阻止了系统的过调。相对于原系统而言,两种方

法均可以改善系统的动态性能。在实际应用中,比例加微分装置一般串联在前向通道信号功率较弱的地方,需要放大器进行信号放大;而反馈则是从大功率的输出端反馈到前端信号较弱的地方,一般不需要信号放大。从效果上看,由于比例加微分环节是高通滤波器,会放大噪声,影响系统正常工作;而测速反馈不会有这样的问题。从经济角度考虑,比例加微分实现简单,费用低;测速反馈装置价格高。实际采用哪一种方法,应根据具体情况适当选择。

1. 加开环零点对系统动态性能的影响

比较图 3.22(a)、(b)所示两系统的开环传递函数可以看出,后者比前者多一个开环零点,因而影响了系统的闭环特征多项式,改变了闭环极点的位置,如图 3.23 所示。显然,图 3.22(b)所示的系统闭环极点 λ_b 较图 3.22(a)所示的系统闭环极点 λ_a 远离虚轴(相应调节时间 t_s 小),且 β 角小(对应阻尼比 ξ 较大,超调量 $\sigma\%$ 较小),因而动态性能优于图 3.22(a)所示系统。

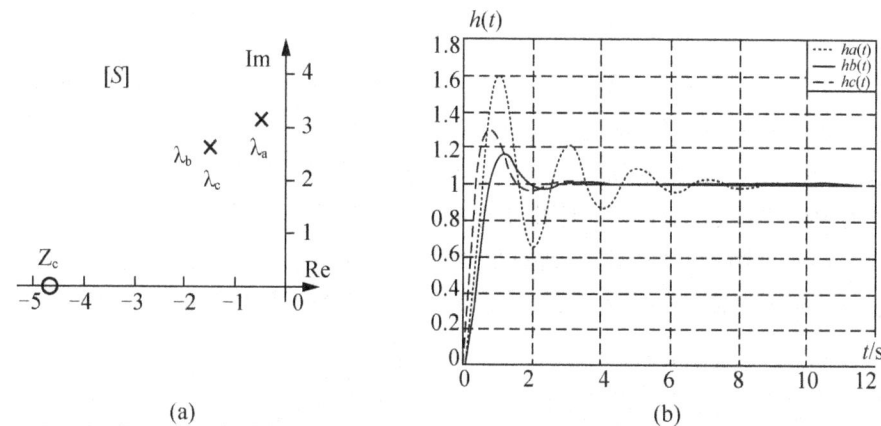

图 3.23　例 3.8 中三个系统的闭环零极点分布及单位阶跃响应

图 3.23 及例 3.8 的程序如下。

```
t=[0:0.01:12];r=ones(size(t));
na=[10];da=[1 1 10];ca=step(na,da,t);
nb=[10];db=[1 3.16 10];cb=step(nb,db,t);
nc=[2.16 10];dc=[1 3.16 10];cc=step(nc,dc,t);
ab=plot(t,ca,'k',t,cb,'b-',t,cc,'k--');set(ab,'LineWidth',2);
xlabel('t/s'),ylabel('h(t)');grid
```

附加开环零点是通过改变闭环极点(改变模态)来影响闭环系统动态性能的。

2. 附加闭环零点对系统动态性能的影响

图 3.22(b)、(c)两系统有相同的开环传递函数,只是闭环传递函数中后者较前者多一个闭环零点。附加闭环零点不会影响闭环极点,因而不会影响单位阶跃响应中的各模态。但它会改变单位阶跃响应中各模态的加权系数,由此影响系统的动态性能。

附加闭环零点是通过改变单位阶跃响应中各模态的加权系数影响闭环系统动态性能的。

将图 3.22(c)系统闭环传递函数等效分解,如图 3.24 所示。从信号的合成关系上可见,图 3.22(c)所示系统的单位阶跃响应 $h_c(t)$ 是在图 3.22(b)系统单位阶跃响应 $h_b(t)$ 基础上叠加了一个 $K_t h'_b(t)$ 而成的,即有

$$h_c(t) = h_b(t) + K_t h'_b(t)$$

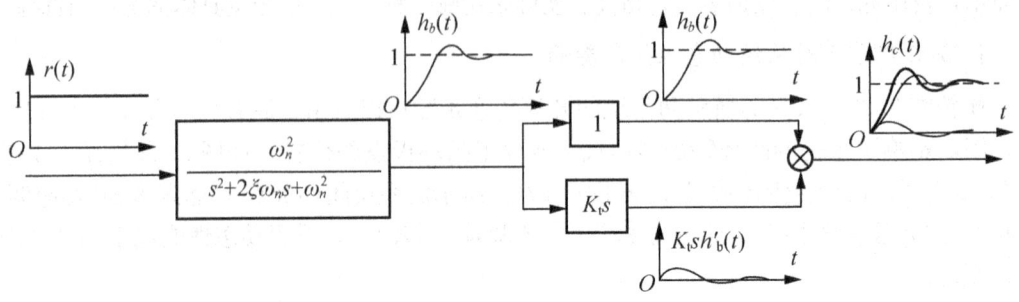

图 3.24 系统响应合成示意图

由图 3.22 可以明显看出,附加闭环零点会使系统的峰值时间提前,超调量增加。附加的闭环零点靠虚轴越近(K_t 越大),这种影响越强烈。

附加闭环极点的作用与附加闭环零点恰好相反,读者可以自行分析。

同时附加闭环零点、极点时,距虚轴近的零点或极点对系统影响较大。

图 3.25 给出了用 MATLAB 绘制的在 $\Phi(s) = 1/(s^2+s+1)$ 基础上分别附加闭环零点、极点和同时附加闭环零、极点后(系统闭环增益不变)系统阶跃响应的变化趋势。

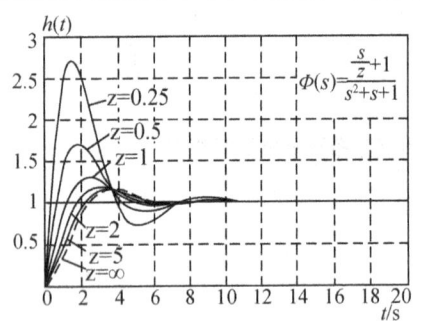

(a) 附加闭环零点对系统阶跃响应的影响

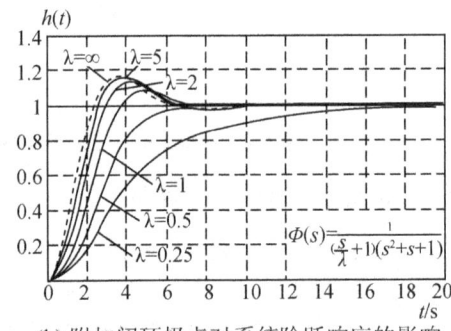

(b) 附加闭环极点对系统阶跃响应的影响

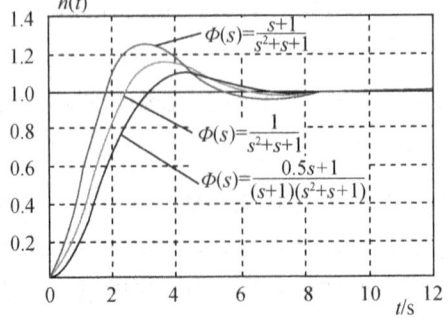

(c) 同时附加闭环零、极点时系统的阶跃响应

图 3.25 附加零、极点对系统的影响

图 3.25 的绘制程序如下。

```
t=[0:0.1:20];r=ones(size(t));z=[5,2,1,0.5,0.25];h=length(z);
tf0=tf([1],[1 1 1]);c0=step(tf0,t);
ab=plot(t,r,'r-',t,c0,'k--');set(ab,'LineWidth',1.5);hold on
for i=1:h
   tf1=tf([1/z(i),1],[1]);tfa=tf0*tf1;c=step(tfa,t);
   ab=plot(t,c,'b-');set(ab,'LineWidth',1.5);pause(0.5);% 图(a)
end
xlabel('t/s'),ylabel('h(t)');pause(1)
title('增加闭环零点的影响'),grid;pause(2);

lmd=z;h=length(lmd);figure;
ab=plot(t,r,'r-',t,c0,'k--');set(ab,'LineWidth',1.5);hold on
for i=1:h
   tf1=tf(lmd(i),[1,lmd(i)]);tfa=tf0*tf1;c=step(tfa,t);
   ab=plot(t,c,'b-');set(ab,'LineWidth',1.5);pause(0.5);% 图(b)
end
xlabel('t/s'),ylabel('h(t)');pause(1)
title('增加闭环极点的影响'),grid;pause(2);

figure;holdon
tf1=tf([1,1],[1]);tfa=tf0*tf1;ca=step(tfa,t);
tf2=tf([1/2,1],[1,1]);tfb=tf0*tf2;cb=step(tfb,t);
ab=plot(t,r,'r-',t,c0,'m-',t,ca,'b-',t,cb,'k-');% 图(c)
set(ab,'LineWidth',1.5);
xlabel('t/s'),ylabel('h(t)');pause(1),title('同时附加闭环零极点的影响'),grid;
```

3.4 高阶系统的时域分析

3.4.1 高阶系统单位阶跃响应

高阶系统传递函数一般可以表示为

$$\Phi(s)=\frac{M(s)}{D(s)}=\frac{b_m s^m+b_{m-1}s^{m-1}+\cdots+b_1 s+b_0}{a_n s^n+a_{n-1}s^{n-1}+\cdots+a_1 s+a_0}$$

$$=\frac{K\prod_{i=1}^{m}(s-z_i)}{\prod_{j=1}^{n}(s-\lambda_j)} \quad (n\geqslant m) \tag{3.18}$$

式中，$K=b_m/a_n$，由于 $M(s)$，$D(s)$ 均为实系数多项式，故闭环零点 z_i、极点 λ_j 只能是实根或共轭复数根。设系统闭环极点均为单极点，系统单位阶跃响应的拉氏变换可表示为

$$C(s) = \Phi(s) \cdot \frac{1}{s} = \frac{K\prod_{i=1}^{m}(s-z_i)}{s\prod_{j=1}^{n}(s-\lambda_j)} = \frac{M(0)}{D(0)} \cdot \frac{1}{s} + \sum_{j=1}^{n} \frac{M(s)}{sD'(s)}\bigg|_{s=\lambda_j} \cdot \frac{1}{s-\lambda_j} \quad (3.19)$$

对上式进行拉氏反变换可得

$$\begin{aligned}c(t) &= \frac{M(0)}{D(0)} + \sum_{j=1}^{n}\frac{M(s)}{sD'(s)}\bigg|_{s=\lambda_j} \cdot e^{\lambda_k t} \\ &= \frac{M(0)}{D(0)} + \sum_{\lambda_i=-\alpha_i}\frac{M(s)}{sD'(s)}\bigg|_{s=\alpha_i} \cdot e^{-\alpha_i t} + \sum_{\lambda_i=-\sigma_i\pm j\omega_{di}} A_i e^{-\sigma_i t}\sin(\omega_{di}t+\varphi_i)\end{aligned} \quad (3.20)$$

可见，除常数项 $M(0)/D(0)$ 外，高阶系统的单位阶跃响应是系统模态的组合，组合系数即部分分式系数（即留数）。模态由闭环极点确定，而部分分式系数与闭环零点、极点分布有关，所以，闭环零点、极点对系统动态性能均有影响。当所有闭环极点均具有负的实部，即所有闭环极点均位于左半 S 平面时，随时间 t 的增加所有模态均趋于零（对应瞬态分量），系统的单位阶跃响应最终稳定在 $M(0)/D(0)$。很明显，闭环极点负实部的绝对值越大，相应模态趋于零的速度越快。在系统存在重根的情况下，以上结论仍然成立。如 $\frac{1}{(0.2s+1)(s^2+s+1)} = \frac{1}{s^2+s+1}$。

3.4.2 闭环主导极点

对稳定的闭环系统，远离虚轴的极点对应的模态只影响阶跃响应的起始段，而距虚轴近的极点对应的模态衰减缓慢，系统动态性能主要取决于这些极点对应的响应分量。此外，各瞬态分量的具体值还与其系数大小有关。根据部分分式理论，各瞬态分量的系数与零、极点的分布有如下关系：①若某极点远离原点，则相应项的系数很小；②若某极点接近一零点，而又远离其他极点和零点，则相应项的系数也很小；③若某极点远离零点又接近原点或其他极点，则相应项系数就比较大。系数大而且衰减慢的分量在瞬态响应中起主要作用。因此，距离虚轴最近而且附近又没有零点的极点对系统的动态性能起主导作用，称相应极点为主导极点。如：$\frac{1}{(0.2s+1)(s^2+s+1)} \approx \frac{1}{s^2+s+1}$。

3.4.3 估算高阶系统动态性能指标的零点极点法

一般规定，若某极点的实部大于主导极点实部的 5~6 倍以上，则可以忽略相应分量的影响；若两相邻零、极点间的距离比它们本身的模值小一个数量级，则称该零、极点对为"偶极子"，其作用近似抵消，可以忽略相应分量的影响。

在绝大多数实际系统的闭环零、极点中，可以选留最靠近虚轴的一个或几个极点作为主导极点，略去比主导极点距虚轴远 5 倍以上的闭环零、极点，以及不十分接近虚轴的靠得很近的偶极子，忽略其对系统动态性能的影响。然后按表 3.7 中相应的公式估算高阶系统动态性能指标。

应该注意使简化后的系统与原高阶系统有相同的闭环增益，以保证阶跃响应终值相同。

利用 MATLAB 语言的 step 指令，可以方便准确地得到高阶系统的单位阶跃响应和动态性能指标。

表 3.7 动态性能指标估算公式表

系统名称	闭环零、极点分布图	性能指标估算公式
振荡型二阶系统	(图：s_1，三角形边 A、D，底边 σ_1)	$t_p=\dfrac{\pi}{D}$，$\sigma\%=100\mathrm{e}^{-\sigma_1 t_p}\%$ $t_s=\dfrac{3+\ln\left(\dfrac{A}{D}\right)}{\sigma_1}$
振荡型二阶系统	(图：s_1，x_1处有零点，角θ，边E、A、D，F、σ_1)	$t_p=\dfrac{\pi-\theta}{D}$，$\sigma\%=100\dfrac{E}{F}\mathrm{e}^{-\sigma_1 t_p}\%$ $t_s=\dfrac{3+\ln\left(\dfrac{A}{D}\right)\left(\dfrac{E}{F}\right)}{\sigma_1}$
振荡型三阶系统	(图：s_1，s_3处极点，角α，边B、A、D，C、σ_1)	$t_p=\dfrac{\alpha}{D}$，$c_1=-\left(\dfrac{A}{B}\right)^2$，$c_2=\dfrac{A}{B}\cdot\dfrac{C}{D}$ $\sigma\%=100\left(\dfrac{C}{B}\mathrm{e}^{-\sigma_1 t_p}+c_1\mathrm{e}^{-C t_p}\right)\%$ $t_s=\dfrac{3+\ln c_2}{\sigma_1}$（$\sigma\%\neq 0$时） $t_s=\dfrac{3+\ln|c_1|}{C}$（$\sigma\%=0$时）
振荡型三阶系统	(图：s_1，x_1处零点，角θ、α，边E、B、A、D，C、F、σ_1)	$t_p=\dfrac{\alpha}{D}$，$c_1=-\left(\dfrac{A}{B}\right)^2\left(1-\dfrac{C}{F}\right)$，$c_2=\dfrac{A}{B}\cdot\dfrac{C}{D}\cdot\dfrac{E}{F}$ $\sigma\%=100\left(\dfrac{C}{B}\cdot\dfrac{E}{F}\mathrm{e}^{-\sigma_1 t_p}+c_1\mathrm{e}^{-C t_p}\right)\%$ $t_s=\dfrac{3+\ln c_2}{\sigma_1}$（$C>\sigma_1$，$\sigma\%\neq 0$时） $t_s=\dfrac{3+\ln|c_1|}{C}$（$C<\sigma_1$，$\sigma\%=0$时）
非振荡型三阶系统	(图：三个极点，σ_1、σ_2、σ_3)	$t_s=\dfrac{3-\ln\left(1-\dfrac{\sigma_1}{\sigma_2}\right)-\ln\left(1-\dfrac{\sigma_1}{\sigma_3}\right)}{\sigma_1}$ （$\sigma_1\neq\sigma_2\neq\sigma_3$）
非振荡型三阶系统	(图：三个极点及一个零点，σ_1、σ_2、σ_3、F)	$t_s=\dfrac{3-\ln\left(1-\dfrac{\sigma_1}{F}\right)-\ln\left(1-\dfrac{\sigma_1}{\sigma_2}\right)-\ln\left(1-\dfrac{\sigma_1}{\sigma_3}\right)}{\sigma_1}$ （$\sigma_1\neq\sigma_2\neq\sigma_3$，$F>1.1\sigma_1$时）

3.5 线性系统的稳定性分析

稳定是控制系统正常工作的首要条件。分析、判定系统的稳定性,并提出确保系统稳定的条件是自动控制理论的基本任务之一。

3.5.1 稳定性的概念

若在扰动作用下系统偏离了原来的平衡状态,当扰动消失后,系统能够以足够的准确度恢复到原来的平衡状态,则系统是稳定的。否则,系统不稳定。

3.5.2 稳定的充要条件

脉冲信号可看作一种典型的扰动信号。根据系统稳定的定义,若系统脉冲响应收敛,即

$$\lim_{t \to \infty} k(t) = 0$$

则系统是稳定的。设系统闭环传递函数为

$$\Phi(s) = \frac{M(s)}{D(s)} = \frac{b_m(s-z_1)(s-z_2)\cdots(s-z_m)}{a_n(s-\lambda_1)(s-\lambda_2)\cdots(s-\lambda_n)}$$

设闭环极点为互不相同的单根,则脉冲响应的拉氏反变换为

$$C(s) = \Phi(s) = \frac{A_1}{s-\lambda_1} + \frac{A_2}{s-\lambda_2} + \cdots + \frac{A_n}{s-\lambda_n} = \sum_{i=1}^{n} \frac{A_i}{s-\lambda_i}$$

式中,A_i 为待定常数。对上式进行拉氏反变换,得单位脉冲响应函数

$$k(t) = A_1 e^{\lambda_1 t} + A_2 e^{\lambda_2 t} + \cdots + A_n e^{\lambda_n t} = \sum_{i=1}^{n} A_i e^{\lambda_i t}$$

根据稳定性定义,系统稳定时应有

$$\lim_{t \to \infty} k(t) = \lim_{t \to \infty} \sum_{i=1}^{n} A_i e^{\lambda_i t} = 0 \quad (3.21)$$

考虑到系数 A_i 的任意性,要使上式成立,只能有

$$\lim_{t \to \infty} e^{\lambda_i t} = 0 \quad (i=1, 2, \cdots, n) \quad (3.22)$$

式(3.22)表明,所有特征根均具有负的实部是系统稳定的必要条件。另一方面,如果系统的所有特征根均具有负的实部,则式(3.21)一定成立。所以,系统稳定的充分必要条件是系统闭环特征方程的所有根都具有负的实部,或者说所有闭环特征根均位于左半 S 平面。

若特征方程有 m 重根,则相应模态

$$e^{\lambda_0 t}, \ t e^{\lambda_0 t}, \ t^2 e^{\lambda_0 t}, \ \cdots, \ t^{m-1} e^{\lambda_0 t}$$

当时间 t 趋于无穷时是否收敛到零,仍然取决于重特征根 λ_0 是否具有负的实部。

当系统有纯虚根时,系统处于临界稳定状态,脉冲响应呈现等幅振荡。由于系统参数的变化以及扰动是不可避免的,实际上等幅振荡不可能永远维持下去,系统很可能会由于某些因素而导致不稳定。另外,从工程实践的角度来看,这类系统也不能正常工作,因此经典控制理论中将临界稳定系统划归到不稳定系统之列。

线性系统的稳定性是其自身的属性，只取决于系统自身的结构、参数，与初始条件及外作用无关。

线性定常系统如果稳定，则它一定是大范围稳定的，且原点是其唯一的平衡点。

用 MATLAB 语言的多项式求根指令 roots 可以由特征方程系数方便地解出全部特征根，进而可以判断系统是否稳定。

3.5.3 稳定判据

劳斯于 1877 年提出的稳定性判据能够判定一个多项式方程中是否存在位于复平面右半部的正根，而不必求解方程。当把这个判据用于判断系统的稳定性时，又称为代数稳定判据。

设系统特征方程为

$$D(s)=a_n s^n + a_{n-1} s^{n-1} + \cdots + a_1 s + a_0 = 0 \quad (a_n > 0) \tag{3.23}$$

1. 判定稳定的必要条件

对于式(3.23)，系统稳定的必要条件是

$$a_i > 0 \quad (i=0, 1, 2, \cdots, n) \tag{3.24}$$

满足必要条件的一、二阶系统一定稳定，满足必要条件的高阶系统未必稳定，因此高阶系统的稳定性还需要用劳斯判据来判断。

2. 劳斯判据

劳斯判据为表格形式，如表 3.8 所示，称为劳斯表。表中前两行由特征方程的系数直接构成，其他各行的数值按表 3.8 所示逐行计算。

表 3.8 劳斯表

s^n	a_n	a_{n-2}	a_{n-4}	a_{n-6}	⋯
s^{n-1}	a_{n-1}	a_{n-3}	a_{n-5}	a_{n-7}	⋯
s^{n-2}	$b_1 = \dfrac{a_{n-1}a_{n-2} - a_n a_{n-3}}{a_{n-1}}$	$b_2 = \dfrac{a_{n-1}a_{n-4} - a_n a_{n-5}}{a_{n-1}}$	b_3	b_4	⋯
s^{n-3}	$c_1 = \dfrac{b_1 a_{n-3} - a_{n-1} b_2}{b_1}$	$c_2 = \dfrac{b_1 a_{n-5} - a_{n-1} b_3}{b_1}$	c_3	c_4	⋯
⋮	⋮	⋮	⋮	⋮	⋮
s^0	a_0				

劳斯判据指出：系统稳定的充要条件是劳斯表中第一列系数都大于零，否则系统不稳定，而且第一列系数符号改变的次数就是系统特征方程中正实部根的个数。

【例 3.9】 设系统特征方程为 $D(s)=s^4+2s^3+3s^2+4s+5=0$，试判定系统的稳定性。

【解】 列劳斯表如表 3.9 所示。

表 3.9 例 3.9 劳斯表

s^4	1	3	5
s^3	2	4	0
s^2	$\dfrac{2\times3-1\times4}{2}=1$	$\dfrac{2\times5-1\times0}{2}=5$	
s^1	$\dfrac{1\times4-2\times5}{1}=-6$	0	
s^0	$\dfrac{-6\times5-1\times0}{-6}=5$		

例 3.9 题的程序如下。

roots([1 2 3 4 5])

结果为

0.2878+1.4161i
0.2878-1.4161i
-1.2878+0.8579i
-1.2878-0.8579i

劳斯表第一列系数符号改变了两次,所以系统有两个根在右半 S 平面,系统不稳定。

注意:判断开环稳定性用开环特征表达式,判断闭环稳定性应用闭环传递函数分母对应的特征表达式。

3. 劳斯判据特殊情况的处理

(1) 某行第一列元素为零而该行元素不全为零时,用一个很小的正数 ε 代替第一列的零元素参与计算,表格计算完成后再令 $\varepsilon\to0$,判断第一列符号改变次数,从而判断系统稳定性。

【例 3.10】 已知系统特征方程 $D(s)=s^3-3s+2=0$,判定系统右半 S 平面中的极点个数。

【解】 $D(s)$ 的系数不满足稳定的必要条件,系统必然不稳定。列劳斯表如表 3.10 所示。

表 3.10 例 3.10 劳斯表

s^3	1	-3
s^2	0	2
s^1	$\dfrac{-3\varepsilon-1\times2}{\varepsilon}=c_1 \quad c_1\to-\infty$	0
s^0	$\dfrac{2c_1-\varepsilon\times0}{c_1}=2$	0

例 3.10 题的程序如下。

roots([1 0 -3 2])

结果为

-2.0000
1.0000
1.0000

劳斯表第一列系数符号改变了两次，所以系统有两个根在右半 S 平面。

(2) 某行元素全部为零时，利用上一行元素构成辅助方程，对辅助方程求导得到新的方程，用新方程的系数代替该行的零元素继续计算。当特征多项式包含形如 $(s+\sigma)(s-\sigma)$ 或 $(s+j\omega)(s-j\omega)$ 的因子时，劳斯表会出现全零行，而此时辅助方程的根就是特征方程根的一部分。

【例 3.11】已知系统特征方程 $D(s)=s^5+3s^4+12s^3+20s^2+35s+25=0$，判定系统是否稳定。

【解】列劳斯表如表 3.11 所示。

表 3.11 例 3.11 劳斯表

s^5	1	12	35	
s^4	3	20	25	
s^3	16/3	80/3	0	
s^2	5	25	0	辅助方程：$F(s)=5s^2+25=0$
s^1	0 10	0 0		$F'(s)=10s=0$
s^0	25	0		

例 3.11 题的程序如下。

```
D=[1 3 12 20 35 25];
roots(D)
```

结果为

0.0000+2.2361i
0.0000-2.2361i
-1.0000+2.0000i
-1.0000-2.0000i

劳斯表第一列系数符号没有改变，所以系统没有在右半 S 平面的根，系统临界稳定。求解辅助方程可以得到系统的一对纯虚根 $\lambda_{1,2}=\pm j\sqrt{5}$。

4. 劳斯判据的应用

劳斯判据除了可以用来判定系统的稳定性外，还可以确定使系统稳定的参数范围。

【例 3.12】某单位反馈系统的开环零点、极点分布，如图 3.26 所示，试判定系统是否可以稳定。若可以稳定，请确定相应的开环增益范围；若不可以，请说明理由。

图 3.26 开环零点、极点分布

【解】由开环零点、极点分布图可写出系统的开环传递函数

$$G(s)=\frac{K(s-1)}{(s/3-1)^2}=\frac{9K(s-1)}{(s-3)^2}$$

闭环系统特征方程为

$$D(s)=(s-3)^2+9K(s-1)=s^2+(9K-6)s+9(1-K)=0$$

对于二阶系统，特征方程系数全部大于零就可以保证系统稳定。由 $\begin{cases}9K-6>0\\1-K>0\end{cases}$，可确定使系统稳定的 K 值范围为 $\frac{2}{3}<K<1$。

由此例可以看出，闭环系统的稳定性与系统开环是否稳定之间没有直接关系。

【例 3.13】已知控制系统结构图如图 3.27 所示。

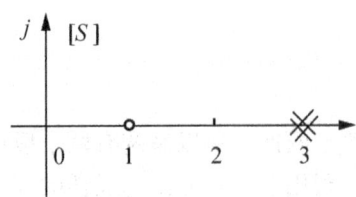

图 3.27 控制系统结构图

(1) 确定使系统稳定的开环增益 K 与阻尼比 ξ 的取值范围，并画出相应区域；
(2) 当 $\xi=2$ 时，确定使系统极点全部落在直线 $s=-1$ 左边的 K 值范围。

【解】(1) 系统开环传递函数为

$$G(s)=\frac{K_a}{s(s^2+20\xi s+100)}$$

开环增益为

$$K=\frac{K_a}{100}$$

系统特征方程为

$$D(s)=s^3+20\xi s^2+100s+100K=0$$

列劳斯表如表 3.12 所示。

表 3.12 例 3.12 劳斯表(1)

s^3	1	100	
s^2	20ξ	$100K$	→$\xi>0$
s^1	$(2000\xi-100K)/20\xi$	0	→$20\xi>K$
s^0	$100K$	0	→$K>0$

根据稳定条件画出使系统稳定的参数区域，如图3.28所示。

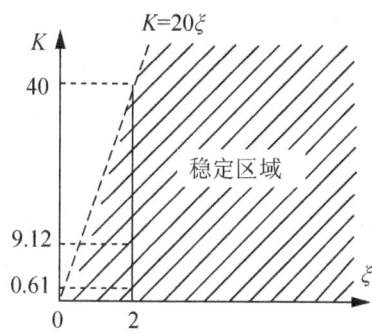

图 3.28 使系统稳定的参数区域

（2）令 $s=\bar{s}-1$ 进行坐标平移，使新坐标的虚轴 $\bar{s}=0$ 与原坐标 $s=-1$ 直线重合，这样就可以在新坐标下用劳斯判据解决问题。令

$$D(\bar{s})=(\bar{s}-1)^3+20\xi(\bar{s}-1)^2+100(\bar{s}-1)+100K$$

代入 $\xi=2$，整理得

$$D(\bar{s})=\bar{s}^3+37\bar{s}^2+23\bar{s}+(100K-61)$$

列劳斯表如表3.13所示。

表 3.13 例 3.13 劳斯表(2)

s^3	1	23	
s^2	37	$100K-61$	
s^1	$(37\times23+61-100K)/37$	0	→$K<9.12$
s^0	$100K-61$	0	→$K>0.61$

因此，使系统极点全部落在 S 平面 $s=-1$ 左边的 K 值范围是：$0.61<K<9.12$。

3.6 线性系统的稳态误差分析

一个稳定的系统在典型外作用下经过一段时间后就会进入稳态，控制系统的稳态精度是其重要的技术指标。稳态误差必须在允许范围之内，控制系统才有使用价值。例如，工业加热炉的炉温误差超过限度就会影响产品质量，轧钢机的辊距误差超过限度就轧不出合格的钢材，导弹的跟踪误差若超过允许的限度就不能用于实战等。

控制系统的稳态误差是系统控制准确性的一种度量，是系统的精度要求的性能指标。由于系统自身的结构参数、外作用的类型（控制量或扰动量）及外作用的形式（阶跃、斜坡或加速度等）不同，控制系统的稳态输出不可能在任意情况下都与输入量（希望的输出）一致，因而会产生原理性稳态误差。此外，系统中存在的不灵敏区、间隙、零漂等非线性因素也会造成附加的稳态误差。控制系统设计的任务之一就是尽量减小系统的稳态误差。

对稳定的系统研究稳态误差才有意义，所以计算稳态误差应以系统稳定为前提。

通常把在给定输入作用下没有原理性稳态误差的系统称为无差系统；而把有原理性稳态误差的系统称为有差系统。

本节主要讨论线性系统原理性稳态误差的计算方法，包括计算稳态误差的一般方法、静态误差系数法和动态误差系数法。

3.6.1 误差与稳态误差

控制系统结构图一般可用图 3.29(a)的形式表示，经过等效变换可以化成图 3.29(b)的形式。系统的误差通常有两种定义方法：按输入端定义和按输出端定义。

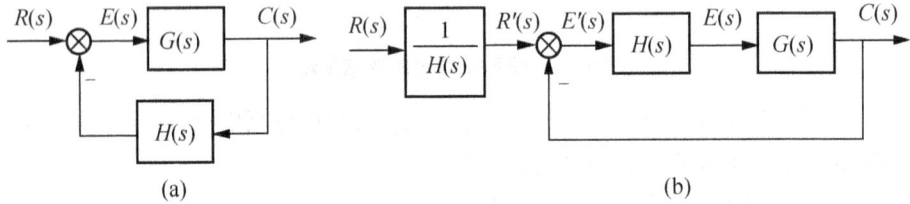

图 3.29 系统结构图及误差定义

(1) 按输入端定义的误差，即把偏差定义为误差，

$$E(s)=R(s)-H(s)C(s) \tag{3.25}$$

(2) 按输出端定义的误差

$$E'(s)=\frac{R(s)}{H(s)}-C(s) \tag{3.26}$$

按输入端定义的误差 $E(s)$（即偏差）通常是可测量的，有一定的物理意义，但其误差的理论含义不十分明显；按输出端定义的误差 $E'(s)$ 是"希望输出" $R'(s)$ 与实际输出 $C(s)$ 之差，比较接近误差的理论意义，但它通常不可测量，只有数学意义。两种误差定义之间存在如下关系：

$$E'(s)=E(s)/H(s) \tag{3.27}$$

对单位反馈系统而言，上述两种定义是一致的。除特别说明外，本书以后讨论的误差都是指按输入端定义的误差（即偏差）。

稳态误差通常有两种含义：一种是指时间趋于无穷时误差的值 $e_{ss}=\lim_{t\to\infty}e(t)$，称为"静态误差"或"终值误差"；另一种是指误差 $e(t)$ 中的稳态分量 $e_s(t)$，称为"动态误差"。当误差随时间趋于无穷时，终值误差不能反映稳态误差随时间的变化规律，具有一定的局限性。

3.6.2 计算稳态误差的一般方法

计算稳态误差一般方法的实质是利用终值定理，它适用于各种情况下的稳态误差计算，既可以用于求输入作用下的稳态误差，也可以用于求干扰作用下的稳态误差。具体计算分三步进行。

(1) 判定系统的稳定性。稳定是系统正常工作的前提条件，系统不稳定时，求稳态误差没有意义。另外，计算稳态误差要用终值定理，终值定理应用的条件是除原点外，

$sE(s)$ 在右半 S 平面及虚轴上解析。当系统不稳定,或 $R(s)$ 的极点位于虚轴上以及虚轴右边时,该条件不满足。

(2) 求误差传递函数
$$\Phi_e(s)=\frac{E(s)}{R(s)}, \quad \Phi_{en}(s)=\frac{E(s)}{N(s)}$$

(3) 用终值定理求稳态误差
$$e_{ss}=\lim_{s\to 0}[\Phi_e(s)R(s)+\Phi_{en}(s)N(s)] \tag{3.28}$$

【例3.14】控制系统结构图如图3.30所示。已知 $r(t)=n(t)=t$,求系统的稳态误差。

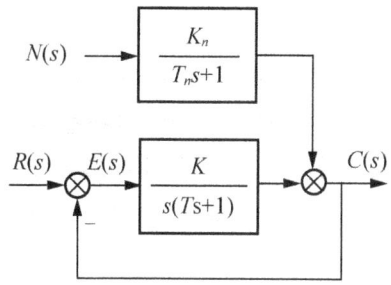

图 3.30 控制系统结构图

【解】控制输入 $r(t)$ 作用下的误差传递函数为
$$\Phi_e(s)=\frac{E(s)}{R(s)}=\frac{1}{1+\dfrac{K}{s(Ts+1)}}=\frac{s(Ts+1)}{s(Ts+1)+K}$$

系统特征方程为
$$D(s)=Ts^2+s+K=0$$

设 $T>0$,$K>0$,保证系统稳定。控制输入下的稳态误差为
$$e_{ssr}=\lim_{s\to 0}\Phi_e(s)R(s)$$
$$=\lim_{s\to 0}s\cdot\frac{s(Ts+1)}{s(Ts+1)+K}\cdot\frac{1}{s^2}=\frac{1}{K}$$

干扰 $n(t)$ 作用下的误差传递函数为
$$\Phi_{en}(s)=\frac{E(s)}{N(s)}=\frac{-\dfrac{K_n}{T_n s+1}}{1+\dfrac{K}{s(Ts+1)}}=\frac{-K_n s(Ts+1)}{(T_n s+1)[s(Ts+1)+K]}$$

干扰 $n(t)$ 作用下的稳态误差为
$$e_{ssn}=\lim_{s\to 0}s\Phi_{en}(s)N(s)=\lim_{s\to 0}s\cdot\frac{-K_n s(Ts+1)}{(T_n s+1)[s(Ts+1)+K]}\cdot\frac{1}{s^2}=\frac{-K_n}{K}$$

由叠加原理有
$$e_{ss}=e_{ssr}+e_{ssn}=\frac{1-K_n}{K}$$

【例3.15】例3.14中,若 $r(t)$ 取 $A\cdot 1(t)$,$A\cdot t$,$\dfrac{A}{2}t^2$,试分别计算系统的稳态误差。

【解】 利用例 3.14 得出的 $\Phi_e(s)$ 表达式，可得

$r(t)=A \cdot 1(t)$ 时，

$$e_{ss1}=\lim_{s \to 0} s \cdot \frac{s(Ts+1)}{s(Ts+1)+K} \cdot \frac{A}{s}=0$$

$r(t)=A \cdot t$ 时，

$$e_{ss2}=\lim_{s \to 0} s \cdot \frac{s(Ts+1)}{s(Ts+1)+K} \cdot \frac{A}{s^2}=\frac{A}{K}$$

$r(t)=\frac{A}{2} \cdot t^2$ 时，

$$e_{ss3}=\lim_{s \to 0} s \cdot \frac{s(Ts+1)}{s(Ts+1)+K} \cdot \frac{A}{s^3}=\infty$$

由例 3.14，例 3.15 可以得出以下结论：系统的稳态误差与系统自身的结构参数、外作用的类型（控制量、扰动量及其作用点）及外作用的形式（阶跃、斜坡或加速度）有关。

3.6.3 静态误差系数法

在系统分析中经常遇到计算控制输入作用下稳态误差的问题。分析研究典型输入作用下引起的稳态误差与系统结构参数及输入形式的关系，找出其中的规律性，是十分必要的。

设系统结构图如图 3.29(a)所示，系统开环传递函数一般可以表示为

$$G(s)H(s)=\frac{K(\tau_1 s+1)\cdots(\tau_m s+1)}{s^v(T_1 s+1)\cdots(T_{n-v} s+1)}=\frac{K}{s^v}G_0(s) \quad (3.29)$$

式中，

$$G_0(s)=\frac{(\tau_1 s+1)\cdots(\tau_m s+1)}{(T_1 s+1)\cdots(T_{n-v} s+1)}, \quad \lim_{s \to 0} G_0(s)=1 \quad (3.30)$$

K 为开环增益；v 为系统开环传递函数中纯积分环节的个数，称为系统型别，当 $v=0,1,2$ 时，则分别称相应闭环系统为 0 型系统、Ⅰ型系统和Ⅱ型系统。控制输入 $r(t)$ 作用下的误差传递函数为

$$\Phi_e(s)=\frac{E(s)}{R(s)}=\frac{1}{1+G(s)H(s)}=\frac{1}{1+\frac{K}{s^v}G_0(s)}$$

(1) 位置输入时，$r(t)=A \cdot 1(t)$，

$$e_{ssp}=\lim_{s \to 0} s\Phi_e(s)R(s)=\lim_{s \to 0} s \cdot \frac{A}{s} \cdot \frac{1}{1+G(s)H(s)}=\frac{A}{1+\lim_{s \to 0}G(s)H(s)}$$

定义静态位置误差系数为

$$K_p=\lim_{s \to 0} G(s)H(s)=\lim_{s \to 0}\frac{K}{s^v} \quad (3.31)$$

则

$$e_{ssp}=\frac{A}{1+K_p} \quad (3.32)$$

(2) 速度输入时，$r(t)=A \cdot t$

$$e_{ssv}=\lim_{s\to 0}s\Phi_e(s)R(s)=\lim_{s\to 0}s\cdot\frac{A}{s^2}\cdot\frac{1}{1+G(s)H(s)}=\frac{A}{\lim_{s\to 0}G(s)H(s)}$$

定义静态速度误差系数

$$K_v=\lim_{s\to 0}sG(s)H(s)=\lim_{s\to 0}\frac{K}{s^{v-1}} \tag{3.33}$$

则

$$e_{ssv}=\frac{A}{K_v} \tag{3.34}$$

(3) 加速度输入时，$r(t)=\frac{A}{2}t^2$，

$$e_{ssa}=\lim_{s\to 0}s\Phi_e(s)R(s)=\lim_{s\to 0}s\cdot\frac{A}{s^3}\cdot\frac{1}{1+G(s)H(s)}=\frac{A}{\lim_{s\to 0}s^2G(s)H(s)}$$

定义静态加速度误差系数

$$K_a=\lim_{s\to 0}s^2G(s)H(s)=\lim_{s\to 0}\frac{K}{s^{v-2}} \tag{3.35}$$

则

$$e_{ssa}=\frac{A}{K_a} \tag{3.36}$$

综合以上讨论可以列出表 3.14。

表 3.14 典型输入信号作用下的稳态误差

系统型别	静态误差系数			阶跃输入 $r(t)=A\cdot 1(t)$	斜坡输入 $r(t)=A\cdot t$	加速度输入 $r(t)=\frac{A\cdot t^2}{2}$
	K_p	K_v	K_a	位置误差 $e_{ss}=\frac{A}{1+K_p}$	速度误差 $e_{ss}=\frac{A}{K_v}$	加速度误差 $e_{ss}=\frac{A}{K_a}$
0	K	0	0	$\frac{A}{1+K}$	∞	∞
I	∞	K	0	0	$\frac{A}{K}$	∞
II	∞	∞	K	0	0	$\frac{A}{K}$

表 3.14 揭示了控制系统在各种输入作用下系统稳态误差随系统结构、参数及输入形式变化的规律。即在输入一定时，增大开环增益 K，可以减小稳态误差；增加开环传递函数中的积分环节数，可以消除稳态误差。此规律可借助于图 3.31 来理解。图中所示系统是 II 型的，引入 $Ts+1$ 环节是为了保证系统稳定。当系统达到稳态时，$\lim_{s\to 0}(Ts+1)\to 1$，$Ts+1$ 相当于比例环节。

由图 3.31 容易理解，系统稳态输出中 t 的最高次数必定与输入的最高次数相同。阶跃响应稳态时为常值，意味着此时 $1/s$ 环节输入端信号 $u(t)$ 为零，也说明 K/s 环节输入端信号(即稳态误差 $e(t)$)为零，否则 $u(t)$ 会发生变化不能为零；斜坡响应稳态时为等速信

号，意味着 $u(t)$ 为常值，说明 $e(t)$ 为零。同样可以分析其他典型响应的情形。可见，系统型别是系统响应达到稳态时，输出跟踪输入信号的一种能力储备。系统回路中的积分环节越多，系统稳态输出跟踪输入信号的能力似乎越强，但积分环节越多，系统越不容易稳定，所以实际系统Ⅱ型以上的很少。

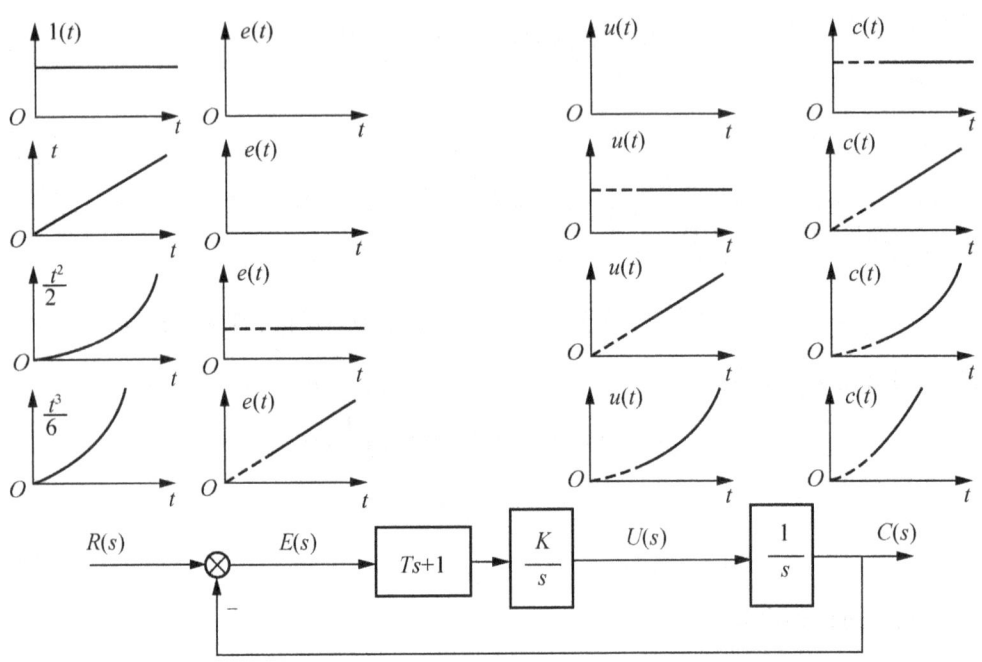

图 3.31　稳态误差随典型输入变化的规律

应用静态误差系数法要注意其适用条件：系统必须稳定；误差是按输入端定义的；只能用于计算典型输入时的终值误差，并且输入信号不能有其他的前馈通道。

应当理解，稳态误差是位置意义上的误差。例如，系统的速度误差是系统在速度（斜坡）信号作用下，系统稳态输出与输入在相对位置上的误差，而不是输出、输入信号在速度上存在误差。

【例 3.16】系统结构图如图 3.32 所示。已知输入 $r(t)=2t+4t^2$，求系统的稳态误差。

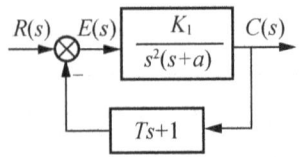

图 3.32　控制系统结构图

【解】系统开环传递函数为

$$G(s)=\frac{K_1(Ts+1)}{s^2(s+a)}$$

开环增益为 $K=\dfrac{K_1}{a}$，系统型别为 $v=2$。

系统闭环传递函数为

$$\Phi(s)=\frac{K_1}{s^2(s+a)+K_1(Ts+1)}$$

特征方程为

$$D(s)=s^3+as^2+K_1Ts+K_1=0$$

列劳斯表判定系统稳定性，如表 3.15 所示。

表 3.15　例 3.16 劳斯表

s^3	1	K_1T	
s^2	a	K_1	$a>0$
s^1	$\dfrac{(aT-1)K_1}{a}$	0	$aT>1$
s^0	K_1		$K_1>0$

设参数满足稳定性要求，利用表 3.14 计算系统的稳态误差。

当 $r_1(t)=2t$ 时，

$$e_{ss1}=0$$

当 $r_2(t)=4t^2=8\times\frac{1}{2}t^2$ 时，

$$e_{ss2}=\frac{A}{K}=\frac{8a}{K_1}$$

故得

$$e_{ss}=e_{ss1}+e_{ss2}=\frac{8a}{K_1}$$

3.6.4　干扰作用引起的稳态误差分析

实际系统在工作中不可避免要受到各种干扰的影响，引起稳态误差。讨论干扰引起的稳态误差与系统结构参数的关系，可以为我们合理设计系统结构，确定参数，提高系统抗干扰能力提供参考。

设系统结构图如图 3.33 所示。现分析干扰作用产生的稳态误差，即

$$e_{ssn}=\lim_{s\to 0}s\Phi_{en}(s)N(s)$$

$$=\lim_{s\to 0}s\frac{-G_2(s)H(s)}{1+G_1(s)G_2(s)H(s)}N(s)$$

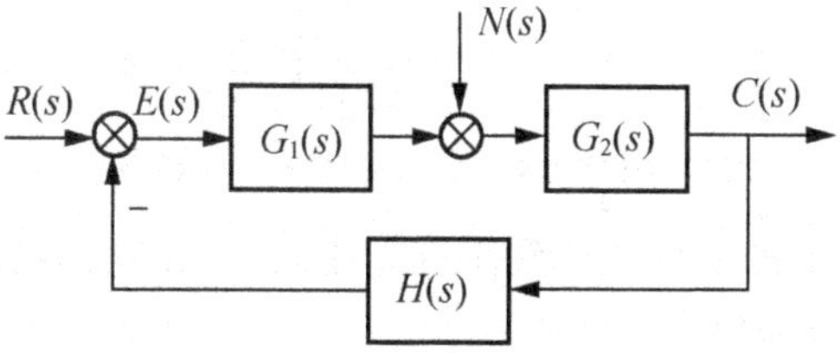

图 3.33　控制系统结构图

当 $|G_1(s)G_2(s)H(s)|\gg 1$ 时，有

$$e_{ssn}\approx \lim_{s\to 0}\frac{-1}{G_1(S)}N(s)$$

即在深度反馈条件下，e_{ssn} 主要与 $N(s)$ 和 $G_1(s)$ 有关。而 $G_1(s)$ 是主反馈口到干扰作用点之间前向通道的传递函数。

【例 3.17】系统结构图如图 3.34 所示。将开环增益和积分环节（为区分之，分别注以不同的下标）分布在回路的不同位置，讨论他们分别对控制输入 $r(t)=t^2/2$ 和干扰 $n(t)=At$ 作用下产生的稳态误差的作用。

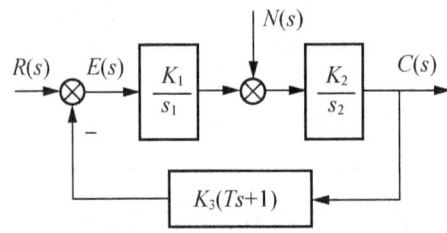

图 3.34 控制系统结构图

【解】系统开环传递函数为

$$G(s)=\frac{K_1K_2K_3(Ts+1)}{s_1s_2},\quad \begin{cases}K=K_1K_2K_3\\ v=2\end{cases}$$

（1）$r(t)$ 作用下系统的误差传递函数为

$$\Phi_e(s)=\frac{E(s)}{R(s)}=\frac{s_1s_2}{s_1s_2+K_1K_2K_3(Ts+1)}$$

系统特征多项式为

$$D(s)=s_1s_2+K_1K_2K_3Ts+K_1K_2K_3$$

当 $\begin{cases}K_1K_2K_3>0\\ T>0\end{cases}$ 时系统稳定。

当 $r(t)=t^2/2$ 时，系统稳态误差为

$$e_{ssr}=\lim_{s\to 0}s\Phi_e(s)\frac{1}{s^3}=\lim_{s\to 0}\frac{1}{s^2}\frac{s_1s_2}{s_1s_2+K_1K_2K_3Ts+K_1K_2K_3}=\frac{1}{K_1K_2K_3}$$

可见，开环增益和积分环节分布在回路的任何位置，对于减小或消除 $r(t)$ 作用下的稳态误差均有效。

（2）$n(t)=At$ 作用下系统的误差传递函数为

$$\Phi_{en}(s)=\frac{E(s)}{N(s)}=\frac{-K_2K_3s_1(Ts+1)}{s_1s_2+K_1K_2K_3Ts+K_1K_2K_3}$$

$$e_{ssn}=\lim_{s\to 0}s\cdot \Phi_{en}(s)N(s)=-A/K_1$$

可见，只有分布在前向通道的主反馈口到干扰作用点之间的增益和积分环节才对减小或消除干扰作用下的稳态误差有效。

从图 3.34 可知，当 $r(t)=0$，$n(t)=1(t)$ 时，要使稳态误差 $e_{ssn}=0$，系统的稳态输出

乃至稳态时积分环节 K_2/s_2 的输入都必须为零，而主反馈口到干扰作用点之间的积分环节 K_1/s_1 恰好能够提供一个抵消干扰 $n(t)$ 的反向常值信号。若实现这个条件，则可保证 $e_{ssn}=0$，而其他地方的积分环节起不到这样的作用。当 $n(t)=t$ 时，积分环节 K_1/s_1 要提供抵消干扰 $n(t)$ 的信号，稳态误差只能是常值，K_1 越大，所需的稳态误差值越小。而分布在其他地方的增益对减小稳态误差没有作用。

设计系统时应尽量在前向通道的主反馈口到干扰作用点之间提高增益、设置积分环节，这样可以同时减小或消除控制输入和干扰作用下产生的稳态误差。此外，如果干扰信号可测量，后面介绍的按干扰补偿的顺馈校正方法也可以有效减小干扰作用下的稳态误差。

3.6.5 动态误差系数法

用求稳态误差的一般方法和静态误差系数法只能得到系统的终值误差 e_{ss}，当稳态误差随时间趋于无穷时，e_{ss} 反映不出其随时间的变化规律。对于那些只在有限时间范围内工作的系统，只需要保证在要求的时间内满足精度要求即可。而用动态误差系数法则可以研究误差的稳态分量随时间变化的规律。

1. 动态误差系数

动态误差系数法的思路是，将系统的误差传递函数 $\Phi_e(s)=E(s)/R(s)$ 在 $s=0$ 处展开成如下的泰勒级数：

$$\Phi_e(s)=\Phi_e(0)+\frac{1}{1!}\Phi'_e(0) \cdot s+\frac{1}{2!}\Phi''_e(0) \cdot s^2+\cdots+\frac{1}{l!}\Phi_e^{(l)}(0) \cdot s^l+\cdots$$

定义动态误差系数

$$C_i=\frac{1}{i!}\Phi_e^{(i)}(0) \quad (i=0,1,2,\cdots) \tag{3.37}$$

则有

$$\Phi_e(s)=C_0+C_1 \cdot s+C_2 \cdot s^2+\cdots$$
$$E(s)=\Phi_e(s) \cdot R(s)=C_0 \cdot R(s)+C_1 s \cdot R(s)+C_2 s^2 \cdot R(s)+\cdots$$
$$e_s(t)=C_0 r(t)+C_1 r'(t)+C_2 r''(t)+\cdots=\sum_{i=0}^{\infty}C_i r^{(i)}(t) \tag{3.38}$$

注意，式(3.37)右端是 $\Phi_e(s)$ 在复域 $s=0$ 处展开的，这对应时域中 $t\to\infty$ 时的特性，所以式(3.38)只包含 $e(t)$ 中的稳态分量 $e_s(t)$。对于适合用静态误差系数法求稳态误差的系统，静态误差系数和动态误差系数之间在一定条件下存在如下关系：

0 型系统 $C_0=\dfrac{1}{1+K_p}$，Ⅰ型系统 $C_1=\dfrac{1}{K_v}$，Ⅱ型系统 $C_2=\dfrac{1}{K_a}$。

2. 动态误差系数的计算方法

求取动态误差系数一般可以用系数比较法和长除法。下面举例说明。

【例 3.18】两个控制系统，其结构图分别如图 3.35(a)、(b)所示，在输入 $r(t)=2t+t^2/4$ 作用下，要求系统的稳态误差在 4s 内不超过 6 m。应当选择哪一个系统？

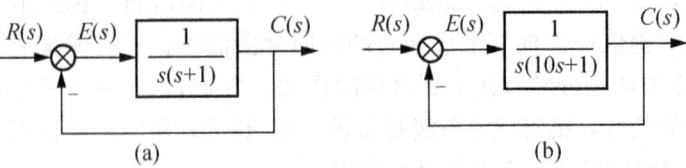

图 3.35 控制系统结构图

【解】对图 3.35(a)系统,其误差传递函数为

$$\Phi_{e(a)}(s)=\frac{E(s)}{R(s)}=\frac{s(s+1)}{s^2+s+1}=C_0+C_1 s+C_2 s^2+\cdots$$

有

$$\begin{aligned}s^2+s&=[C_0+C_1 s+C_2 s^2+\cdots](s^2+s+1)\\&=C_0+(C_0+C_1)s+(C_0+C_1+C_2)s^2+(C_1+C_2+C_3)s^3+\cdots\end{aligned}$$

比较系数可得

$$\begin{cases}C_0=0\\C_0+C_1=1\\C_0+C_1+C_2=1\\\vdots\end{cases}$$

联立求解得

$$\begin{cases}C_0=0\\C_1=1\\C_2=0\\\vdots\end{cases}$$

将输入表达式

$$r(t)=2t+\frac{1}{4}t^2,\ r'(t)=2+\frac{1}{2}t,\ r''(t)=\frac{1}{2},\ r'''(t)=0,\cdots$$

代入式(3.38)有

$$\begin{aligned}e_{s(a)}(t)&=C_0 r(t)+C_1 r'(t)+C_2 r''(t)+C_3 r'''(t)+\cdots\\&=0+\left(2+\frac{1}{2}t\right)+0+0+\cdots=2+\frac{1}{2}t\end{aligned}$$

对图 3.35(b)系统,其误差传递函数为

$$\Phi_{e(b)}(s)=\frac{E(s)}{R(s)}=\frac{s(10s+1)}{10s^2+s+1}=\frac{s+10s^2}{1+s+10s^2}$$

用长除法可得(注意将分子分母多项式分别写成升幂排列形式)

$$\begin{array}{r}s+9s^2-19s^3+\cdots\\1+s+10s^2\overline{\smash{\big)}\,s+10s^2}\\\underline{s+s^2+10s^3}\\9s^2-10s^3\\\underline{-9s^2+9s^3+90s^4}\\-19s^3-90s^4\end{array}$$

故得
$$\Phi_{e(b)}(s) = \frac{s+10s^2}{1+s+10s^2} = s + 9s^2 - 19s^3 + \cdots = C_0 + C_1 s + C_2 s^2 + \cdots$$

得
$$C_0 = 0, \ C_1 = 1, \ C_2 = 9, \ C_3 = -19, \cdots$$

代入式(3.38)，有
$$\begin{aligned} e_{s(b)}(t) &= C_0 r(t) + C_1 r'(t) + C_2 r''(t) + C_3 r'''(t) + \cdots \\ &= 0 + \left(2 + \frac{1}{2}t\right) + 9 \times \frac{1}{2} + 0 + \cdots = 6.5 + \frac{1}{2}t \end{aligned}$$

用MATLAB绘制 $e_{s(a)}(t)$，$e_{s(b)}(t)$ 曲线，如图3.36所示。可见，图3.35(a)中的系统满足要求。

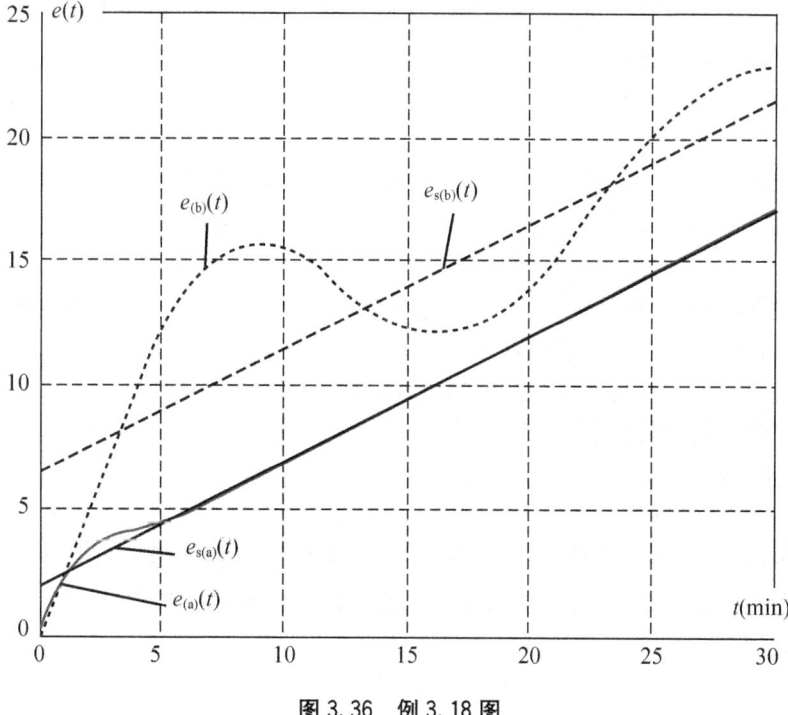

图3.36 例3.18图

图3.36及例3.18的绘制程序如下。

```
t=[0:0.1:30];r=2*t+t.*t/4;
nea=[1 1 0];dea=[1 1 1];
[ea,xa]=lsim(nea,dea,r,t);
neb=[10 1 0];deb=[10 1 1];
[eb,xb]=lsim(neb,deb,r,t);
ab=plot(t,ea,'-',t,eb,'.');
xlabel('t(min)'),ylabel('e(t)');
grid
```

动态误差系数法一般适用于输入函数具有有限阶导数的情况，如典型输入或其组合、

t 的有限次多项式等。当 $r(t)$ 中含有 e^{-at} 项（如 $r(t)=1(t)+2t+4e^{-2t}$）时，$r(t),r'(t)\cdots\cdots$ 中的 e^{-at} 只对应瞬态响应项，故不必考虑。

3.6.6 减小稳态误差的方法

通过上面的分析，下面概括出为了减小系统给定或扰动作用下的稳态误差，可以采取的几种方法。

(1) 保证系统中各个环节（或元件）特别是反馈回路中元件的参数具有一定的精度和恒定性，必要时需采用误差补偿措施。

(2) 增大开环放大系数，以提高系统对给定输入的跟踪能力；增大扰动作用前系统前向通道的增益，以降低扰动稳态误差。

增大系统开环放大系统数是降低稳态误差的一种简单而有效的方法，但增加开环放大系数同时会使系统的稳定性降低，为了解决这个问题，在增加开环放大系数的同时附加校正装置，以确保系统的稳定性。

(3) 增加系统前向通道中积分环节数目，使系统型号提高，可以消除不同输入信号时的稳态误差。但是，积分环节数目增加会降低系统的稳定性，并影响到其他暂态性能指标。在过程控制系统中，采用比例积分调节器（$K+K_i/s$）可以消除系统在扰动作用下的稳态误差，但为了保证系统的稳定性，相应地要降低比例增益。若采用比例积分微分调节器（$K+K_i/s+K_d \cdot s$），则可以得到更满意的调节效果。

(4) 采用前馈控制（复合控制）。为了进一步减小给定和扰动稳态误差，可经常采用补偿方法。所谓补偿指作用于控制对象的控制信号中，除了偏差信号中，还引入与扰动或给定量有关的补偿信号，以提高系统的控制精度，减小误差。这种控制称为复合控制或前馈控制。该控制的补偿方法如下。

1) 对干扰补偿

图 3.37 是按扰动进行补偿的系统框图。图中 $N(s)$ 为扰动，由 $N(s)$ 到 $Y(s)$ 是扰动作用通道。它表示扰动对输出的影响。通过 $G_n(s)$ 人为加上补偿通道，目的在于补偿扰动对系统产生的影响。$G_n(s)$ 为补偿装置的传递函数。为此，要求当令 $U(s)=0$ 时，求得扰动引起系统的输出为

$$C_n(s) = \frac{G_2(s)[G_1(s)G_n(s)+1]}{1+G_1(s)G_2(s)} N(s)$$

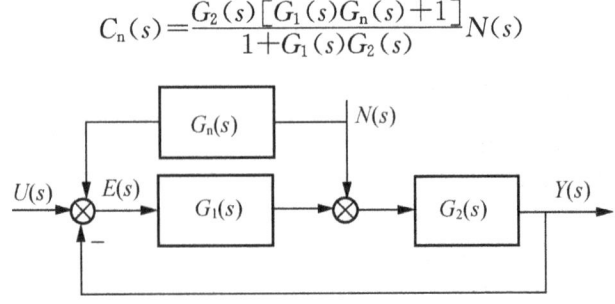

图 3.37 按扰动进行补偿的复合控制系统

为了补偿扰动对系统的影响，使 $C_n(s)=0$，令

$$G_2(s)[G_1(s)G_n(s)+1] = 0$$

则
$$G_n(s) = -\frac{1}{G_1(s)} \tag{3.39}$$

从而实现了对干扰的全补偿。由于从物理可实现性看，$G_1(s)$的分母阶次高于分子，因而$G_n(s)$的分母阶次低于分子，物理实现很困难，式(3.39)的条件在工程上只能得到近似满足。

2) 对给定输入进行补偿

图 3.38 是对输入进行补偿的系统框图。图中$G_r(s)$为前馈装置的传递函数。由图可得误差 $E(s)$ 为

$$Y(s) = \frac{[G_r(s)+1]\,G(s)}{1+G(s)}U(s)$$

$$E(s) = U(s) - Y(s) = \frac{1-G_r(s)G(s)}{1+G(s)}U(s)$$

为了实现对误差全补偿，即使 E(s)=0，下式应成立：

$$G_r(s) = \frac{1}{G(s)} \tag{3.40}$$

同样，这是一个理想的结果。式(3.40)在工程上只能给予近似满足。

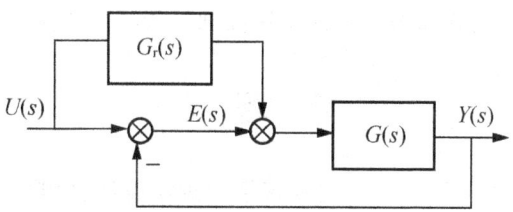

图 3.38　对输入进行补偿的复合控制系统

以上两种补偿方法补偿器都是在闭环之外，这样在设计系统时，一般按稳定性和动态性能设计闭合回路，然后按稳态精度要求设计补偿器，从而很好地解决了稳态精度和稳定性、动态性能对系统不同要求的矛盾。在设计补偿器时，还需考虑到系统模型和参数的误差、周围环境和使用条件的变化，因而在前馈补偿器设计时要有一定的调节裕量，以便获得满意的补偿效果。

本 章 小 结

(1) 时域分析法是通过直接求解系统在典型输入信号作用下的时域响应来分析控制系统的稳定性、暂态性能和稳态性能的。对稳定系统，在工程上常用单位阶跃响应的超调量、调节时间和稳态误差等性能指标来评价控制系统性能的优劣。

(2) 由于传递函数和微分方程之间具有确定的关系，故常利用传递函数进行时域分析。例如，由闭环传递函数的极点决定系统的稳定性，由阻尼比确定超调量，以及由开环传递函数中积分环节的个数和放大系数确定稳态误差等。此时无须直接求解微分方程，就使系统分析工作大为简化。

(3) 对二阶系统的分析，在时域分析中占有重要位置。应牢牢掌握系统性能和系统特征参数间的关系。对一、二阶系统理论分析的结果，常是分析高阶系统的基础。

二阶系统在欠阻尼的响应虽有振荡，但只要阻尼比 ζ 取值适当(如 $\zeta=0.7$ 左右)，系统就既有响应的快速性，又有过渡过程的平稳性，因而在控制工程中常把二阶系统设计为最佳阻尼。

如果高阶系统中含有一对闭环主导极点，则该系统的瞬态响应就可以近似用这对主导极点所描述的二阶系统来表征。

(4) 稳定性是系统正常工作的首要条件。线性系统的稳定性是系统的一种固有特性，完全由系统的结构和参数所决定。判别稳定性的代数方法是劳斯代数稳定性判据。稳定性判据只回答特征方程式的根在 s 平面上的分布情况，而不能确定根的具体数值。相对稳定性的问题本章还没有解决。

(5) 稳态误差是系统很重要的性能指标，它标志着系统最终可能达到的精度。稳态误差既与系统的结构、参数有关，又与外作用的形式及大小有关。系统类型和误差系数既是恒量稳态误差的一种标志，同时也是计算稳态误差的简便方法。系统型号越高，误差系数越大，系统稳态误差越小。

稳态精度与动态性能在对系统的类型在开环增益的要求上是相矛盾的。解决这一矛盾的方法除了在系统中设置校正装置外，还可用前馈补偿的方法来提高系统的稳态精度。

习　题　3

3.1　设温度计可用 $1/(Ts+1)$ 描述其特性。现用温度计测量盛在容器内的水温，发现 1min 可指示 98% 的实际水温值。如果容器水温依 10℃/min 的速度线性变化，请问温度计的稳态指示误差是多少？

3.2　设一单位负反馈系统的开环传递函数 $G(s)=\dfrac{K}{s(0.1s+1)}$，试分别求 $K=10\text{s}^{-1}$ 和 $K=20\text{s}^{-1}$ 时系统的阻尼比 ξ、无阻尼自振频率 ω_n、单位阶跃响应的超调量 $\sigma_p\%$ 和峰值时间 t_p，并讨论 K 的大小对动态性能的影响。

3.3　一控制系统的单位阶跃响应为 $y(t)=1+0.2e^{-60t}-1.2e^{-10t}$。

(1) 求系统的闭环传递函数；

(2) 计算系统的阻尼比 ξ 和无阻尼自振频率 ω_n。

3.4　一典型二阶系统的单位阶跃响应曲线如图 3.39 所示，试求其开环传递函数。

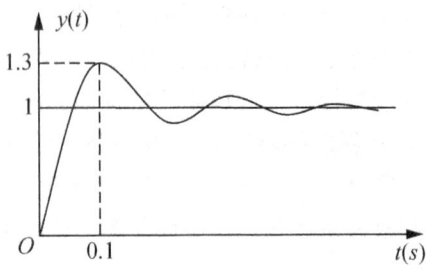

图 3.39　单位阶跃响应曲线

3.5 具有速度反馈的系统如图 3.40 所示。如要求系统阶跃响应超调量等于 15%，峰值时间等于 0.8，试确定 K_1 和 K_2 的值，并计算此时调节时间 t_s。

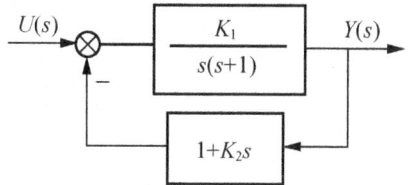

图 3.40 系统结构图

3.6 已知下列各单位反馈系统的开环传递函数。

(1) $G(s)=\dfrac{10(s+1)}{s(s-1)(s+5)}$；

(2) $G(s)=\dfrac{100}{s(s^2+8s+24)}$；

(3) $G(s)=\dfrac{10}{s(s-1)(2s+3)}$。

试求它们相应闭环系统的稳定性。

3.7 试用劳斯判据确定具有下列特征方程式的系统稳定性。

(1) $0.02s^3+0.3s^2+s+20=0$；

(2) $s^4+2s^3+2s^2+4s+2=0$；

(3) $s^5+12s^4+44s^3+48s^2+s+1=0$；

(4) $s^6+3s^5+5s^4+9s^3+8s^2+6s+4=0$。

3.8 已知闭环系统的特征方程如下。

(1) $0.1s^3+s^2+s+K=0$；

(2) $s^4+4s^3+13s^2+36s+K=0$。

试确定系统稳定的 K 值范围。

3.9 系统结构图如图 3.41 所示。试就 $T_1=T_2=T_3$，$T_1=T_2=10T_3$，$T_1=10T_2=100T_3$ 三种情况求使系统稳定的临界开环增益值。

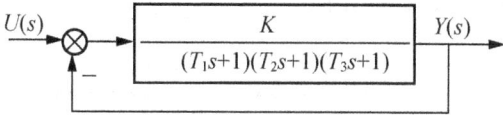

图 3.41 结构图

3.10 用劳斯判剧判别图 3.42 所示的系统稳定性。

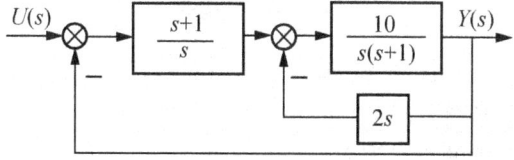

图 3.42 结构图

3.11 已知单位反馈控制系统的开环传递函数如下。

(1) $G(s) = \dfrac{100}{(0.1s+1)(s+5)}$；

(2) $G(s) = \dfrac{50}{s(0.1s+1)(s+5)}$；

(3) $G(s) = \dfrac{10(2s+1)}{s^2(s^2+6s+10)}$。

试求：

(1) 位置误差系数、速度误差系数和加速度误差系数；
(2) 输入 $u(t)=2t$ 时的稳态误差；
(3) 输入 $u(t)=2+2t+t^2$ 时的稳态误差。

3.12 对图 3.43 所示的系统，试求：
(1) K_p、K_v 和 K_a；
(2) 当系统的输入分别为 $50 \cdot 1(t)$、$50t \cdot 1(t)$ 和 $50t^2 \cdot 1(t)$ 时，系统的稳态误差；
(3) 系统的型号。

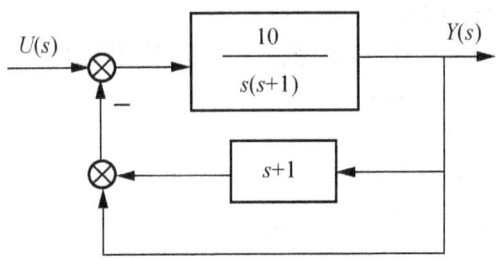

图 3.43 结构图

3.13 控制系统如图 3.44 所示，已知 $u(t)=n(t)=1(t)$，试求：
(1) 当 $K=40$ 时系统的稳态误差；
(2) 当 $K=20$ 时系统的稳态误差；
(3) 在扰动作用点之前的前向通道中引入积分环分 $1/s$，对结果有什么影响？在扰动作用点之后引入积分环节 $1/s$，结果如何？

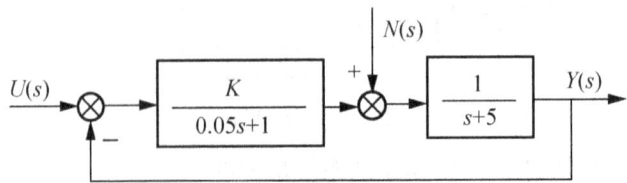

图 3.44 结构图

3.14 设速度控制系统如图 3.45 所示。为消除系统的稳态误差，单位斜坡输入 U 通过比例—微分元件再进入系统。
(1) $K_d=0$ 时，求系统的稳态误差；
(2) 当选择 K_d 使系统总的稳态误差为零 $(e=u-y)$。

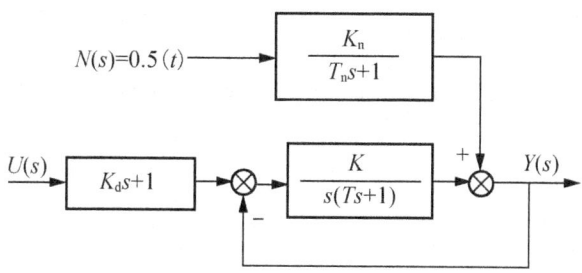

图 3.45 结构图

3.15 对于图 3.46 所示的系统,当 $u(t)=4+6t$,$f(t)=-1(t)$ 时,试求:

(1) 系统的稳态误差;

(2) 如要减少扰动引起的稳态误差,应提高系统哪一部分的比例系数?为什么?

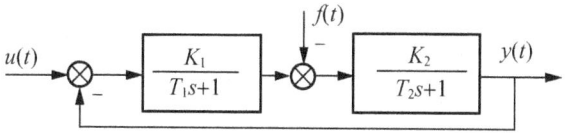

图 3.46 结构图

3.16 系统结构图如图 3.47 所示。若要求系统由 Ⅰ 型提高至 Ⅲ 型,在系统输入端设顺馈通道其传递函数为

$$G_c(s)=\frac{\lambda_1 s^2+\lambda_2 s}{Ts+1} \quad (T=0.2)$$

试确定顺馈参数 λ_1 和 λ_2。

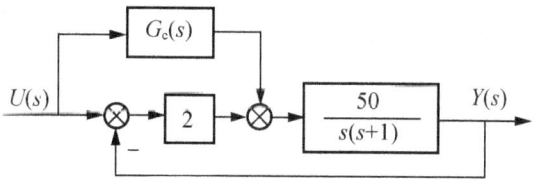

图 3.47 结构图

3.17 用 MATLAB 求出 $G(s)=\dfrac{s^2+2s+2}{s^4+7s^3+3s^2+5s+2}$ 的极点。

3.18 对图 3.48 所示的系统,利用 MATLAB 求解当 $K=10$ 和 $K=10^5$ 时:

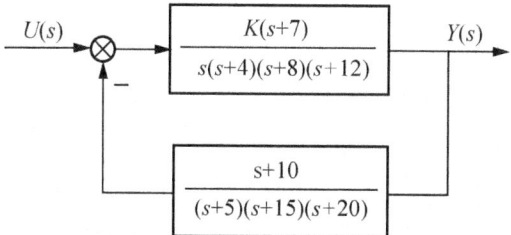

图 3.48 系统结构图

(1) 系统的型号；

(2) K_p、K_v和K_a；

(3) 系统的输入分别为 $30 \cdot 1(t)$、$30t \cdot 1(t)$ 和 $30t^2 \cdot 1(t)$ 时，系统的稳态误差。

第4章

根 轨 迹

从控制系统的性能分析中可以看出，系统动态过程的特性完全取决于其闭环特征方程的根在复平面上的分布。然而闭环系统的特征根，尤其是高阶系统的根很难直接求得。虽然劳斯判据不需要求解方程，利用特征方程的系数就能对系统的稳定性加以判别，并且可以得到系统中某个参数允许变化的范围，但是，劳斯判据不能对参数变化时系统的性能变化做出判断。1948年，Evans提出了根轨迹分析方法，利用系统的开环传递函数，给出了当系统中的某个参数变化时，闭环系统特征根的变化趋势，从而为进一步设计系统提供了理论依据。

随着计算机技术的发展，利用计算机可以迅速求出高阶系统的特征根，尤其是在MATLAB环境下，可以迅速地绘制任意系统的根轨迹，使得根轨迹的手工绘制似乎失去了意义。但是，作为工程技术人员，不仅需要能够绘制根轨迹，更主要的是能够运用系统的根轨迹图理解系统参数变化对系统性能的影响，并对系统进行判断、分析和说明如何改变参数有利于系统控制性能的提高。

教学目标

- 掌握根轨迹的概念、性质和作图，以及常见典型系统的根轨迹图形；
- 掌握控制系统的根轨迹分析方法；
- 理解开环传递函数的零点和极点对闭环系统性能指标的影响；
- 理解参数的根轨迹；
- 了解根轨迹的计算机辅助生成(MATLAB)。

教学要求

知识要点	能力要求	相关知识
根轨迹的概念、性质和作图方法	(1) 了解根轨迹的概念和性质； (2) 掌握根轨迹的作图法则，能绘制简单系统的根轨迹	
根轨迹分析方法	(1) 掌握控制系统的根轨迹分析方法； (2) 通过绘制根轨迹来确定系统的性能	

续表

知识要点	能力要求	相关知识
开环传递函数的零、极点对闭环系统性能的影响	(1) 了解开环传递函数的零、极点对闭环系统性能的影响； (2) 能简单分析增加零极点对系统的影响	
根轨迹的计算机绘图（MATLAB）	(1) 了解 MATLAB 的根轨迹绘图方法； (2) 编写根轨迹绘图程序	

推荐阅读资料

1. 胡寿松. 自动控制原理. 4版. 北京：科学出版社，2002.
2. 绪方胜彦. 现代控制工程. 4版. 卢伯英，等译. 北京：科学出版社，2006.
3. 李友善. 自动控制原理. 3版. 北京：国防工业出版社，2007.
4. 黄家英. 自动控制原理（上册）. 北京：高等教育出版社，2003.

基本概念

根轨迹：已知系统开环传递函数，当其中某个参数从 0 到无穷大变化时，闭环系统特征根在 S 平面上移动的轨迹。根轨迹没有反应系统的零点变化情况。

根轨迹方程：即开环传递函数等于 -1 对应的方程。

分离点或汇合点：两条或两条以上根轨迹在 S 平面上相遇又分离的点。

引例：X 射线的发现

1895 年 11 月 8 日，星期五，这天下午，德国学者伦琴（Wilhelm Konrad Rntgen，1845—1923）像平时一样，正在实验室里专心做实验。他先将一支克鲁克斯放电管用黑纸严严实实地裹起来，把房间弄黑，接通感应圈，使高压放电通过放电管，黑纸并没有漏光，一切正常。他截断电流，准备去做实验，可是一转眼，眼前似乎闪过一丝绿色荧光，再一眨眼，却又是一团漆黑了。刚才放电管是用黑纸包着的，荧光屏也没有竖起，怎么会现荧光呢？他想一定是自己整天在暗室里观察这种神秘的荧光，形成习惯，产生了错觉，于是又重复做放电实验。但神秘的荧光又出现了，随着感应圈的起伏放电，犹如夜空深处飘来一小团淡绿色的云朵，在躲躲闪闪的运动。伦琴大为震惊，他一把抓过桌上的火柴，"嚓"的一声划亮。原来离工作台近一米远的地方立着一个亚铂氰化钡小屏，荧光是从这里发出的。但是阴极射线绝不能穿过数厘米以上的空气，怎么能使这面在将近一米外的荧光屏闪光呢？莫非是一种未发现的新射线吗？他浑身一阵激动，今年自己整整 50 岁了，在这间黑屋子里无冬无夏，无明无夜地工作，苦苦探寻自然的奥秘，可是总窥不见一丝亮光，难道这一点荧光正是命运之神降临的标志吗？他兴奋地托起荧光屏，一前一后地挪动位置，可是那一丝绿光总不会逝去。看来这种新射线的穿透能力极强，与距离没有多大关系。那么除了空气外它能不能穿透其他物质呢？伦琴抽出一张扑克牌，挡住射线，荧光屏上照样出现亮光。他又换了一本书，荧光屏虽不像刚才那亮，但照样发光。他又换了一张薄铝片，效果和一本厚书一样。他再换一张薄铅片，却没有了亮光——铅竟能截断射线。伦琴兴奋极了，这样不停地更换着遮挡物，他几乎试完了手边能摸到的所有东西。

一些天过去了，夫人贝尔塔见伦琴每次吃饭都心不在焉，便跟进实验室里。正好伦琴没助手，拉住

第4章 根轨迹

贝尔塔的手说:"亲爱的,来得正好,请帮个忙。你双手捧着这个小荧光屏向后慢慢退去,我来观察,看随着距离的远近荧光的亮度有什么变化。"忽听暗处贝尔塔"呀"地一声尖叫,她自己的手伸在屏上,显出五根手指骨的影子。她哭了,以为有魔鬼。伦琴见了,这种新射线清清楚楚地显示人的一根根骨头了,心想:"科学帮助我们认识世界,也认识自己",说:"亲爱的,我们应该高兴啊,这不是悲剧,这是人类的福音,可以预料,医学将因此会有一场革命,会大大地前进一步。""这种射线叫什么名字呢?"真是个未知数,暂就先叫它"X射线"吧。

1901年,首届诺贝尔物理学奖授予德国物理学家伦琴,以表彰他在1895年发现了X射线。

从上一章我们知道了闭环极点决定系统的稳定性,决定系统的主要性能,如何分析系统参数变化对闭环极点的影响呢?这是本章要讨论的一个问题。

4.1 根轨迹基本概念

4.1.1 根轨迹

已知系统开环传递函数,当其中某个参数从 0 到无穷大变化时,闭环系统特征根在 S 平面上移动的轨迹称为**根轨迹**。1948 年 Evans 提出了图绘根轨迹的方法。

由根轨迹定义知道,根轨迹上的各点均为闭环系统的极点,因此可以利用时域分析方法,根据根轨迹上极点的分布来研究参数变化对系统的控制性能。图 4.1 所示为单位反馈的二阶系统,其闭环传递函数为

$$\Phi(s) = \frac{K}{s^2 + as + K} \tag{4.1}$$

可以得到闭环特征根为

$$s_{1,2} = -\frac{a}{2} \pm \sqrt{\left(\frac{a}{2}\right)^2 - K} \tag{4.2}$$

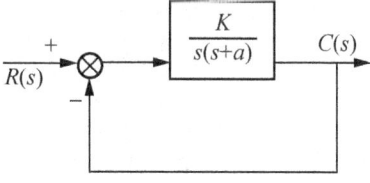

图 4.1 系统方框图

下面分析 K 的变化对特征根分布的影响。已知系统的开环极点分别为 $p_1=0$, $p_2=-a$。

(1) 当 $K=0$ 时,$s_1=0$,$s_2=-a$,即闭环极点等于开环极点。

(2) 当 $0<K<(a/2)^2$ 时,闭环极点为两个不相等的负实根 $s_{1,2} = -a/2 \pm \sqrt{(a/2)^2-K}$。

(3) 当 $(a/2)^2-K=0$ 时,闭环极点为两个相等的负实根 $s_1=s_2=-a/2$。

(4) 当 $(a/2)^2-K<0$ 时,闭环极点为一对共轭复实根 $s_{1,2}=-a/2\pm\sqrt{(a/2)^2-K}\,\mathrm{j}$。闭环极点随 K 变化的分布情况如图 4.2 所示。

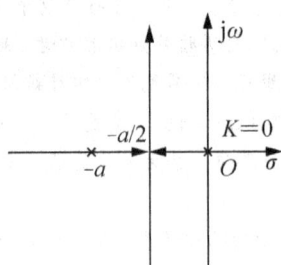

图 4.2 系统闭环极点分布图

由图 4.2 可以看出：

(1) 稳定性：所有闭环极点均分布在 S 平面的左半平面，没有穿越虚轴，因此系统恒稳定。

(2) 动态特性：当 $0<K<(a/2)^2$ 时，闭环极点为两个不相等的负实根，系统为过阻尼状态，阶跃响应按指数规律单调上升，调节时间最短；当 K 逐渐增大到 $K>(a/2)^2$ 时，闭环极点为一对具有负实部的共轭复数根，阶跃响应为欠阻尼状态，并且 K 越大，极点的虚部值越大，对应系统的阻尼越小，阶跃响应的平稳性就越差。

(3) 稳态精度：由于有一条根轨迹起始于原点，即系统为 Ⅰ 型，因此对阶跃输入的稳态误差为零。

由上分析可得，通过根轨迹不仅可以分析参数变化时系统的稳定性，还能够对系统工程的快速性、平稳性以及精度进行分析。

4.1.2 根轨迹方程

开环传递函数以典型环节的形式表示为

$$G(s)H(s) = K \frac{\prod_{i=1}^{m}(\tau_i s + 1)}{\prod_{j=1}^{n}(T_j s + 1)} \tag{4.3}$$

表示为零、极点的形式，则有

$$G(s)H(s) = \frac{K^* \prod_{i=1}^{m}(s - z_i)}{\prod_{j=1}^{n}(s - p_j)} \tag{4.4}$$

式中，z_i 为系统的开环零点；p_j 为开环极点。有 $z_i = -\dfrac{1}{\tau_i}$，$p_j = -\dfrac{1}{T_j}$，并且

$$K \frac{\prod_{i=1}^{m}\tau_i}{\prod_{j=1}^{n}T_j} = K^* \text{ 或 } K = \frac{K^* \prod_{j=1}^{n}T_j}{\prod_{i=1}^{m}\tau_i} = \frac{K^* \prod_{i=1}^{m}(-z_i)}{\prod_{j=1}^{n}(-p_j)} \tag{4.5}$$

式中，K^* 称为**根轨迹增益**，K 为**开环增益**，K 与 K^* 之间相差一个系数。

如图 4.3 所示，为负反馈系统的典型结构，其闭环系统函数为

$$\Phi(s) = \frac{C(s)}{R(s)} = \frac{G(s)}{1+G(s)H(s)} \tag{4.6}$$

其特征方程为

$$1+G(s)H(s)=0 \tag{4.7}$$

该方程的解为系统的闭环特征根,即为根轨迹上的点,故称该方程为**根轨迹方程**。

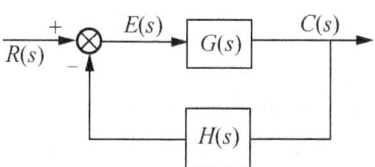

图 4.3 负反馈系统的典型结构

根轨迹方程还可以表示为

$$G(s)H(s) = -1 \tag{4.8}$$

由于传递函数为复数函数,故可表示为

$$\begin{cases} |G(s)H(s)| = 1 \\ \angle G(s)H(s) = (2k+1)\pi \quad (k=0, \pm1, \pm2, \cdots) \end{cases} \tag{4.9}$$

这两个方程分别称为根轨迹方程的模值方程和相角方程。若将传递函数以零、极点的形式表示,则有

$$G(s)H(s) = \frac{K^* \prod_{i=1}^{m}(s-z_i)}{\prod_{j=1}^{n}(s-p_j)} = -1 \tag{4.10}$$

即

$$\begin{cases} \dfrac{K^* \prod_{i=1}^{m}|s-z_i|}{\prod_{j=1}^{n}|s-p_j|} = 1 \\ \prod_{i=1}^{m}\angle(s-z_i) - \prod_{j=1}^{n}\angle(s-p_j) = (2k+1)\pi \quad (k=0, \pm1, \pm2, \cdots) \end{cases} \tag{4.11}$$

由式(4.11)可以看出,相角方程只与系统开环零、极点有关。因此可以指明其为根轨迹成立的充分必要条件:复平面上的点 S 若为根轨迹上的点,则必满足相角方程,使得相角方程成立的 S 点也必为根轨迹上的点。模值方程一般用来求取根轨迹上某一点对应的根轨迹增益值 K^*。

4.2 绘制根轨迹

4.2.1 绘制根轨迹的基本法则

由根轨迹定义可知,根轨迹是开环系统中某个参数变化引起的闭环系统特征根的运动轨迹，但为了便于绘制，通常将变参数变换为系统的根轨迹增益，再利用式(4.11)绘制根轨迹。另外，以下所讨论根轨迹方程针对的是负反馈系统，故相应的根轨迹又称为 $180°$ 或 π 度根轨迹。与此相对应，正反馈系统的根轨迹则称为 $0°$ 根轨迹，相应的绘制法则略作变动。将系统中除开环根轨迹增益以外的其他参数变化时的根轨迹称为参数或参量根轨迹。

下面讨论 K^* 为变参数时，绘制根轨迹的基本法则。

法则1 根轨迹的起点和终点。

根轨迹起于开环极点，终止于开环零点。设系统有 n 个开环极点，m 个开环零点，若 $n>m$，则有 $n-m$ 条根轨迹趋终止于无穷远处。若 $n<m$，则有 $m-n$ 条根轨迹起始于无穷远处。

法则2 根轨迹的分支数。

根轨迹的分支数为开环有限零点数 m 及有限极点数 n 中值较大者，即取 $\max\{m, n\}$。对于一般物理系统有 $n \geq m$，故根轨迹分支数与开环极点数目 n 相等，即根轨迹分支数应等于闭环特征方程的阶次。

法则3 根轨迹的对称性。

根轨迹是连续的，且对称于实轴。

对于实系数方程而言，其根或为实数，或为共轭复数，因此在 S 平面上的轨迹对称于实数。

法则4 实轴上的根轨迹。

实轴上存在根轨迹的条件是其右侧开环零、极点数目之和为奇数。

利用相角条件可以得出结论：实轴上根轨迹的点与共轭复数的零、极点产生的相角等值反号，在相角方程中相互抵消，与左侧的零、极点产生的相角均为 $0°$。

【**例4.1**】已知系统的开环传递函数为 $G(s)H(s) = \dfrac{K(\tau s+1)}{s(Ts+1)}(\tau > T)$，试绘制参数 K 由 0 至无穷大变化时系统的根轨迹。

【**解**】首先将系统的开环传递函数转换为零、极点形式：

$$G(s)H(s) = \frac{K(\tau s+1)}{s(Ts+1)} = \frac{K\tau\left(s+\dfrac{1}{\tau}\right)}{Ts\left(s+\dfrac{1}{T}\right)} = \frac{K^*\left(s+\dfrac{1}{\tau}\right)}{s\left(s+\dfrac{1}{T}\right)}$$

其中，$K^* = \dfrac{K\tau}{T}$。

将零、极点标在坐标中，绘制其根轨迹如图4.4所示，可以看到，根轨迹起始于开环极点，终止于开环零点，因为 $n-m=1$，所以有一条根轨迹趋向于无穷远处。

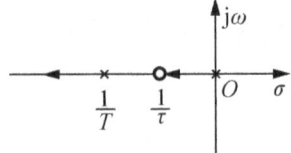

图4.4 例4.1系统根轨迹图

法则 5 根轨迹的渐近线。

当 $n>m$ 时,有 $n-m$ 条根轨迹分支沿着与实轴正方向夹角为 φ_a,交点为 σ_a 的一组渐近线趋向无穷远。

$$\begin{cases} \varphi_a = \dfrac{(2k+1)\pi}{n-m}(k=0,\pm 1,\pm 2,\cdots,\text{一直到获得} n-m \text{个倾角}) \\ \sigma_a = \dfrac{\sum\limits_{j=1}^{n} p_j - \sum\limits_{i=1}^{m} z_i}{n-m} \end{cases} \tag{4.12}$$

渐近线描述了当系统存在无限零点或无限极点时,根轨迹趋向无穷远或由无穷远来的方式。

几点说明:

(1) σ_a 是渐近线与实轴交点,必在实轴上,且 σ_a 只与 n、m、p_j、z_i 有关。

(2) φ_a 只与 $n-m$ 的值有关。

(3) 渐近线条数为 $n-m$,这些渐近线将 S 平面以 σ_a 为中心进行等分,即各渐近线之间的夹角为 $360°/(n-m)$,这样只要求出某一条渐近线与正实轴的夹角,就很容易求出其他渐近线的位置。

(4) $n>m$ 时,极点沿渐近线趋向于无穷远;$m>n$ 时,极点从无穷远处沿渐近线而来;$n=m$ 时,没有渐近线,所有闭环极点收敛于开环零点。

法则 6 分离点与汇合点。

两条或两条以上根轨迹在 S 平面上相遇又分离的点称为分离点或汇合点,下面统称为分离点。

根轨迹出现分离点,说明系统此时出现了重极点,故用求重根的方法求分离点坐标。

若根轨迹方程为

$$1 + \dfrac{K^* \prod\limits_{i=1}^{m}(s-z_i)}{\prod\limits_{j=1}^{n}(s-p_j)} = 0 \tag{4.13}$$

则特征方程为

$$D(s) = \prod_{j=1}^{n}(s-p_j) + K^* \prod_{i=1}^{m}(s-z_i) = 0 \tag{4.14}$$

由重根条件有

$$D'(s) = \dfrac{\mathrm{d}}{\mathrm{d}s}\Big[\prod_{j=1}^{n}(s-p_j) + K^* \prod_{i=1}^{m}(s-z_i)\Big] = 0 \tag{4.15}$$

于是可得分离点坐标 d 为

$$\sum_{i=1}^{m} \dfrac{1}{d-z_i} = \sum_{j=1}^{n} \dfrac{1}{d-p_j} \tag{4.16}$$

若将式(4.13)写为

$$K^* = -\frac{\prod_{j=1}^{n}(s-p_j)}{\prod_{i=1}^{m}(s-z_i)} \qquad (4.17)$$

则可以按求极值方法令 $\dfrac{\mathrm{d}K^*}{\mathrm{d}s}=0$,求出分离点的坐标 d。

值得注意的是,在求出分离点后,要验证其是否为根轨迹上的点,如果不是,应将其舍去。

说明:

(1) 根轨迹是对称的,故根轨迹的分离点或位于实轴上,或以共轭的形式出现在复平面上;

(2) 一般情况下,根轨迹的分离点是位于实轴上的两条根轨迹分支的分离点,但不排除特殊情况,即分离点在复平面上的情况,注意具有复数分离点的系统阶次至少为 4 阶;

(3) 若两个极点间有根轨迹,则此两极点间必有分离点;若两个零点间有根轨迹,则此两零点间必有分离点;

(4) 若一个零点和一个极点间有根轨迹,则此两零点间没有分离点。

【例 4.2】 已知单位反馈系统的开环传递函数 $G(s)H(s)=\dfrac{K^*}{s(s+1)(s+2)}$,试概略绘制当 K^* 由 0 变化至无穷大时系统的根轨迹。

【解】 (1) 开环极点 $p_1=0,p_2=-1,p_3=-2$,没有开环零点;

(2) 实轴上的根轨迹区间是 $(-\infty,-2],[-1,0]$;

(3) $n=3,m=0,n-m=3$,即有 3 条根轨迹,均沿渐进线趋向于无穷远,渐进线与实轴夹角及与实轴交点坐标分别为

$$\begin{cases} \varphi_a = \dfrac{(2k+1)\pi}{3} = \pm\dfrac{\pi}{3},\pi \quad (k=-1,0,1) \\ \sigma_a = \dfrac{\sum_{j=1}^{n}p_j - \sum_{i=1}^{m}z_i}{3} = \dfrac{-1-2}{3} = -1 \end{cases}$$

(4) 确定根轨迹分离点。

$$1+G(s)H(s)=1+\frac{K}{s(s+1)(s+2)}=0$$
$$K=-(s^3+3s^2+2s)$$
$$\mathrm{d}K/\mathrm{d}s=-(3s^2+6s+2)$$

所以

$$s_1 \approx -0.42,\quad s_2 \approx -1.5774(\text{舍去})$$

(5) 确定根轨迹与虚轴的交点。

设 $s=\mathrm{j}\omega$,我们可得 $s_{1,2}=\pm\mathrm{j}\sqrt{2}$。$K^*=6$ 为临界根轨迹增益。

由此可概略绘制系统的根轨迹如图 4.5 所示。

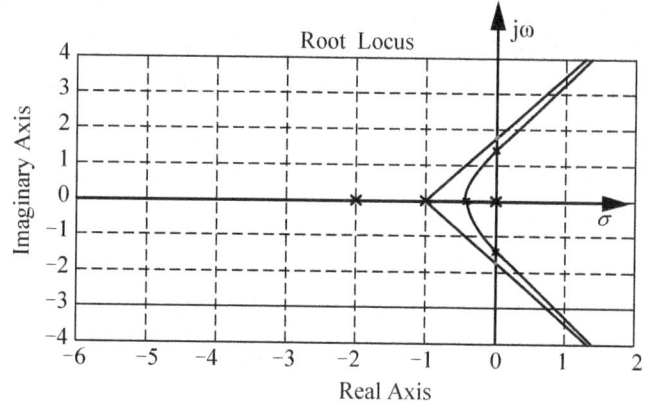

图 4.5 例 4.2 系统的根轨迹图

对于图 4.5 的情况，使用 MATLAB 绘制时，可用如下语句。

```
num=1;
den=conv([1 1 0],[1 2]);
sys=tf(num,den);
rlocus(sys)
```

根据系统零、极点分布的不同，有时渐进线与根轨迹重合。

法则 7 起始角与终止角。

根轨迹离开复数极点处的切线与正实轴方向的夹角，称为起始角，用 θ_{p_i} 表示。

根轨迹进入复数零点处的切线与正实轴方向的夹角，称为终止角，用 θ_{z_i} 表示。

起始角：

$$\theta_{p_i} = \pm(2k+1)\pi + \sum_{j=1}^{m} \angle(p_i - z_j) - \sum_{\substack{j=1\\j\neq i}}^{n} \angle(p_i - p_j)$$

终止角：

$$\theta_{z_i} = \pm(2k+1)\pi - \sum_{\substack{j=1\\j\neq i}}^{m} \angle(z_i - z_j) + \sum_{j=1}^{n} \angle(z_i - p_j)$$

说明：

(1) 起始角与终止角只针对复数零、极点。

(2) 若复数零、极点的重数为 l，则起始角和终止角分别为

$$\theta_{p_i} = \frac{1}{l}\left[\pm(2k+1)\pi + \sum_{j=1}^{m} \angle(p_i - z_j) - \sum_{\substack{j=1\\j\neq i}}^{n} \angle(p_i - p_j)\right]$$

$$\theta_{z_i} = \frac{1}{l}\left[\pm(2k+1)\pi - \sum_{\substack{j=1\\j\neq i}}^{m} \angle(z_i - z_j) + \sum_{j=1}^{n} \angle(z_i - p_j)\right]$$

【例 4.3】 已知单位反馈系统的开环传递函数 $G(s)H(s) = \dfrac{K^*(s+2)}{s^2+2s+3}$，试概略绘制当 K^* 由 0 变化至无穷大时系统的根轨迹。

【解】 (1) 开环极点 $p_1 = -1+\sqrt{2}\mathrm{j}$，$p_2 = -1-\sqrt{2}\mathrm{j}$，开环零点 $z_1 = -2$。

(2) 确定实轴上的根轨迹。-2 与 $-\infty$ 之间的负实轴部分是根轨迹的一个组成部分。

(3) 确定开环共轭复数极点 p_1 的出射角。$\angle(p_1-p_2)=90°$，$\angle(p_1-z_1)=55°$，因此，出射角为 $\theta_1=180°-90°+55°=145°$。因为根轨迹对称于实轴，所以极点 p_2 的出射角等于 $-145°$。

(4) 确定会合点，由

$$K^*=-\frac{s^2+2s+3}{s+2}$$

得到

$$\frac{\mathrm{d}K^*}{\mathrm{d}s}=-\frac{(2s+2)(s+2)-(s^2+2s+3)}{(s+2)^2}$$

因此

$$s^2+4s+1=0$$

即

$$s_1\approx-3.7320 \text{ 或 } s_2\approx-0.2680（舍去）$$

由此可概略绘制系统的根轨迹如图 4.6 所示。

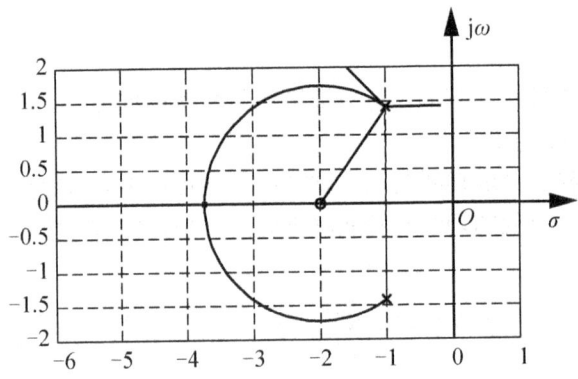

图 4.6 例 4.3 系统的根轨迹图

对于图 4.6 的情况，使用 MATLAB 绘制时，可用如下语句。

```
num=[1 2];
den=[1 2 3];
sys=tf(num,den);
rlocus(sys)
```

法则 8 根轨迹与虚轴的交点。

根轨迹与虚轴有交点，意味着闭环极点中有位于虚轴上的极点，即闭环特征方程存在纯虚根，此时系统处于临界稳定状态。根轨迹与虚轴的交点有两种求法。

方法一：采用劳斯判据，当系统特征方程有纯虚根时，劳斯表中某一行的元素全部为零，纯虚根可由该行的上一行元素构成辅助方程求出。

方法二：令 $s=\mathrm{j}\omega$ 代入特征方程 $D(s)=0$ 中，即 $D(\mathrm{j}\omega)=0$，要满足此方程，$D(\mathrm{j}\omega)$ 的实部和虚部应分别等于零，据此可以求出与虚轴交点及此时的根轨迹增益 K^*（开环增益 K）。

法则9 根之和。

设系统的闭环特征方程的根为 $s_1,s_2,s_3,s_4,\cdots,s_n$，在 $n>m$ 的一般情况下，闭环特征方程可以表示为

$$\prod_{j=1}^{n}(s-p_j)+K^*\prod_{i=1}^{m}(s-z_i)=s^n+a_1s^{n-1}+\cdots+a_{n-1}s+a_n=s^n+(-\sum_{j=1}^{n}p_j)s^{n-1}+\cdots$$

$$=\prod_{i=1}^{n}(s-s_i)=s^n+(-\sum_{i=1}^{n}s_i)s^{n-1}+\cdots+\prod_{i=1}^{n}(-s_i)=0$$

在 $n-m\geqslant 2$ 时，闭环特征方程次高项系数与开环零点无关，则有 $\sum_{i=1}^{n}s_i=\sum_{i=1}^{n}p_i$，即开环 n 个极点之和等于闭环特征方程 n 个根之和。

在开环极点确定的情况下，闭环极点之和是一个不变的常数，这个法则可以用来判断根轨迹的走向。即当 K 增大时，若闭环某些极点在 S 平面上向左移动，则另一部分必然向右移动。

4.2.2 根轨迹绘制举例

【例 4.4】 系统的开环传递函数为 $G(s)H(s)=\dfrac{K}{s(s^2+3s+3)}$，试绘制 K 由 0 至无穷变化时的根轨迹。

【解】（1）系统有 3 个开环极点，分别是 $p_1=0$，$p_{2,3}=-1.5\pm 0.866j$，无零点，即 $n=3,m=0$。系统有 3 条根轨迹沿渐近线趋于无穷远，渐近线与实轴交点与夹角分别为

$$\begin{cases}\sigma_a=\dfrac{\sum_{j=1}^{n}p_j-\sum_{i=1}^{m}z_i}{3}=\dfrac{-1-2}{3}=-1\\ \varphi_a=\dfrac{(2k+1)\pi}{3}=\pm\dfrac{\pi}{3},\pi\quad(k=-1,0,1)\end{cases}$$

（2）实轴上根轨迹区间为 $(-\infty,0)$。

（3）确定分离点，由分离点公式有

$$\dfrac{1}{d}+\dfrac{1}{d+1.5+0.866j}+\dfrac{1}{d+1.5-0.866j}=0$$

得 $d^2+2d+1=0$，解得 $d=-1$。由于 $n-m>2$，故由法则 9 可以知道，在分离点处，另外一个极点为 $s_3=2\times(-1.5)-2\times(-1)=-1$，即该分离点处为三重极点。根据法则，三重极点离开实轴进入复平面的分离角为 $\dfrac{\pi}{3}$。

（4）确定起始角，由起始角公式有

$$\theta_{p_2}=(2k+1)\pi-\sum_{\substack{j=1\\j\neq 2}}^{n}\angle(p_j-p_2)=(2k+1)\pi-\pi+\arctan\dfrac{0.866}{1.5}-\dfrac{1}{2}\pi\approx-\dfrac{\pi}{3}\quad(k=0)$$

（5）求与虚轴交点。系统的特征方程为

$$s^3+3s^2+3s+K=0$$

将 $s=j\omega$ 代入，得 $K-3\omega^2+3j\omega-j\omega^3=0$，解得 $s_{1,2}=\pm\sqrt{3}j$，$K=9$。

根据以上计算绘制根轨迹如图 4.7 所示。由于极点分布的特殊性，三条根轨迹均为直线。

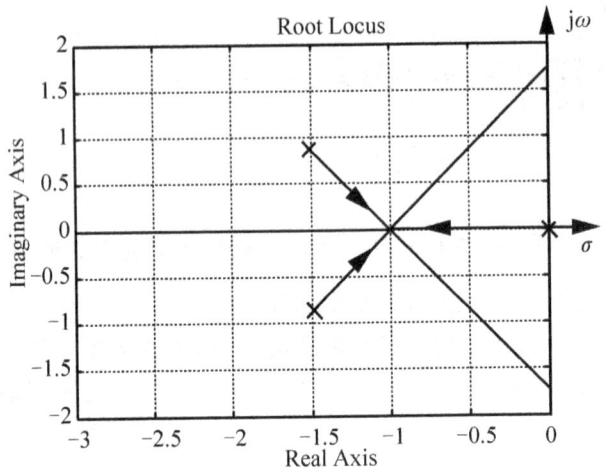

图 4.7　例 4.4 的根轨迹图

对于图 4.7 的情况，使用 MATLAB 绘制时，可用如下语句：

```
num=1;
den=[1 3 3 0];
sys=tf(num,den);
rlocus(sys)
```

4.2.3　正反馈系统的根轨迹

复杂控制系统中，可能存在如图 4.8 所示的正反馈内回路。这种回路通常由外回路保证系统的稳定性。

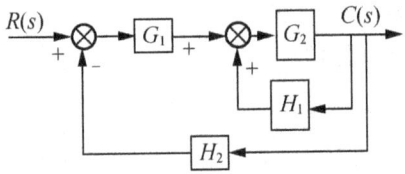

图 4.8　内回路正反馈系统的框图

正反馈内回路的闭环传递函数为

$$\Phi(s)=\frac{G_2(s)}{1-G_2(s)H_2(s)}$$

内回路闭环特征方程为

$$D(s)=1-G_2(s)H_2(s)=0$$

该方程等效于下面的根轨迹方程：

$$\begin{cases}|G_2(s)H_2(s)|=1\\ \angle G_2(s)H_2(s)=0°\pm 2k\pi\end{cases}\quad(k=0,\pm1,\pm2,\cdots)$$

与负反馈系统的根轨迹方程式相比,两者模值方程相同,相角方程不同。因为由所有开环极点和零点构成的相角之和等于 $0°\pm 2k\pi$,故称正反馈系统的根轨迹为 $0°$ 根轨迹。

利用前面所述 $180°$ 根轨迹的绘制法则,根据 $0°$ 根轨迹的根轨迹方程式,修改前述法则中与相角有关的部分。

法则 4′ 实轴上的根轨迹。

实轴上存在根轨迹的条件是其右侧开环零、极点数目之和为偶数。

法则 5′ 根轨迹的渐近线。

渐进线与实轴的夹角为

$$\varphi_a = \frac{2k\pi}{n-m} \quad (k=0, \pm 1, \pm 2, \cdots)$$

法则 7′ 起始角与终止角。

起始角:

$$\theta_{p_i} = \sum_{j=1}^{m} \angle(p_i - z_j) - \sum_{\substack{j=1 \\ j \neq i}}^{n} \angle(p_i - p_j)$$

终止角:

$$\theta_{z_i} = \sum_{\substack{j=1 \\ j \neq i}}^{n} \angle(z_i - z_j) - \sum_{j=1}^{n} \angle(z_i - p_j)$$

下面举例说明正反馈系统的根轨迹绘制。

【例 4.5】 已知正反馈系统的开环传递函数为 $G(s)H(s) = \dfrac{K(s+2)}{(s+3)(s^2+2s+2)}$,试绘制 K 从 0 到无穷大变化时的根轨迹。

【解】 系统为正反馈系统,所以应按 $0°$ 根轨迹法则绘制根轨迹。

(1) 开环零、极点分布为 $p_1 = -3$,$p_{2,3} = -1 \pm j$,$z_1 = -2$,根轨迹有 3 条。其中 1 条趋于零点 z_1,另外 2 条按渐进线方向趋于无穷远。

(2) 实轴上 $(-\infty, -3)$,$(-2, -\infty)$ 之间存在根轨迹。

(3) 渐进线与实轴夹角:

$$\varphi_a = \frac{2k\pi}{3-1} = \frac{2k\pi}{2} = 0, \pi \quad (k=0, 1)$$

(4) 分离点:由特征方程有

$$K = \frac{(s+3)(s^2+2s+2)}{s+2}$$

令 $\dfrac{dK}{ds} = 0$,有 $2s^3 + 11s^2 + 20s + 10 = 0$,求出分离点坐标为 $d_1 = -0.8$,$d_{2,3} = -2.35 \pm 0.84j$。系统阶次为 3 阶,故舍去复数分离点。

(5) 起始角:

$$\theta_{p_2} = \angle(p_2 - z) - \angle(p_2 - p_1) - \angle(p_2 - p_3) = 45° - 26.6° - 90° = -71.6°$$
$$\theta_{p_3} = 71.6°$$

(6) 与虚轴的交点:

闭环特征方程为 $s^3 + 5s^2 + (8-K)s + (6-2K) = 0$,将 $s = j\omega$ 代入,有

$$(6-2K-5\omega^2)+[(8-K)-\omega^2]j\omega=0$$

解得交点为 $\omega=0$，$K=3$。

根据以上计算绘制系统的根轨迹如图4.9所示。

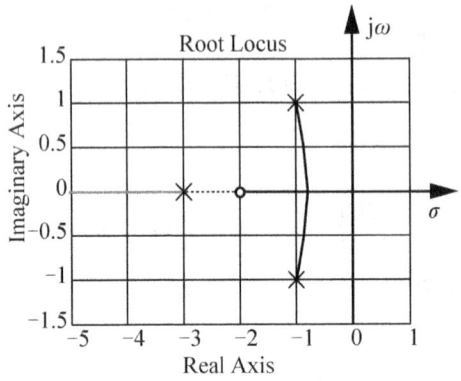

图4.9　例4.6系统的开环根轨迹图

对于图4.9的情况，使用MATLAB绘制时，可用如下语句。

```
num=[1 2];
den=conv([1 3],[1 2 2]);
sys=tf(num,den);
rlocus(sys)
```

4.2.4　参数根轨迹

以开环增益K为可变参数的根轨迹又称常数根轨迹，系统中其他参数变化时对应的参数根轨迹，又称为广义根轨迹。

为利用常规根轨迹绘制法则，引入等效开环传递函数的概念，使得所要研究的变参数成为另一等效系统的开环增益，从而运用前面所述的根轨迹绘制法则绘制根轨迹。

例如，某系统的开环传递函数为 $G(s)H(s)=\dfrac{10(Ts+1)}{s(s+2)}$，若需绘制以$T$作为可变参数的根轨迹，则应首先根据其根轨迹方程

$$D(s)=1+G(s)H(s)=s^2+2s+10Ts+10=0$$

得到以T为开环增益的等效系统的开环传递函数

$$G'(s)H'(s)=\dfrac{10Ts}{s^2+2s+10}$$

然后就可以按照常规根轨迹的绘制方法绘制以T为变参数的根轨迹。

值得注意到是，等效的含义仅在于"闭环极点相同"这点上成立，零点不一定相同。零点对系统动态性能有影响，在估计系统动态性能时，应采用原系统的闭环零点。

【例4.6】已知系统的结构图如图4.10所示，试绘制以α为变参数的参数根轨迹。

【解】系统的开环传递函数为

$$G(s)H(s)=\dfrac{5(1+\alpha s)}{s(5s+1)}=\dfrac{1+\alpha s}{s(s+0.2)}$$

其闭环特征方程为

$$D(s)=s^2+0.2s+1+\alpha s=0$$

以不含可变参数 α 的各项之和除含 α 项得

$$1+\frac{\alpha s}{s^2+0.2s+1}=0$$

于是等效开环传递函数为

$$G'(s)H'(s)=\frac{\alpha s}{s^2+0.2s+1}$$

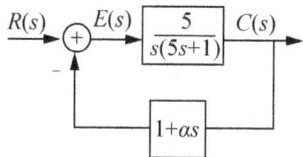

图 4.10 例 4.7 系统的框图

以 α 为变参数的根轨迹如图 4.11 所示。当 α 很小时，闭环极点为靠近虚轴的一对复数极点，阶跃响应具有强烈的振荡倾向；随着 α 的逐渐增大，闭环极点远离虚轴，靠近实轴，阻尼加强，振荡减弱，阶跃响应的平稳性提高。α 继续增大，闭环极点变为两个负实数，成为过阻尼系统。其中一个极点趋向于无穷远，成为远极点，另一个极点趋向原点，成为主导极点，响应的惯性增大，逐渐变得迟钝。

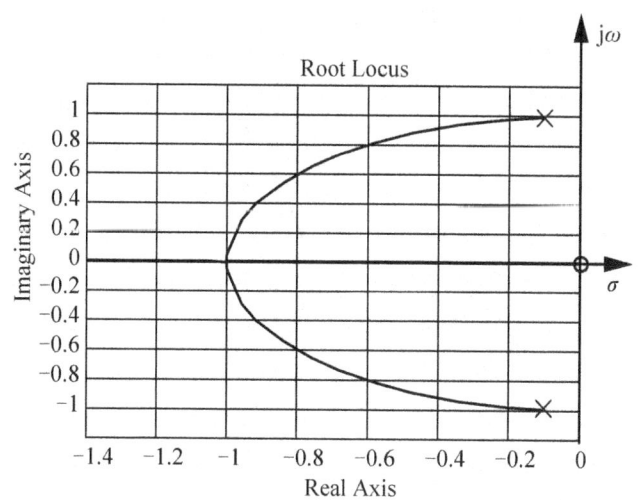

图 4.11 例 4.7 的开环根轨迹图

对于图 4.11 的情况，使用 MATLAB 绘制时，可用如下语句。

```
num=1;
den=[1 0.2 1];
sys=tf(num,den);
rlocus(sys)
```

4.3 基于根轨迹的系统性能分析

利用根轨迹，可以定性分析当系统某一参数变化时系统动态性能的变化趋势，在给定该参数值时可以确定相应的闭环极点，再加上闭环零点，可得到相应零、极点形式的闭环传递函数。本节讨论如何利用根轨迹分析和估算系统性能。

下面的例题是利用闭环主导极点估算系统的性能指标。

如果高阶系统闭环极点满足具有闭环主导极点的分布规律，就可以忽略非主导极点及偶极子的影响，把高阶系统简化为阶数较低的系统，近似估算系统性能指标。

【例 4.7】已知单位反馈系统的开环传递函数为

$$G(s)H(s)=\frac{K}{s(s+1)(0.5s+1)}$$

试用根轨迹法确定系统在稳定欠阻尼状态下的开环增益 K 的范围，并计算阻尼比 $\xi=0.5$ 的 K 值以及相应的闭环极点，估算此时系统的动态性能指标。

【解】将开环传递函数写成零、极点形式，得

$$G(s)H(s)=\frac{2K}{s(s+1)(s+2)}=\frac{K^*}{s(s+1)(s+2)}$$

式中，$K^*=2K$。

由例 4.2，系统的根轨迹如图 4.12 所示。从根轨迹图上可以看出稳定欠阻尼状态的根轨迹增益的范围为 $0.4<K^*<6$，相应开环增益范围为 $0.2<K<3$。

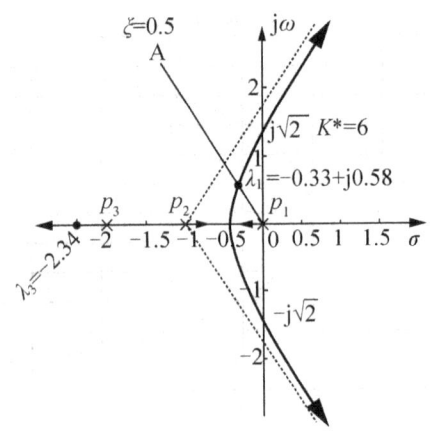

图 4.12 例 4.8 系统的开环根轨迹图

为了确定满足阻尼比 $\xi=0.5$ 条件时系统的 3 个闭环极点，首先做出 $\xi=0.5$ 等阻尼线 $\overline{OA}$，它与负实轴夹角为 $\beta=\arctan\xi=60°$。

如图 4.12 所示，等阻尼线 $\overline{OA}$ 与根轨迹的交点即为相应的闭环极点，可设相应两个复数闭环极点分别为

$$\lambda_1=-\xi\omega_n+j\omega_n\sqrt{1-\xi^2}=(-0.5+j0.866)\omega_n$$

$$\lambda_2=-\xi\omega_n-j\omega_n\sqrt{1-\xi^2}=(-0.5-j0.866)\omega_n$$

闭环特征方程为

$$D(s)=(s-\lambda_1)(s-\lambda_2)(s-\lambda_3)=s^3+(\omega_n-\lambda_3)s^2+(\omega_n^2-\lambda_3\omega_n)s-\lambda_3\omega_n^2$$
$$=s^3+3s^2+2s+K^*=0$$

比较系数有

$$\begin{cases}\omega_n-\lambda_3=3\\\omega_n^2-\lambda_3\omega_n=2\\-\lambda_3\omega_n^2=K^*\end{cases}$$

解得

$$\begin{cases}\omega_n\approx 0.667\\\lambda_3\approx -2.33\\K^*\approx 1.04\end{cases}$$

故 $\xi=0.5$ 时的 K 值以及相应的闭环极点为

$$K=K^*/2=0.52$$
$$\lambda_1=-0.33+\text{j}0.58,\lambda_2=-0.33-\text{j}0.58,\lambda_3\approx -2.33$$

在所求得的 3 个闭环极点中，λ_3 至虚轴的距离与 λ_1（或 λ_2）至虚轴的距离之比为

$$\frac{2.33}{0.33}\approx 7(\text{倍})$$

故当 $\xi=0.5$ 时，λ_1、λ_2 是系统的主导闭环极点。于是，可由 λ_1、λ_2 所构成的二阶系统来估算原三阶系统的动态性能指标。原系统闭环增益为 1，因此相应的二阶系统闭环传递函数为

$$\Phi_2(s)=\frac{0.33^2+0.58^2}{(s+0.33-\text{j}0.58)(s+0.33+\text{j}0.58)}=\frac{0.667^2}{s^2+0.667s+0.667^2}$$

将 $\begin{cases}\omega_n\approx 0.667\\\xi=0.5\end{cases}$ 代入公式得，

$$\sigma\%=\text{e}^{-\xi\pi/\sqrt{1-\xi^2}}=\text{e}^{-0.5\times 3.14/\sqrt{1-0.5^2}}\approx 16.3\%$$
$$t_s=\frac{3.5}{\xi\omega_n}=\frac{3.5}{0.5\times 0.667}\text{s}\approx 10.5\text{s}$$

原系统为 I 型系统，系统的静态速度误差系数计算为

$$K_v=\lim_{s\to 0}sG(s)=\lim_{s\to 0}s\frac{K}{s(s+1)(0.5s+1)}=K=0.52$$

系统在单位斜坡信号作用下的稳态误差为

$$e_{ss}=\frac{1}{K_v}=\frac{1}{K}\approx 1.9$$

【例 4.8】单位反馈系统的开环传递函数为

$$G(s)H(s)=\frac{K^*}{(s+1)^2(s+4)^2}$$

（1）画出根轨迹；

（2）能否通过选择 K^* 满足最大超调量 $\sigma\%\leqslant 4.32\%$ 的要求？

(3) 能否通过选择 K^* 满足调节时间 $t_s \leq 2s$ 的要求？

(4) 能否通过选择 K^* 满足误差系数 $K_p \geq 10$ 的要求？

【解】开环传递函数为

$$G(s)H(s) = \frac{K^*}{(s+1)^2(s+4)^2}$$

(1) 绘制系统根轨迹渐近线为

$$\begin{cases} \varphi_a = \dfrac{(2k+1)\pi}{4} = \pm\dfrac{\pi}{4}, \pm\dfrac{3\pi}{4} \\ \sigma_a = \dfrac{\sum\limits_{j=1}^{n} p_j - \sum\limits_{i=1}^{m} z_i}{4} = \dfrac{-1 \times 2 - 4 \times 2}{4} = -2.5 \end{cases}$$

起始角：对开环极点 $p_{1,2} = -1$，有

$$-(0+0+2\theta_1) = (2k+1)\pi, \quad \theta_1 = \pm 90°$$

对开环极点 $p_{3,4} = -1$，有

$$-(2 \times 180° + 2\theta_3) = (2k+1)\pi, \quad \theta_3 = \pm 90°$$

与虚轴的交点：闭环特征方程为

$$D(s) = s^4 + 10s^3 + 33s^2 + 40s + 16 + K^* = 0$$

令

$$\begin{cases} \text{Re}[D(j\omega)] = \omega^4 - 33\omega^3 + 16 + K^* = 0 \\ \text{Im}[D(j\omega)] = -10\omega^3 + 40\omega = 0 \end{cases}$$

解得

$$\begin{cases} \omega = \pm 2 \\ K_c^* = 100 \end{cases}$$

系统根轨迹如图 4.13 所示。

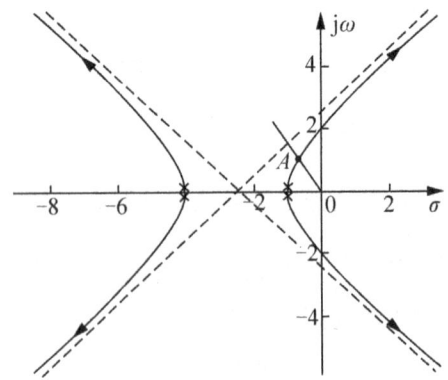

图 4.13 例 4.9 系统的开环根轨迹图

(2) 由根轨迹可见，系统存在一对复数主导极点，系统性能可以由二阶系统性能指标公式近似估算。$\sigma\% = 4.32\%$，对应画 $\beta = 45°$ 的等阻尼线与根轨迹交于 A 点。设位于 A 点的主导闭环极点为 $\lambda_{1,2} = -\sigma + j\sigma$，则可设另外两个极点为 $\lambda_{3,4} = -\delta + j\delta$，由根之和条件：$-2\sigma - 2\delta = 2 \times (-1) + 2 \times (-4) = -10$，可得 $\delta = -5 + \sigma$，因此有

$$D(s)=(s+\sigma+j\sigma)(s+\sigma-j\sigma)(s+5-\sigma+j\sigma)(s+5-\sigma-j\sigma)$$
$$=s^4+10s^3+(25+\sigma)s^2+50\sigma s+(50-20\sigma+4\sigma^2)\sigma^2$$
$$=s^4+10s^3+33s^2+40s+16+K^*=0$$

比较系数可得

$$\begin{cases}\sigma=0.8\\K^*\approx 7.8934\end{cases}$$

可见，当取 $K^*\leq 7.8934$ 时，有 $\sigma\%\leq 4.32\%$。

(3) 要求 $t_s=\dfrac{3.5}{\xi\omega_n}\leq 2s$，即 $\xi\omega_n\geq 1.75$。这表明主导极点必须位于左半平面，且距离虚轴大于 1.75。由根轨迹图可知，在系统稳定的范围内，主导极点的实部绝对值均小于 1，故调节时间 $t_s\leq 2s$ 的要求不能满足。

(4) 由于 $K_p=\lim\limits_{s\to 0}G(s)=\dfrac{K^*}{16}$，临界稳定的根轨迹增益为 $K_c^*=100$。所以，使系统稳定的位置误差系数应满足

$$K_p<\frac{K_c^*}{16}=\frac{100}{16}=6.25$$

故不能选择 K^* 满足误差系数 $K_p\geq 10$ 的要求。

4.4 开环零、极点分布对系统性能的影响

开环零、极点的分布决定着系统根轨迹的形状。如果系统的性能不尽如人意，可以通过调整控制器的结构和参数，改变相应的开环零、极点的分布，调整根轨迹的形状，改善系统的性能。

1. 增加开环零点对根轨迹的影响

【例 4.9】三个单位反馈系统的开环传递函数分别为

$$G_1(s)=\frac{K^*}{s(s+0.8)},\quad G_2(s)=\frac{K^*(s+2+j4)(s+2-j4)}{s(s+0.8)},\quad G_3(s)=\frac{K^*(s+4)}{s(s+0.8)}$$

试分别绘制三个系统的根轨迹。

【解】三个系统的零、极点分布及开环根轨迹分别如图 4.14(a)、(b)、(c)所示。

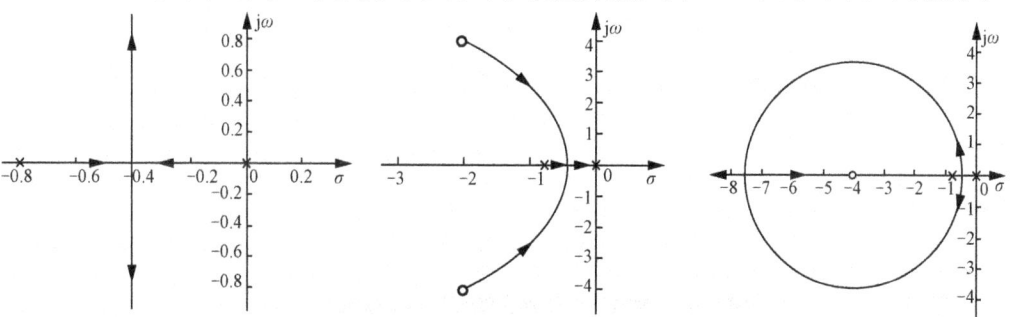

(a) 原系统根轨迹图　(b) 加开环零点-2±j4 后系统根轨迹图　(c) 加开环零点-4 后系统根轨迹图

图 4.14　三个系统的开环根轨迹图

当开环增益 $K=4$ 时，用 MATLAB 绘制的三个系统的单位阶跃响应曲线如图 4.15 所示。

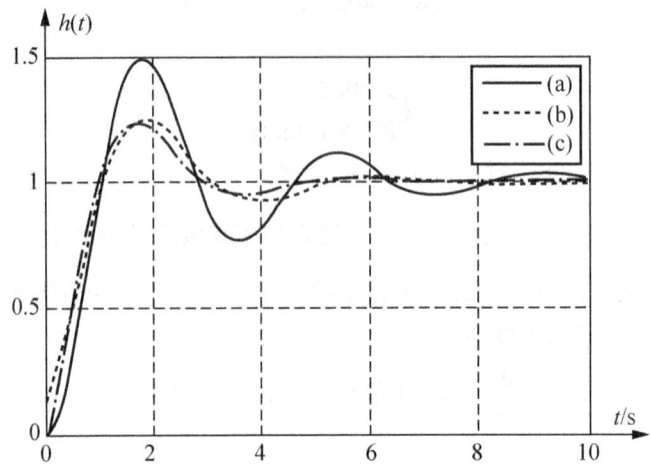

图 4.15 例 4.10 三个系统的单位阶跃曲线图

从图 4.14 中可以看出，增加一个开环零点使系统的根轨迹向左偏移，可提高系统的稳定度，改善系统的动态性能，而且，开环负实零点离虚轴越近，这种作用越显著；若增加的开环零点和某个极点重合或距离很近时，构成偶极子，则二者作用相互抵消。因此，可以通过加入开环零点的方法，抵消有损于系统性能的极点。

2. 增加开环极点对根轨迹的影响

【例 4.10】利用例 4.10 进行讨论。在原系统上分别增加一个实数开环极点 -4 和一对开环极点 $-2\pm j4$，三个单位反馈系统的开环传递函数分别为

$$G_1(s)=\frac{K^*}{s(s+0.8)},\ G_2=\frac{K^*}{s(s+0.8)(s+4)},\ G_3(s)=\frac{K^*}{s(s+0.8)(s+2+j4)(s+2-j4)}$$

试分别绘制三个系统的根轨迹。

【解】三个系统的零、极点分布及根轨迹分别如图 4.16(a)、(b)、(c)所示。

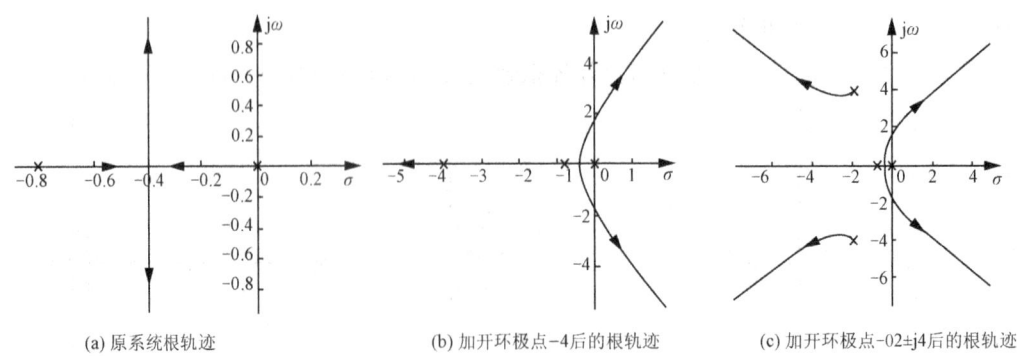

(a) 原系统根轨迹　　　(b) 加开环极点-4后的根轨迹　　　(c) 加开环极点-02±j4后的根轨迹

图 4.16 例 4.11 三个系统的开环根轨迹图

当开环增益 $K=2$ 时，用 MATLAB 绘制的系统的单位阶跃响应曲线如图 4.17 所示。

第4章 根 轨 迹

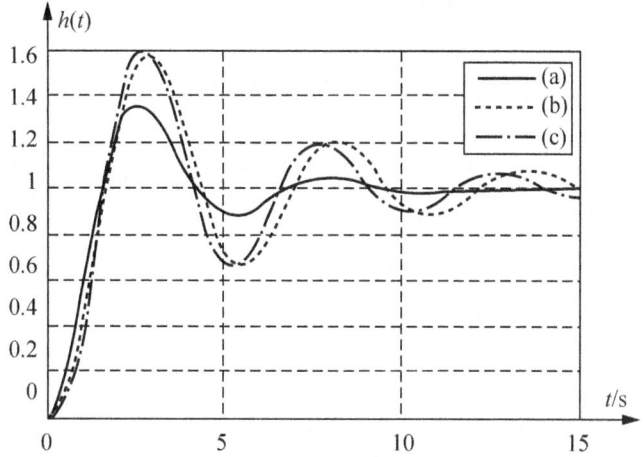

图 4.17 例 4.11 三个系统的单位阶跃曲线图

从图 4.16 中可以看出，增加一个开环极点，可使系统的根轨迹向右偏移。这样，降低了系统的稳定度，不利于改善系统的动态性能，而且，开环负实极点离虚轴越近，这种作用越显著。因此，合理选择校正装置参数，设置响应的开环零、极点位置，可以改善系统动态性能。

【例 4.11】 采用 PID 控制器的系统结构图如图 4.18 所示，设控制器参数 $K_P=1$，$K_D=0.25$，$K_I=1.5$。当取不同控制方式(P/PD/PI/PID)时，试绘制 $K^*=0 \to \infty$ 时的系统根轨迹。

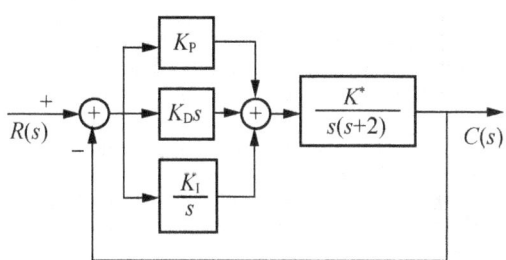

图 4.18 例 4.12 的系统结构图

【解】 (1) P 控制：此时开环传递函数为

$$G_P(s) = \frac{K_P K^*}{s(s+2)}, \quad \begin{cases} K = \dfrac{K_P K^*}{2} \\ \nu = 1 \end{cases}$$

根轨迹如图 4.19(a)所示。

(2) PD 控制：此时开环传递函数为

$$G_{PD}(s) = \frac{K^*(0.25s+1)}{s(s+2)} = \frac{\dfrac{K^*}{4}(s+4)}{s(s+2)}, \quad \begin{cases} K = \dfrac{K^*}{2} \\ \nu = 1 \end{cases}$$

根轨迹如图 4.19(b)所示。可见，由于根轨迹向左偏移，系统的动态性能得以有效改善。

(3) PI 控制：此时开环传递函数为

$$G_{PI}(s) = \frac{K^*(1+\frac{1.5}{s})}{s(s+2)} = \frac{K^*(s+1.5)}{s^2(s+2)}, \quad \begin{cases} K = \frac{3}{4}K^* \\ \nu = 2 \end{cases}$$

系统由 I 型变为 II 型，稳态性能明显改善，但由相应的根轨迹图可以看出，由于引入积分，系统动态性能变差，如图 4.19(c)所示。

(4) PID 控制：此时开环传递函数为

$$G_{PI}(s) = \frac{K^*(1+0.25s\frac{1.5}{s})}{s(s+2)} = \frac{K^*(s+2+j\sqrt{2})(s+2-j\sqrt{2})}{s^2(s+2)}, \quad \begin{cases} K = \frac{3}{4}K^* \\ \nu = 2 \end{cases}$$

根轨迹如图 4.19(d)所示。可以看出，PID 控制综合了微分控制和积分控制的优点，既能改善系统的动态性能，又保留了 II 型系统的稳态性能。所以，适当选择 K_P、K_D 和 K_I 可以有效改善系统性能。

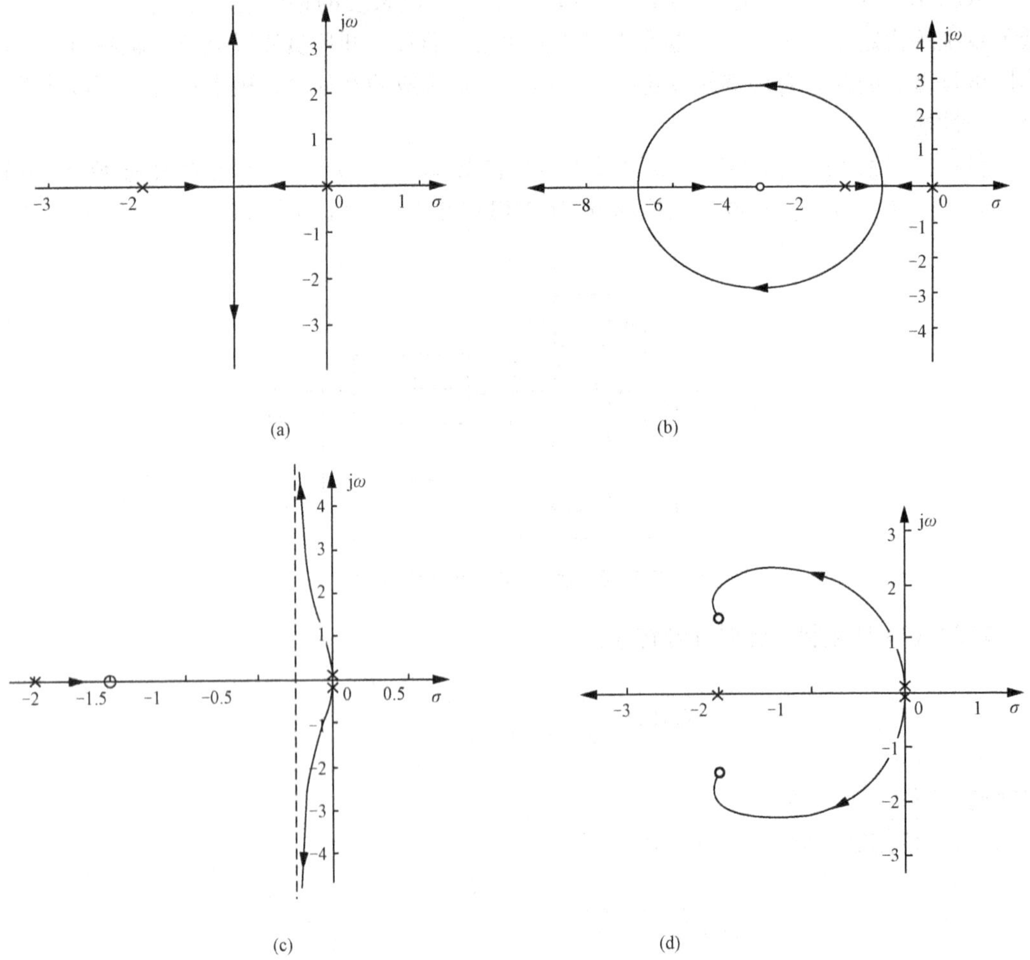

图 4.19　例 4.12 系统的开环根轨迹图

本 章 小 结

本章详细介绍了根轨迹的基本概念,控制系统根轨迹的绘制方法以及根轨迹在分析系统中的应用。根轨迹是一种图解方法,它在已知控制系统开环零点和极点的基础上,研究某一个或某些参数变化时系统闭环极点在 S 平面的分布情况。利用根轨迹法能够分析结构和参数已确定的系统的稳定性及动态响应特性,还可以根据对系统动态特性的要求确定可变参数,调整开环零、极点的位置甚至改变它们的数目,因此根轨迹法在控制系统的分析和设计中是一种很实用的工程方法。

学习本章应掌握以下几个方面的基础知识。

(1) 掌握根轨迹的两个基本条件:幅值条件和相角条件,并能利用这两个基本条件确定根轨迹上的点及相应的增益值。

(2) 掌握绘制根轨迹的基本规则。对于简单的系统,能够熟练运用这些规则很快地画出根轨迹的概略图形,对于一些特殊点(如分离点或汇合点等),如与分析问题无关,则不必准确求出,只要能找出它们所在的范围就够了。

(3) 对于结构和参数已确定的系统,能够用根轨迹法分析出主要特性。掌握闭环主导极点与动态性能之间的关系,对于主导极点以外的其他闭环极点和零点,应能定性分析出它们对动态性能的影响。

(4) 掌握增加开环零点和开环极点对系统动态性能有什么影响。

习 题 4

4.1 设单位反馈控制系统的开环传递函数为

$$G(s) = \frac{K^*}{s+1}$$

试用解析法绘出 K^* 从零变到无穷时的闭环根轨迹图,并判断下列点是否在根轨迹上:

$$(-2+j0),\ (0+j1),\ (-3+j2)$$

4.2 已知开环零、极点分布如图 4.20 所示,试概略绘出相应的闭环根轨迹图。

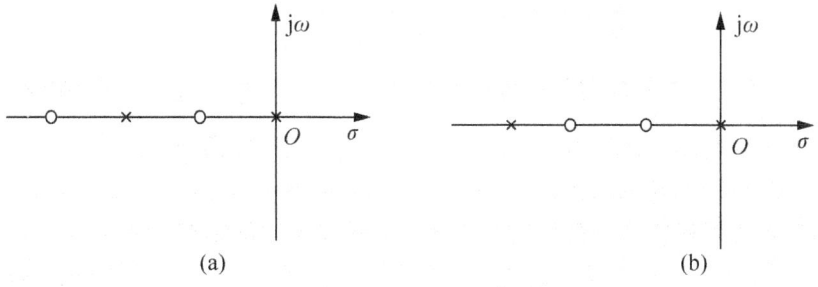

图 4.20 开环传递函数零、极点图

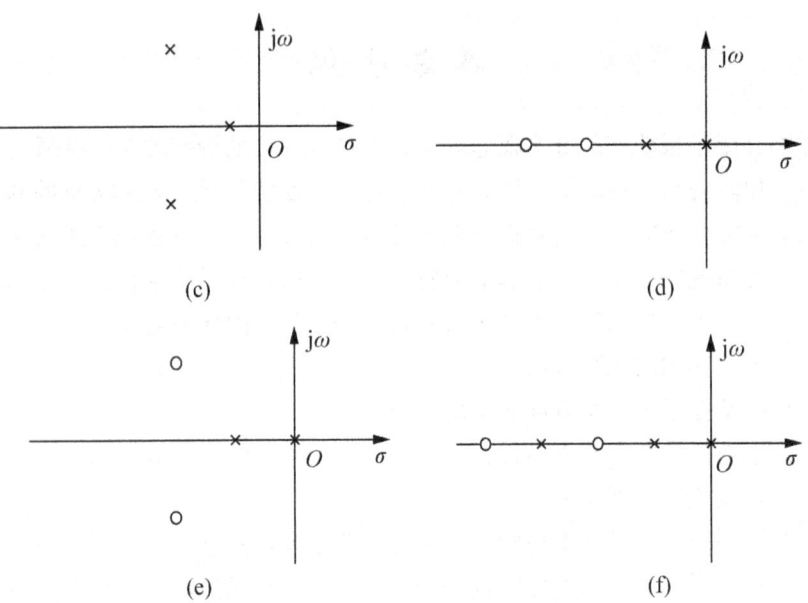

图 4.20 开环传递函数零、极点图(续)

4.3 已知单位反馈系统的开环传递函数,试概略绘出系统根轨迹。

(1) $G(s)=\dfrac{K}{s(0.2s+1)(0.5s+1)}$; (2) $G(s)=\dfrac{K(s+1)}{s(2s+1)}$;

(3) $G(s)=\dfrac{K^*(s+5)}{s(s+2)(s+3)}$; (4) $G(s)=\dfrac{K\cdot(s+1)(s+2)}{s(s-1)}$。

4.4 已知单位反馈系统的开环传递函数为

$$G(s)=\dfrac{K}{s(0.02s+1)(0.01s+1)}$$

要求:(1) 绘制系统的根轨迹;

(2) 确定系统临界稳定时开环增益 K 的值;

(3) 确定系统临界阻尼比时开环增益 K 的值。

4.5 已知单位反馈系统的开环传递函数如下,试求参数 b 从零变化到无穷大时的根轨迹方程,并写出 $b=2$ 时系统的闭环传递函数。

(1) $G(s)=\dfrac{20}{(s+4)(s+b)}$; (2) $G(s)=\dfrac{10(s+2b)}{s(s+2)(s+b)}$。

4.6 已知单位反馈系统的开环传递函数 $G(s)=\dfrac{2s}{(s+4)(s+b)}$,试绘制参数 b 从零变化到无穷大时的根轨迹,并写出 $s=-2$ 这一点对应的闭环传递函数。

4.7 已知单位反馈系统的闭环特征表达式为 $D(s)=s(s+1)(s+2)+K$,求系统等效开环传递函数,并用根轨迹分析参数 K 对闭环系统稳定性的影响。

4.8 已知系统的开环传递函数为 $G(s)H(s)=\dfrac{K^*}{s(s^2+8s+20)}$,要求绘制根轨迹并确定系统阶跃响应无超调时开环增益 K 的取值范围。

4.9 已知控制系统的开环传递函数如下,试绘制系统根轨迹(要求求出起始角)。
$$G(s)H(s)=\frac{K^*(s+2)}{(s^2+4s+9)^2}$$

4.10 已知系统开环传递函数如下,试分别绘制以 a 和 T 为变化参数的根轨迹。
(1) $G(s)=\frac{1/4(s+a)}{s^2(s+1)}$,$a>0$;(2) $G(s)=\frac{2.6}{s(0.1s+1)(Ts+1)}$,$T>0$。

4.11 已知系统的开环传递函数如下,试概略绘出相应的根轨迹,并求出所有根为负实根时开环增益 K 的取值范围及系统稳定时 K 的范围。
$$G(s)H(s)=\frac{K^*(s+1)}{(s-1)^2(s+18)}$$

4.12 已知系统结构如图 4.21 所示,试绘制时间常数 T 变化时系统的根轨迹,并分析参数 T 的变化对系统动态性能的影响。

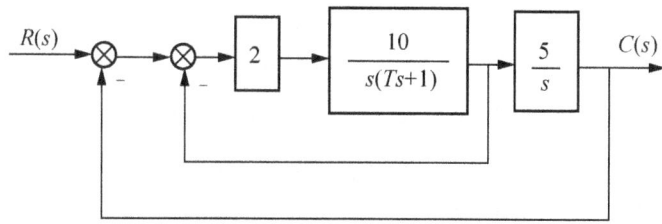

图 4.21 控制系统的框图

4.13 已知控制系统的结构如图 4.22 所示,试概略绘制其根轨迹($K^*>0$)。

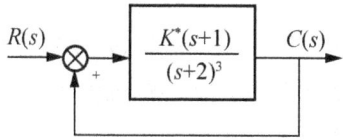

图 4.22 控制系统的框图

4.14 设单位反馈系统的开环传递函数为 $G(s)=\frac{K^*(1-s)}{s(s+2)}$,试绘制其根轨迹,并求出使系统产生重实根和纯虚根的 K^* 值。

4.15 已知两个控制系统的结构如图 4.23(a)、(b)所示,试问:
(1) (a)、(b)两个系统的根轨迹是否相同?如不同,指出不同之处。
(2) (a)、(b)两个系统的闭环传递函数是否相同?如不同,指出不同之处。
(3) (a)、(b)两个系统的阶跃响应是否相同?如不同,指出不同之处。

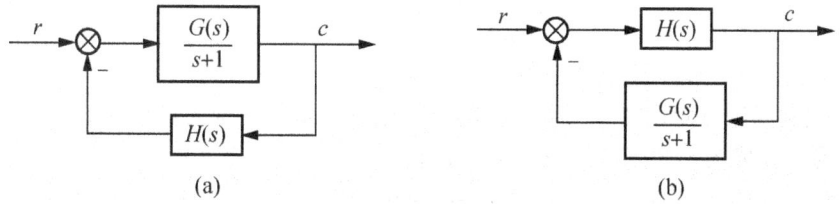

图 4.23 控制系统的框图

4.16 已知系统结构如图 4.24 所示。

(1) 绘制 $\beta=0$ 的根轨迹图；
(2) 绘制 $K_1=5, K_2=2$ 时，β 从 $0\to+\infty$ 变化时的根轨迹图；
(3) 应用根轨迹的幅值条件，求(2)中闭环极点为临界阻尼时的 β 的值。

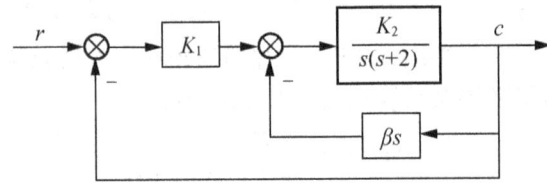

图 4.24 控制系统的框图

4.17 已知单位正反馈系统的结构如图 4.25 所示。

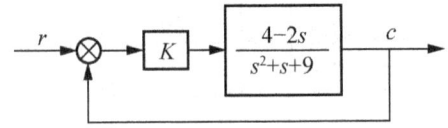

图 4.25 控制系统的框图

(1) 绘制其根轨迹；
(2) 求使闭环系统阻尼比 $\xi=0.707$ 时 K 的取值。

4.18 设单位反馈系统的开环传递函数为
$$G(s)=\frac{K}{s(s+1)(s+2)}$$

(1) 绘制 K 从 $0\to+\infty$ 变化时闭环系统的根轨迹；
(2) 确定闭环系统稳定时 K 的取值范围；
(3) 为使闭环系统的调节时间 $t_s=10s$(按误差带 $\Delta=5\%$ 计算时)，求 K 的取值。

4.19 已知某单位负反馈系统的开环传递函数为
$$G(s)=\frac{K(s+5)}{s(s+2)^2}$$

(1) 绘制根轨迹简图；
(2) 求闭环系统出现重根时的 K 值；
(3) 求使得闭环系统稳定且工作在欠阻尼状态的 K 的取值范围。

4.20 设单位反馈系统的开环传递函数为
$$G(s)=\frac{K}{s(\tau s+1)(Ts+1)}$$

式中，$K=2, T=1, \tau>0$ 为变化参数。

(1) 试绘制参数 τ 变化时，闭环系统的根轨迹图，给出系统为稳定时 τ 的取值范围。
(2) 求使 -3 成为一个闭环极点时 τ 的取值。
(3) τ 取(2)中给出的值时，求系统其余的两个闭环极点，并据此计算系统的调节时间(按 5% 误差计算)和超调量。

4.21 已知系统的结构如图 4.26 所示。试绘制系统的根轨迹,并写求出当闭环共轭复数极点的阻尼比 $\xi=0.707$ 时,系统的单位阶跃响应的表达式。

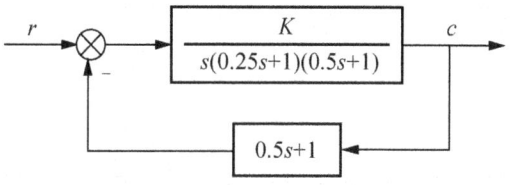

图 4.26 控制系统的框图

第 5 章
线性系统的频率响应分析法

宇宙中广泛存在各种不同频率的信号,如不同的光和不同的声音。人眼视不同频率的可见光为不同颜色的光,物体因反射不同频率的光被人眼接受后,就被视为该物体的颜色,当然还应有亮度的不同。人眼根据物体反射前后光的颜色和亮度的变化来识别不同的物体。类似现象在自然界中普遍存在。周期信号的典型代表是正弦波信号,或者依据傅里叶级数,自然界中普遍存在的信号都可表示为不同频率正弦波信号的组合。由此,考查系统对不同频率正弦波信号的响应情况,是了解、掌握或识别系统的一种普遍途径。本章介绍线性定常系统在正弦波信号激励下的正弦稳态响应,并探讨由此导出的频率响应所能揭示的系统特性。

教学目标

- 了解正弦稳态响应和频率响应的物理意义;
- 掌握频率响应特性的图示方法;
- 掌握依据频率响应特性判定系统稳定性的方法;
- 理解频率域性能指标的计算和物理意义。

教学要求

知识要点	能力要求	相关知识
正弦稳态响应	(1) 了解正弦稳态响应的求取方法; (2) 理解正弦稳态响应的幅值比和相位差的意义	正弦稳态电路
伯德图	(1) 了解伯德图的绘制方法; (2) 理解典型环节参数与伯德图特征的关系	对数运算
奈奎斯特图	(1) 了解奈奎斯特图的一般绘制方法; (2) 理解系统典型参数与奈奎斯特图特征的关系	向量极坐标运算
奈奎斯特稳定性	(1) 了解复变函数幅角原理; (2) 掌握奈奎斯特稳定性判据; (3) 理解相对稳定性的定义	复变函数
频域性能指标	(1) 了解频域指标的定义; (2) 理解频域指标与时域响应的关系; (3) 掌握频域指标的计算方法	时间响应

第5章 线性系统的频率响应分析法

1. Katsuhiko Ogata. 现代控制工程. 4版. 北京：电子工业出版社，2007.
2. 陈复扬. 自动控制原理(中文版). 北京：国防工业出版社，2010.
3. 胡寿松. 自动控制原理. 5版. 北京：科学出版社，2007.

正弦稳态响应：稳定线性定常系统在正弦波信号激励下的稳态响应。
模和幅角：复数向量表示法中的两个参数，模为向量的长度，幅角是向量相应于正实轴的角度。
幅值和相位：正弦波函数描述圆周运动时的两个参量，幅值是旋转半径，相位是旋转角度。
幅值比和相位差：两个同频率正弦波函数在幅值上作除运算、在相位上作减运算所得数值。
奈奎斯特周线：包围整个 S 复平面右半面的封闭曲线，且常规定以顺时针方向包围一周为正$360°$。
伯德图：由系统频率响应特性的幅值(分贝)-频率特性图和相角-频率特性图组成，且频率以对数刻度。
奈奎斯特图：系统正弦传递函数的极坐标图示法。图中向量端点的模和幅角分别是系统频率响应的幅值比和相位差。
奈奎斯特判据：依据系统开环极点和开环奈奎斯特曲线判别系统闭环是否稳定的一种图解方法。
稳定裕度：闭环系统稳定程度的某种指标性描述。一般而言，系统稳定裕度越大，系统保持稳定可经受的不确定性也越大。

引例： 共振与谐振(resonance)

在机械学中，当策动力的频率和系统的固有频率相等时，系统受迫振动的振幅最大，这种现象叫做共振。

位于美国华盛顿州的原塔科马海峡悬索大桥，建成于1940年7月，中跨853m。在建造最后阶段，人们就发现大桥在微风的吹拂下会出现晃动。1940年11月7日，大桥在阵风作用下发生强烈风致振动，最终导致桥面折断而坠落。依据美国莫伊瑟夫给出的悬索桥设计挠度理论，设计塔科玛桥时充分考虑了风的静力作用，还委托华盛顿大学的法库哈森教授做了模型试验，并无疏漏。事故原因并不是风的静力作用，而是莫伊瑟夫完全没有预料到的动态风作用力所致。

在电磁学中，激励频率等于电路的固有频率时，电路中电磁振荡的振幅也将达到峰值，这种现象叫做谐振。在电子和无线电工程中，经常要从许多电信号中选取出我们所需要的电信号，而同时把我们不需要的电信号加以抑制或滤出，为此就需要有一个选择电路，即谐振电路。收音机就是利用谐振现象工作的。转动收音机的旋钮，就是在变动电路的固有频率。忽然，在旋钮的某一点，电路固有频率和空气中远方传来的微弱电磁波频率相等起来，于是，它们发生了谐振，电磁波携带的信息被转换成声音从收音机中传出来。

实际上，共振和谐振表达的是同样一种现象，只是在不同的领域里有不同的叫法而已。对共振或谐振的研究，无论是从利用方面，或是从限制其危害方面来看，都有极大的实用意义。

5.1 频率响应特性

用时域分析法分析和研究系统的动态特性和稳态误差最为直观和准确，但是，用解析方法求解高阶系统的时域响应往往十分复杂。虽然借助于计算机仿真可以容易地获得高阶系统的时域响应数据或波形，然而，高阶系统的结构和参数与系统动态性能间还没有明确的函数关系，不易分析系统参数变化对系统动态性能的影响。当系统的动态性能不能满足生产上要求的性能指标时，很难提出改善系统性能的途径。

频率响应法是在20世纪30年代和40年代，由奈奎斯特、伯德、尼科尔斯以及许多其他学者共同研究发展起来的。频域分析法是研究控制系统的一种经典方法，是在频域内应用图解分析去评价系统性能的一种工程方法。频率响应特性可以由微分方程或传递函数求得，还可以用实验方法测定。频率响应方法的优点是频率响应的测试简单，更容易将物理系统的实验信息，而不是系统的数学模型，应用于过程设计。目前，与其他方法相比，频率响应设计法可以在进行最少次数系统试验的情况下，运用简单规则得到满意结果，频率响应仍常常是具有最高性价比的设计方法。

5.1.1 正弦稳态响应和频率响应

考虑如图 5.1 所示的线性定常系统，系统的激励信号为 $x(t)$，响应信号为 $y(t)$。我们希望关心的是，系统在特定频率信号的激励下，其响应会具有怎样的特点。

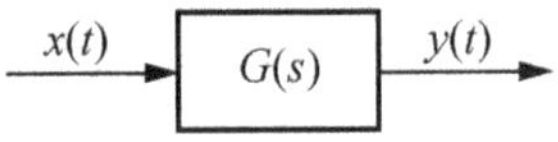

图 5.1 线性定常系统

假定图 5.1 所示系统为一阶传递函数

$$\frac{Y(s)}{X(s)} = \frac{K}{sT+1} \tag{5.1}$$

其输入/输出关系用一阶常微分方程表示为

$$T\frac{\mathrm{d}y(t)}{\mathrm{d}t} + y(t) = Kx(t) \tag{5.2}$$

若输入是频率为 ω 幅度/秒（rad/s）的一个正弦波信号

$$x(t) = A\sin(\omega t) \tag{5.3}$$

并且，假定系统的初始条件为 0。此时，系统响应 $y(t)$ 由暂态响应 $y_h(t)$ 和稳态响应 $y_s(t)$ 两部分组成

$$y(t) = y_h(t) + y_s(t)$$
$$\frac{KA\omega T}{\omega^2 T^2 + 1}e^{-\frac{t}{T}} + \frac{KA}{\sqrt{\omega^2 T^2 + 1}}\sin(\omega t + \beta) \tag{5.4}$$

式中，$\beta = -\tan^{-1}(\omega T)$。

求解式(5.2)的方法在高等数学和电路理论中已有介绍，此处我们直接给出解式(5.4)。后面我们会用拉氏变换法求取一般线性定常系统的稳态解。

显然，系统的暂态响应

$$y_h(t) = \frac{KA\omega T}{\omega^2 T^2 + 1}e^{-\frac{t}{T}}$$

在 $T>0$ 时，会随着时间的增长按指数规律衰减至零。工程实践中常常认为在 $3T$ 或 $4T$ 时间后，系统就进入了稳态。此后，系统响应几乎为其稳态响应

$$y_s(t)=\frac{KA}{\sqrt{\omega^2T^2+1}}\sin(\omega t+\beta) \tag{5.5}$$

称式(5.5)为式(5.1)所示系统在式(5.3)所示正弦信号激励下的**正弦稳态响应**。

比较式(5.3)和式(5.5)，可以发现，系统在正弦信号激励下的稳态响应为同频率的正弦波信号。也可以说，稳定的线性定常系统在传递信号时是不改变信号的频率的。但是，信号的振幅和相位却会发生变化。

如果选择正弦稳态响应 $y_s(t)$ 和激励正弦信号 $x(t)$ 的**振幅之比** $M(\omega)$（简称振幅比，又称幅值比）和**相位之差** $\varphi(\omega)$（简称相位差，又称相移）作为系统在频率 ω 时响应特性的衡量，则有

$$M(\omega)=\frac{KA}{\sqrt{\omega^2T^2+1}}/A=\frac{K}{\sqrt{\omega^2T^2+1}} \tag{5.6}$$

$$\varphi(\omega)=(\omega t+\beta)-\omega t=\beta=-\tan^{-1}(\omega T) \tag{5.7}$$

由式(5.6)和式(5.7)可见，幅值比和相位差与激励信号 $x(t)$ 的振幅和激励信号作用的时刻是没有关系的。这正好反映了线性定常系统的本质，即**比例性**和**时不变性**。称式(5.6)和式(5.7)为式(5.1)所示系统的**频率响应**。

频率响应除了与系统自身参数有关外，还随激励频率的不同而变化，它是频率的函数。把振幅比随着频率而变化的特性称为**幅频特性**或**幅值特性**，相位差随频率而变化的特性称为**相频特性**或**相角特性**。幅频特性和相频特性一起，描述了线性定常系统传输正弦信号时对信号所产生的影响，将它们统称为系统的**频率响应特性**。

对于幅值特性而言，$M>1$ 相应于系统响应信号振幅大于激励信号振幅，这时，系统起到**放大**信号的作用；反之，$M<1$ 时，系统呈现**衰减**信号的特点。系统的振幅比是频率为 ω 时的"**放大倍数**"，也可以说它是依频率而变化的"**动态增益**"。

习惯上，振幅比也常用分贝数表示

$$L(\omega)=20\lg M(\omega)(\mathrm{dB}) \tag{5.8}$$

这时，正的分贝数表示放大，负的分贝数表示衰减。例如，$M=10$ 时，系统的放大倍数为 10，而系统的分贝数为正 20dB；$M=0.1$ 时，系统的放大倍数为 0.1 或分贝数为 -20dB。为区分幅值表示的两种情况，将分贝数描述的幅值比称为**分贝幅值**，而绝对振幅比则称为绝对幅值。

相位差相应于系统传递信号时在相位上所产生的改变，这正是**相移**的直观意义。当相移 $\varphi>0$ 时，表示系统响应领先于激励，称有此特性的环节为超前环节；而相移 $\varphi<0$ 时，表示系统响应落后于激励，有此特性的环节称为滞后环节。

对于式(5.7)所示相位差而言，在 $T>0$ 和 $\omega>0$ 时，总有负相移，所以，常称式(5.3)为一阶滞后环节。

【**例 5.1**】考虑图 5.1 所示线性定常系统，当激励信号为 $x(t)=2\sin(2t+15°)$ 时，测得系统的稳态响应为 $y_s(t)=0.5\sin(2t-45°)$。试用该测试结果解释系统的物理行为。

【解】 系统在频率 $\omega=2\text{rad/s}$ 时的振幅比和相位差分别为

$$M(2)=\frac{0.5}{2}=\frac{1}{4} \quad \rightarrow \quad L(2)=20\lg\frac{1}{4}\text{dB}\approx-12\text{dB}$$

$$\varphi(2)=-45°-15°=-60° \quad \rightarrow \quad \left(-\frac{\pi}{3}\text{rad}\right)/(2\text{rad/s})=-\frac{\pi}{6}\text{s}$$

此结果的物理意义是,在频率为 2rad/s 时,系统响应的振幅会缩小为激励振幅的 1/4 或衰减 12dB,系统响应比激励滞后 60°或相移-60°,或响应比激励滞后 $\pi/6$ 秒。

 小知识:容性滞后现象

容性滞后现象在自然界中广泛存在。例如,空调降温,房间温度需要经历一段时间后才能到达设定温度。这是因为,空调功率总是有限的,欲将房间多余空气热量交换出去,空调总需要工作一定时间。"冰冻三尺,非一日之寒"也是这个道理。汽车启动与刹车、电池充放电以及生物发酵等过程也有类似现象。在机械运动中,这一属性常被称为惯性,所以也常有惯性滞后这一说法。

5.1.2 传递函数和正弦传递函数

假定图 5.1 所示线性定常系统是稳定的,换句话说,系统的暂态响应会随着时间的增长而趋于零,那么,系统的最终响应就会表现为与激励类型相关的稳态响应。

假设激励仍为式(5.3)所示正弦波信号,其对应的拉普拉斯变换表达式为

$$X(s)=\frac{A\omega}{s^2+\omega^2} \tag{5.9}$$

此时,系统响应的拉普拉斯变换表达式为

$$Y(s)=G(s)\cdot\frac{A\omega}{s^2+\omega^2}=Y_h(s)+Y_s(s) \tag{5.10}$$

式中,$Y_h(s)$ 表示与系统 $G(s)$ 极点相应的部分分式展开式,$Y_s(s)$ 表示与激励信号 $X(s)$ 极点相应的部分分式展开式。

我们仅仅求解系统的稳态响应部分

$$Y_s(s)=\frac{a}{s-\text{j}\omega}+\frac{b}{s+\text{j}\omega} \tag{5.11}$$

式中,a 和 b 为部分分式展开式的待定系数。

系数 a 和 b 依据方程(5.10)利用留数法计算如下:

$$a=G(s)\frac{A\omega}{s^2+\omega^2}\cdot(s-\text{j}\omega)\bigg|_{s=\text{j}\omega}=\frac{A}{2\text{j}}G(\text{j}\omega)$$

$$b=G(s)\frac{A\omega}{s^2+\omega^2}\cdot(s+\text{j}\omega)\bigg|_{s=-\text{j}\omega}=\frac{A}{-2\text{j}}G(-\text{j}\omega)$$

式中,$G(\text{j}\omega)$ 和 $G(-\text{j}\omega)$ 是共轭复数量。

复数量 $G(\text{j}\omega)$ 的模 $M(\omega)$ 和幅角 $\varphi(\omega)$ 分别为

$$\begin{cases}M(\omega)=|G(\text{j}\omega)|\\\varphi(\omega)=\angle G(\text{j}\omega)\end{cases} \tag{5.12}$$

于是,由式(5.11)确定的系统正弦稳态响应时间表达式为

$$y_s(t) = ae^{j\omega t} + be^{-j\omega t}$$
$$= \frac{A}{2j}M(\omega)e^{j[\omega t+\varphi(\omega)]} - \frac{A}{2j}M(\omega)e^{-j[\omega t+\varphi(\omega)]} \tag{5.13}$$
$$= M(\omega)A\sin[\omega t+\varphi(\omega)]$$

容易知道，$M(\omega)$ 和 $\varphi(\omega)$ 就是系统在激励频率为 ω 时的振幅比和相位差，且 $M(\omega)$ 和 $\varphi(\omega)$ 仅由式(5.12)确定。这说明，**频率响应可以由传递函数 $G(s)$ 令 $s=j\omega$ 而得**，即

$$M(\omega)e^{j\varphi(\omega)} = G(j\omega) = G(s)|_{s=j\omega} \tag{5.14}$$

可以证明，这个结论对于稳定线性定常系统都是成立的。称 $G(j\omega)$ 为系统的**正弦传递函数**。正弦传递函数是复变量 $j\omega$ 的复变函数。

只要有了系统的传递函数，就可以有正弦传递函数，就能够分析系统的频率响应。反过来说，如果能用实验方法获得系统(或元部件)的频率响应，则又给确定系统的传递函数提供了依据。与传递函数一样，正弦传递函数也是一种数学模型，它只与系统自身特性有关，而与系统的输入和输出信号的形式无关。

【例 5.2】 考虑图 5.1 所示系统，假设系统传递函数为

$$G(s) = \frac{1+T_1 s}{1+T_2 s}$$

式中，$T_1, T_2 > 0$。试确定该环节是超前环节还是滞后环节，对信号的作用是放大的还是衰减的。

【解】 该环节的幅频特性和相频特性分别为

$$M(\omega) = |G(j\omega)| = \sqrt{1+\omega^2 T_1^2} / \sqrt{1+\omega^2 T_2^2}$$
$$\varphi(\omega) = \angle G(j\omega) = \tan^{-1}\omega T_1 - \tan^{-1}\omega T_2$$

由此两式可以看出，若 $T_1 > T_2$，则 $M(\omega) > 1$ 且 $\varphi(\omega) > 0$，系统为超前环节，并对激励信号有放大作用；若 $T_1 < T_2$，则 $M(\omega) < 1$ 且 $\varphi(\omega) < 0$，系统为滞后环节，并有衰减激励信号的作用。

5.1.3 频率响应特性的图形表示

式(5.14)不但揭示了频率响应特性的可由正弦传递函数 $G(j\omega)$ 获取，而且表明，系统的**幅频特性**即为该复变函数的**模**，**相频特性**即为该复变函数 $G(j\omega)$ 的**幅角**，如式(5.12)所示。若将复变函数 $G(j\omega)$ 结合到所对应的物理意义，常称其模为**幅值**，其幅角为**相角**。

为了直观地揭示系统的频率响应特性，传统上有三种典型图示方法。

1. 伯德图或半对数坐标图

伯德图(Bode Plot)由两幅图组成，即幅值-频率特性图和相角-频率特性图。其中，振幅比(幅值)以分贝(dB)为单位，相位差(相角)以度(deg)为单位，而频率则以幅度/秒(rad/s)为单位，且频率以对数尺度进行刻度。伯德图是一种半对数坐标图，但是，幅频图中的幅值若以绝对幅值看待时，也可以将之视为一种对数坐标图。伯德图表示的一个优点是它能够展示系统中单个环节对系统整体特性所产生的影响。

2. 奈奎斯特图或极坐标图

奈奎斯特图(Nyquist Plot)是正弦传递函数在复平面上的一种极坐标图示。它将正弦传递函数 $G(j\omega)$ 视为复向量，向量起点在复平面坐标原点，向量端点随频率 ω 从 $0\to\infty$ 变化而移动。由向量 $G(j\omega)$ 的端点移动所得轨迹称为奈奎斯特曲线。奈奎斯特图的优点是能够在一幅图上表示出系统在整个频率范围内的频率响应特性。

3. 尼柯尔斯图或对数幅值-相角图

尼柯尔斯图(Nichols Plot)是在所关心的频率范围内，以相角为横坐标，以幅值(分贝)为纵坐标描述系统的幅值-相角关系的一种图示，又称对数幅-相图。尼柯尔斯图的优点是能够迅速地确定闭环系统的稳定性，并且易于解决系统的校正问题。

本章将详细讨论伯德图和奈奎斯特图两种图示方法，也介绍借用 MATLAB 工具获取图形的方法。

【例 5.3】已知系统在频率 $\omega=2\text{rad/s}$ 时的频率响应特性可以由复数表达为

$$G(j2)=0.25e^{-j60°}$$

试用半对数坐标图、极坐标图和对数幅—相图三种图形示意该特性。

【解】伯德图：横坐标为 $\lg\omega=\lg2\approx0.3$，幅值纵坐标为 $L(2)=20\lg0.25\approx-12\text{dB}$，相角纵坐标为 $\varphi(2)=-60°$，由此可得如图 5.2(a) 中的对应点所示。

奈奎斯特图：极坐标为 $0.25\angle-60°$，即模为 0.25，幅角为 $-60°$ 的点，如图 5.2(b) 所示。

尼柯尔斯图：横坐标为 $\varphi(2)=-60°$，纵坐标为 $L(2)\approx-12\text{dB}$，如图 5.2(c) 中的对应点所示。

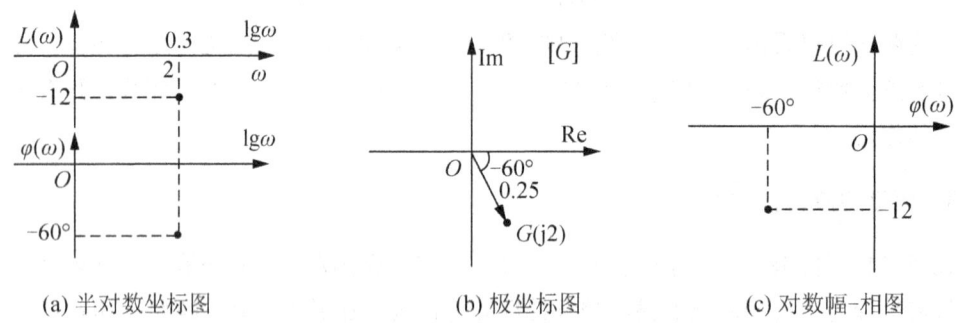

(a) 半对数坐标图　　(b) 极坐标图　　(c) 对数幅-相图

图 5.2　例 5.3 频率响应的三种图示

小知识：频谱分析仪

频谱分析仪(Spectrum analyzer)是研究电信号频谱结构的仪器。传统频谱分析仪采用可调谐前置电路接收输入信号，然后由变频器变频后经过低通滤波器输出作为垂直分量，于是在示波器屏幕上绘出幅值-频率坐标图。现代频谱分析仪采用数字方法直接由模拟/数字转换器(ADC)对输入信号取样，再经快速傅立叶变换(FFT)处理后获得频谱分布图。现代频谱分析仪能以模拟方式或数字方式显示分析结果，能分析 1Hz 以下的甚低频到亚毫米波段的全部无线电频段，并且还可含相位信息，是测量连续信号或调制信号的理想工具。

5.2 伯 德 图

伯德图由幅值-频率图和相角-频率图组成。两幅图都是相对于频率的常用对数刻度进行绘制的,其中幅值单位为分贝(dB),相角单位为度(deg),频率单位为幅度/秒(rad/s)。

伯德图的优点在于它将绝对幅值的相乘转换为分贝幅值的相加,利于估算单个环节对整个系统产生的具体作用。它通过对频率采用对数尺度,扩展了低频范围和高频范围。虽然由于对频率采用对数刻度,使得曲线不能绘制到零频处,同时也不能展示到无穷频率处,但这不会造成严重问题。

如果只需要知道频率响应特性的粗略信息,那么利用渐进线近似的方法是方便的。特别是当频率响应数据以伯德图的形式表示时,可以容易地利用折线逼近确定正弦传递函数。

本节重点介绍伯德图的渐进线近似绘制法,当需要准确的伯德图时,可以使用工具软件获取,当然也可以对指定频率的幅值和相角利用人工运算或查表校准。

注意,伯德图横轴是频率的对数刻度,但其上标注却往往是频率值而不是对应的频率对数值。所以,横轴的单位是弧度/秒(rad/s),而且零频被延展到无穷远处。

5.2.1 基本环节的伯德图

前已述及,伯德图上串联环节幅值相乘可转化为单个环节分贝幅值的相加,所以,基本环节的伯德图是值得重视的。常见的基本环节有比例环节、积分环节、微分环节、一阶惯性环节、一阶微分环节、二阶振荡环节、二阶微分环节和时滞环节等。

1. 比例环节

比例环节又称**比例系数**、**静态增益**,其正弦传递函数为一个与频率无关的常数,即

$$G(j\omega)=K \tag{5.15}$$

该环节的幅频特性和相频特性分别为

$$L(\omega)=20\lg|K|, \quad \varphi(\omega)=\begin{cases}0°, & K>0\\ -180°, & K<0\end{cases}$$

当$|K|>1$时,分贝数为正;当$|K|<1$时,分贝数为负。增益K的改变会使伯德图中的幅值特性曲线上升或下降一个相应的分贝数值,但不会影响其相角特性曲线。用MATLAB绘制的$K=\pm 4$时的伯德图如图 5.3 所示。

2. 积分和微分环节

积分环节的正弦传递函数为

$$G(j\omega)=\frac{1}{s}\bigg|_{s=j\omega}=\frac{1}{j\omega} \tag{5.16}$$

其幅值特性和相角特性分别为

$$L(\omega)=20\lg\frac{1}{\omega}=-20\lg\omega, \quad \varphi(\omega)=-90°$$

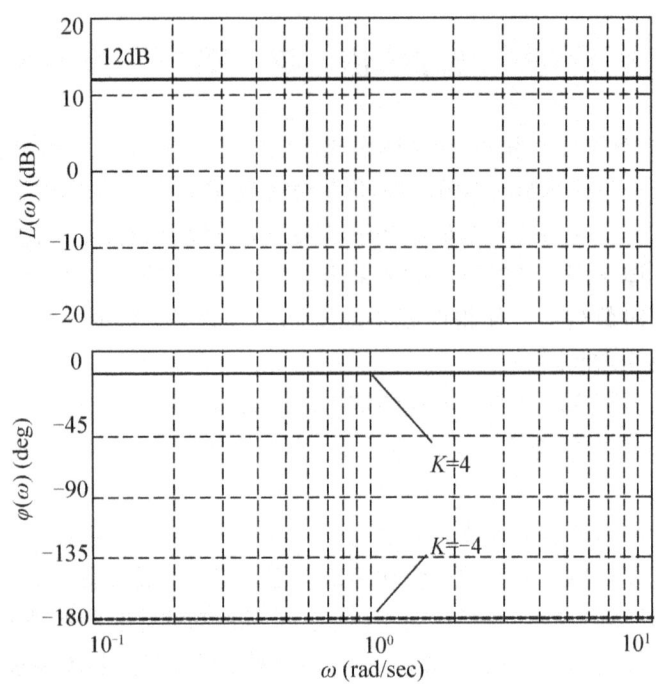

图 5.3 比例环节的半对数坐标图

注意，横轴是按 $\lg\omega$ 刻度的。当频率增大 10 倍时，$\lg\omega$ 增大单位 1，而幅值 $L(\omega)$ 则减小 20dB；当 $\omega=1\text{rad/s}$ 时，$L(1)=0$。所以，积分环节的幅值特性是斜率为 -20 分贝/十倍频(dB/dec)的直线，且在频率为 1rad/s 的地方穿越 0 分贝线。积分环节的相角与频率无关，总为 $-90°$。积分环节的伯德图特性曲线如图 5.4 中实线所示。

微分环节的正弦传递函数为

$$G(\text{j}\omega)=s\Big|_{s=\text{j}\omega}=\text{j}\omega \tag{5.17}$$

它的幅值特性和相角特性分别为

$$L(\omega)=20\lg\omega,\quad \varphi(\omega)=90°$$

可见，微分环节与积分环节的幅频和相频特性相比仅仅相差一个符号。微分环节的幅值特性是斜率为 20 dB/dec 的直线，且在 $\omega=1\text{rad/s}$ 时穿越 0 分贝线，而其相位差总为 $90°$。微分环节与积分环节的特性曲线是对称于横轴的，用 MATLAB 绘制的微分环节的特性曲线如图 5.4 中虚线所示。

3. 一阶惯性环节和一阶微分环节

一阶惯性环节的正弦传递函数为

$$G(\text{j}\omega)=\frac{1}{sT+1}\Big|_{s=\text{j}\omega}=\frac{1}{\text{j}\omega T+1} \tag{5.18}$$

它的幅值特性和相角特性分别为

$$\begin{cases} L(\omega)=-20\lg\sqrt{\omega^2 T^2+1} \\ \varphi(\omega)=-\tan^{-1}(\omega T) \end{cases}$$

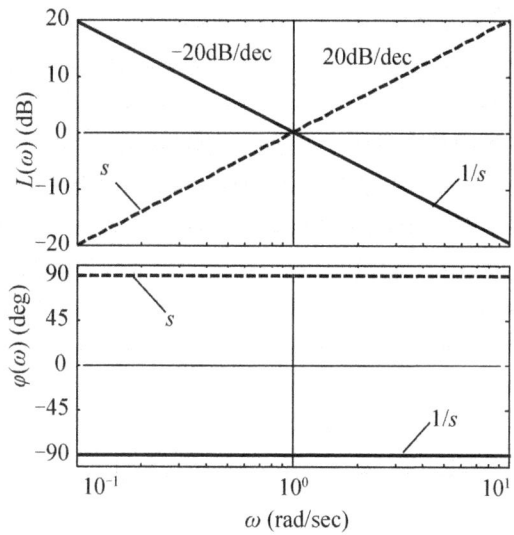

图 5.4　积分和微分环节的半对数坐标图

手工精确绘制其伯德图不易，此处我们介绍渐近线的近似画法。

幅值特性在 $\omega \to 0$ 时的渐近线为

$$\lim_{\omega \to 0} L(\omega) = -20 \lg 1 \, \mathrm{dB} = 0 \, \mathrm{dB}$$

所以，低频时，一阶惯性环节的幅值曲线用渐近线近似时，是一条 0 分贝处的水平直线。

幅值特性在 $\omega \to \infty$ 时的渐近线为

$$\lim_{\omega \to \infty} L(\omega) = -20 \lg \omega T \, (\mathrm{dB})$$

如果频率 ω 每增大 10 倍，对应幅值会减小 20 dB，且当 $\omega = 1/T$ 时，幅值等于 0 dB。所以，高频时，一阶惯性环节的幅值曲线用渐近线近似时，是一条斜率为 $-20\,\mathrm{dB/dec}$ 的直线，且在频率为 $1/T$ 处，该直线穿越横轴，如图 5.5 中粗直线所示。

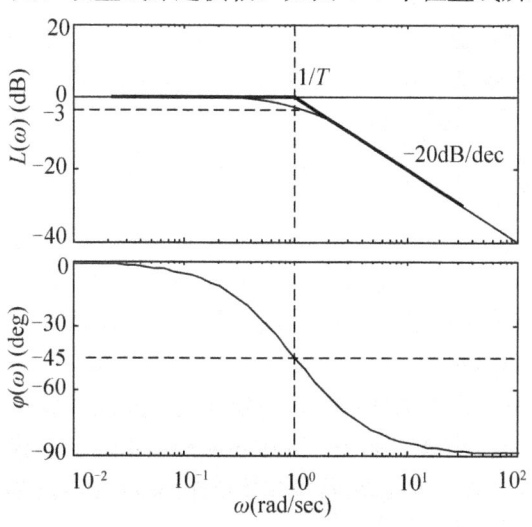

图 5.5　一阶惯性环节的半对数坐标图($T=1s$)

低频和高频渐近线的交点频率为 $1/T$，该频率称为一阶惯性环节的**转折频率**或**角频率**。

图 5.5 中将渐近线与精确曲线(图中细实)做了对比。因为渐近线容易手工绘制，且与精确曲线较为接近，所以，采用近似画法，能够迅速地确定系统频率响应特性的一般性质。

渐近线近似与精确值之间会有误差，最大误差发生在角频率 $\omega = 1/T$ 处，其值为
$$-20\lg\sqrt{1+1} - 20\lg 1 = -20\lg\sqrt{2}\,\text{dB} \approx -3\,\text{dB}$$
而在角频率的半频程($\omega = 0.5/T$)和倍频程处($\omega = 2/T$)的幅值误差为
$$\begin{cases} -20\lg\sqrt{\dfrac{1}{4}+1} - 20\lg 1 = -20\lg\dfrac{\sqrt{5}}{2}\,\text{dB} \approx -1\,\text{dB} \\ -20\lg\sqrt{4+1} - 20\lg\dfrac{1}{2} = -20\lg\dfrac{\sqrt{5}}{2}\,\text{dB} \approx -1\,\text{dB} \end{cases}$$

一阶惯性环节的相角曲线呈反 S 形，$\omega \to 0$ 时相角趋于 $0°$，而 $\omega \to \infty$ 时相角趋于 $-90°$。在角频率处的相角为
$$\varphi\left(\omega = \frac{1}{T}\right) = -\tan^{-1} 1 = -45°$$

为了绘制相角曲线，我们需要确定曲线上若干点的位置，比如
$$\varphi\left(\omega = \frac{1}{10T}\right) = -\tan^{-1}\frac{1}{10} \approx -5.7°$$
$$\varphi\left(\omega = \frac{1}{2T}\right) = -\tan^{-1}\frac{1}{2} \approx -26.6°$$
$$\varphi\left(\omega = \frac{2}{T}\right) = -\tan^{-1} 2 \approx -63.4°$$
$$\varphi\left(\omega = \frac{10}{T}\right) = -\tan^{-1} 10 \approx -84.3°$$

手工绘制相角曲线时，基本遵循上述特征即可。

改变一阶惯性环节的时间常数 T，可以使转折频率向左或向右移动，但是，幅值曲线和相角曲线的形状将保持不变。

一阶微分环节的正弦传递函数为
$$G(\mathrm{j}\omega) = (sT+1)\big|_{s=\mathrm{j}\omega} = \mathrm{j}\omega T + 1 \tag{5.19}$$
相应的幅值特性和相角特性分别为
$$\begin{cases} L(\omega) = 20\lg\sqrt{\omega^2 T^2 + 1} \\ \varphi(\omega) = \tan^{-1}(\omega T) \end{cases}$$

可见，一阶微分环节与一阶惯性环节的幅值和相角特性相比，仅仅相差一个符号，两者的特性曲线是对称于横轴的。

一阶微分环节的幅值渐近线在低频时为 0 分贝线，高频时是斜率为 $20\,\text{dB/dec}$ 的直线，且在角频率 $1/T$ 处穿越 0 分贝线，如图 5.6 中粗实线所示。渐近线幅值与精确值之间的最大误差发生在角频率处，约为 3dB，在转角频率的半/倍频程处的幅值误差约为 1dB。相角曲线的形状为 S 形，低频时相角趋于 $0°$，高频时相角趋于 $90°$，在角频率处的相角为 $45°$，用 MATLAB 绘制其精确伯德图特性曲线，如图 5.6 中虚线所示。

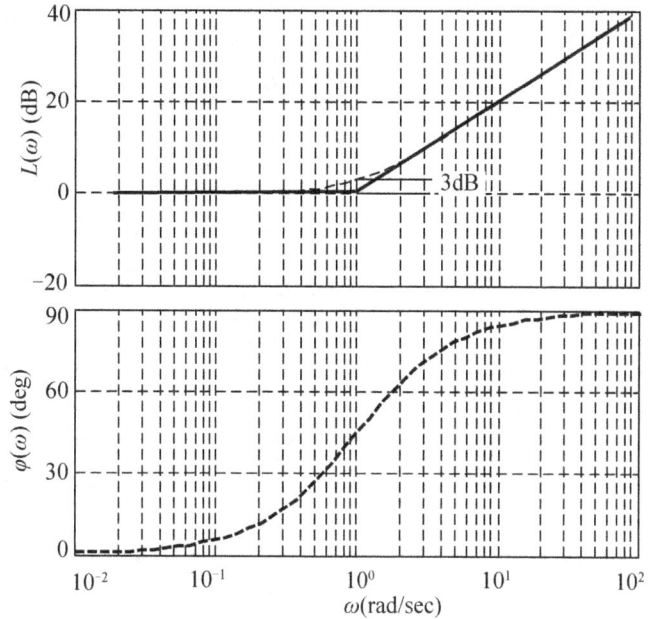

图 5.6 一阶微分环节的半对数坐标图($T=1$s)

4. 二阶振荡环节和二阶微分环节

二阶振荡环节的正弦传递函数为

$$G(j\omega)=\frac{1}{1+2\xi s/\omega_n+s^2/\omega_n^2}\bigg|_{s=j\omega}=\frac{1}{1+2\xi(j\omega/\omega_n)+(j\omega/\omega_n)^2} \quad (5.20)$$

其幅值特性为

$$L(\omega)=-20\lg\sqrt{\left(1-\frac{\omega^2}{\omega_n^2}\right)^2+\left(2\xi\frac{\omega}{\omega_n}\right)^2} \quad (5.21)$$

幅值特性的低频和高频渐近特性分别为

$$\lim_{\omega\to 0}L(\omega)=-20\lg 1=0(\text{dB})$$

$$\lim_{\omega\to\infty}L(\omega)=-20\lg\frac{\omega^2}{\omega_n^2}=-40\lg\frac{\omega}{\omega_n}$$

低频时，幅值渐近线为 0dB 水平直线。高频时，ω 每增大十倍，幅值减小 40dB。当 $\omega=\omega_n$ 时，幅值等于 0dB，称频率 ω_n 为二阶振荡环节的转折频率或角频率。二阶振荡环节的高频幅值渐近线是一条斜率为 -40dB/dec 的直线，且在角频率 ω_n 处穿越 0 分贝线，用MATLAB 绘制其对应的伯德图渐进线，如图 5.7 中粗直线所示。

上面导出的两条幅值渐近线都与阻尼比 ξ 无关。然而，当频率接近角频率 ω_n 时，渐近线近似所引起的幅值误差是与 ξ 直接相关的。

在角频率 ω_n 处，渐近线近似引起的误差为

$$\Delta L(\omega_n)=L(\omega_n)-0=-20\lg(2\xi)$$

当阻尼比 ξ 较小时，二阶振荡环节会出现谐振现象。若将式(5.21)的幅值特性改写为

$$L(\omega)=-10\lg\left[\left(\frac{\omega^2-\omega_n^2+2\xi^2\omega_n^2}{\omega_n^2}\right)^2+4\xi^2(1-\xi^2)\right]$$

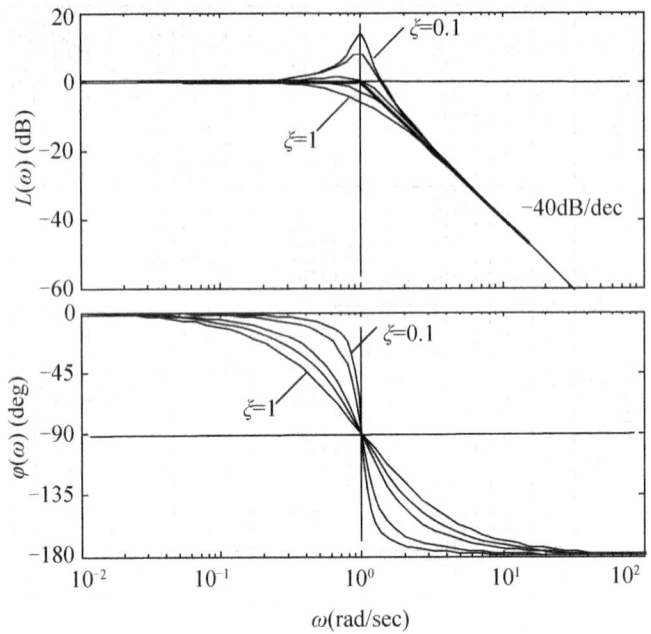

图 5.7　二阶振荡环节的半对数坐标图

容易知道，幅值 $L(\omega)$ 出现极大值的频率为

$$\omega_r = \omega_n \sqrt{1-2\xi^2} \tag{5.22}$$

式中，$0<\xi<0.707$。称 ω_r 为二阶振荡环节的**谐振频率**。此时，二阶振荡环节的绝对幅值为

$$M_r = \frac{1}{2\xi\sqrt{1-\xi^2}} \tag{5.23}$$

称 M_r 为二阶振荡环节的**谐振峰值**。

$\xi=0.1$、0.2、0.5、0.707 和 1 共五种阻尼比时的精确频率特性曲线如图 5.7 中细实线所示。

二阶振荡环节的相角特性为

$$\varphi(\omega) = -\tan^{-1}\frac{2\xi\omega/\omega_n}{1-(\omega/\omega_n)^2}$$

相角特性曲线的形状为反 S 形，低频时相角趋于 0°，高频时相角趋于 −180°，在角频率 ω_n 处的相角为

$$\varphi(\omega_n) = -\tan^{-1}\frac{2\xi}{0} = -90°$$

并且，角频率 ω_n 处相角斜率随阻尼比 ξ 的减小而增大，如图 5.7 所示。

改变角频率 ω_n 时，幅值曲线和相角曲线的形状将保持不变，仅在频率方向产生左右移动。

二阶微分环节的正弦传递函数为

$$G(j\omega) = 1+2\xi s/\omega_n + s^2/\omega_n^2 \Big|_{s=j\omega} = 1+2\xi(j\frac{\omega}{\omega_n})+(j\frac{\omega}{\omega_n})^2 \tag{5.24}$$

相应的幅值特性和相角特性分别为

$$L(\omega)=20\lg\sqrt{(1-\frac{\omega^2}{\omega_n^2})^2+(2\xi\frac{\omega}{\omega_n})^2}$$

$$\varphi(\omega)=\tan^{-1}\frac{2\xi\omega/\omega_n}{1-(\omega/\omega_n)^2}$$

二阶微分环节与二阶振荡环节的幅值和相角特性相比仅相差一个符号,两者的特性曲线对称于横轴。

二阶微分环节的幅值渐近线在低频时为 0 分贝线,高频时是斜率为 40dB/dec 且在角频率 ω_n 处穿越 0 分贝线的直线。相角曲线的形状为 S 形,低频时相角趋于 0°,高频时相角趋于 180°,在角频率处的相角为 90°,用 MATLAB 绘制其伯德图,如图 5.8 所示。

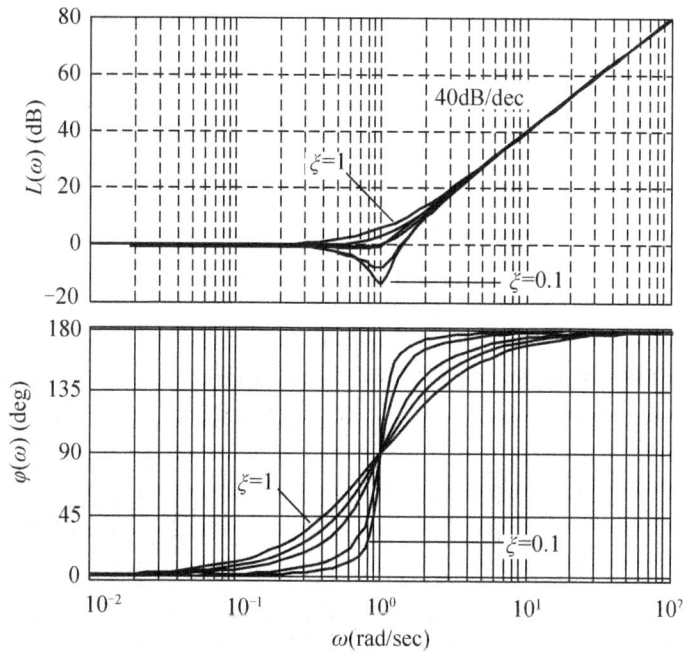

图 5.8　二阶微分环节的半对数坐标图

5. 延迟环节

若环节的输出量是输入量经恒定延时而得,这样的环节称为延迟环节。含有延迟环节的系统称为延迟系统或者时滞系统。

延迟环节的输入 $x(t)$ 和输出 $y(t)$ 之间的关系为

$$y(t)=x(t-\tau) \cdot 1(t-\tau) \tag{5.25}$$

式中,τ 为延迟时间,又称为时滞时间或者死时间。用 MATLAB 绘制某信号被延迟 1s 的时间响应示例,如图 5.9 所示。

延迟环节的传递函数为

$$G(s)=\frac{Y(s)}{X(s)}=e^{-\tau s} \tag{5.26}$$

延迟环节的频率响应特性为

$$L(\omega)=0\text{dB}, \quad \varphi(\omega)=-\omega\tau\text{rad}=-57.3\omega\tau\text{deg}$$

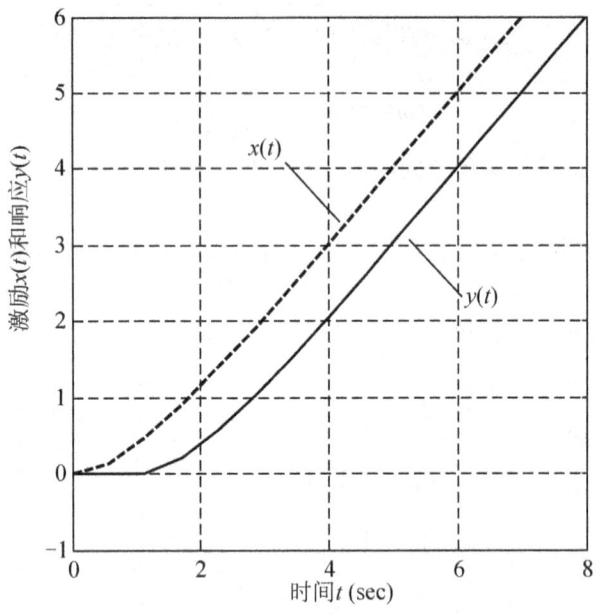

图 5.9 延迟环节的时间响应示意图($\tau=1s$)

延迟环节的伯德图幅值曲线是一条 0 分贝线,相角曲线则随着频率的增加迅速下降,如图 5.10 所示。该频率响应特性容易解释,因为,对输入 $x(t)=\sin\omega t$ 而言,延迟 τs 后的输出为 $y(t)=\sin\omega(t-\tau)=\sin(\omega t-\omega\tau)$,即正弦波的振幅不变而相移为 $-\omega\tau$ rad。

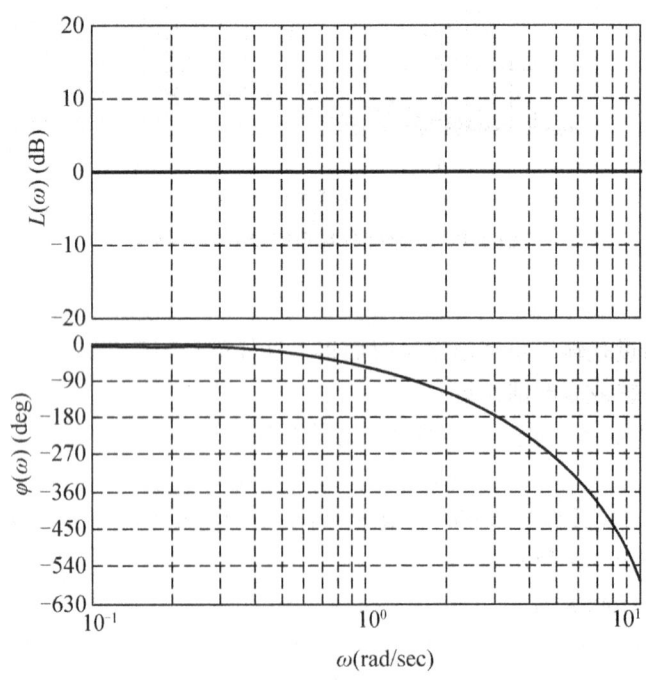

图 5.10 延迟环节的伯德图($\tau=1s$)

小知识：回声

声音以波的形式向外传播，遇到较大障碍物会被反射回来，如果反射回来的声波和原声波间隔超过0.1s，人耳就能区分两者。称人耳能听到除原声以外的二次甚至多次反射声音为回声。人们面对着大山喊话，以及著名的回音墙都是回声的现实例子。回声过程的本质可用延迟环节描述，而延迟时间则取决于声波的传播距离。另外，声波在传递过程中还会衰减，所以，回声过程不仅仅表现为纯延迟特性。

合理利用回声现象可以调节大厅堂的混响效果。依据回声原理开发的声呐技术，在第二次世界大战期间用于探测潜艇获得成功。此后，利用声呐技术探测鱼群、石油和矿藏等应用越来越多。

5.2.2 开环频率特性的伯德图

由系统的开环传递函数可导出系统的开环频率响应特性。系统开环频率特性的伯德图对于系统分析和设计具有十分重要的作用，所以，手工绘制开环伯德图渐近线是十分必要而有益的。

系统的开环正弦传递函数一般由多个基本环节串联构成

$$G(\mathrm{j}\omega)=G_1(\mathrm{j}\omega)G_2(\mathrm{j}\omega)\cdots G_n(\mathrm{j}\omega) \tag{5.27}$$

此时，系统的幅值特性为

$$\begin{aligned}L(\omega)&=20\lg|G(\mathrm{j}\omega)|=20\lg|G_1(\mathrm{j}\omega)|+20\lg|G_2(\mathrm{j}\omega)|+\cdots+20\lg|G_n(\mathrm{j}\omega)|\\&=L_1(\omega)+L_2(\omega)+\cdots+L_n(\omega)\end{aligned} \tag{5.28}$$

同时，系统的相角特性为

$$\begin{aligned}\varphi(\omega)&=\angle G(\mathrm{j}\omega)=\angle G_1(\mathrm{j}\omega)+\angle G_2(\mathrm{j}\omega)+\cdots+\angle G_n(\mathrm{j}\omega)\\&=\varphi_1(\omega)+\varphi_2(\omega)+\cdots+\varphi_n(\omega)\end{aligned} \tag{5.29}$$

可见，开环频率特性的伯德图由基本环节的伯德图叠加而成。单个环节对系统频率特性的影响是具体的，也是容易观察的，这对校正环节的选择与参数的确定都有很好的帮助。

从渐近线近似的角度看，一阶惯性环节、一阶微分环节，二阶振荡环节和二阶微分环节在角频率之前的低频渐近线幅值是0分贝线，叠加其幅值不会改变角频率以下频率范围的幅值特性。所以，这些环节对开环幅值特性的作用体现在其对应的角频率之后。也就是说，仅需在对应的角频率之后叠加其影响即可。例如，一阶惯性环节的高频渐近线特性为频率每增加10倍，幅值减少20dB。那么，在其角频率之后，一阶惯性环节对系统开环幅值特性的影响是，开环幅值特性曲线的斜率被改变$-20\mathrm{dB/dec}$。同理，一阶微分环节对开环幅值特性的影响是，在其角频率之后使系统的开环幅值特性曲线斜率改变20dB/dec。以此类推，二阶振荡环节在其转角频率后使系统开环幅值特性斜率改变$-40\mathrm{dB/dec}$，而二阶微分环节在其转角频率后使系统的开环幅值特性斜率改变40dB/dec。

绘制开环频率特性伯德图渐近幅值特性曲线的步骤如下。

(1) 将开环传递函数变换为时间常数描述的归一化形式，即基本环节串联形式。

(2) 求各环节的角频率，并标注在伯德图的频率轴上。

（3）绘制低频段（左边第一段）的幅值特性。

（4）由低频向高频逐渐叠加各个基本环节的幅值特性，也就是每经过一个转折频率，按该转折频率所在基本环节性质改变一次幅值渐近线斜率。

（5）根据需要考虑是否修正特定频率处的幅值特性。

手工绘制开环伯德图的相频特性没有简便方法。一种可行办法是，选择几个特定频率计算出开环频率特性的相角，在伯德图上标出对应点，用光滑曲线连接即可。选择的频率点越多，所绘制的相角特性精度越高。

【例 5.4】 已知 0 型系统的开环传递函数为

$$G(s)=\frac{8}{(s+1)(s+4)}$$

试绘制系统的开环伯德图。

【解】 将开环传递函数规范化为基本环节串联形式

$$G(s)=\frac{2}{(s+1)(0.25s+1)}$$

该开环传递函数包含一个比例环节和两个一阶惯性环节，且两个一阶惯性环节的角频率分别为 $\omega_1=1\text{rad/s}$ 和 $\omega_2=4\text{rad/s}$。

幅值特性左起第一段由比例环节单独形成。这是因为，两个一阶惯性环节在其角频率前都用 0 分贝线近似，所以，第一段是一条幅值为 $20\lg2\approx6(\text{dB})$ 的水平线。该线延伸至频率 ω_1 处会受到第一个惯性环节的幅值特性影响，即由 0dB/dec 的水平线变化为斜率为 −20dB/dec 的斜线，幅值曲线斜率变化了 −20dB/dec。当斜率为 −20dB/dec 的幅值渐近线延伸至频率 ω_2 处，会受到第二个惯性环节的幅值特性影响，即开环幅值特性渐近线斜率由 −20dB/dec 变化为 −40dB/dec，幅值斜率变化 −20dB/dec，其伯德图如图 5.11 中所示，其中粗直线为渐近线近似，细实线为准确曲线。

系统的相角特性描述如下。除零频和无穷频处的相角分别为 0° 和 −180° 外，在频率为 1rad/s 和 4rad/s 处的相角分别为

$$\begin{cases}\varphi(1)=-45°-\tan^{-1}(0.25/1)\approx-59°\\ \varphi(4)=-\tan^{-1}(4/1)-45°\approx-121°\end{cases}$$

用光滑曲线连接这些角度所对应的点即可，如图 5.11 所示。

在频率为 1rad/s、4rad/s 处用 MATLAB 计算相角时，可以使用以下语句。

```
fai1=-45-atan(0.25/1)*180/pi
fai4=-atan(4/1)*180/pi-45
```

用 MATLAB 绘制该系统开环伯德图的程序为

```
num=8;den=conv([1 1],[1 4]);
Gs=tf(num,den)
bode(Gs)
```

第5章 线性系统的频率响应分析法

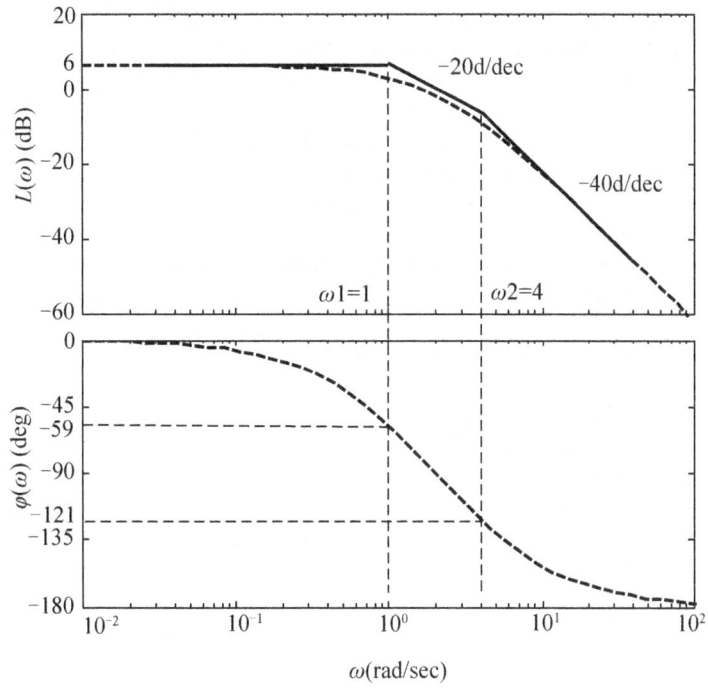

图 5.11 例 5.4 的开环频率特性伯德图

【例 5.5】 已知 1 型系统的开环传递函数为

$$G(s)=\frac{62.5(s+2)}{s(s+1)(s^2+8s+25)}$$

试绘制系统的开环伯德图。

【解】 将开环传递函数规范化为时间常数形式

$$G(s)=\frac{5(s/2+1)}{s(s+1)(s^2/25+0.32s+1)}$$

该开环传递函数共包含五个基本环节，即比例环节、积分环节、一阶惯性环节、一阶微分环节和二阶振荡环节各一个，且后三个环节的转角频率分别为 $\omega_1=1\text{rad/s}$、$\omega_2=2\text{rad/s}$ 和 $\omega_3=5\text{rad/s}$。

系统开环幅值特性的左起第一段渐近线由比例环节和积分环节组成，即一条斜率为 -20dB/dec 的直线，且有

$$L_1(\omega)=20\lg\frac{5}{\omega} \quad\rightarrow\quad L_1(1)=20\lg 5\text{dB}\approx 14\text{dB},\ L_1(5)=20\lg 1\text{dB}=0\text{dB}$$

也就是说，左边第一段渐近线在频率为 1rad/s 时约为 14dB，在频率为 $\omega=K=5\text{rad/s}$ 时穿越 0 分贝线。

第一段渐近线延伸至频率 ω_1 处会受到一阶惯性环节幅值特性的影响，即幅值特性斜率会由 -20dB/dec 变化为 -40dB/dec，幅值斜率变化了 -20dB/dec；当斜率为 -40dB/dec 的斜线延伸至频率 ω_2 后，会受到一阶微分环节的幅值特性影响，此时开环幅值特性斜率会从 -40dB/dec 变化为 -20dB/dec，幅值斜率变化 20dB/dec；当斜率为 -20dB/dec

的幅值斜线延伸至频率 ω_3 后，会受到二阶振荡环节的幅值特性影响，即开环幅值特性斜率由 $-20\mathrm{dB/dec}$ 变化为 $-60\mathrm{dB/dec}$，幅值斜率变化 $-40\mathrm{dB/dec}$。用 MATLAB 绘制以上折线变化情况，如图 5.12 中粗折线所示。

系统的相角特性可以这样绘制：除零频与无穷频处的相角分别为 $-90°$ 和 $-270°$ 外，频率为 1rad/s、2rad/s 和 5rad/s 处的相角分别为

$$\begin{cases} \varphi(1)=-90°-45°+\tan^{-1}(0.5/1)-\tan^{-1}(0.32/0.96)\approx -127° \\ \varphi(2)=-90°-\tan^{-1}(2/1)+45°-\tan^{-1}(0.64/0.84)\approx -146° \\ \varphi(5)=-90°-\tan^{-1}(5/1)+\tan^{-1}(2.5/1)-90°\approx -190° \end{cases}$$

由此，用光滑曲线连接相应的相频点即可，如图 5.12 相频图所示。

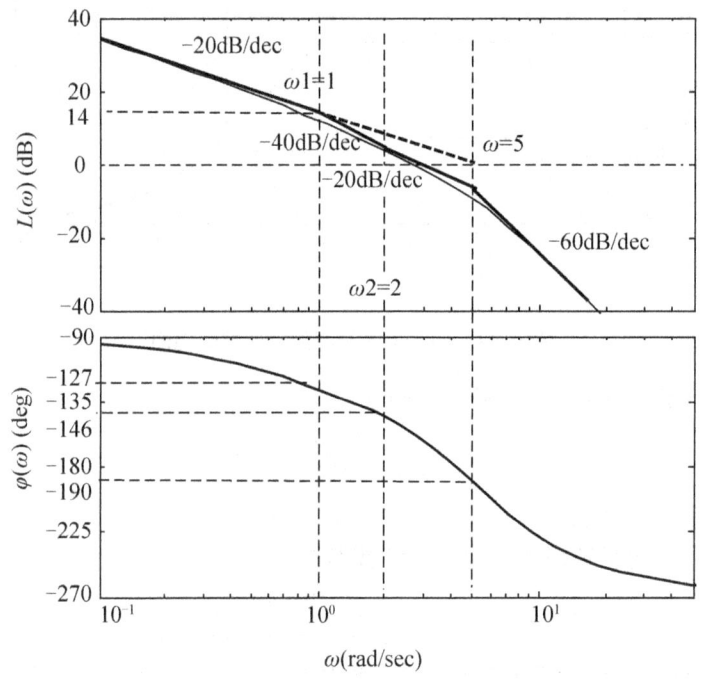

图 5.12 例 5.5 的开环频率特性伯德图

用 MATLAB 计算指定频率处相角时，可以使用如下语句。

```
fai1=-90-45+atan(0.5/1)*180/pi-atan(0.32/0.96)*180/pi
fai2=-90-atan(2/1)*180/pi+45-atan(0.64/0.84)*180/pi
fai5=-90-atan(5/1)*180/pi+atan(2.5/1)*180/pi-90
```

用 MATLAB 绘制该系统开环伯德图的程序为

```
num=62.5*[1 2];den=conv([1 1 0],[1 8 25]);
Gs=tf(num,den)
bode(Gs)
```

【例 5.6】已知 2 型系统开环传递函数为

$$G(s)=\frac{4(s+4)}{s^2(s+8)}$$

试绘制系统的开环伯德图。

【解】 将开环传递函数规范化为时间常数形式

$$G(s) = \frac{2(s/4+1)}{s^2(s/8+1)}$$

系统的开环传递函数包含比例环节、二重积分环节、一阶微分环节和一阶惯性环节。后两个环节的转角频率分别为 $\omega_1=4\text{rad/s}$ 和 $\omega_2=8\text{rad/s}$。

系统开环幅值特性第一段斜线由比例环节和二重积分环节组成,即一条斜率为 -40dB/dec 的直线,且有

$$L_1(\omega) = 20\lg\frac{2}{\omega^2} \rightarrow \begin{cases} L_1(1) = 20\lg 2\text{dB} \approx 6\text{dB} \\ L_1(\sqrt{2}) = 20\lg 1\text{dB} = 0\text{dB} \end{cases}$$

这就是说,第一段渐近线在频率为 1rad/s 时约为 6dB,在频率 $\omega=\sqrt{K}=\sqrt{2}\text{rad/s}$ 时穿越 0 分贝线。

第一段斜线延伸至频率 ω_1 后会受到一阶微分环节的幅值特性影响,幅值特性斜率会由 -40dB/dec 变化为 -20dB/dec;当幅值斜率为 -20dB/dec 的斜线延伸至频率 ω_2 后会受到一阶惯性环节的幅值特性影响,即开环幅值特性斜率从 -20dB/dec 变化为 -40dB/dec,近似渐近线,如图 5.13 中粗折线所示。

系统的相角特性可以这样绘制:除了零频和无穷频处的相角都为 $-180°$ 外,频率为 4rad/s 和 8rad/s 处相角分别为

$$\begin{cases} \varphi(4) = -180° + 45° - \tan^{-1}(0.5/1) \approx -162° \\ \varphi(8) = -180° + \tan^{-1}(2/1) - 45° \approx -162° \end{cases}$$

用光滑曲线连接对应的相频点即可,如图 5.13 中相频图所示。

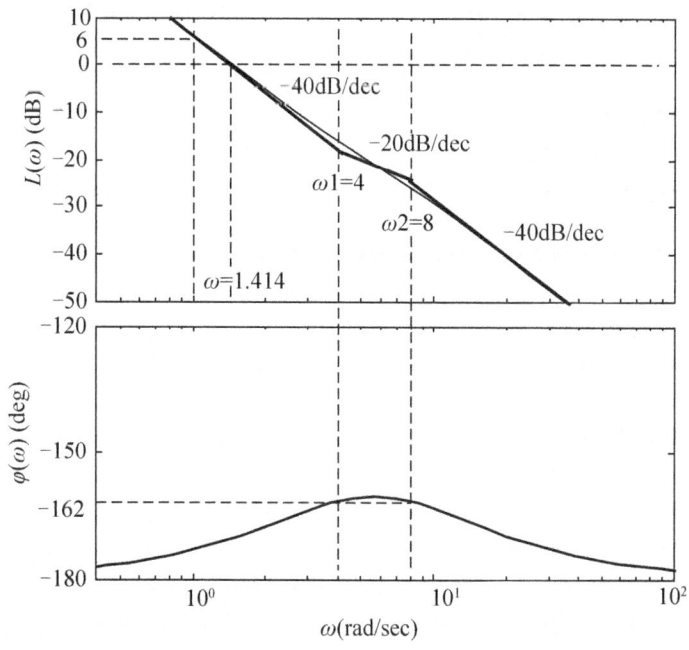

图 5.13 例 5.6 的开环频率特性伯德图

用MATLAB计算指定频率处相角时，可以使用如下语句。

```
fai4=-180+45-atan(0.5/1)*180/pi
fai8=-180+atan(2/1)*180/pi-45
```

用MATLAB绘制该系统开环伯德图的程序为

```
num=4*[1 4];den=[1 8 0 0];
Gs=tf(num,den)
bode(Gs)
```

【例5.7】已知系统的开环传递函数为

$$G(s)=\frac{3e^{-s}}{(1+2s)}$$

试绘制系统的开环伯德图。

【解】含有延时的开环传递函数伯德图，幅值特性不受延时环节的影响，故幅值特性的绘制与前面例子的绘制方法完全相同。

幅值特性的起始段为常数$L(0)=20\lg 3\text{dB}\approx 9.54\text{dB}$，在转折频率$\omega=0.5\text{rad/s}$处幅值约为6.54dB，此后，幅值按$-20\text{dB/dec}$的斜率变化。

但是，相角特性却受到延时环节的巨大影响，需注意相角的运算。系统的相角特性为

$$\varphi(\omega)=-\tan^{-1}(2\omega)-57.3\omega$$

例如，在频率为0.5rad/s、1rad/s和2rad/s处相角分别为

$$\begin{cases}\varphi(0.5)=-45°-57.3\times 0.5=-74°\\ \varphi(1)=-\tan^{-1}(2\times 1/1)-57.3\times 1\approx-121°\\ \varphi(2)=-\tan^{-1}(2\times 2/1)-57.3\times 2\approx-191°\end{cases}$$

用MATLAB计算指定频率处相角时，可以使用如下语句。

```
fai05=-45-0.5*180/pi
fai1=(-atan(2*1/1-1)*180/pi
fai2=(-atan(2*2/1-2)*180/pi
```

用MATLAB绘制该系统开环伯德图的程序为

```
num=4*[1 4];den=[1 8 0 0];
Gs=tf(num,den,'iodelay',1)
bode(Gs)
```

其伯德图如图5.14所示。

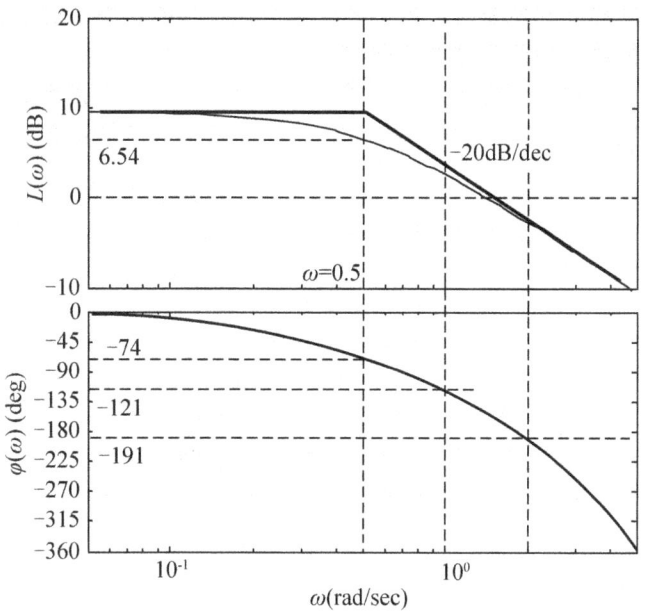

图 5.14　例 5.7 的开环频率特性伯德图

5.2.3　最小相位系统和非最小相位系统

在右半 S 平面既无极点也无零点的传递函数，称为**最小相位传递函数**。反之，在右半 S 平面内有极点和/或零点的传递函数，称为**非最小相位传递函数**。具有最小相位传递函数的系统称为最小相位系统，反之为非最小相位系统。

"最小相位"的概念来源于网络理论。它是指在具有相同幅值特性的一类系统中，当 ω 从 0 变化至无穷大时，最小相位传递函数的相角及其变化范围是最小的。例如，设两个系统的正弦传递函数分别为

$$\begin{cases} G_1(\mathrm{j}\omega)=\dfrac{1+\mathrm{j}\omega T_2}{1+\mathrm{j}\omega T_1} \\ G_2(\mathrm{j}\omega)=\dfrac{1-\mathrm{j}\omega T_2}{1+\mathrm{j}\omega T_1} \end{cases},\quad (T_1,\ T_2>0) \tag{5.30}$$

两个系统的幅值特性相同，但是，相角特性是不同的，分别为

$$\begin{cases} \varphi_1(\omega)=\tan^{-1}\omega T_2-\tan^{-1}\omega T_1 \\ \varphi_2(\omega)=-\tan^{-1}\omega T_2-\tan^{-1}\omega T_1 \end{cases}$$

当 $\omega=0$ 时，两个系统的相角都为 $0°$；当频率 $\omega\to\infty$ 时，两个系统的相角分别为 $0°$ 和 $-180°$。可见，$G_1(\mathrm{j}\omega)$ 的相角变化在 $90°$ 范围内，而 $G_2(\mathrm{j}\omega)$ 则由 $0°$ 变化至 $-180°$。显然，后者比前者相角变化大得多。两个系统的半对数坐标图，如图 5.15 所示。

最小相位系统的一个重要特点是，其幅值特性与相角特性具有单一对应关系。换句话说，当给定了最小相位系统的幅值特性，其相角特性也随之而定。假设系统传递函数分子阶次为 m，分母阶次为 n，则当 $\omega\to\infty$ 时，系统的幅值特性渐近线斜率为 $[-(n-m)\times 20]\mathrm{dB/dec}$，而相角趋于 $-(n-m)\times 90°$。如果系统的相角特性满足此特征，则一定是最

小相位系统。对于非最小相位系统，则不是这种情况。例如，用全通滤波器乘任意传递函数，不改变其幅值曲线，但却改变相角曲线。

在时间响应上，非最小相位系统有初始响应迟缓的特点；在频率响应上，非最小相位系统有过度的相角滞后。所以，进行系统的综合时，应该避免使用非最小相位环节。

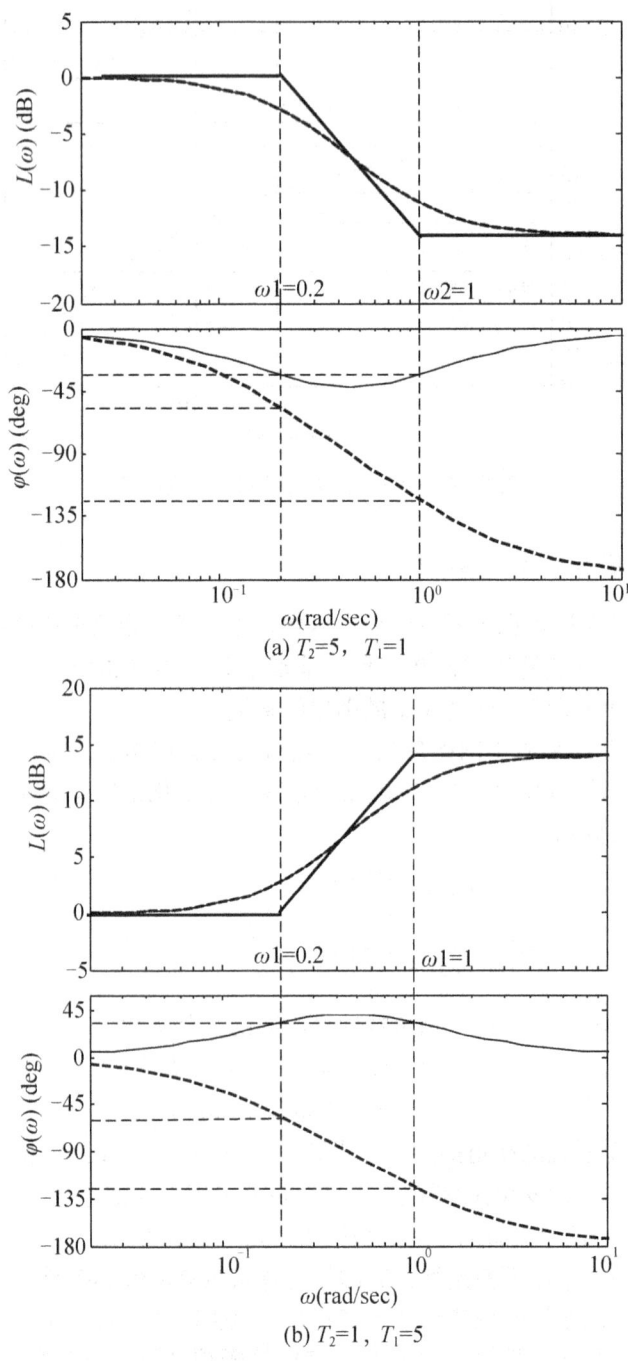

图 5.15 最小相位和非最小相位的伯德图
（──最小相位系统，┈┈非最小相位系统）

【例 5.8】 已知用 MATLAB 绘制的两个系统的伯德图如图 5.16 和图 5.17 所示，判断系统是否为最小相位系统。

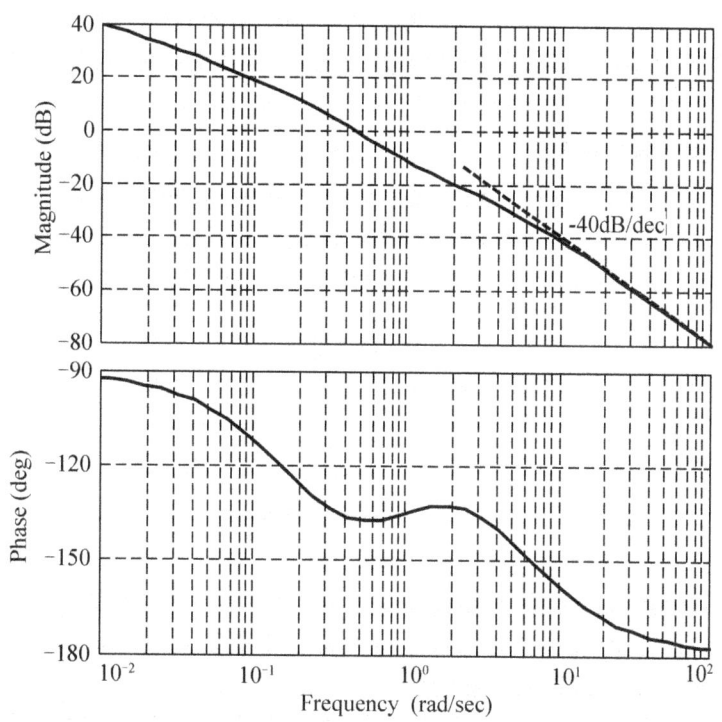

图 5.16 系统 1 的伯德图

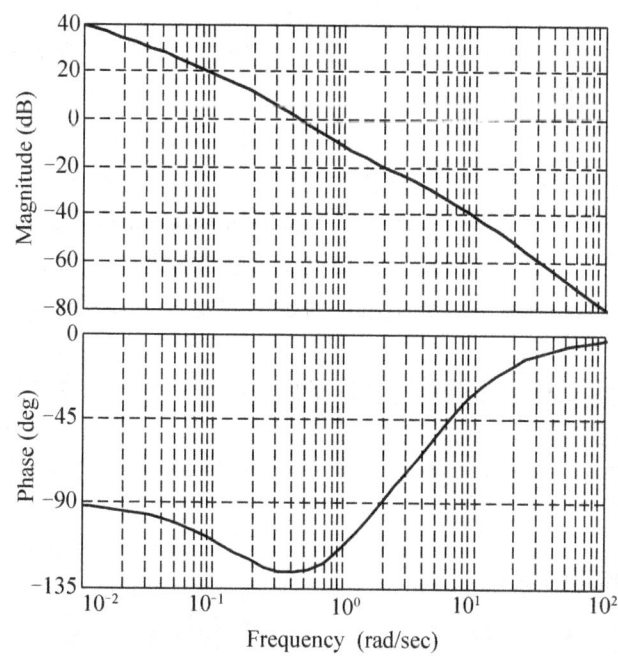

图 5.17 系统 2 的伯德图

【解】 系统1的右下段幅值特性是斜率为－40dB/dec的渐近线，而与之对应的幅角特性为－180°，它们符合最小相位系统的特征要求，所以系统1是最小相位系统。

系统2的右下段幅值特性也是斜率为－40dB/dec的渐近线，而与之对应的幅角特性为0°，它们不符合最小相位系统的特征要求，所以系统2是非最小相位系统。

 小知识：反向响应现象

蒸汽锅炉是过程工业中的一种常见设备。除了蒸汽压力系统和锅炉燃烧系统外，锅炉汽包水位控制也是非常重要的。汽包水位过高，不利于汽水分离；而汽包水位过低，则易于使锅炉被烧干。实践中，通过水泵供水控制汽包水位。假设汽水分离处于一个平衡过程，若给水量突然增大，直观预见的结果是水位上升。但是，实际的情况是"水位先下降而后上升"。这是因为，正常汽水分离时锅炉中的水是沸腾的，处于水汽两相的临界，而水量突然加大会使水的沸腾状况迅速平静下来。称这种开始阶段响应与最终响应方向相反的现象为反向响应现象。具有反向响应现象的过程称为反向响应过程。反向过程的传递函数必然含有右半 S 平面的零点。

5.3　奈奎斯特图

奈奎斯特图就是绘制正弦传递函数 $G(j\omega)$ 的极坐标图，也就是频率 ω 从0变化到无穷大时，以复向量 $G(j\omega)$ 的模和幅角为极坐标所得复平面映射点的轨迹。对极坐标的约定为，幅角从正实轴开始，以逆时针旋转为正。

$G(j\omega)$ 的轨迹为有向轨迹，方向为频率增大的变化方向。$G(j\omega)$ 的极坐标轨迹又称为奈奎斯特曲线，简称**奈氏曲线**。为称呼方便，把 $\omega\to 0$ 时的极坐标点叫做奈氏曲线的**起点**，把 $\omega\to\infty$ 时对应的极坐标点称为奈氏曲线的**终点**。

众所周知，直角坐标和极坐标可以相互转化，所以也可以依据正弦传递函数 $G(j\omega)$ 的实部和虚部绘制奈奎斯特曲线，即

$$G(j\omega)=X+jY$$

式中，$X=\text{Re}\,[G(j\omega)]$，$Y=\text{Im}\,[G(j\omega)]$。

但是，为什么这里强调为极坐标图呢？这是因为 $G(j\omega)$ 奈氏曲线上任一点都代表一个特定 ω 值上的向量端点，而该向量的特征描述了系统的物理意义，即向量的模 $|G(j\omega)|$ 就是频率为 ω 时系统的幅值比或放大倍数，向量的幅角 $\angle G(j\omega)$ 就是频率为 ω 时系统相位差或相移。

我们把绘制 $G(j\omega)$ 的极坐标平面称为 G 平面，G 平面是一个复平面，其横轴为 X 轴，纵轴为 jY 轴。手工绘制正弦传递函数 $G(j\omega)$ 的极坐标图时，常以几个频率点的极坐标点为依据，将这些点连接为一条粗略走势曲线即可。对于精确极坐标图的绘制，则可由MATLAB语句获取。

5.3.1　典型系统的奈奎斯特图

1. 一阶惯性系统

一阶惯性系统的正弦传递函数为

$$G(s) = \frac{1}{1+j\omega T}$$

其对应的极坐标和直角坐标为

$$G(j\omega) = \frac{1}{\sqrt{1+\omega^2 T^2}} \angle -\tan^{-1}(\omega T)$$

$$= \frac{1}{1+\omega^2 T^2} - j\frac{\omega T}{1+\omega^2 T^2}$$

在频率为 0、$1/T$ 和 ∞ 时的值分别为

$$G(j0) = 1\angle 0° = 1 - j0$$

$$G(j\frac{1}{T}) = \frac{1}{\sqrt{2}} \angle -45° = \frac{1}{2} - j\frac{1}{2}$$

$$G(j\infty) = 0\angle -90° = 0 - j0$$

可见,极坐标点位于复平面的第四象限,随着频率的增加,幅值减小而相位滞后越来越大。低频时幅值接近 1,高频时幅值接近 0,是一个典型的低通特性,对应的极坐标图如图 5.18 所示。可以证明,一阶惯性环节的奈奎斯特曲线是一个半圆。

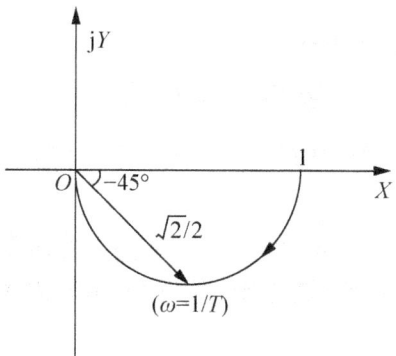

图 5.18 一阶惯性系统的极坐标图

2. 一阶不稳定系统

一阶不稳定系统的正弦传递函数为

$$G(s) = \frac{1}{j\omega T - 1} \tag{5.31}$$

其对应的极坐标和直角坐标为

$$G(j\omega) = \frac{1}{\sqrt{\omega^2 T^2 + 1}} \angle \tan^{-1}(\omega T) - 180°$$

$$= -\frac{1}{\omega^2 T^2 + 1} - j\frac{\omega T}{\omega^2 T^2 + 1}$$

在频率为 0、$1/T$ 和 ∞ 时的值分别为

$$G(j0) = 1\angle -180° = -1 - j0$$

$$G(j\frac{1}{T}) = \frac{1}{\sqrt{2}} \angle -135° = -\frac{1}{2} - j\frac{1}{2}$$

$$G(j\infty) = 0\angle -90° = -0 - j0$$

可见，极坐标点位于复平面的第三象限，随着频率的增加，幅值减小而相位滞后减小，对应奈奎斯特曲线是第三象限的一个半圆，如图 5.19 所示。

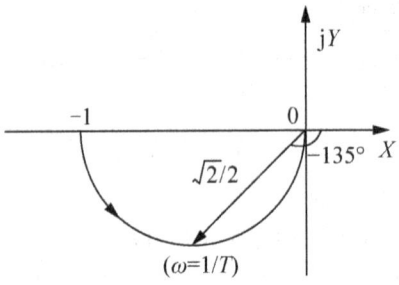

图 5.19 一阶不稳定系统的极坐标图

3. 二阶振荡系统

二阶振荡系统的正弦传递函数为

$$G(j\omega)=\frac{1}{(j\omega)^2/\omega_n^2+j2\xi\omega/\omega_n+1}$$

它在频率为 0、ω_n 和 ∞ 时的值分别为

$$G(j0)=1\angle 0°=1-j0$$

$$G(j\omega_n)=\frac{1}{2\xi}\angle -90°=0-j\frac{1}{2\xi}$$

$$G(j\infty)=0\angle -180°=-0-j0$$

可见，二阶振荡系统的奈氏曲线从 $1\angle 0°$ 开始，穿越负虚轴处为 $(0,j/2\xi)$，一直到 $0\angle -180°$ 结束。曲线位于复平面的第三、四象限，用 MATLAB 绘制其极坐标图，如图 5.20 所示。

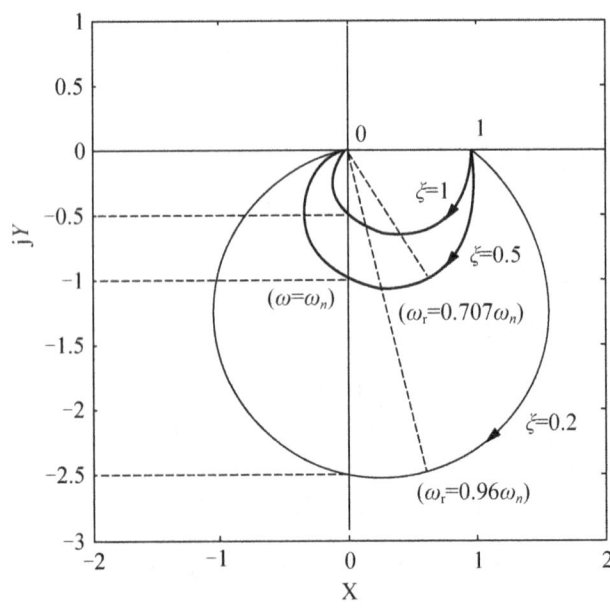

图 5.20 二阶振荡系统的极坐标图

二阶振荡系统的极坐标轨线与阻尼比 ξ 有关,正如计算的那样,当 $\omega=\omega_n$ 时极坐标轨线与负虚轴相交,交点为 $(0,-j1/2\xi)$。阻尼比 ξ 越小,交点与实轴距离越远,此时,极坐标轨线的变化幅度也越大。

当阻尼比 ξ 小于 0.707 时,轨线与坐标原点间存在一个极值距离。正如 5.2.1 节二阶振荡环节中所阐述的那样,二阶振荡系统幅值特性的极大值 M_r,称为谐振峰值,而对应的频率 ω_r 称为谐振频率。

二阶振荡系统的幅值 $M(\omega)$ 及其极值条件分别为

$$\frac{1}{M^2(\omega)} = \left(1-\frac{\omega^2}{\omega_n^2}\right)^2 + \left(\frac{2\xi\omega}{\omega_n}\right)^2$$

$$\frac{\mathrm{d}}{\mathrm{d}\omega}\frac{1}{M^2(\omega)}\bigg|_{\omega=\omega_r} = 0 \rightarrow 1-\frac{\omega_r^2}{\omega_n^2} = 2\xi^2$$

当激励信号频率 ω 接近系统固有谐振频率 ω_r 时,系统就会产生谐振。其谐振频率和谐振峰值分别为

$$\omega_r = \omega_n\sqrt{1-2\xi^2}$$

$$M_r = \frac{1}{2\xi\sqrt{1-\xi^2}}$$

注意,谐振频率是不能为负的,所以,$0<\xi<0.707$ 时,系统才可以产生谐振。

4. 含积分的二阶系统

一个含积分的二阶系统传递函数为

$$G(s) = \frac{1}{s(1+sT)} \tag{5.32}$$

系统的相角特性为

$$\varphi(\omega) = -90° - \tan^{-1}(\omega T)$$

由相角特性的范围可知,系统的极坐标轨线位于 G 平面的第三象限。在频率为 0 和 ∞ 时的极坐标值分别为

$$G(j0) = \infty\angle-90°,\ G(j\infty) = 0\angle-180°$$

其对应的极坐标图如图 5.21 所示。可见,由于传递函数中包含积分因子 $1/s$,它的极坐标图形状与不含积分因子的系统相比,有着本质的不同,其奈氏曲线是从无穷远处开始的。

5. 一阶时滞系统

一阶时滞系统的传递函数为

$$G(s) = \frac{0.5\mathrm{e}^{-s\tau}}{1+sT} \tag{5.33}$$

系统的幅值特性与相角特性分别为

$$G(j\omega) = \frac{0.5}{\sqrt{1+\omega^2T^2}}\angle-\omega\tau-\tan^{-1}(\omega T)$$

其幅值特性与一阶惯性环节相同,而相角特性因为含有时滞环节,相角有无穷大的变化范围。随着频率由 0 变化至无穷大,其幅值从 0.5 单调逐渐减小,而相角滞后则是单调

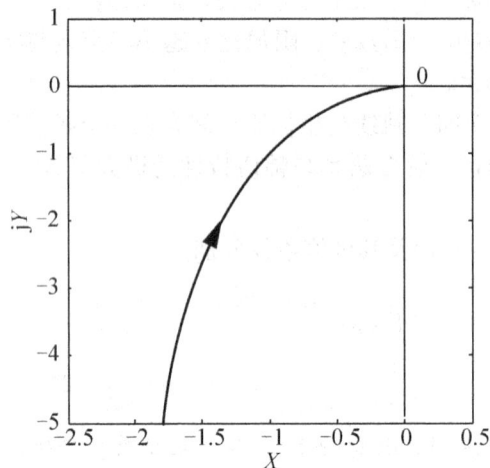

图 5.21　含积分的二阶系统的极坐标图

无限增大。所以，奈氏曲线是以顺时针螺旋线逐渐趋于坐标原点的，用 MATLAB 绘制其极坐标图，如图 5.22 所示。

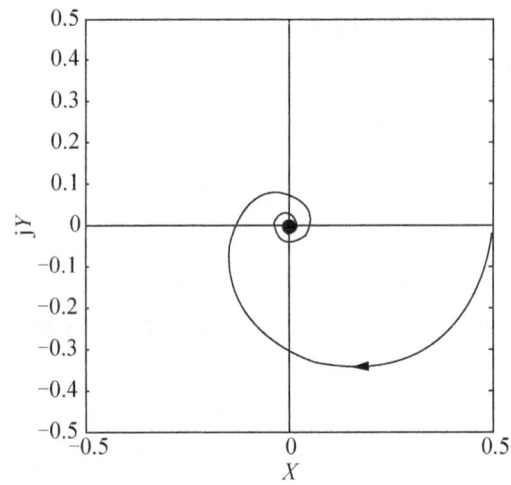

图 5.22　一阶时滞系统的极坐标图

含延迟环节的系统，其奈奎斯特曲线与坐标轴会有无穷多个交点，解析求解这些交点，较为困难。

5.3.2　开环奈奎斯特图的一般绘制方法

前面已经说过，手工粗略绘制极坐标图时，将系统中几个频率点处的极坐标点标注在 G 平面上，然后将这些点按频率大小顺序连接为一条适度光滑曲线即可。设系统的开环传递函数的一般形式为

$$G(s)=\frac{K(T_{z1}s+1)(T_{z2}s+1)\cdots}{s^v(T_{p1}s+1)(T_{p2}s+1)\cdots}=\frac{b_0s^m+b_1s^{m-1}+\cdots}{a_0s^n+a_1s^{n-1}+\cdots} \tag{5.34}$$

式中，$n \geqslant m$，即分母多项式的阶次大于等于分子多项式的阶次；v 是系统的类型。

1. 奈奎斯特曲线的起点

系统在 $\omega \to 0$ 时的极坐标点（即奈氏曲线的起点）为

$$G(j0) = \lim_{\omega \to 0} \frac{K}{(j\omega)^v} \tag{5.35}$$

可见，开环奈氏曲线起点主要取决于系统的类型和静态增益。

对于 0 型系统，奈氏曲线的起点在实轴上数值为 K 之处。例如，图 5.18 示意了一阶惯性环节的奈氏曲线起于实轴上单位 1，图 5.19 示意了一阶不稳定环节的奈氏曲线起于实轴上 $(-1, j0)$ 点。

对于 1 型和 2 型系统，系统奈氏曲线的起点为无穷远处。如果 $K>0$，则 1 型系统奈氏曲线从 $-90°$ 方向无穷远处开始，2 型系统奈氏曲线从 $-180°$ 方向无穷远处开始。对最小相位系统来说，其奈氏曲线起始状况如图 5.23 所示。

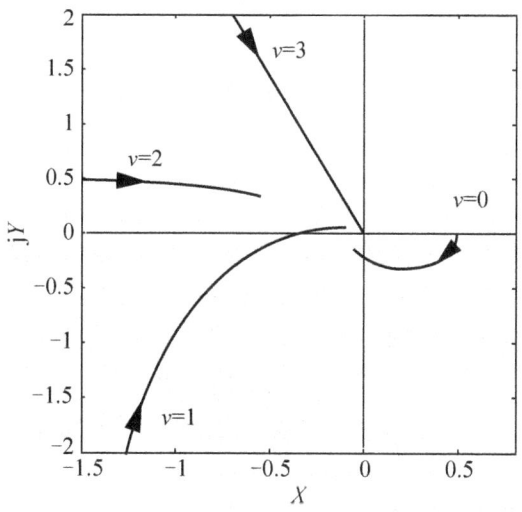

图 5.23 系统奈奎斯特曲线起点示意

2. 奈奎斯特曲线的终点

系统在 $\omega \to \infty$ 时的极坐标点是奈氏曲线的终点。对于式(5.34)，有

$$G(j\infty) = \lim_{\omega \to \infty} = \frac{b_0}{a_0} \frac{1}{(j\omega)^{n-m}}$$
$$= \begin{cases} b_0/a_0, & m = n \\ 0 \angle -90°(n-m), \ b_0/a_0 > 0, & m < n \end{cases} \tag{5.36}$$

开环系统的奈氏曲线终点取决于系统分母和分子最高阶次及其对应的系数。若分子分母阶次相等，则奈氏曲线终点为实轴上一常数。通常情况是，实际系统往往是容性滞后的，即 $n>m$，所以，开环系统的奈氏曲线会趋于坐标原点。对最小相位系统而言，因为存在 $b_0/a_0 > 0$，所以，系统会依 $-90°(n-m)$ 角度走向原点，如图 5.24 所示。

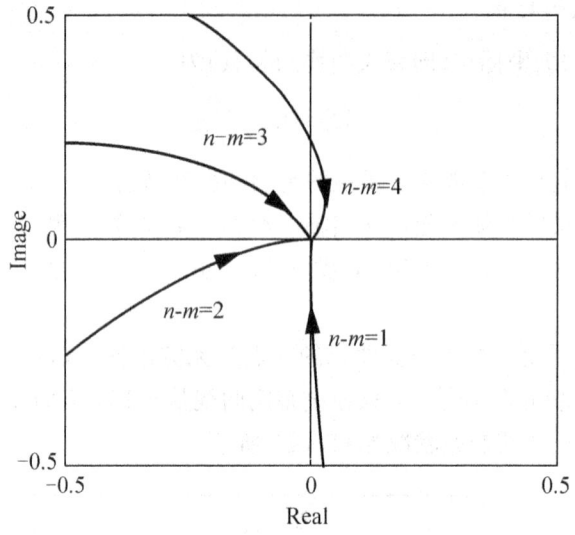

图 5.24 系统奈奎斯特曲线终点示意

3. 奈奎斯特曲线与坐标轴的交点

手工绘制奈奎斯特曲线时,通常希望确定奈奎斯特曲线与坐标轴的交点。典型做法是,将开环正弦传递函数化为实部和虚部。令虚部为零,解得穿越实轴的频率,再代入实部得到穿越实轴的点。同理,令实部为零时可以解得奈氏曲线穿越虚轴的频率和穿越点。

开环奈奎斯特曲线穿越负实轴的点是极其重要的。奈氏曲线穿越负实轴必然满足

$$\text{Im}\left[G(j\omega_x)\right]=0 \tag{5.37}$$

由此求得穿越点频率 ω_x,于是奈奎斯特曲线与实轴的交点坐标为

$$x=\text{Re}\left[G(j\omega_x)\right] \tag{5.38}$$

求得了奈氏曲线的起点、终点以及与坐标轴的交点后,我们就可以简单地绘制系统的概略奈氏曲线了。

【例 5.9】已知 1 型系统的开环传递函数为

$$G(s)=\frac{K(1+sT)}{s(1+3s)(1+6s)} \quad (K,T>0) \tag{5.39}$$

试绘制系统的概略奈奎斯特曲线。

【解】系统开环奈奎斯特曲线的起点和终点分别为

$$\begin{cases} G(j0)=\infty\angle-90° \\ G(j\infty)=0\angle-180° \end{cases}$$

将系统的开环正弦传递函数化为实部和虚部的形式

$$G(j\omega)=\frac{K(1+j\omega T)}{j\omega(1+j3\omega)(1+j6\omega)}\cdot\frac{(1-j3\omega)(1-j6\omega)}{(1-j3\omega)(1-j6\omega)}$$

$$=\frac{K(T-9-18\omega^2 T)}{(1+9\omega^2)(1+36\omega^2)}-j\frac{K(1-18\omega^2+9\omega^2 T)}{\omega(1+9\omega^2)(1+36\omega^2)}$$

令虚部为零,有

$$\text{Im}[G(j\omega)] = 0 \rightarrow \omega_x = \frac{1}{\sqrt{18-9T}} \quad (T<2)$$

即当 $T<2$ 时，有穿越实轴的频率 ω_x 存在，此时，奈氏曲线穿越实轴处的坐标为

$$x = \text{Re}[G(j\omega_x)] = -\frac{K(2-T)(T^2-9T+18)}{(3-T)(6-T)}$$

另一方面，令实部为零，有

$$\text{Re}[G(j\omega)] = 0 \Rightarrow \omega_y = \sqrt{\frac{T-9}{18T}} \quad (T>9)$$

即当 $T>9$ 时，存在一个穿越频率 ω_y，此时，奈氏曲线穿越虚轴的坐标为

$$y = \text{Im}[G(j\omega_y)] = -\frac{KT}{3}\sqrt{\frac{2T}{T-9}}$$

所以，系统的概略奈奎斯特曲线分为以下三种情形。

(1) $T<2$ 时，奈氏曲线位于复平面的第二、三象限。
(2) $2<T<9$ 时，奈氏曲线位于复平面的第三象限。
(3) $T>9$ 时，奈氏曲线位于复平面的第三、四象限。

三种情形的奈奎斯特图分别如图 5.25 所示。

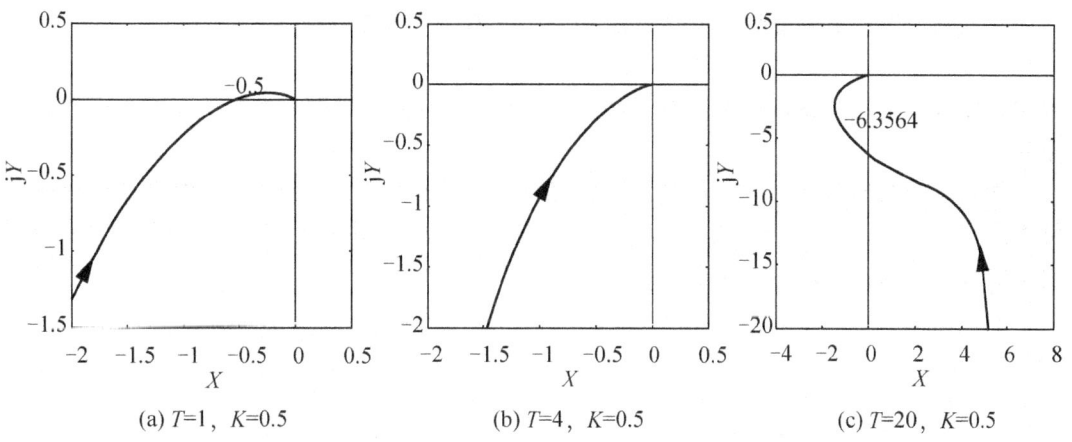

图 5.25 例 5.9 的极坐标图

用 MATLAB 绘制图 5.25(a)、(b)和(c)时，可以使用如下语句。

```
num=0.5*[1 1];den=conv([3 1 0],[6 1])
Gs=tf(num,den)
Figure(1),nyquist(Gs),axis([-2 0.5-1.5 0.5])
num=0.5*[20 1];den= conv([3 1 0],[6 1])
Gsc=tf(num,den)
figure(2),nyquist(Gsc),axis([-4 8-20 4])
num=0.5*[4 1];den=conv([3 1 0],[6 1])
Gsb=tf(num,den)
figure(3),nyquist(Gsb),axis([-2 0.5-2 0.5])
```

5.4 奈奎斯特稳定性

控制系统的稳定性是必须要保证的，而且系统有足够的稳定裕度也是很必要的。奈奎斯特判据可以根据系统的开环频率响应和开环极点状况，确定系统闭环后的稳定性。这一判据是由 H. Nyquist 首先提出来的，常称奈奎斯特稳定性判据，简称奈氏判据。因为闭环系统的稳定性可以由开环频率响应曲线图解确定，无需实际求解闭环极点，所以，这种方法在控制工程中得到了广泛应用。

5.4.1 幅角原理和奈奎斯特判据

奈奎斯特稳定性判据是建立在复变量理论导出的幅角原理基础上的，为了阐明这一判据，首先研究复平面上的图形映射是必要的。

1. 幅角原理

设 $F(s)$ 为复变量 s 的有理分式函数，即 $F: s \to F(s)$，$s \in D$。自变量 s 可以用 S 平面上的点表示，像 $F(s)$ 可以用 F 平面上的点表示。我们想知道的是，F 平面中的像图形 $F(s)$ 和 S 平面中的原像图形 D 之间有什么样的映射规律。

先从两个简单情形说起。考察函数 $F(s)$ 仅含有一个零点的情况

$$F(s) = K(s-a)$$

式中，K 和 a 为已知常数，不妨设 $K > 0$。点 a 是 $F(s)$ 在 S 平面上的零点，同时也代表向量 a。

如果原像图形 D 为一个封闭曲线（之后简称为周线 D），并假设点 s 在周线 D 上以顺时针方向变化，则像图形 $F(s)$ 就是将周线 D 平移一个向量 a 并扩大 K 倍。所以，像点 $F(s)$ 也按顺时针方向变化，如图 5.26 所示。

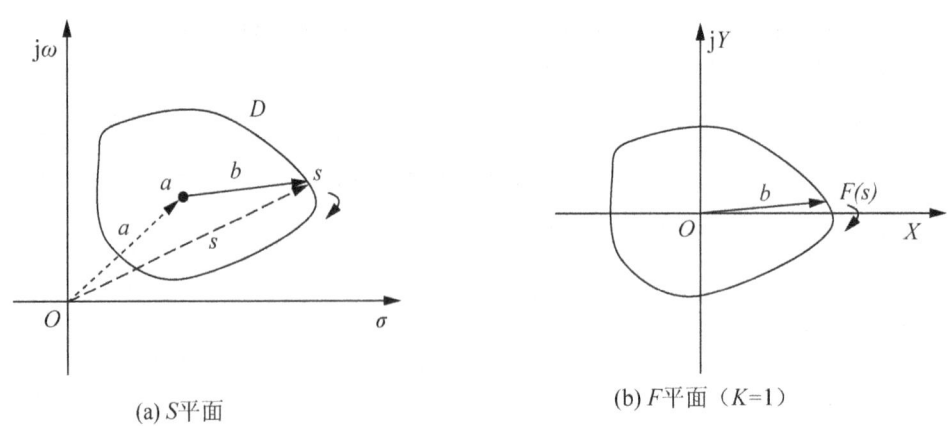

(a) S 平面   (b) F 平面（$K=1$）

图 5.26 简单零点的 S 平面与 F 平面映射关系

观察两个平面中图形的映射情况，我们能够得到这样的结论：若原像点 s 在周线 D 上顺时针移动一周，或称之为顺时针变化 $360°$，这对应为向量 $b = s - a$ 绕零点 a 顺时针转动一周。那么，像点 $F(s)$ 也必然在 F 平面上绕坐标原点顺时针转动一周。因为常数 K 的角

度并不变化，所以像点 $F(s)$ 绕原点的角度变化与原像点 s 绕零点的角度变化都为顺时针转动 $360°$。该结论也可表达为如下算式：

$$\angle F(s) = \angle K + \angle(s-a) \rightarrow \Delta\angle F(s) = \Delta\angle(s-a) = 360°$$

类似地，如果周线 D 不包围 $F(s)$ 在 S 平面的零点 a，则像图形 $F(s)$ 也必然不包围 F 平面的坐标原点。此时，点 s 也可以在 S 平面上绕周线 D 移动一周，但向量 $b=s-a$ 却并不会绕点 a 转动一周，称此种情况为向量 b 的净变化角度为 0。当然，像点 $F(s)$ 也不会绕 F 平面圆点一周，其净变化角度也为 0。用算式表示为

$$\Delta\angle F(s) = \Delta\angle(s-a) = 0°$$

如果周线 D 穿越 S 平面中的 a 点呢？答案是：像点 $F(s)$ 会穿越 F 平面的坐标原点。

再看一个例子。假设函数 $F(s)$ 仅含一个极点，如一阶惯性环节

$$F(s) = \frac{K}{s-a}$$

式中，K 和 a 为已知常数，不妨设 $K>0$。此时，自变量 s 的定义域 D 不应包括 $F(s)$ 的奇异点，即 $F(s)$ 的极点 a。

为方便起见，假设周线为 $D=\{s:|b|=1, b=s-a\}$，即周线 D 为 S 平面上以 a 点为圆心的单位圆。此时，像点满足

$$|F(s)| = \frac{K}{|s-a|} = K$$

也即像图形 $F(s)$ 是 F 平面上以坐标原点为圆心，半径为 K 的圆，如图 5.27 所示。

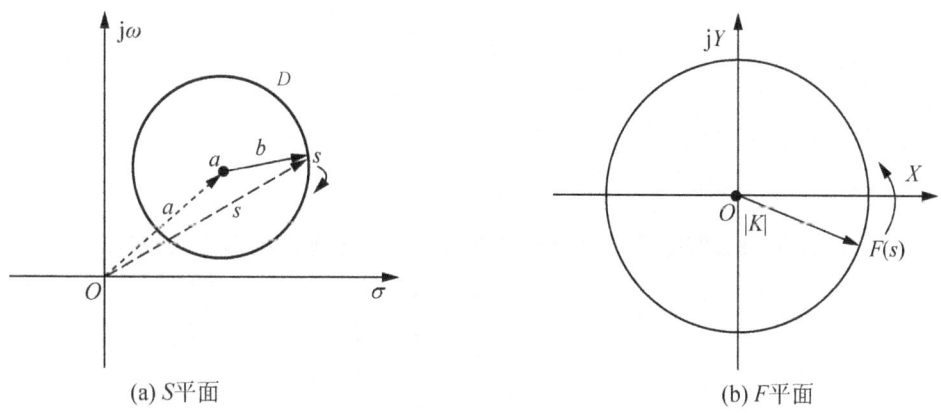

(a) S 平面 (b) F 平面

图 5.27 简单极点的 S 平面与 F 的映射关系

当点 s 在周线 D 上移动时，像点 $F(s)$ 也必然在 F 平面的对应映射圆上移动。此时，像点 $F(s)$ 和原像点 s 的移动会是怎样的关系呢？

考虑向量 $b=s-a$ 绕 a 点顺时针变化一周的情况，即向量 b 的角度顺时针变化 $360°$，此时有

$$\Delta\angle F(s) = -\Delta\angle(s-a) = -360°$$

因为常数 K 的角度不会变化，所以，像点 $F(s)$ 的角度变化与向量 $b=s-a$ 的角度变化是大小相同而符号相反的，即为 $-360°$。换句话说，在 S 平面上向量 b 绕 a 点顺时针转动一周时，向量 $F(s)$ 在 F 平面上绕坐标原点逆时针转动一周，如图 5.27 中的箭头指示所示。

类似地，如果 S 平面上周线 D 不包围 $F(s)$ 的极点 a 时，则映射的像图形 $F(s)$ 也不会包围 F 平面坐标原点。虽然点 s 也可以在 S 平面绕周线 D 移动一周，但向量 $b=s-a$ 却并不会绕点 a 转动一周。当然像点 $F(s)$ 也不会绕 F 平面圆点一周，$F(s)$ 的净变化角度为 0，算式表示为

$$\Delta\angle F(s)=\Delta\angle(s-a)=0°$$

列举的两个例子可以推广到函数 $F(s)$ 含有多个零极点的情况。

一般地，有理分式函数 $F(s)$ 可以表达为零极点形式

$$F(s)=\frac{K(s-z_1)(s-z_2)\cdots(s-z_m)}{(s-p_1)(s-p_2)\cdots(s-p_n)} \tag{5.40}$$

式中，K，z_1，z_2，$\cdots$，z_m，p_1，p_2，$\cdots$，p_n 为常数。

向量 $F(s)$ 的幅角为

$$\begin{aligned}\angle F(s)=&\angle K+\angle(s-z_1)+\angle(s-z_2)+\cdots+\angle(s-z_m)\\&-\angle(s-p_1)-\angle(s-p_2)-\cdots-\angle(s-p_n)\end{aligned} \tag{5.41}$$

假设周线 D 不穿越 $F(s)$ 的零点和极点，且包围 $F(s)$ 的 Z 个零点和 P 个极点，则点 s 在周线 D 上顺时针移动一周时，周线内的 Z 个零点和 P 个极点与点 s 所成的向量都会顺时针转动一周，而周线外的 $(m-Z)$ 个零点和 $(n-P)$ 个极点与点 s 所成的向量的**净变化角度**都为 0，所以像点 $F(s)$ 的幅角变化为

$$\Delta\angle F(s)=N\times360°=Z\times360°-P\times360° \tag{5.42}$$

即像点 $F(s)$ 会顺时针绕 F 平面坐标原点转动

$$N=Z-P \tag{5.43}$$

周，这就是著名的**幅角原理**。

2. 奈奎斯特稳定判据

通常，控制器是根据偏差信号而控制过程的，这意味着，控制器与被控过程是一种串联连接关系，如图 5.28 所示。

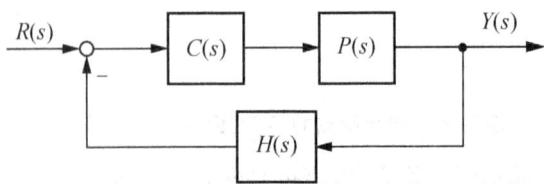

图 5.28 典型反馈控制系统结构图

为了利用系统开环频率特性研究系统闭环性能，特别是利用系统的开环奈奎斯特图判定闭环系统的稳定性，我们引入两个方面的约定。一方面是使周线 D 包围整个右半 S 平面，且周线方向按顺时针方向变化，称此周线为奈奎斯特周线，简称奈氏周线，如图 5.29 所示。另一方面，映射函数 $F(s)$ 选择为系统的闭环特征函数，即

$$F(s)=1+G(s)=\frac{A(s)+B(s)}{A(s)} \tag{5.44}$$

式中，$G(s)$为系统的开环传递函数，$A(s)$和$B(s)$分别为开环传递函数$G(s)$的分母和分子多项式或因式表达式。

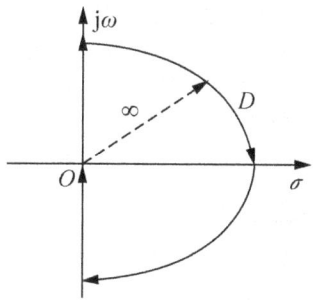

图5.29 S平面上的奈奎斯特周线D

从式(5.44)可知，特征函数的极点就是系统的开环极点，而特征函数的零点对应系统的闭环极点。

假设知道S平面上奈氏周线D在F平面的映射图形$F(s)$，那么，我们就可以知道其对F平面坐标原点的包围周数N。若已知$F(s)$在右半S平面的极点个数P，就能够依幅角原理判定$F(s)$在奈氏周线内的零点个数，即$Z=N+P$，也就是闭环极点在右半S平面的个数，从而可以依据开环系统频率特性的情况判定闭环系统的稳定性。

那么，怎样获取特征函数$F(s)$对应的映射图形呢？

由闭环系统特征函数式(5.44)可知，特征函数$F(s)$与开环传递函数$G(s)$之间是简单加1的关系。也就是说，图形$F(s)$和图形$G(s)$之间是平移一个单位1的关系。$F(s)=0$表示F平面的坐标原点，与之对应的是$G(s)=-1$，即对应G平面中的$(-1,j0)$点。所以，$F(s)$对F平面坐标原点的包围情况，与$G(s)$对G平面$(-1,j0)$点的包围情况是一致的。

称与奈奎斯特周线对应的$G(s)$映射曲线为$G(s)$的奈奎斯特曲线，或广义奈奎斯特曲线。在不致引起混淆的情形下，也常称为奈奎斯特曲线。

奈奎斯特稳定性判据：如果开环传递函数$G(s)$在右半S平面有P个极点，则闭环系统稳定的充分必要条件是，系统的$G(s)$奈奎斯特曲线逆时针包围G平面上的$(-1,j0)$点P周。

注释1：依据幅角原理有$N=Z-P$，欲使闭环系统稳定，应满足在右半S平面不含闭环极点，那么$Z=0$，所以有$N=-P$，即逆时针包围P周。

注释2：如果开环传递函数$G(s)$在右半S平面内没有开环极点($P=0$)，则闭环系统稳定的充分必要条件是，开环奈奎斯特曲线不包围$(-1,j0)$点。一般工业过程常常是这种情况。在设计系统时，因为某些元件的数学表达式常常是未知的，仅频率响应数据是可以获得的，因而这种系统的闭环稳定性判别对控制工程来说是非常有用的。

注释3：如果开环奈奎斯特曲线穿越$(-1,j0)$点时，则意味着闭环系统是临界稳定的，或者说闭环系统的极点就落在S平面的虚轴上。对实际系统而言，这种情况是不希望的。对于设计比较好的闭环系统，特征函数$F(s)$的零点都不应该落在$j\omega$轴上。

5.4.2 奈奎斯特判据的应用

幅角原理中的奈氏周线 D 不应使映射函数 $G(s)$ 产生奇异，也就是奈奎斯特周线 D 不能穿越映射函数 $G(s)$ 的极点，所以，虚轴上有无映射函数 $G(s)$ 的极点是需要分别讨论的。

1. 虚轴上不含 $G(s)$ 极点的情况

对于虚轴上不含开环传递函数 $G(s)$ 极点的情况。如图 5.29 所示，奈奎斯特周线 D 典型地分为三段：正虚轴段 D_1，半径为无穷大的右半圆 D_2 和负虚轴段 D_3，即

$$D=\begin{cases} D_1 = \{s: s=\mathrm{j}\omega, \ \omega=0\to\infty\} \\ D_2 = \{s: s=\infty\mathrm{e}^{\mathrm{j}\theta}, \ \theta=90°\to-90°\} \\ D_3 = \{s: s=\mathrm{j}\omega, \ \omega=-\infty\to 0\} \end{cases} \tag{5.45}$$

与此对应地，S 平面上奈氏周线 D 在 G 平面上的映射曲线 $G(s)$ 为

$$G(s)=\begin{cases} G(\mathrm{j}\omega), & s\in D_1 \\ G(\infty), & s\in D_2 \\ G(-\mathrm{j}\omega), & s\in D_3 \end{cases} \tag{5.46}$$

$G(s)$ 的三个映射段是容易获得的。其中，正虚轴段 D_1 的映射图形 $G(\mathrm{j}\omega)$ 就是开环频率特性的奈氏曲线；因为 $G(-\mathrm{j}\omega)$ 是与 $G(\mathrm{j}\omega)$ 共轭的，所以，负虚轴段 D_3 的映射图形 $G(-\mathrm{j}\omega)$ 与 $G(\mathrm{j}\omega)$ 图形是关于实轴对称的；对实际系统来说，无穷大右半圆 D_2 的映射图形 $G(\infty)$ 往往映射为 G 平面的坐标原点。

【例 5.10】已知 0 型系统的开环传递函数为

$$G(s)=\frac{K}{(1+sT_1)(1+sT_2)(1+sT_3)}$$

式中，K，T_1，T_2，T_3 为正常数。试分析闭环系统的稳定性。

【解】首先绘制 $G(s)$ 的奈奎斯特曲线。

(1) $G(\mathrm{j}\omega)$ 的起点和终点分别为

$$G(\mathrm{j}0)=K, \quad G(\mathrm{j}\infty)=0\angle -270°$$

(2) 求取 $G(\mathrm{j}\omega)$ 与负实轴的交点

$$G(\mathrm{j}\omega)=\frac{K}{(1+\mathrm{j}\omega T_1)(1+\mathrm{j}\omega T_2)(1+\mathrm{j}\omega T_3)}=\frac{K}{a+\mathrm{j}b}$$

式中，

$$a=1-\omega^2(T_1T_2+T_2T_3+T_3T_1), \quad b=\omega(T_1+T_2+T_3-\omega^2 T_1T_2T_3)$$

令 $b=0$，可得 $G(\mathrm{j}\omega)$ 与负实轴的交点频率和交点分别为

$$\omega_x=\sqrt{\frac{T_1+T_2+T_3}{T_1T_2T_3}}, \quad G(\mathrm{j}\omega_x)=-\frac{K}{(T_1+T_2+T_3)(1/T_1+1/T_2+1/T_3)-1}$$

由此得到 $G(\mathrm{j}\omega)$ 的概略奈氏曲线如图 5.30 实线所示。

(3) 按对称于实轴的方式补充绘制 $G(-\mathrm{j}\omega)$ 的概略映射曲线，如图 5.30 中虚线所示。另外，因为开环传递函数的分母阶次高于分子阶次，所以，S 平面奈氏周线 D_2 段映射为 G 平面的坐标原点。

第5章 线性系统的频率响应分析法

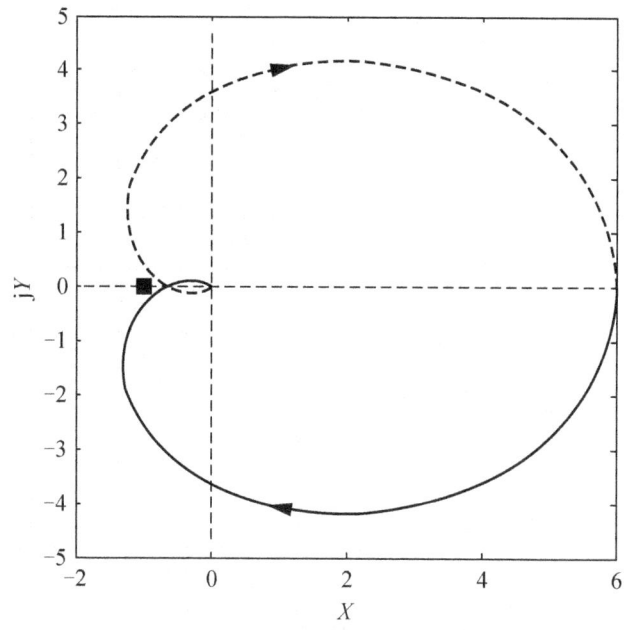

图 5.30 例 5.10 的广义奈奎斯特图

(4) 如果 $G(j\omega_x) < -1$，则 $G(s)$ 的奈氏曲线包围 G 平面上的 $(-1, j0)$ 点，且为顺时针包围 $(-1, j0)$ 点两周，即 $N=2$。又开环系统在右半 S 平面没有极点，也就是 $P=0$，所以，依据奈奎斯特判据，系统在右半 S 平面有 $Z=N+P=2$ 个闭环极点，闭环系统不稳定。

(5) 若 $G(j\omega_x) > -1$，则 $G(s)$ 的奈氏曲线不包围 G 平面上的 $(-1, j0)$ 点，即 $N=0$。所以系统在右半 S 平面有 $Z=N+P=0$ 个闭环极点，闭环系统是稳定的。

对于图 5.30 的情况，使用 MATLAB 绘制时，可以使用如下语句。

```
num=6;den=conv([2 3 1],[3 1]);
Gs=tf(num,den)
nyquist(Gs)
axis([-2 6 -5 5])
```

【例 5.11】 开环不稳定系统的传递函数为

$$G(s) = \frac{K}{sT-1}$$

式中，K，T 为正的常数。试判定闭环系统的稳定性。

【解】 首先绘制 $G(s)$ 的奈奎斯特曲线。

(1) $G(j\omega)$ 的起点和终点分别为

$$G(j0) = -K, \quad G(j\infty) = 0 \angle -90°$$

$G(j\omega)$ 的相角为

$$\varphi(\omega) = \tan^{-1}(\omega T) - 180°$$

即为第三象限范围内的角度。由此可知，$G(j\omega)$ 的轨迹位于 G 平面第三象限，且实际上它是一半圆，如图 5.31 中实线所示。补画 $G(-j\omega)$ 的轨迹如图 5.31 中的虚线所示。

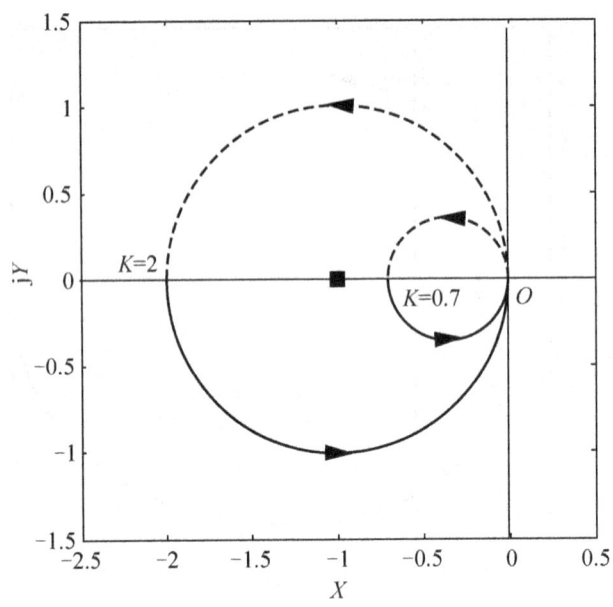

图 5.31　例 5.11 的广义奈奎斯特图

(2) 若 $K>1$，则广义奈奎斯特曲线逆时针包围 $(-1,j0)$ 一周，有 $N=-1$。又开环系统有一个极点在右半 S 平面，且有 $P=1$，所以闭环系统在右半 S 平面的极点个数为 $Z=0$，即闭环系统在这种情况下是稳定的。

(3) 若 $K<1$，则广义奈奎斯特曲线不包围 $(-1,j0)$，有 $N=0$。所以闭环系统在右半 S 平面的极点个数为 $Z=1$，即闭环系统在这种情况下是不稳定的。

对于图 5.31 的情况，使用 MATLAB 绘制时，可以使用如下语句。

```
Gs1=tf(2,[2-1])
nyquist(Gs1),hold on
Gs2=tf(0.7,[2-1])
nyquist(Gs2),axis([-2.5 0.5-1.5 1.5])
```

2. 虚轴上含有 $G(s)$ 极点的情况

如果虚轴上有 $G(s)$ 的极点，那么，奎斯特周线 D 应该避开使 $G(s)$ 奇异的点。例如，当系统的类型为 1 型或 2 型时，$G(s)$ 在 S 平面的坐标原点处就有极点，所以，奎斯特周线必须避开坐标原点。我们以无穷小半径逆时针半周将坐标原点排除在奈奎斯特周线 D 之外，如图 5.32 所示。

奈奎斯特周线被分为四段：

$$\begin{cases} D_1 = \{s: s=j\omega,\ \omega=0^+\to\infty\} \\ D_2 = \{s: s=\infty e^{j\theta},\ \theta=90°\to-90°\} \\ D_3 = \{s: s=j\omega,\ \omega=-\infty\to 0^-\} \\ D_4 = \{s: s=0 e^{j\theta},\ \theta=-90°\to 90°\} \end{cases} \quad (5.47)$$

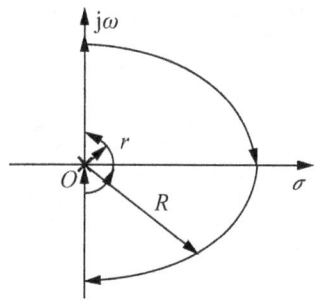

图 5.32 虚轴上有极点时的奈奎斯特周线

与奈奎斯特周线 D 相应的映射曲线 $G(s)$ 为

$$G(s) = \begin{cases} G(j\omega), & s \in D_1 \\ G(\infty), & s \in D_2 \\ G(-j\omega), & s \in D_3 \\ G(0), & s \in D_4 \end{cases} \tag{5.48}$$

$G(s)$ 的四个映射段也是容易获得的。其中,$G(j\omega)$ 就是开环频率特性的奈奎斯特曲线;$G(-j\omega)$ 与 $G(j\omega)$ 是关于实轴对称的;$G(\infty)$ 往往映射为 G 平面坐标原点;而 $G(0)$ 映射为

$$G(0) = \frac{K}{s^\nu}\bigg|_{s \in D_4} = \begin{cases} \infty e^{-j\theta}, & \nu = 1 \\ \infty e^{-j2\theta}, & \nu = 2 \end{cases} \tag{5.49}$$

因为 D_4 段是以无穷小半径逆时针半周变化的,所以,$1/s$ 将 D_4 映射为无穷大半径顺时针半周,$1/s^2$ 将 D_4 映射为无穷大半径顺时针一周。

由此,对于 1 型系统,D_4 段的映射曲线 $G(s)$ 为:从 $\omega \to 0^-$ 时的 $G(j0^-)$ 点以无穷大半径顺时针半周到 $\omega \to 0^+$ 时的 $G(j0^+)$ 点。

对于 2 型系统,D_4 段的映射曲线 $G(s)$ 为:从 $\omega \to 0^-$ 时的 $G(j0^-)$ 点以无穷大半径顺时针一周到 $\omega \to 0^+$ 时的 $G(j0^+)$ 点。

【例 5.12】 已知 1 型系统的开环传递函数为

$$G(s) = \frac{K}{s(1+sT_1)(1+sT_2)}$$

式中,K、T_1、T_2 为正常数。试分析闭环系统的稳定性。

【解】 首先绘制 $G(s)$ 的奈奎斯特曲线。

(1) $G(j\omega)$ 的起点和终点分别为

$$G(j0) = \infty \angle -90°, \quad G(j\infty) = 0 \angle -270°$$

(2) 求取 $G(j\omega)$ 与负实轴的交点。

$$G(j\omega) = \frac{K}{j\omega(1+j\omega T_1)(1+j\omega T_2)}$$

$$= \frac{K}{-\omega^2(T_1+T_2)+j\omega(1-\omega^2 T_1 T_2)}$$

令分母虚部为 0,可得 $G(j\omega)$ 与负实轴的交点频率和交点为

$$\omega_x = 1/\sqrt{T_1 T_2}, \quad G(j\omega_x) = -\frac{KT_1 T_2}{T_1+T_2} = A$$

由此得到$G(j\omega)$的概略奈氏曲线如图 5.33 中实线所示。

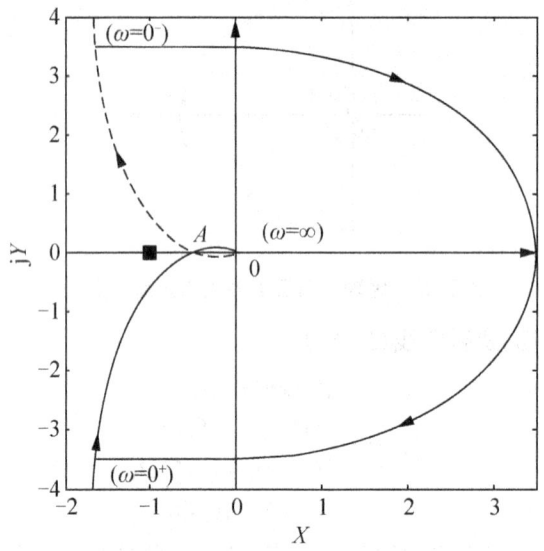

图 5.33　例 5.12 的广义奈奎斯特图

（3）按对称于实轴的方式补充绘制$G(-j\omega)$的概略映射曲线，如图 5.33 中虚线所示。而 S 平面奈氏周线 D_2 段映射到 G 平面的坐标原点。

（4）对 I 型系统，补画从 $G(j0^-)$ 点到 $G(j0^+)$ 点的无穷大半径顺时针半周轨迹，如图 5.33 中的细实线所示。

（5）若$G(j\omega_x)>-1$，正如图 5.33 所示意的，则$G(s)$的奈氏曲线不包围 G 平面上的$(-1, j0)$点，即 $N=0$。由奈氏判据可知，系统在右半 S 平面有 $Z=0$ 个闭环极点，闭环系统是稳定的。

（6）可以想象，对于大的增益系数 K，$G(j\omega_x)$与负实轴的交点会在$(-1, j0)$点左边，即$G(j\omega_x)<-1$，则奈氏曲线包围 G 平面上的$(-1, j0)$点，且为顺时针包围$(-1, j0)$点两周，有 $N=2$。由奈氏判据可知，系统在右半 S 平面有 $Z=2$ 个闭环极点，闭环系统不稳定。

对于图 5.33 的情况，使用 MATLAB 绘制时，可以使用如下语句。

```
num=0.2;den=conv([3 1 0],[6 1]);
Gs=tf(num,den)
nyquist(Gs)
axis([-2 3.5-4 4])
```

【例 5.13】已知 2 型系统的开环传递函数为

$$G(s)=\frac{K(1+sT)}{s^2(1+3s)(1+6s)}$$

式中，K，T 为正常数。试分析闭环系统的稳定性。

【解】首先绘制$G(s)$的奈奎斯特曲线。

（1）$G(j\omega)$的起点和终点分别为：

$$G(j0) = \infty \angle -180°, \quad G(j\infty) = 0 \angle -270°$$

(2) 求取 $G(j\omega)$ 与负实轴的交点

$$G(j\omega) = \frac{K(1+j\omega T)}{(j\omega)^2(1+j3\omega)(1+j6\omega)} = -K\frac{1-18\omega^2+9\omega^2 T + j\omega(T-18\omega^2 T - 9)}{\omega^2(1-18\omega^2)^2 + 81\omega^4}$$

令 $T - 18\omega^2 - 9 = 0$，可得 $G(j\omega)$ 与负实轴的交点频率为

$$\omega_x = \sqrt{\frac{T-9}{18}} \quad (T > 9)$$

这说明，当 $T < 9$ 时，$G(j\omega)$ 与负实轴没有交点，即 $G(j\omega)$ 仅仅位于第二象限；当 $T > 9$ 时，$G(j\omega)$ 位于第二、三象限。$G(j\omega)$ 轨迹从第三象限变化到第二象限的穿越点为

$$G(j\omega_x) = -K\frac{T^2 - 11T + 20}{(T-9)(10-T)^2/36 + (T-9)^2/8}$$

由此得到 $G(j\omega)$ 的概略奈氏曲线，如图 5.34 中实线所示。

(3) 按对称于实轴的方式补充绘制 $G(-j\omega)$ 的概略映射曲线，如图 5.34 中虚线所示。S 平面奈氏周线 D_2 段映射在 G 平面的坐标原点。

(4) 补画从 $G(j0^-)$ 点到 $G(j0^+)$ 点的无穷大半径顺时针一周轨迹，如图 5.34 中细实线所示。注意体会图中顺时针一周的细节差别。

(5) 对于 $T > 9$ 的情况。若 $G(j\omega_x) > -1$，如图 5.34(a)所示，则 $G(s)$ 的奈氏曲线不包围 G 平面上的 $(-1, j0)$ 点，即 $N = 0$。由奈氏判据可知，系统在右半 S 平面有 $Z = 0$ 个闭环极点，闭环系统是稳定的。

(6) 对于 $T > 9$ 的情况。若 $G(j\omega_x) < -1$，则 $G(s)$ 的奈氏曲线包围 G 平面上的 $(-1, j0)$ 点，且为顺时针包围 $(-1, j0)$ 点两周，即 $N = 0$。由奈氏判据知，系统在右半 S 平面有 $Z = 2$ 个闭环极点，闭环系统不稳定。

(7) 对于 $T < 9$ 的情况，如图 5.34(b)所示。$G(s)$ 的奈氏曲线包围 G 平面上的 $(-1, j0)$ 点，且为顺时针包围 $(-1, j0)$ 点两周，即 $N = 2$。由奈氏判据知，系统在右半 S 平面有 $Z = 2$ 个闭环极点，所以，闭环系统是不稳定的。

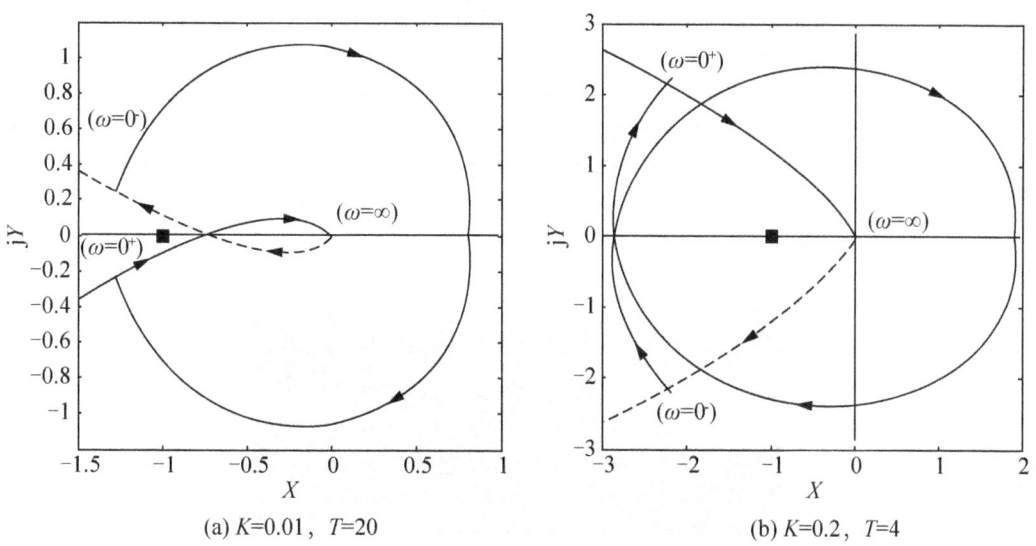

图 5.34　例 5.13 的广义奈奎斯特图

对于图 5.34(a)的情况,用 MATLAB 绘制奈奎斯特曲线时,可以使用如下语句。

```
num=[20 1]*0.01;den=conv([3 1 0 0],[6 1]);
Gs=tf(num,den)
nyquist(Gs)
axis([-1.5 1-1.2 1.2])
```

如果 $K=0.02$,奈氏曲线与负实轴交点会在$(-1,j0)$点左边,闭环系统是不稳定的。

对于图 5.34(b)的情况,用 MATLAB 绘制奈奎斯特曲线时,可以使用如下语句。

```
num=[4 1]*0.2;den=conv([3 1 0 0],[6 1]);
Gs=tf(num,den)
nyquist(Gs),axis([-3 2-3 3])
```

 趣闻:俄罗斯的 T50 战斗机

T50 战斗机是俄罗斯苏霍伊公司开发生产的高性能多用途战斗机。乘员 1 人,长 22m,翼展 14.2m,高 6.05m,自重 17 500kg,载重 26 000kg,最高速度为 2 600km/h,巡航速度为 1 400km/h,航程 4 000km,如图 5.35 所示。

图 5.35　T50 机腹图片

2010 年 8 月 21 日是莫斯科航展的最后一天,参展的第 5 代原型歼击机 T50 开始在茹科夫斯基机场跑道上起飞加速。几秒钟后,突然发现右发动机喷管火焰异常,如图 5.36 所示。试飞员谢尔盖-波格丹身体也感受到不同寻常的冲击,在速度大约 100km/h 的情况下决定停止起飞,随即迅速地通过制动伞阻滞滑跑,之后飞机立即减速。外部检查没有发现飞机和发动机受损,但飞机最终未能继续参加表演飞行。初步消息表明,飞机没能起飞是因为右发动机自动装置工作不正常,导致发动机燃油加注失控。好在这发生在起飞前。如果飞机带着类似故障升空的话,可能会带来更为严重的后果。

图 5.36　T50 滑行时发动机喷火图片

5.4.3 相对稳定性

由于实际系统中参数的变化、外界干扰,以及系统设计时的模型误差等,要求所设计系统必须留有充分的余量,这就是系统的相对稳定性。

假设开环传递函数模型为 $G(s)$,希望闭环系统是稳定的。也就是说,闭环系统特征方程

$$1+G(s)=0$$

的根全部具有负实部。

如果特征方程有实部为零的根,即有某个 $s=j\omega$ 满足

$$1+G(j\omega)=0 \rightarrow G(j\omega)=-1 \tag{5.50}$$

此时,闭环系统处于临界稳定状态。这就是说,开环频率特性的奈奎斯特曲线穿越 G 平面上的$(-1, j0)$点时,对应着闭环系统的临界稳定状态,称 G 平面上的$(-1, j0)$点为**临界稳定点**。

我们用奈奎斯特稳定性判据来理解临界稳定点的意义。

假设开环频率特性 $G(j\omega)$ 仅在$(-1, j0)$点的右边穿越负实轴一次,并且,此时对应的闭环系统是稳定的。在不改变开环不稳定极点个数的情况下,因参数变化而使开环频率特性 $G(j\omega)$ 穿越负实轴之点变为位于$(-1, j0)$点的左边,此时,闭环系统就变为不稳定了。显然,G 平面上的$(-1, j0)$点扮演着稳定和不稳定的分界点角色。

如果系统开环频率特性所对应闭环系统是稳定的,那么开环奈奎斯特曲线距离$(-1, j0)$点越远,则往往需要"更大的"系统参数变化,才能使开环奈氏曲线改变其对临界点$(-1, j0)$的包围周数,才能改变系统的稳定性。所以,直观地说,对于闭环稳定的系统,其开环奈奎斯特曲线 $G(j\omega)$ 距离$(-1, j0)$点越远,闭环系统的稳定程度就越高。

系统距离临界稳定点的远近程度从不同角度考察可以定义不同的特征性指标。

1. 相位裕度

下面讨论最小相位系统的情况。最小相位系统在右半 S 平面没有开环极点,所以闭环稳定的充要条件是开环奈奎斯特曲线 $G(j\omega)$ 不包围$(-1, j0)$点。在伯德图上,临界点$(-1, j0)$被分解为两个信息量,即幅值为 0dB 和相角为 $-180°$。

定义:开环频率特性 $G(j\omega)$ 的幅值等于1(或者 0dB)时的频率为幅值穿越频率,简称**幅穿频率**,用 ω_c 表示,即

$$|G(j\omega)|_{\omega=\omega_c}=1 \tag{5.51}$$

在极坐标图上,幅穿频率就是开环奈氏曲线穿越以坐标原点为圆心的单位圆时所对应的频率;在伯德图上,就是开环幅值特性 $L(\omega)$ 穿越 0 分贝线处的频率,如图 5.37 所示。

定义:幅穿频率 ω_c 处的相角与 $-180°$ 之差称为**相位裕度**,用 P_m 表示,即

$$\begin{aligned}P_m &= \angle G(j\omega_c)-(-180°) \\ &= 180°+\angle G(j\omega_c)=180°+\varphi(\omega_c)\end{aligned} \tag{5.52}$$

稳定最小相位系统在奈奎斯特图和伯德图上的相位裕度示意如图 5.37 所示。在奈奎斯特图上,向量 $G(j\omega_c)$ 逆时针转到负实轴的转动角大小就是相位裕度 P_m。在伯德图上,

频率 ω_c 处相角高于 $-180°$ 线的角度就是相位裕度 P_m。

相位裕度的物理意义是，系统在幅值保持不变时，为使系统稳定所能容忍相位进一步滞后的程度。系统的相位裕度 P_m 为正，表明系统进一步滞后的相角在 P_m 内时，系统仍然能够保持稳定；系统的相位裕度 P_m 为负，表明系统至少需要超前 $-P_m$ 相角才能使系统稳定。

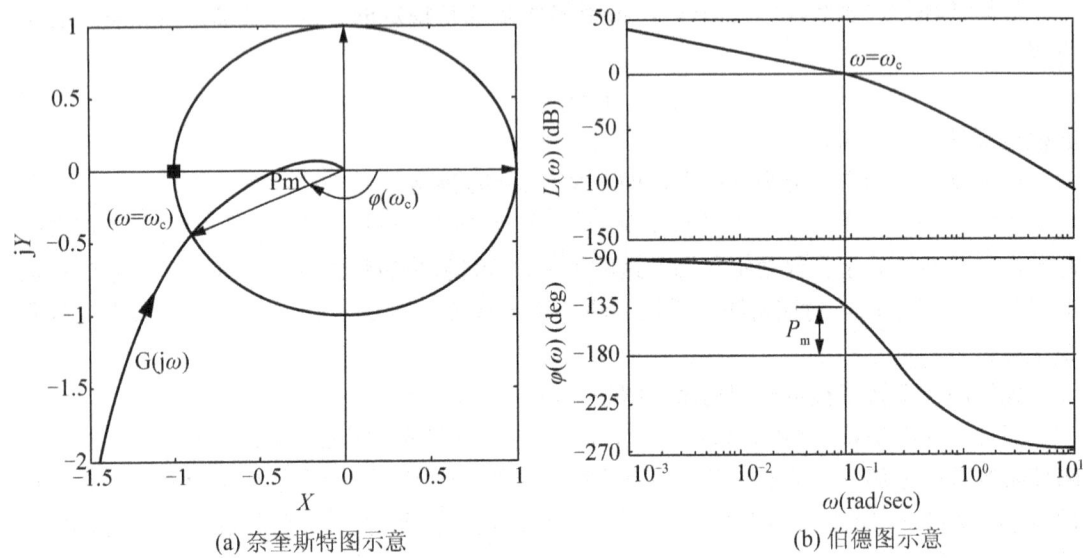

(a) 奈奎斯特图示意　　　　　　　　(b) 伯德图示意

图 5.37　奈奎斯特图和伯德图上的幅穿频率和相位裕度表示

2. 幅值裕度

定义：对于最小相位系统，其开环频率特性 $G(j\omega)$ 相角等于 $-180°$ 时的频率为相角穿越频率，简称**相穿频率**，用 ω_g 表示，则

$$\angle G(j\omega)|_{\omega=\omega_g} = -180° \tag{5.53}$$

在极坐标图上，相穿频率就是开环奈氏曲线 $G(j\omega)$ 穿越负实轴时的频率。在伯德图上，就是开环相角特性 $\varphi(\omega)$ 穿越 $-180°$ 线的频率，如图 5.38 所示。

定义：相穿频率 ω_g 处的绝对幅值与幅值 1 的倍数差距称为绝对幅值裕度，用 G_m 表示为

$$G_m = \frac{1}{|G(j\omega_g)|} = \frac{1}{M(\omega_g)} \tag{5.54}$$

或者，相穿频率 ω_g 处的分贝幅值与 0dB 的差称为分贝幅值裕度，用 $G_m(\text{dB})$ 表示为

$$G_m(\text{dB}) = 0 - 20\lg|G(j\omega_g)| = -20\lg M(\omega_g) = -L(\omega_g) \tag{5.55}$$

在极坐标图上，幅值裕度 G_m 表示相穿频率处开环幅值还可以增大多少倍就达到临界点 $(-1, j0)$。在半对数坐标图上，相穿频率 ω_g 处幅值 $L(\omega_g)$ 到 0 分贝线时需增长的分贝值就是幅值裕度。注意，$L(\omega_g)$ 在 0 分贝线下幅值裕度为正，$L(\omega_g)$ 在 0 分贝线上幅值裕度为负。

幅值裕度反应了开环系统相位保持不变时，闭环系统保持稳定而在开环幅值上可容忍变化的程度。系统的幅值裕度 G_m 为正表明开环系统增益增长的分贝值在 G_m 内时，闭环系统仍然能够保持稳定。不稳定系统的幅值裕度 G_m 为负，表明开环系统至少需要衰减 $-G_m(\text{dB})$ 才能使闭环系统稳定。

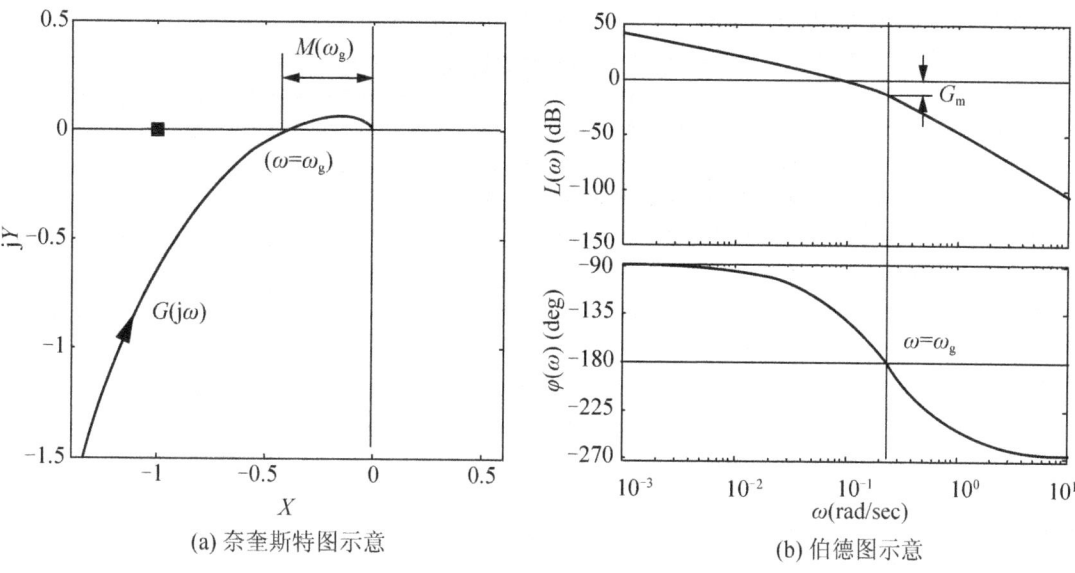

图 5.38 奈奎斯特图和伯德图上的相穿频率和幅值裕度表示

【例 5.14】 已知二阶系统的开环传递函数为

$$G(s)=\frac{\omega_n^2}{s(s+2\xi\omega_n)}$$

试计算系统的幅值裕度 G_m 和相位裕度 P_m。

【解】 系统在幅穿频率 ω_c 处满足

$$M(\omega_c)=\frac{\omega_n^2}{\omega_c\sqrt{\omega_c^2+(2\xi\omega_n)^2}}=1$$

解之,得

$$\omega_c=\omega_n\sqrt{\sqrt{4\xi^4+1}-2\xi^2} \tag{5.56}$$

所以,系统的相位裕度 P_m 为

$$\begin{aligned}P_m &= 180°+\varphi(\omega_c)=180°-90°-\tan^{-1}(\omega_c/2\xi\omega_n) \\ &= \tan^{-1}\frac{2\xi}{\sqrt{\sqrt{4\xi^4+1}-2\xi^2}}\end{aligned} \tag{5.57}$$

另一方面,系统的最大相位滞后为 180°,可视为相穿频率 ω_g 在无穷频率处,故系统的幅值裕度 G_m 为无穷大。

【例 5.15】 已知系统的开环传递函数为

$$G(s)=\frac{0.2}{s(s+1)(s+2)}$$

试求系统的幅值裕度和相位裕度。

【解】 我们使用如下 MATLAB 语句:

```
Gs=tf(0.2,conv([1 1 0],[1 2]))
margin(Gs)
```

可以得如图 5.39 所示的伯德图。

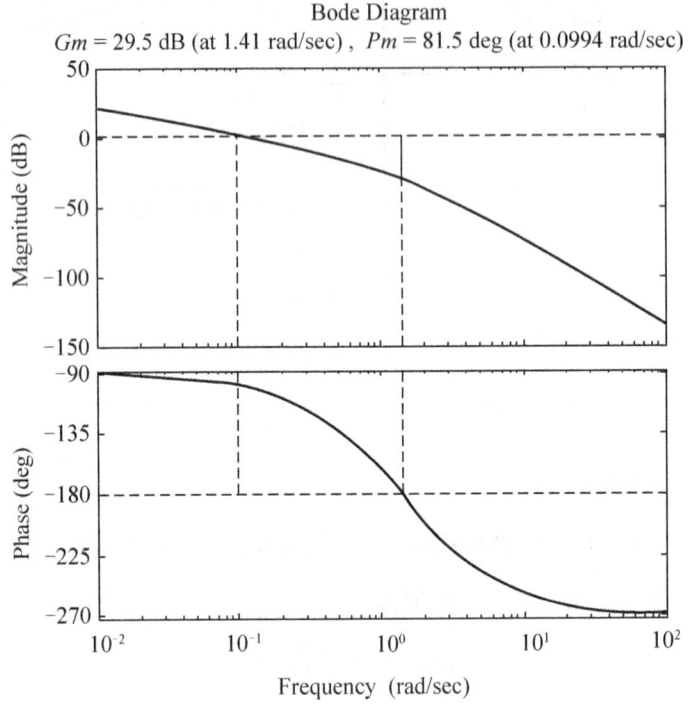

图 5.39　例 5.15 的稳定裕度

由图 5.39 可知，系统的幅穿频率 ω_c 为 0.0994rad/s，相位裕度 P_m 为 81.5°；相穿频率 ω_g 为 1.41rad/s，幅值裕度 G_m 为 29.5dB。

幅值裕度和相位裕度常需要联合起来才能衡量系统的相对稳定程度。对易于控制的最小相位系统，相位裕度往往起主导作用，对较难控制的最小相位系统，幅值裕度反而具有明显作用。

值得注意的是，对于一些特殊系统，通常的幅值裕度和相位裕度数值有时并不能保证系统有足够的稳定裕度。

3. 最大灵敏度和最大余灵敏度

含有干扰和噪声输入的控制系统结构如图 5.40 所示。

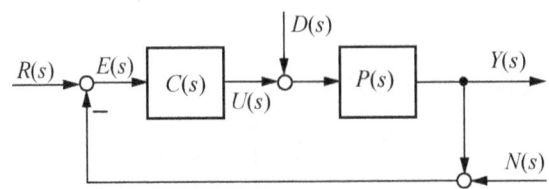

图 5.40　含干扰和噪声输入的控制系统结构图

考虑系统的输入为给定输入 $R(s)$、干扰输入 $D(s)$ 和噪声输入 $N(s)$，系统的输出为被控变量 $Y(s)$ 和偏差信号 $E(s)$，它们之间有如下传递函数：

$$\begin{cases} G_{RE}(s)=\dfrac{E(s)}{R(s)}=\dfrac{1}{1+G(s)}, & G_{NE}(s)=\dfrac{E(s)}{N(s)}=\dfrac{-1}{1+G(s)} \\ G_{DE}(s)=\dfrac{E(s)}{D(s)}=\dfrac{-P(s)}{1+G(s)}, & G_{DY}(s)=\dfrac{Y(s)}{D(s)}=\dfrac{P(s)}{1+G(s)} \\ G_{RY}(s)=\dfrac{Y(s)}{R(s)}=\dfrac{G(s)}{1+G(s)}, & G_{NY}(s)=\dfrac{Y(s)}{N(s)}=\dfrac{-G(s)}{1+G(s)} \end{cases} \qquad (5.58)$$

式中，$G(s)=P(s)C(s)$ 为系统的开环传递函数。

我们希望输入 $R(s)$、$D(s)$ 和 $N(s)$ 对偏差信号 $E(s)$ 的影响小，希望干扰和噪声对系统被控信号 $Y(s)$ 的影响小，同时希望输出信号 $Y(s)$ 能够很好地跟踪设定值信号 $R(s)$ 的变化。

对于 $G_{RE}(s)$、$G_{NE}(s)$、$G_{DE}(s)$ 和 $G_{DY}(s)$ 这四个传递函数，从控制角度看，若使 $1+G(s)$ "很大"，则对它们的期望要求能够得以同时满足。

定义：已知系统的开环传递函数为 $G(s)$，则系统的**灵敏度**函数为

$$S(s)=\dfrac{1}{1+G(s)} \qquad (5.59)$$

若令 $s=j\omega$，则得到对应的频率响应 $S(j\omega)$。正如前面已经述及的，频率响应幅值特性揭示了不同频率处系统对信号的放大倍数。为使偏差信号小，希望系统的灵敏度频率特性 $S(j\omega)$ 的幅值在所有频率上都小。

定义：系统的**最大灵敏度**为系统灵敏度幅值频率特性的最大值，即

$$M_s=\max_{\omega>0}|S(j\omega)|=1/\min_{\omega>0}|1+G(j\omega)| \qquad (5.60)$$

如果仅看等式右端分母部分，其意义是开环奈奎斯特曲线距离 $(-1,j0)$ 点的最短距离，如图 5.41 所示。

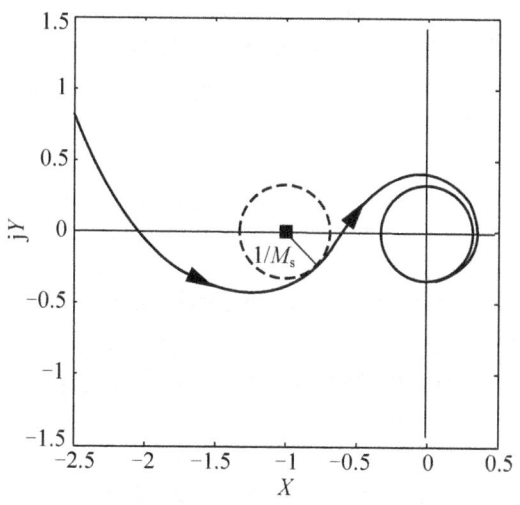

图 5.41　最大灵敏度的奈奎斯特图图示

由图可见，以 $(-1,j0)$ 点为圆心，且与开环奈奎斯特曲线相切的圆，直观简洁地描述了系统距临界稳定点的远近，是一种相对稳定性描述。系统最大灵敏度越小，系统相对稳定程度就越高。最大灵敏度比相位裕度和幅值裕度更简洁地阐明系统的相对稳定程度。

定义：已知系统的开环传递函数为 $G(s)$，则系统的**余灵敏度函数**为

$$T(s) = \frac{G(s)}{1+G(s)} \tag{5.61}$$

由式(5.58)可见，余灵敏度函数唯一描述传递函数 $G_{RY}(s)$ 和 $G_{NY}(s)$。因为 $T(s)+S(s)=1$，由此 $T(s)$ 有余灵敏度函数的称谓。同时该式也表明，灵敏度函数和余灵敏度函数是相关的，不可能使二者同时小，或者同时大。

定义：系统的**最大余灵敏度**定义为系统余灵敏度幅值频率特性的最大值，即

$$M_t = \max_{\omega>0} \left| \frac{G(j\omega)}{1+G(j\omega)} \right| \tag{5.62}$$

对于单位反馈系统来说，余灵敏度函数就是闭环传递函数。通过下节中的闭环频率特性介绍，我们可进一步理解最大余灵敏度的意义。

【例5.16】已知二阶系统的开环传递函数为

$$G(s) = \frac{\omega_n^2}{s(s+2\xi\omega_n)}$$

试计算系统的最大灵敏度 M_s。

【解】系统的开环正弦传递函数为

$$G(j\omega) = \frac{\omega_n^2}{j\omega(j\omega+2\xi\omega_n)} = \frac{1}{-\bar{\omega}^2+j2\xi\bar{\omega}}, \quad (\bar{\omega}=\frac{\omega}{\omega_n})$$

开环频率特性与 $(-1,j0)$ 点之间的距离为

$$R^2(\omega) = |1+G(j\omega)|^2 = 1 + \frac{1-2\bar{\omega}^2}{\bar{\omega}^4+4\xi^2\bar{\omega}^2}$$

令 $dR^2(\omega)/d\bar{\omega}^2 = 0$，得

$$\bar{\omega}^4 - \bar{\omega}^2 - 2\xi^2 = 0$$

解之得开环频率特性距离 $(-1,j0)$ 点最近点的频率为

$$\bar{\omega}_m^2 = \frac{1+\sqrt{1+8\xi^2}}{2}$$

或

$$\omega_m = \omega_n \sqrt{\frac{1+\sqrt{1+8\xi^2}}{2}} \tag{5.63}$$

于是，开环正弦传递函数与 $(-1,j0)$ 点之间的最短距离为

$$R_m = R(\omega_m) = \sqrt{\frac{4\xi^2+\sqrt{1+8\xi^2}-1}{4\xi^2+\sqrt{1+8\xi^2}+1}}$$

所以，最大灵敏度为

$$M_s = \frac{1}{R_m} = \sqrt{\frac{4\xi^2+\sqrt{1+8\xi^2}+1}{4\xi^2+\sqrt{1+8\xi^2}-1}} \tag{5.64}$$

【例5.17】已知系统的开环传递函数为

$$G(s) = \frac{1.2s^2+1.5s+1}{s(0.5s+1)^4}$$

试求系统的相位裕度、幅值裕度和最大灵敏度。

【解】 利用 MATLAB 绘制系统的奈奎斯特图如图 5.42 所示。由图得系统的稳定裕度如下。

幅值裕度：$G_m = 1/0.204 \approx 4.902 = 13.81\text{dB}$；

相位裕度：$P_m = 180° + (-98.3°) = 81.7°$；

最大灵敏度：$M_s = 1/R_{\min} = 1/0.671 \approx 1.49$。

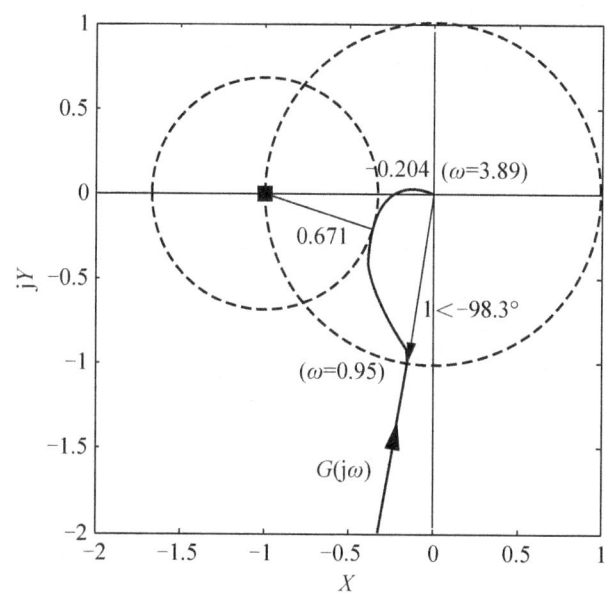

图 5.42 例 5.17 系统的稳定裕度图示

另外，使用 margin() 函数可以直接求取系统的幅值裕度和相位裕度。

5.5 频率响应特性与系统性能

正如第 1 章已经阐明的，对系统的要求体现在稳、快、准三个方面。第 3 章基于系统的时间响应介绍了系统的时域性能指标。本节介绍系统的频率响应与系统性能之间的关系，或者说，反映系统稳快准的频域指标对应怎样的物理意义。

5.5.1 频率响应特性与系统的稳态性能

单位反馈控制系统的典型结构如图 5.40 所示，其中，$G(s) = P(s)C(s)$ 为系统的开环传递函数。

1. 开环频率响应特性与系统稳态性能的关系

系统开环传递函数时间常数表达式的一般形式为

$$G(s) = \frac{K(T_{z1}s+1)(T_{z2}s+1)\cdots}{s^v(T_{p1}s+1)(T_{p2}s+1)\cdots}$$

式中，v 为系统的类型，K 为静态增益。

系统的跟踪误差常用稳态误差系数描述。与阶跃信号、斜坡信号和加速度信号激励相

对应的是系统的位置误差系数 K_p、速度误差系数 K_v 和加速度误差系数 K_a，即
$$K_p = \lim_{s \to 0} G(s), \quad K_v = \lim_{s \to 0} sG(s), \quad K_a = \lim_{s \to 0} s^2 G(s)$$

当 $s \to 0$ 时，令 $s = j\omega$，有 $\omega \to 0$。所以，$G(j\omega)$ 的零频特性反映了系统的稳态性能。为了使系统的稳态误差小，系统开环频率特性的低频增益就应该大，这就是系统设计中所谓的"**高增益原则**"。

对于 0 型系统，系统的低频幅值特性为
$$L(\omega \to 0) = 20\lg K$$

该值为常数，或者伯德图的第一段是水平直线，且幅值为 $20\lg K \text{dB}$，如图 5.43(a) 所示。

对于 1 型系统，系统的低频幅值特性为
$$L(\omega \to 0) = 20\lg \frac{K}{\omega}$$

它是斜率为 -20dB/dec 的直线，该线在频率 $\omega_v = K$ 处与 0 分贝线相交，且在 $\omega = 1 \text{rad/s}$ 时的幅值为 $20\lg K \text{dB}$，如图 5.43(b) 所示。

对于 2 型系统，系统的低频幅值特性为
$$L(\omega \to 0) = 20\lg \frac{K}{\omega^2}$$

它是斜率为 -40dB/dec 的直线，该线在频率 $\omega_a = \sqrt{K}$ 时与 0 分贝线相交，且在 $\omega = 1 \text{rad/s}$ 时的幅值为 $20\lg K \text{dB}$，如图 5.43(c) 所示。

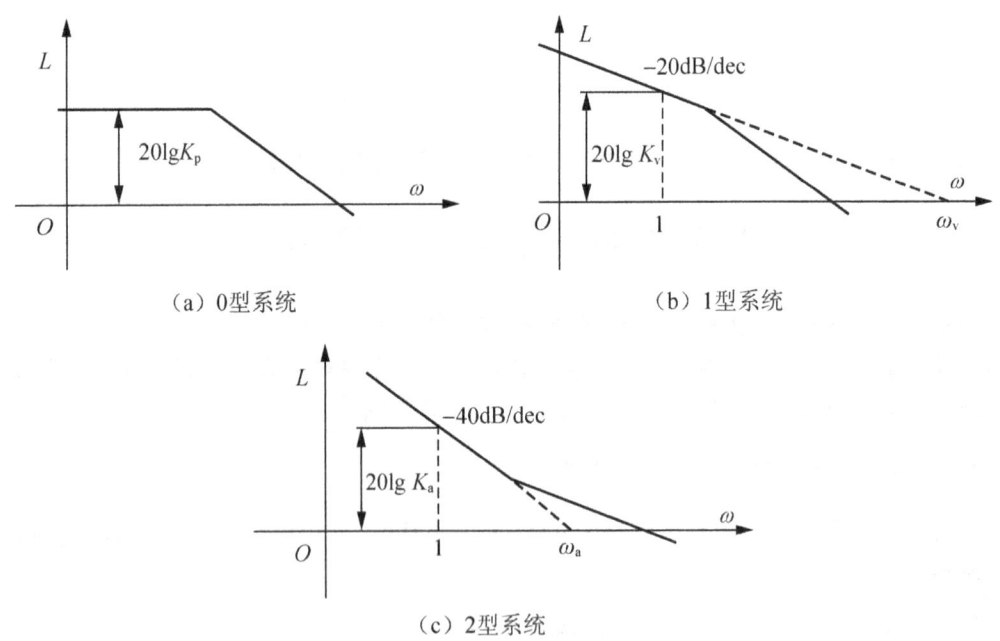

图 5.43 伯德图低频特性与系统稳态误差系数的关系

0 型系统的低频段是一水平线，位置误差系数是一个有限常数，因此，系统的单位阶跃响应会有稳态误差，$e_{ss} = 1/(1 + K_p)$。K_p 越大，稳态误差越小，如果 $K_p \to \infty$，则 $e_{ss} \to 0$。

1型和2型系统的低频幅值都是随着频率减小而趋于无穷大的，所以，它们在阶跃类信号激励时都是稳态"无差"的。再者，在低频幅值特性上，2型系统比1型系统斜度更陡，随频率减小时幅值增大更明显，表明2型系统比1型系统消除稳态误差的能力更强。

在开环奈奎斯特图上，频率趋于零时对应奈氏曲线的起点。对于0型系统，位置误差系数就是系统的静态增益，它对应为奈氏曲线起点到坐标原点的距离。显然，奈氏曲线起点距离坐标原点越远，系统在阶跃类信号激励时的稳态误差就越小。对于1型和2型系统而言，其奈氏曲线起点都在无穷远处，表明系统对阶跃类信号激励是稳态无差的。

2. 闭环频率响应特性与系统稳态性能的关系

对于如图5.40所示的单位反馈系统，系统的闭环传递函数为

$$\Phi(s) = \frac{Y(s)}{R(s)} = \frac{G(s)}{1+G(s)}$$

而误差信号与闭环传递函数的关系为

$$E(s) = R(s) - Y(s) = R(s)[1-\Phi(s)]$$

系统在单位阶跃信号激励时的稳态误差为

$$e_{ss} = \lim_{s\to 0} sE(s) = \lim_{s\to 0} sR(s)[1-\Phi(s)] = 1-\Phi(0) \tag{5.65}$$

所以，**跟踪阶跃类指令稳态无差的条件是**：$\Phi(0)=1$。

系统在单位斜坡信号激励时的稳态误差为

$$e_{ss} = \lim_{s\to 0} sE(s) = \lim_{s\to 0} \frac{1-\Phi(s)}{s} = -\lim_{s\to 0} \frac{d\Phi(s)}{ds}, \quad (\Phi(0)=1) \tag{5.66}$$

所以，**跟踪斜坡类指令稳态无差的条件是**：$\Phi(0)=1$，$\dot{\Phi}(0)=0$。

系统在单位加速度信号激励时的稳态误差为

$$\begin{aligned} e_{ss} &= \lim_{s\to 0} sE(s) = \lim_{s\to 0} \frac{1-\Phi(s)}{s^2} = \lim_{s\to 0} \frac{-d\Phi(s)/ds}{2s} \\ &= -\frac{1}{2}\lim_{s\to 0} \frac{d^2\Phi(s)}{ds^2} \quad (\Phi(0)=1, \dot{\Phi}(0)=0) \end{aligned} \tag{5.67}$$

所以，**跟踪加速度类指令稳态无差的条件是**：$\Phi(0)=1$，$\dot{\Phi}(0)=0$，$\ddot{\Phi}(0)=0$。

【例5.18】 典型二阶系统的闭环传递函数为

$$\Phi(s) = \frac{100}{s^2+20\xi s+100}$$

试求系统在单位阶跃、单位斜坡信号激励下的稳态误差。

【解】 闭环系统对阶跃指令响应的稳态误差为

$$e_{ss} = \lim_{s\to 0}[1-\Phi(s)] = 0$$

闭环系统对单位斜坡指令响应的稳态误差为

$$\Phi(0)=1 \to e_{ss} = \lim_{s\to 0}\frac{d\Phi(s)}{ds} = \lim_{s\to 0}\frac{100(2s+20\xi)}{(s^2+20\xi s+100)^2} = \frac{\xi}{5}$$

5.5.2 频率响应特性与系统的动态性能

研究闭环系统的动态性能时，只需针对单位反馈系统进行。作用在控制系统的信号除

了给定输入外，常伴随多种确定性扰动和随机噪声，闭环系统的性能指标应该反映控制系统跟踪给定输入信号和抑制干扰信号与噪声的能力。

1. 开环系统的频域指标

典型二阶系统的开环传递函数为

$$G(j\omega) = \frac{\omega_n^2}{j\omega(j\omega + 2\xi\omega_n)} \tag{5.68}$$

该二阶系统的典型伯德图和奈奎斯特图，如图5.44所示。

从图5.44(a)伯德图上可见，二阶系统的幅值裕度为无穷大。对典型二阶系统而言，幅值裕度为无穷大的意义是，在不改变系统相角特性的情况下，无论怎样改变增益，系统都是稳定的，这与第4章中根轨迹分析的结论是吻合的。此时，系统的幅值裕度不能很好地刻画系统的相对稳定性。

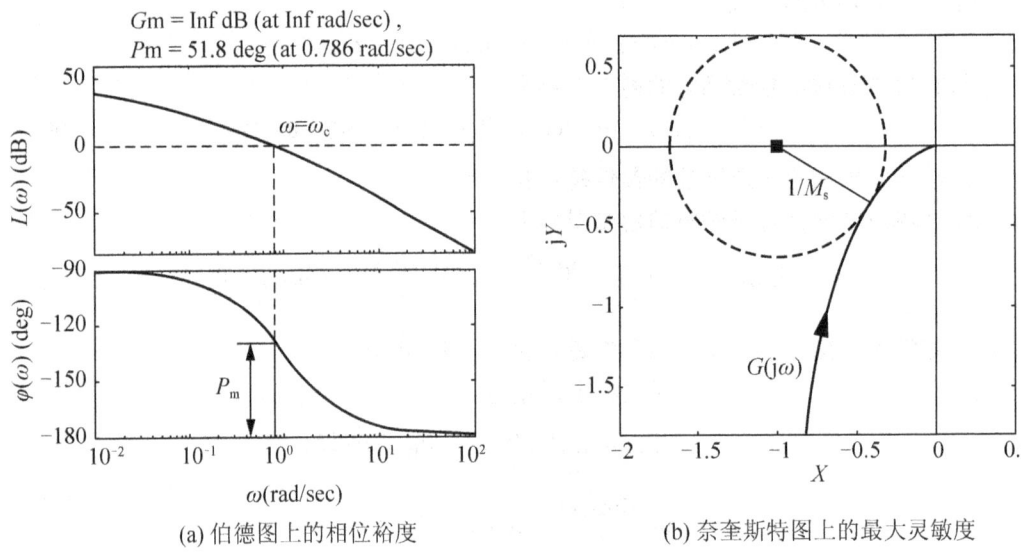

(a) 伯德图上的相位裕度   (b) 奈奎斯特图上的最大灵敏度

图5.44　典型二阶系统的相位裕度和最大灵敏度

由例5.14可知，二阶系统的幅穿频率为

$$\omega_c = \omega_n \sqrt{\sqrt{4\xi^4 + 1} - 2\xi^2} \tag{5.69}$$

而系统的相位裕度为

$$P_m = 180° + \angle G(j\omega_c) = \tan^{-1}\frac{2\xi}{\sqrt{\sqrt{4\xi^4 + 1} - 2\xi^2}} \tag{5.70}$$

由例5.16可知，二阶系统的最大灵敏度为

$$M_s = \sqrt{\frac{4\xi^2 + \sqrt{1 + 8\xi^2} + 1}{4\xi^2 + \sqrt{1 + 8\xi^2} - 1}} \tag{5.71}$$

而灵敏度函数取最大幅值时的频率为

$$\omega_m = \omega_n \sqrt{\frac{1 + \sqrt{1 + 8\xi^2}}{2}} \tag{5.72}$$

式(5.70)和式(5.71)表明，系统的稳定裕度仅是阻尼比 ξ 的函数，所以，**相位裕度、最大灵敏度和阻尼比都是描述系统响应的平稳性和稳定裕度的。**

图 5.45 展示了二阶系统的 $\xi-P_m$ 和 $\xi-1/M_s$ 之间的特性。由图 5.45 可见，两种稳定裕度指标与阻尼比之间的关系都是单调的。

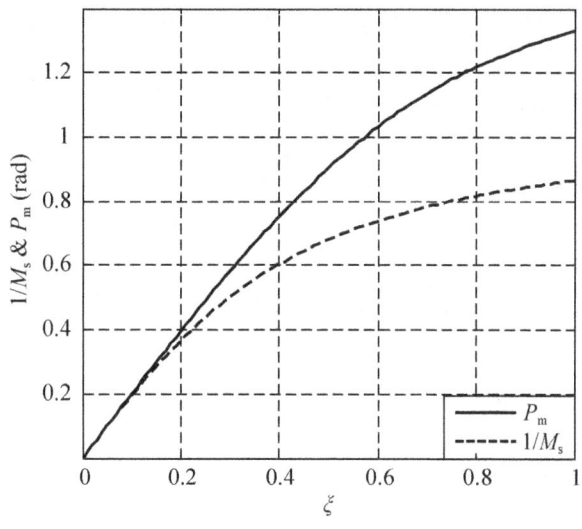

图 5.45　相位裕度、最大灵敏度和阻尼比关系图示

通常，控制系统设计时，往往希望阻尼比 ξ 在 0.4～0.8 之间，相位裕度在 40°～70° 之间，而最大灵敏度在 1.4～2.0 之间。

考虑二阶系统的调节时间与幅穿频率之间的关系，有

$$t_s\omega_c = \frac{3}{\xi\omega_n} \cdot \omega_n \sqrt{\sqrt{4\xi^4+1}-2\xi^2} = \frac{6}{\tan(P_m)} \tag{5.73}$$

该式表明，如果系统的相位裕度保持不变，则调节时间与幅穿频率呈简单的反比关系。也就是说，幅值穿越频率越大，系统的调节时间越短，系统进入稳态的速度越快。

对于二阶系统，相位裕度、最大灵敏度和阻尼比之间有确定的函数关系。对于高阶系统，很难确定它们之间的关系。当高阶系统有一对闭环主导极点时，二阶系统分析的结论也可以推广应用到高阶系统中去。

2. 闭环系统的频域指标

典型二阶系统的闭环传递函数为

$$\Phi(j\omega) = \frac{G(j\omega)}{1+G(j\omega)} = \frac{1}{(j\omega/\omega_n)^2 + j2\xi\omega/\omega_n + 1} \tag{5.74}$$

该二阶系统的幅值响应特性，如图 5.46 所示。

由图 5.46 可见，当阻尼比较小时，幅值特性会有极大值，该极值就是闭环系统的谐振峰值，与谐振峰值对应的频率为系统的谐振频率。

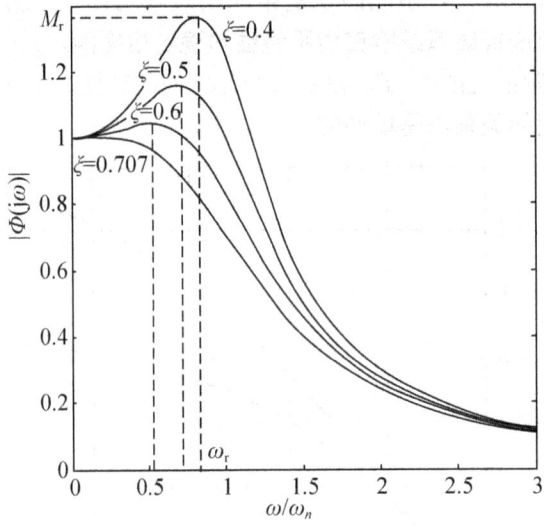

图 5.46　二阶系统的频率特性与谐振示意

二阶振荡环节的谐振频率和谐振峰值已在绘制伯德图和奈奎斯特图时求得。它们分别为

$$\omega_r = \omega_n \sqrt{1-2\xi^2} \tag{5.75}$$

$$M_r = \frac{1}{2\xi\sqrt{1-\xi^2}} \tag{5.76}$$

对图 5.40 所示的单位反馈系统而言，式(5.74)所示闭环传递函数 $\Phi(j\omega)$ 也是系统的余灵敏度函数 $T(j\omega)$。所以，二阶系统的最大余灵敏度 M_t 等于系统的谐振峰值 M_r，即

$$M_t = \max_{\omega>0} |T(j\omega)| = M_r \tag{5.77}$$

这表明，最大余灵敏度 M_t 也为阻尼比 ξ 的函数，**最大余灵敏度和谐振峰值也是系统相对稳定性的一种描述**。二阶系统的最大余灵敏度与阻尼比和超调量之间的关系，如图 5.47 所示。

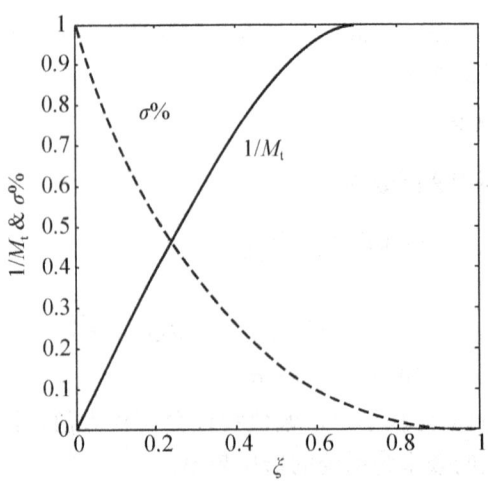

图 5.47　二阶系统的逆最大余灵敏度与阻尼比的关系

对图 5.40 所示的一般单位反馈系统，系统的开环频率特性可用直角坐标表示，即
$$G(j\omega) = X + jY$$
于是，闭环幅值特性有
$$M = |\Phi(j\omega)| = \left|\frac{X + jY}{1 + X + jY}\right| = \frac{\sqrt{X^2 + Y^2}}{\sqrt{(1+X)^2 + Y^2}}$$
该式可以整理为
$$\left(X - \frac{M^2}{1-M^2}\right)^2 + Y^2 = \left(\frac{M}{1-M^2}\right)^2 \tag{5.78}$$

若 M 为常数，则式(5.78)在 G 平面上为一个圆心在 $[M^2/(1-M^2),\ j0]$ 而半径为 $M/(M^2-1)$ 的圆，称其为**等 M 圆**。如果等 M 圆与开环奈奎斯特曲线相切，则该 M 值就是系统的最大余灵敏度值，如图 5.48 所示。

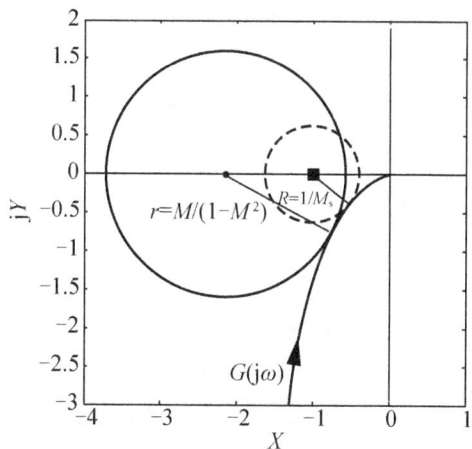

图 5.48　奈奎斯特图上的等 M 圆与最大余灵敏度的关系

在图 5.48 上，若限定最大灵敏度 M_s，则相当于确定了一个以 $(-1, j0)$ 点为圆心的圆，满足最大灵敏度 M_s 限制的系统，其开环奈奎斯特曲线就会在该圆的外面。同理，如果限定系统的最大余灵敏度值 M_t，则相当于指定等 M_t 圆，那么，满足这个限制的系统的开环奈奎斯特曲线就会在该等 M_t 圆之外。可以知道，最大灵敏度和最大余灵敏度都是以一种禁止区域方式，使系统以适度距离远离临界稳定点。

定义：闭环系统幅值等于零频幅值 -3dB 时的频率称为系统的**截止频率**，记为 ω_b。依此定义，当 $\omega > \omega_b$ 时，闭环幅值应该满足
$$20\lg|\Phi(j\omega)| < 20\lg|\Phi(j0)| - 3 \tag{5.79}$$
称频率范围 $(0, \omega_b)$ 为系统的**带宽**，如图 5.49 所示。

带宽表示系统跟踪正弦波信号的能力，对高于截止频率的正弦波激励信号，系统响应呈现明显的衰减。

对于 1 型及其以上型开环系统，由于 $\Phi(j0) = 1$，故有
$$20\lg|\Phi(j\omega)| < -3\text{dB} \quad (\omega > \omega_b)$$
例如，对于一阶系统
$$\Phi(j\omega) = \frac{1}{1 + j\omega T}$$

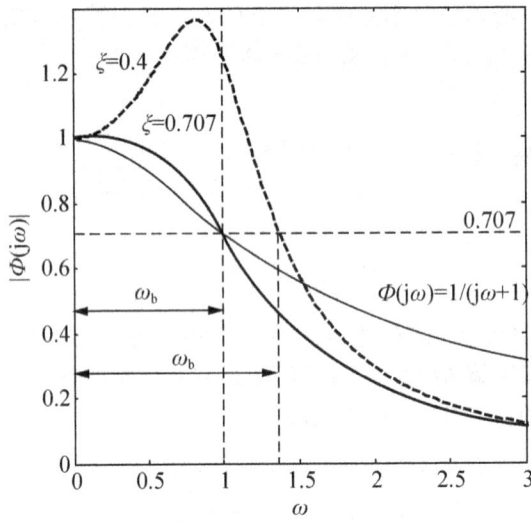

图 5.49 归一化一、二阶系统的带宽示意图

回顾前面渐近线伯德图绘制时的情形，一阶环节在转折频率处的误差即为 −3dB。显然，一阶系统的转折频率就是截止频率

$$\omega_b = \frac{1}{T} \tag{5.80}$$

对于式(5.74)所示二阶系统，依截止频率定义，有

$$|\Phi(j\omega)| = \frac{1}{\sqrt{(1-\omega^2/\omega_n^2)^2+(2\xi\omega/\omega_n)^2}} = \frac{1}{\sqrt{2}}$$

可得

$$\left(\frac{\omega^2}{\omega_n^2}\right)^2 + (4\xi^2-2)\frac{\omega^2}{\omega_n^2} - 1 = 0$$

解之，得

$$\omega_b = \omega_n \sqrt{1-2\xi^2+\sqrt{(1-2\xi^2)^2+1}} \tag{5.81}$$

上述结果表明，一阶系统和二阶系统的带宽都与其对应的角频率成正比。由第 3 章一、二阶系统的调节时间与系统参数的关系可知，一、二阶系统的调节时间与系统的带宽成反比。对高阶系统而言，这个定性结论依然成立。

通常，对系统带宽的选择或设计，取决于下列因素。

(1) 对输入信号的再现能力。大的带宽相应于小的上升时间，即相应于快速响应特性。粗略地说，带宽与响应速度成正比。

(2) 对高频噪声必要的滤波特性。正如式(5.59)所示，噪声抑制传递函数 $G_{NY}(s)$ 和指令跟踪传递函数 $G_{RY}(s)$ 是一致的。为了使系统能够精确地跟踪任意输入信号，系统必须具有大的带宽。但是，从噪声的观点来看，带宽不应当太大。因此，对带宽的要求是矛盾的，好的设计通常需要折中考虑。具有大带宽的系统通常要有高性能的元件，元件的成本通常随着带宽的增加而增大。

【例 5.19】已知单位反馈系统的开环传递函数为
$$G(s)=\frac{0.5(2.5s+1)}{s(s+1)^3(0.2s+1)}$$
试求取系统的下述频域指标：ω_c，ω_g，ω_r，ω_b，P_m，G_m，M_r，M_s，M_t。

【解】应用 MATLAB 语句绘制系统开环奈奎斯特曲线和闭环幅频特性，如图 5.50 所示。

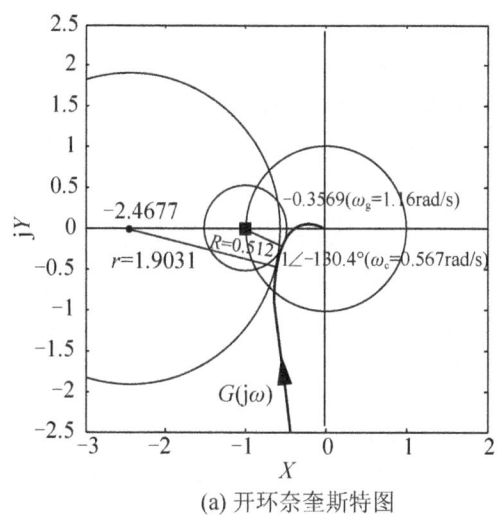
(a) 开环奈奎斯特图

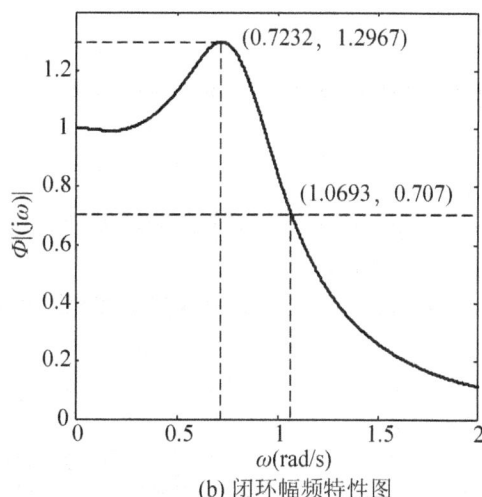
(b) 闭环幅频特性图

图 5.50 例 5.19 系统的奈奎斯特图和闭环幅频特性图示意

由图可得：

$\omega_c \approx 0.567 \text{rad/s}$，$\omega_g \approx 1.16 \text{rad/s}$，$\omega_r \approx 0.7232 \text{rad/s}$，$\omega_b \approx 1.0693 \text{rad/s}$

$P_m = 180° + \angle G(j\omega_c) = 180° - 130.4° = 49.6°$

$G_m = 1/|G(j\omega_g)| = 1/0.3569 = 2.8019 = 8.95 \text{dB}$

$M_r = |\Phi(j\omega_r)| \approx 1.2967$

$M_s = 1/R = 1/0.512 \approx 1.9531$

$M^2/(1-M^2) = -2.4677 \rightarrow M_t = M \approx 1.2967$

5.5.3 频率响应特性与系统的鲁棒性

系统的鲁棒性又称为健壮性，用以表征控制系统对特性或参数摄动的不敏感性。在实际问题中，系统特性或参数的摄动常常是不可避免的。产生摄动的原因主要有两个方面：一是由于测量的不精确使特性或参数的实际值会偏离它的标称值；另一个是系统运行过程中受环境因素的影响而引起特性或参数的缓慢漂移。因此，鲁棒性已成为控制理论中的一个重要的研究课题，也是一切类型控制系统的设计中所必须考虑的一个基本问题。鲁棒性问题与控制系统的相对稳定性和不变性原理有着密切的联系。

对鲁棒性的研究主要限于线性定常控制系统，所涉及的领域包括稳定性、无静差性、适应控制等。当系统中存在模型摄动或随机干扰等不确定性因素时，使系统仍然能保持其满意功能品质的控制理论和方法称为鲁棒控制法。

1. 系统不确定性的描述

考虑一阶系统参数摄动的情况。假设我们获得了系统的正弦传递函数模型

$$G_0(j\omega) = \frac{K_0}{1+j\omega T_0}$$

称此模型为**名义模型**或标称模型。

因为建模误差或系统特性漂移，假设系统的真实模型为

$$G(j\omega) = \frac{K}{1+j\omega T}$$

即系统的结构未发生变化，仅仅是系统的参数发生了变化，其变化描述为

$$K = K_0 + \Delta K = K_0(1+\delta K)$$
$$T = T_0 + \Delta T = T_0(1+\delta T)$$

式中，ΔK 和 ΔT 表示静态增益和时间常数的绝对变化，δK 和 δT 表示静态增益和时间常数的相对变化。

摄动引起模型的绝对变化和相对变化分别为

$$\Delta G(j\omega) = G(j\omega) - G_0(j\omega)$$
$$= \delta K \frac{1+j\omega T_1}{1+j\omega T} \cdot \frac{K_0}{1+j\omega T_0} \tag{5.82}$$

$$\delta G(j\omega) = \frac{G(j\omega) - G_0(j\omega)}{G_0(j\omega)} = \delta K \frac{1+j\omega T_1}{1+j\omega T} \tag{5.83}$$

式中，$T_1 = T_0(1-\delta T/\delta K)$。我们称模型的绝对变化 $\Delta G(j\omega)$ 为系统的**加性不确定性**，称模型的相对变化 $\delta G(j\omega)$ 为模型的**乘性不确定性**。

通常，需要考虑系统特性变化最坏时的情况。例如，$\delta K = 50\%$ 和 $\delta T = -30\%$ 时，有

$$\Delta G(j\omega) = 0.5 \frac{1+j1.6\omega T_0}{1+j0.7\omega T_0} \cdot \frac{K_0}{1+j\omega T_0}$$

$$\delta G(j\omega) = 0.5 \frac{1+j1.6\omega T_0}{1+j0.7\omega T_0}$$

加性不确定性和乘性不确定性的幅值特性分别如图 5.51 和 5.52 中虚线所示。

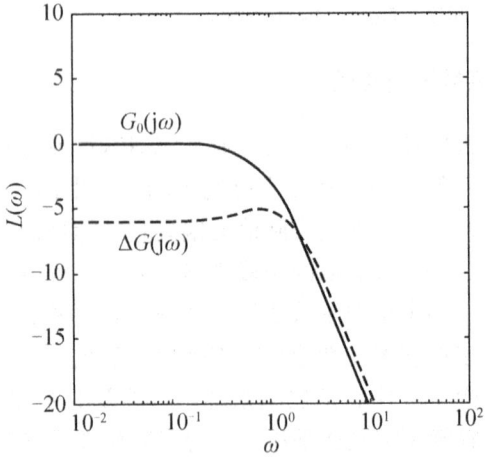

图 5.51 系统的加性不确定性示意

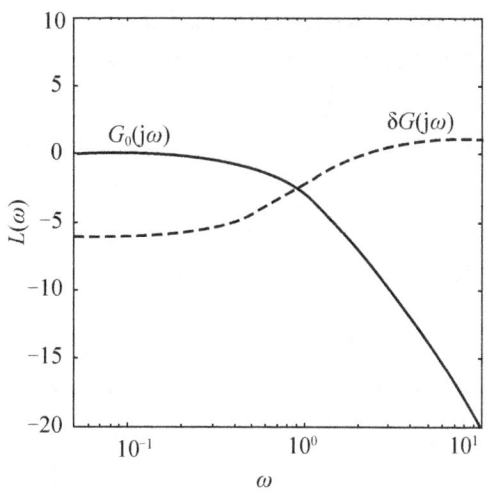

图 5.52 系统的乘性不确定性示意

由图可见，**系统的加性不确定性为：低频和高频幅值较小，中频幅值较大。系统的乘性不确定性为：低频幅值较小，高频幅值较大。**

对于高阶系统，情况会更复杂一些，但其摄动幅值特性仍有与此类似的结果。

2. 系统的鲁棒稳定性

我们的问题是，系统参数在某个范围内任意变化时，闭环系统还能保持稳定吗？

假设标称设计已经完成，显然标称系统是稳定的。那么，系统的开环传递函数 $G_0(j\omega)$ 必然满足

$$1+G_0(j\omega)\neq 0 \quad (\forall \omega>0) \tag{5.84}$$

假设系统的结构不变，仅参数摄动，欲使系统具有鲁棒性，摄动系统的频率响应特性也应该满足

$$1+G(j\omega)\neq 0 \quad (\forall \omega>0) \tag{5.85}$$

因为摄动系统和标称模型之间满足

$$\begin{aligned}1+G(j\omega)&=1+G_0(j\omega)+\Delta G(j\omega)\\&=[1+G_0(j\omega)][1+S(j\omega)\cdot \Delta G(j\omega)]\end{aligned} \tag{5.86}$$

或者

$$\begin{aligned}1+G(j\omega)&=1+G_0(j\omega)+G_0(j\omega)\cdot \delta G(j\omega)\\&=[1+G_0(j\omega)][1+T(j\omega)\cdot \delta G(j\omega)]\end{aligned} \tag{5.87}$$

所以，摄动系统仍然能够保持稳定的条件为

$$1+S(j\omega)\cdot \Delta G(j\omega)\neq 0 \quad (\forall \omega>0) \tag{5.88}$$

或者

$$1+T(j\omega)\cdot \delta G(j\omega)\neq 0 \quad (\forall \omega>0) \tag{5.89}$$

对于式(5.88)，考虑系统相位任意变化的情况，一种保守条件是

$$|S(j\omega)|\cdot |\Delta G(j\omega)|<1 \quad \text{或者} \quad |1+G_0(j\omega)|>|\Delta G(j\omega)| \tag{5.90}$$

可以这样理解式(5.90)的物理意义,标称系统的开环奈奎斯特曲线与临界点(-1, j0)的距离必须大于系统的加性不确定性幅值。通常情况是,系统的加性不确定性在中频范围有更大的幅值,而往往中频段奈奎斯特曲线与临界点的距离较近。所以,一种更为保守的条件是,使标称系统的开环奈奎斯特曲线与临界点的最短距离大于加性不确定性的最大幅值,即

$$M_s^{-1} = \min_{\omega>0} |1+G_0(j\omega)| > \max_{\omega>0} |\Delta G(j\omega)| \quad (5.91)$$

对于式(5.89),考虑系统是相位任意变化的情况,一种保守的条件是

$$|T(j\omega)| \cdot |\delta G(j\omega)| < 1 \quad 或者 \quad \frac{1}{|T(j\omega)|} > |\delta G(j\omega)| \quad (5.92)$$

回顾乘性不确定性的特点可知,乘性不确定性具有低频幅值小、高频幅值大的特点。所以,依据式(5.92),系统的余灵敏度特性必须为低通特性,而且在适当频率处,余灵敏度幅值特性必须尽快衰减。为了应用上的简单,比式(5.92)更为保守的条件是

$$M_t^{-1} = \frac{1}{\max_{\omega>0} |T(j\omega)|} > \max_{\omega>0} |\delta G(j\omega)| \quad (5.93)$$

为了使系统对参数摄动具有一定的鲁棒稳定性,闭环标称系统应该是低通的,并且,闭环系统的带宽还应受到摄动特性的限制。若系统带宽频率接近摄动特性幅值变化剧烈的频段,则大的谐振峰值很容易使系统特性超出式(5.92)的限制。

当系统满足式(5.91)和/或式(5.93)的条件时,称这样的系统是鲁棒稳定的。 依据鲁棒稳定性设计的系统通常有很大保守性。

【例5.20】 已知系统的开环传递函数为

$$G(s) = \frac{0.25K(2.5s+1)}{s(T_1s+1)^3(T_2s+1)}$$

其中,参数 K、T_1、T_2 的标称值分别为 2,1s,0.2s。假设实际系统的参数变化区间为 $K \in [1, 3]$,$T_1 \in [0.7, 1.3]$,$T_2 \in [0.1, 0.3]$。试分析闭环系统的鲁棒稳定性。

【解】 我们仅对参数变化的几种极端情况作分析。假设实际系统的极端参数如下。

(1) $K=1$,$T_1=0.7$,$T_2=0.1$。
(2) $K=1$,$T_1=0.7$,$T_2=0.3$。
(3) $K=1$,$T_1=1.3$,$T_2=0.1$。
(4) $K=1$,$T_1=1.3$,$T_2=0.3$。
(5) $K=3$,$T_1=0.7$,$T_2=0.1$。
(6) $K=3$,$T_1=0.7$,$T_2=0.3$。
(7) $K=3$,$T_1=1.3$,$T_2=0.1$。
(8) $K=3$,$T_1=1.3$,$T_2=0.3$。

绘制以上八种情况以及标称模型的开环奈奎斯特图,如图5.53所示。图中,细线为八种极端参数情形的奈氏曲线,粗线为标称系统奈氏曲线。由图可见,在以上八种参数情形下,闭环系统都是稳定的。

绘制上述八种情形的加性不确定性和系统的灵敏度特性幅值特性如图5.54所示,八种情形下系统的乘性不确定性和系统的余灵敏度幅值特性,如图5.55所示。

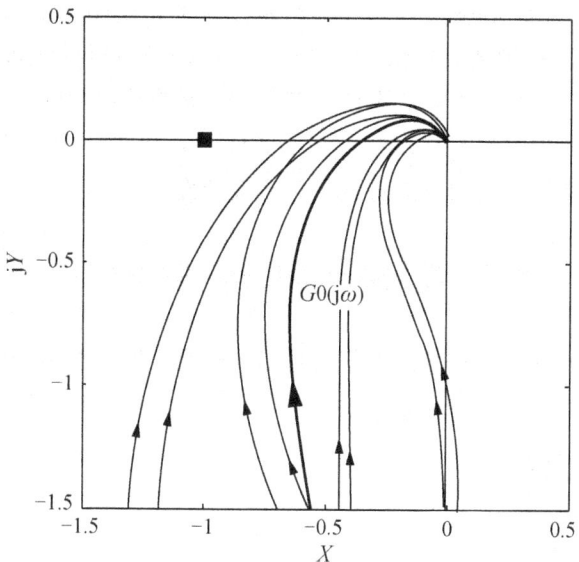

图 5.53 例 5.20 不同参数时开环奈奎斯特曲线示意

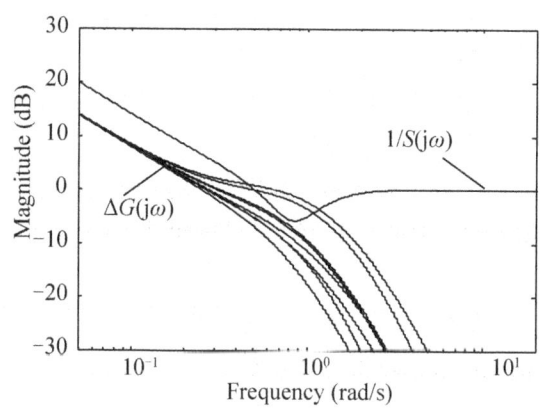

图 5.54 系统的逆灵敏度和加性不确定性幅值特性

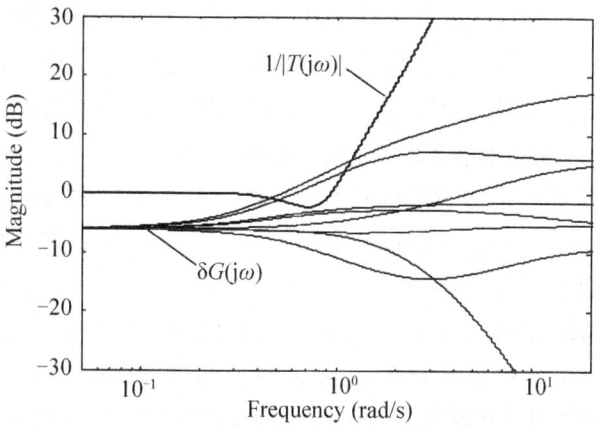

图 5.55 系统的逆余灵敏度和乘性不确定性幅值特性

由图 5.54 可见，系统不满足式(5.90)所示的条件，由图 5.55 可见，系统不能满足式(5.92)所示的条件。这说明，按式(5.90)和/或式(5.92)对系统进行判断时，结论是，不能保证闭环系统的鲁棒稳定性，或者说，该系统不是鲁棒稳定的。

系统在上述八种情形时都是稳定的，表明式(5.90)和式(5.92)是较为保守的。所以，系统的鲁棒稳定是系统稳定的充分条件而不是必要条件。

5.6 期望开环和闭环频率特性

系统是否有好的性能，怎样才能有好的性能，这是控制系统分析和设计都会思考到的问题。从一般意义上讲，一个期望系统会是怎样的呢？本节对这一问题进行概略回答。

5.6.1 期望开环频率特性

1. 期望开环伯德图

一般地，可将系统的整个频率范围分为高、中、低三个频段。系统的中频段至少应包含从幅穿频率到相穿频率的范围，并且应保证中频段有适当宽度。中频以下的频率称为低频，中频以上的频率称为高频。

前已述及，零频幅值特性决定系统的稳态误差。为了使系统的误差较小，希望低频幅值越大越好，这是系统设计中的"高增益"原则。

高频段的频率特性，除了噪声抑制需要高频具有衰减特性外，系统的鲁棒性也会要求高频应该具有明显的衰减特性。所以，高频部分的幅值特性希望是"低增益"的或明显衰减的。

正如前面介绍的相对稳定性那样，系统的稳定性取决于系统的中频特性。伯德定理对于判定最小相位系统的稳定性及求取稳定裕量是十分有用的。为此，先将伯德定理的主要内容作简单介绍。

伯德定理：**最小相位系统的幅值特性和相角特性是一一对应的**。当给定整个频率区间上的幅值特性时，系统的相角特性就被唯一地确定了。系统在某一频率 ω_x 上的相移 $\varphi(\omega_x)$，主要地决定于同一频率上幅值特性的斜率，即 $\Delta L(\omega_x)/\Delta \lg(\omega_x)$。离频率 ω_x 越远处的幅值特性斜率对系统相移的影响越小。幅值和相移特性的大致对应关系是：**幅值斜率为 $\pm 20n$ dB/dec 时，对应的相移为 $\pm 90n$ 度(deg)**。

例如，若频率 ω_1 处的幅值渐近线斜率是 -20 dB/dec 时，那么 ω_1 处的相移就大约是 $-90°$。在频率 ω_1 两端，该斜率保持的频率范围越宽，ω_1 处的相移就越接近 $-90°$。如果 ω_2 处的幅值渐近线斜率是 -40 dB/dec，那么频率 ω_2 处的相移就大约是 $-180°$。假设频率 ω_2 就是系统的幅穿频率 ω_c，那么闭环系统即使是稳定的，系统的相位裕量也不会太大。因此，开环伯德图在幅穿频率 ω_c 处的幅值渐近线斜率的期望值是 -20 dB/dec。按照这些要求，用 MATLAB 绘制常规工业过程控制所期望的 1 型开环伯德图如图 5.56 所示。

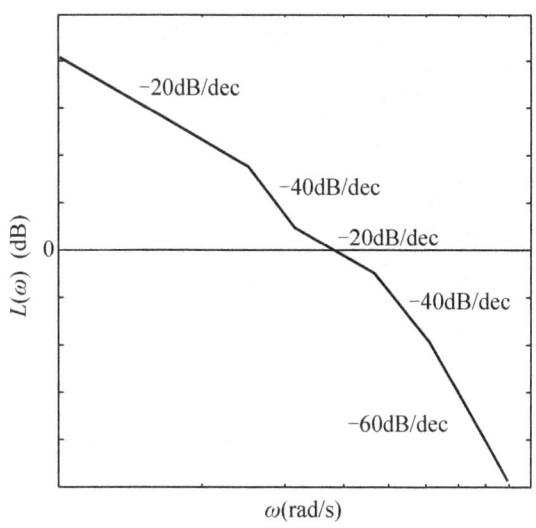

图 5.56　1 型系统期望开环频率特性的伯德图

图 5.56 中由"左上"向"右下"共有五段渐近线,第一段是低频段,1 型系统的斜率是 -20dB/dec;第三段为幅穿频率段,是系统的中频段,期望斜率是 -20dB/dec;第二段起到承接第一段和第三段的作用,目的是提高低频段的增益,但又要保证中频段宽度;第五段是高频段,要求它是低增益的,这对抑制噪声有利;第四段是中频段和高频段的承接段,目的是快速降低增益,但也要保证中频段宽度,这对系统的稳定裕度是有利的。

【例 5.21】已知系统的开环传递函数为

$$G(s) = \frac{K}{s(s+4)}$$

试选择合适静态增益 K,使闭环系统有好的时间响应波形。

【解】分别选择增益为 2、3、5、8、13 和 21。使用 MATLAB 获取系统在给定增益下的开环伯德图如图 5.57 所示,与之相应的闭环系统单位阶跃响应如图 5.58 所示。具体的 MATLAB 程序如下。

```
clear all
a=[2 3 5 8 13 21];
figure(1),hold on
for n=1:length(a)
  Gs=tf(a(n),[1 4 0]);
  Fais=feedback(Gs,1);
  step(Fais);
end
figure(2),hold on
for n=1:length(a)
  Gs= tf(a(n),[1 4 0]);
  bode(Gs);
end
```

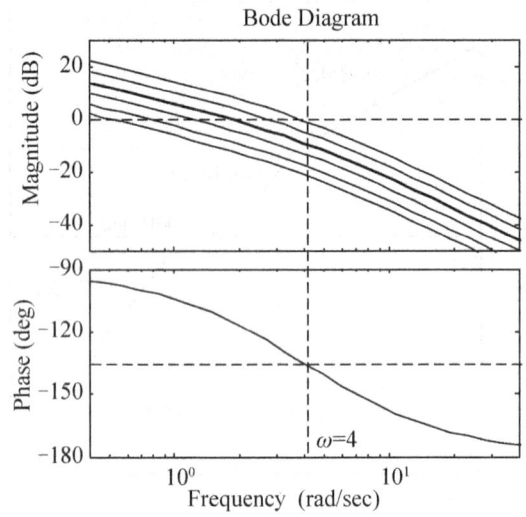

图 5.57 不同开环增益时的伯德图

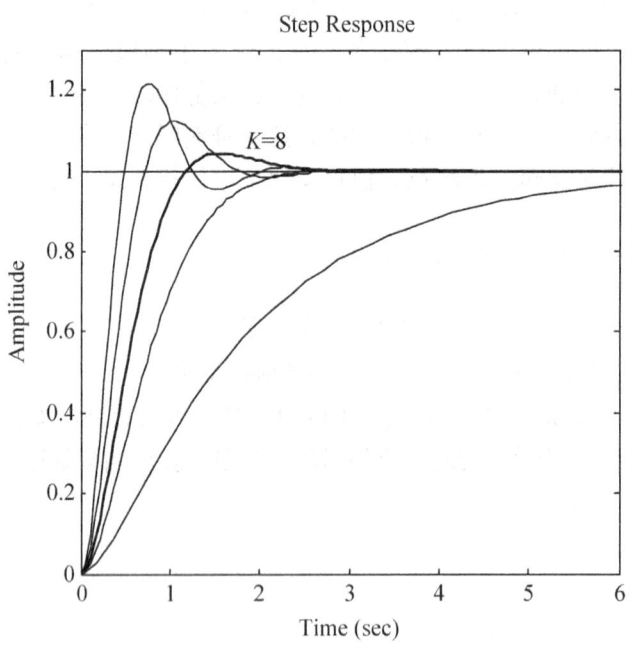

图 5.58 不同开环增益下闭环系统的单位阶跃响应

由图 5.57 可见，不同开环增益并不改变相角特性，只是使幅值特性上下移动。开环增益越大，系统的幅值特性上移越多，系统的幅值穿越频率越大，系统的相位裕度则减小。

图 5.58 是与之对应的闭环系统单位阶跃响应。从系统的时间响应方面来看，开环增益较小时，系统的时间响应非常缓慢；而开环增益较大时，系统出现明显的振荡；较为合适的是开环增益为 8 时的情形，如图中粗实线所示。

因为开环传递函数中的一阶惯性环节转折频率为 4rad/s,所以粗实线代表的系统穿越 0dB 时的斜率是 -20 dB/dec,渐近线保持该斜率有适当频率宽度是系统有好的时间响应的保证。若系统的幅穿频率太靠近幅值斜率为 -40 dB/dec 的频率,或者说太窄的频率宽度,如 $K=21$ 时,则系统响应振荡明显,系统的稳定裕度不高;若系统的幅穿频率离 -40 dB/dec 斜率很远,或者说中频段有太大的频率宽度,如 $K=1$ 时,则系统的响应速度会很缓慢。

2. 期望开环奈奎斯特图

如果开环系统的奈奎斯特图是从无穷远处开始的,那么系统对阶跃输入是稳态无差的。为使系统尽快消除误差,低频幅值应该是高增益的。这在极坐标图上可以理解为,随着频率趋于零,开环奈奎斯特曲线应该尽快伸展到远处。考虑最小相位系统从 0 型到 1型、2 型甚至 3 型的情况,奈奎斯特曲线的低频段对应地位于从第四象限、第三象限到第二象限,形象地说,开环奈奎斯特曲线起始段从无穷远处按逆时针方向绕临界点前进时,系统消除稳态误差的能力越强。

高频幅值低增益对抑制系统噪声是有利的,那么,开环奈奎斯特曲线随着频率趋于无穷应该尽快趋于坐标原点。

开环系统中频段特性与系统稳定性是相关的。对最小相位系统来说,开环奈奎斯特曲线 $G(j\omega)$ 不包围 G 平面临界点 $(-1, j0)$ 时,闭环系统是稳定的。并且,为了保证系统有合适的稳定裕度,中频段奈奎斯特曲线应该离临界点适当距离,例如,$|1+G(j\omega)|>0.6$,意思是开环奈奎斯特曲线绕行在以 $(-1, j0)$ 点为圆心且半径为 0.6 的圆环之外,如图 5.59 所示,这也正是系统具有鲁棒性的意义所在。

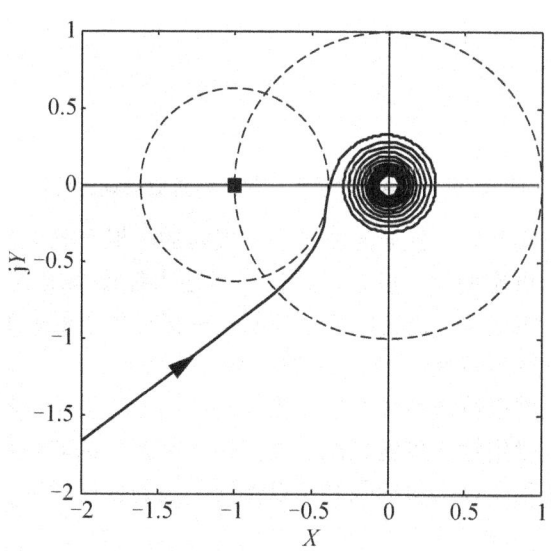

图 5.59 期望开环奈奎斯特图示意

5.6.2 期望闭环频率特性

对闭环跟踪控制系统而言,假设希望响应能够很好地跟踪指定输入的频率范围为 $(0, \omega_{max})$,而对高于此频率的激励,将尽快衰减到零。

对于图5.40所示单位反馈系统，理想跟踪特性为

$$|G_{RY}(j\omega)|=1 \tag{5.94}$$

而理想噪声衰减特性为

$$|G_{NY}(j\omega)|=0 \tag{5.95}$$

因为闭环传递特性 $G_{RY}(j\omega)$ 与噪声传递特性 $G_{NY}(j\omega)$ 仅相差一个符号，所以一个既有好的跟踪能力又有好的噪声抑制能力的系统频率特性为

$$\begin{cases}|G_{RY}(j\omega)|=|T(j\omega)|=1,&(0\leqslant\omega\leqslant\omega_{\max})\\|G_{NY}(j\omega)|=|T(j\omega)|=0,&(\omega>\omega_{\max})\end{cases} \tag{5.96}$$

式中，$T(j\omega)$ 是系统的余灵敏度特性。式(5.96)所示的幅值特性正如理想低通滤波器特性所要求的那样，如图5.60中粗实线所示。

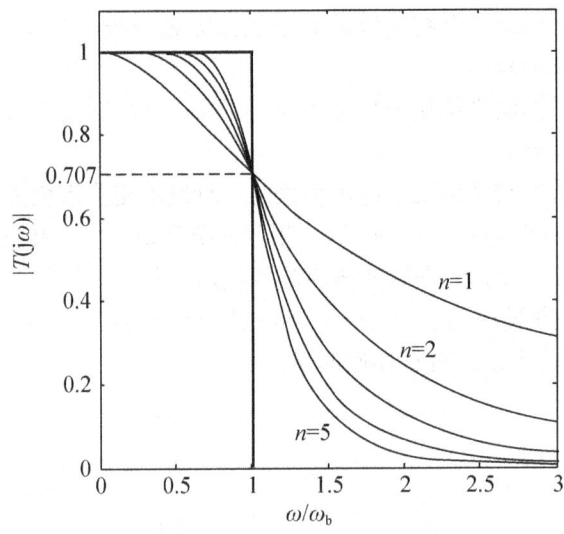

图5.60　理想滤波器和巴特沃斯滤波器幅值特性

但是，我们知道，实现理想低通滤波器是不现实的。根据滤波器设计理论，一个实际网络的传递特性只是尽可能地逼近该幅值特性，且还需保证系统有合适的相移特性要求。目前，已有滤波器设计方法中，巴特沃斯滤波器是最接近理想低通滤波器特性的。一阶至五阶巴特沃斯滤波器的幅值特性如图5.60的细实线所示。

值得注意的是，虽然巴特沃斯滤波器的幅值特性接近理想滤波器特性，但是，实际应用中还需要仔细考虑其稳定性。也就是说，我们还需要注意选取合适的闭环截止频率，使系统的频率特性满足条件式(5.92)的限制，以保证系统的鲁棒稳定性。

本 章 小 结

本章主要讨论线性定常系统频率响应特性的分析问题，并介绍了频率响应特性的基本概念，即正弦稳态响应、幅值比和相位差、正弦传递函数、滞后与超前及谐振峰值和谐振频率等，还介绍了已知系统模型绘制系统的概略伯德图和概略奈奎斯特图的方法和步骤。

在此基础上，重点介绍了依据系统开环频率特性判断闭环系统稳定性的奈奎斯特稳定性判据，并进而引入衡量系统相对稳定性的幅值裕度、相位裕度、最大灵敏度和最大余灵敏度的概念。最后，介绍了系统的稳定性、快速性和准确性与系统开环和闭环频率响应特性特征指标之间的关系，以及期望开环频率特性和期望闭环频率特性所应具有的常规特性。

习 题 5

5.1 已知一稳定系统的传递函数为 $G(s)$，若输入 $r(t)=\cos(\omega t+\theta)$，试证明系统的稳态输出为 $y(t)=|G(\mathrm{j}\omega)|\cos[\omega t+\theta+\angle G(\mathrm{j}\omega)]$。

5.2 已知系统如图 5.61 所示，当输入 $r(t)=\cos 2t$ 时，测得系统的稳态响应为 $y_{ss}(t)=2\cos(2t-60°)$，试确定系统的阻尼比 ξ 和无阻尼自然振荡频率 ω_n。

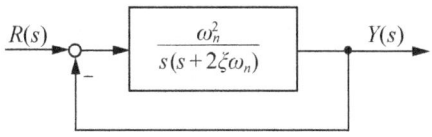

图 5.61 习题 5.2 图

5.3 已知系统的单位阶跃响应为
$$y(t)=1-1.2\mathrm{e}^{-0.5t}+0.2\mathrm{e}^{-2t}$$
试确定系统的正弦传递函数 $G(\mathrm{j}\omega)$。

5.4 已知系统的传递函数为
$$G(s)=\frac{T_2 s+1}{T_1 s+1} \quad (T_1>0, T_2>0)$$
当输入 $r(t)=\sin 2t$ 时，测得系统的稳态响应为 $y_{ss}(t)=0.5\sin(2t-45°)$。若输入信号改为 $r(t)=2\cos t$，试求解此激励下系统的稳态响应表达式。

5.5 已知系统的传递函数如下所示，试绘制系统的概略幅频特性曲线和相频特性曲线。

(1) $G(s)=\dfrac{5}{s(s+1)}$；　　　　　(2) $G(s)=\dfrac{4}{(0.5s+1)(2s+1)}$；

(3) $G(s)=\dfrac{24(s-2)}{(s+0.5)(s+10)}$；　　　(4) $G(s)=\dfrac{8(s+0.5)}{s(s^2+s+1)(s^2+8s+25)}$；

(5) $G(s)=\dfrac{10(s+0.2)}{s^2(s+0.5)(s+1)}$；　　　(6) $G(s)=\dfrac{1}{s(s+1)}\mathrm{e}^{-0.2s}$。

5.6 试绘制习题 5.5 所示系统的概略极坐标图。

5.7 已知系统开环传递函数如下，试依奈奎斯特判据判断其闭环系统的稳定性。

(1) $G(s)=\dfrac{10}{(s+1)(2s+1)}$；　　　(2) $G(s)=\dfrac{10}{s(0.2s+1)(0.5s+1)}$；

(3) $G(s)=\dfrac{250(s+1)}{s(s+5)(s+15)}$；　　　(4) $G(s)=\dfrac{0.5}{s(2s-1)}$；

(5) $G(s)=\dfrac{(s-1)}{s(s+1)}$；　　　　(6) $G(s)=\dfrac{2(s+0.5)}{s^2(s+1)(s+2)}$。

5.8 已知系统的开环传递函数为
$$G(s)=\frac{K}{s(sT_1+1)(sT_2+1)}$$
试由奈氏判据分析闭环系统的稳定性。

5.9 已知系统的开环传递函数为 $G(s)H(s)=K\cdot P(s)$。$K=1$ 时的开环奈奎斯特图如图 5.62 所示,图中 v 表示系统类型,P 表示开环不稳定极点个数。试根据奈奎斯特判据确定闭环系统的稳定性,并由此分析闭环系统稳定时 K 的取值范围。

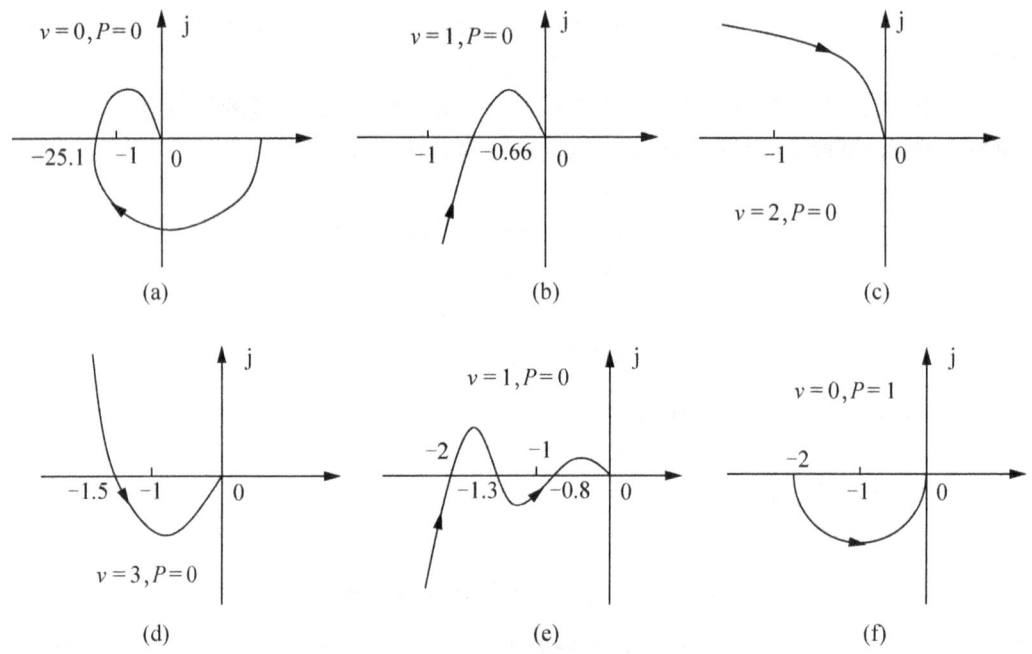

图 5.62 习题 5.9 图

5.10 已知反馈系统的开环传递函数为
$$G(s)H(s)=\frac{10(sT+1)}{s(s-10)} \quad (T>0)$$
试绘制系统的概略开环极坐标图,并由此确定使闭环系统稳定时 T 的取值范围。

5.11 已知反馈系统的开环传递函数分别如下,试确定使系统相位裕度等于 60°时的 T 和 K 的值。

(1) $G(s)H(s)=\dfrac{Ts+1}{s^2}$;   (2) $G(s)H(s)=\dfrac{K}{(0.1s+1)^3}$。

5.12 已知某负反馈系统的开环对数幅频特性如图 5.63 所示,其中 $\omega=0.1\mathrm{rad/s}$ 时系统幅值为 40dB。

(1) 证明 $\dfrac{\omega_3}{\omega_2}=\dfrac{\omega_2}{\omega_1}$;

(2) 求系统的开环放大系数 K;

(3) 假设系统为最小相位系统,求相角裕度 P_m。

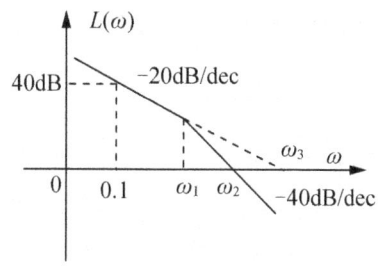

图 5.63 习题 5.12 图

5.13 已知系统的开环传递函数分别如下，试依据系统的开环伯德图，确定闭环系统临界稳定时的增益 K。

(1) $G(s)H(s)=\dfrac{K}{s(s+1)(0.2s+1)}$；　　(2) $G(s)H(s)=\dfrac{Ke^{-2s}}{s(s+1)}$。

5.14 已知反馈控制系统的开环传递函数分别如下，试求各系统的幅值裕度和相位裕度，并由此判定闭环系统的稳定性。

(1) $G(s)H(s)=\dfrac{32}{s(s+4)(s+16)(s+0.25)}$；　(2) $G(s)H(s)=\dfrac{100(1-s)}{s(s+10)(5-s)}$。

5.15 设反馈控制系统的开环传递函数为

$$G(s)H(s)=\dfrac{50}{s(s+1)(s+5)(s+10)}$$

试由 MATLAB 求系统的增益裕量和相角裕量。

5.16 某控制系统的开环传递函数为

$$G(s)H(s)=\dfrac{10K}{s(0.1s+1)(s+1)}$$

要求闭环系统对单位斜坡信号的稳态跟踪误差小于 0.3，试确定 K 值，并计算该系统此时所具有的相位裕度与幅值裕度，说明系统能否达到该精度要求。

5.17 已知最小相位系统的开环伯德图幅值渐近线特性分别如图 5.64(a)、(b)所示。
(1) 写出系统开环传递函数 $G(s)$；
(2) 计算开环截止频率 ω_c，并由此计算系统的相角裕度；
(3) 若给定输入信号 $u(t)=1+0.5t$，计算闭环系统的稳态误差。

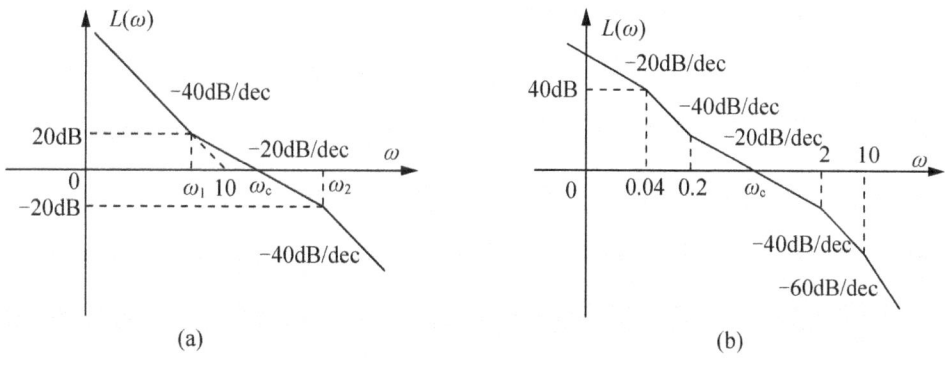

图 5.64 习题 5.17 图

5.18 已知系统如图 5.65 所示。试画出该系统的开环伯德图,并确定闭环系统的相位裕量和增益裕量。

图 5.65 习题 5.18 图

5.19 如图 5.66 所示,为一个宇宙飞船控制系统的框图。为了使相位裕量等于 $50°$,试确定增益 K。在这种情况下,系统的增益裕量和最大灵敏度分别是多大?

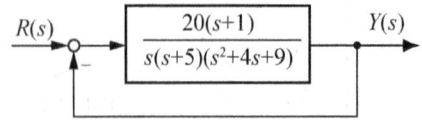

图 5.66 习题 5.19 图

5.20 设某单位负反馈系统的开环传递函数为

$$G(s)H(s) = \frac{K}{s(0.01s+1)(0.1s+1)}$$

试求:

(1) 满足闭环系统谐振峰 $M_r=1$ 的开环增益 K;
(2) 根据相角裕量和幅值裕量分析闭环系统稳定性;
(3) 应用经验公式计算系统超调量 σ_p 和过渡过程时间 t_s。

5.21 某控制系统开环传递函数为

$$G(s)H(s) = \frac{10(s+1)}{s(8s+1)(0.05s+1)}$$

试求:

(1) 系统开环截止频率 ω_c 及相角裕量 P_m;
(2) 由 MATLAB 计算闭环系统的性能指标 $\sigma_P\%$, t_s, M_t, M_s。

第 6 章
线性系统的校正与综合

基于系统数学模型的自动控制理论分为两个部分,即分析理论与综合理论。系统的分析是指对一个给定的系统,在不改变其结构的前提下,分析它可以具有的行为和性能,以及系统参数与其行为和性能之间的定性或定量关系。本书第3~5章就分别以不同方法揭示了线性定常系统的可能行为与性能。这些分析方法也常称为经典方法。系统的综合是系统分析的反命题,综合是建立在系统分析的基础上的。系统综合的目的是使系统的性能达到期望的指标或实现最优化。进一步来说,是指根据给定的性能指标,构造合理的系统结构,确定合适的校正环节及其参数,使系统行为满足性能指标要求。而这些正是本章试图探讨的内容。

教学目标

- 了解线性定常系统时域和频域指标的物理意义;
- 掌握典型校正环节的特性及其对系统性能的影响;
- 掌握典型校正环节的时域和频域校正方法;
- 理解系统的性能指标与参数优化的关系;
- 了解二自由度控制和内模控制的系统方案与设计步骤。

教学要求

知识要点	能力要求	相关知识
校正方案	(1) 了解控制系统的校正方案; (2) 理解校正环节在系统中的配置意义	控制系统结构
校正环节	(1) 了解典型校正环节的物理意义; (2) 理解典型校正环节参数的确定原则	传递函数与特性
校正方法	(1) 了解根轨迹图和伯德图的绘制方法; (2) 理解典型校正环节与根轨迹图和伯德图的关系; (3) 掌握基于伯德图进行系统校正的方法与步骤	根轨迹图与伯德图
二自由度控制	(1) 了解二自由度控制系统的常见结构; (2) 理解设定值跟踪稳态无差的实现方式	前馈控制和反馈控制
内模控制	(1) 了解内模控制思想; (2) 理解内模控制器的设计方法和步骤	零极点相消、鲁棒性

推荐阅读资料

1. Katsuhiko Ogata. 现代控制工程. 4版. 卢伯英,于海勋,等译. 北京:电子工业出版社,2007.
2. 胡寿松. 自动控制原理. 5版. 北京:科学出版社,2007.
3. 薛定宇. 反馈控制系统设计与分析:MATLAB语言应用. 北京:清华大学出版社,2000.
4. 郑大钟. 线性系统理论. 2版. 北京:清华大学出版社,2002.
5. 陈复扬. 自动控制原理(中文版). 北京:国防工业出版社,2010.
6. Danlel E. Rivera, Manfred Morari, Slgurd Skogestad. Internal model control. 4. PID controller design. Ind. Eng. Chem. Process Des. Dev. 1986,25:252—265.

基本概念

性能指标:控制系统在稳定性、快速性和(或)准确性方面特征衡量的数值表示。在分析和设计控制系统时,常使用性能指标来表示系统性能是否符合需要,或者通过性能指标来判断系统之间的性能优劣。

滞后和超前环节:环节在传递正弦波信号时,响应与激励信号相位相比的超前或者滞后特性。

前馈校正:直接依据给定或扰动信号对过程输出进行补偿的一种校正方式。其信号传递是单向的,补偿效果与给定模型的准确性直接相关。

反馈校正:依据过程响应而实施过程补偿的一种校正方式,其信号传递是闭合的。

二自由度系统:系统在扰动抑制特性与设定值跟踪特性两个方面可以分别调整的一种系统。

内模设计法:已知过程模型,依据过程和模型响应之差对过程响应实施补偿的一种设计方法。

引 例: 汽车转向响应的补偿

汽车前轮的转向幅度依赖于方向盘转角的输入。目前,大多数汽车的转向传动比,也就是方向盘转角与汽车前轮转角的比值,都是固定的。多数汽车的转向传动比在16:1和18:1之间,这意味着方向盘每转动16°或18°时,汽车前轮对应地转动1度。

但是,驾驶员所感受的汽车转向还取决于具体的驾驶条件。不同的路况和不同的车速,所需要的转向感受是不一样的。例如,低速行驶时希望车身转向灵活,或者说希望转向传动比小些,用小的方向盘转角就可以产生大的前轮转向,以满足车身时常转弯的需要;高速行驶时希望车身更平稳些,也就是希望产生小一点的前轮转向或者转向传动比大些,以避免汽车侧翻的危险。

为适应不同车速的转向要求,需要依据汽车行驶状况而附加一个前轮转向角补偿,以提高驾驶的舒适性与安全性,这就是系统的校正问题。

6.1 系统综合的基本概念

被控对象往往是一个生产装置,或者是一段生产过程。当被控对象确定后,按照被控对象的工作条件,操纵信号的能量限制和最大变化速度等,可以初步选定执行元件的型式、特性和参数。然后,依据被测物理量的物理性质、测量精度、抗扰动能力及非线性度等因素,选择合适的测量变送元件。在此基础上,设计增益可调的前置放大器和/或功率放大器。所有这些部分,对于确定的生产过程说来,一般是确定后就不会轻易改变,称为控制系统的固有部分。对于本章而言,固有部分就是综合问题的对象,就是受控过程或被控对象。

设计控制系统的目的,就是选择控制元件与被控对象的合理组合,使之满足系统在控制精度、阻尼程度和响应速度等方面的性能要求。以上这些,除生产装置以外,所有软/硬件配置、安装以及调试等,统称为控制系统的设计问题。

一般地,在设计过程中,仅仅通过调整放大器增益是不能满足设计目标的,需要在系统中增加一些校正环节,这就是控制系统的综合问题。应当指出,系统综合与系统设计不是等同的两个概念。系统综合着眼于理论层面,而系统设计还可延伸至工程层面,系统的校正与综合仅仅是设计过程的一部分。

6.1.1 系统的校正方式

按照校正装置在控制系统中连接方式的不同,控制系统校正结构可以分为前馈校正、反馈校正和复合校正。

1. 前馈校正

前馈校正是一种直接开环补偿方式。前馈校正可分为两种情况,一种是依可测干扰引入的补偿,称为扰动前馈校正;一种是依设定值跟踪引入的补偿,称为设定值前馈校正,如图 6.1 所示。

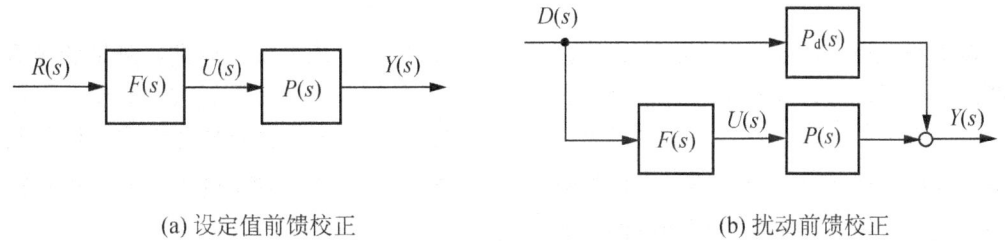

(a) 设定值前馈校正　　　　　　　　　　(b) 扰动前馈校正

图 6.1　前馈校正控制系统结构图

设定值前馈补偿规律往往依据期望跟踪特性而选取,若期望跟踪传递函数为 $W(s)$,而被控对象传递函数为 $P(s)$,则设定值前馈校正环节的传递函数 $F(s)$ 为

$$F(s) = \frac{W(s)}{P(s)} \tag{6.1}$$

如果希望跟踪特性为理想的单位 1,那么前馈校正就是过程的逆。理想跟踪通常是不可取的,这是因为过程特性不能精确获得,而且过程逆在实际中也往往是不能物理实现的。

扰动前馈补偿规律通常是依据不变性原理而设计,若扰动通道的传递函数为 $P_d(s)$,操纵通道的传递函数为 $P(s)$,校正环节的传递函数为 $F(s)$,则系统的输出为

$$Y(s) = P_d(s)D(s) + P(s)F(s)D(s)$$

如果扰动作用不影响系统输出,称为前馈设计的不变性,也即有 $Y(s)=0$,于是得

$$F(s) = -\frac{P_d(s)}{P(s)} \tag{6.2}$$

实践中,干扰通道和操纵通道的特性常未必精确获得,故前馈补偿未必准确;而且,正如已经说过的,补偿环节含有过程逆时会遭遇不可实现性问题。

一般说来,前馈校正具有结构简单、作用及时的优点,并且不存在闭环稳定性问题。但其缺点是,对系统中的扰动和未知干扰不具有抑制作用。

2. 反馈校正

反馈校正是指添加校正环节后形成闭合回路的一种校正方式。这种校正方式的特点是，校正环节产生的校正作用与被控对象的输出变量有关。它可以分为两种情况：一种是校正环节与被控对象一起串联于前向通道中，校正环节是依据参考信号与测量信号之偏差而产生校正作用的，这种校正方式称为偏差反馈校正，也常称为串联校正；另一种是校正环节位于反馈通道中，校正环节仅仅依据被控变量的测量值而产生校正作用，其特点是参考信号不受校正环节规律的改变，这种校正方式叫做测量反馈校正，如图 6.2 所示。测量反馈校正是根据输出测量信号或者过程中间变量测量信号而产生校正作用的，其特点是控制器位于反馈通道中，所以常直接简称为反馈校正。

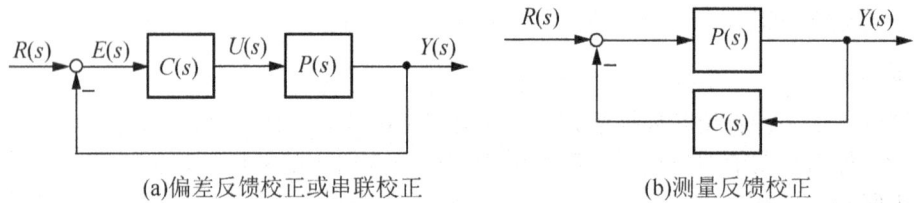

(a)偏差反馈校正或串联校正　　　　(b)测量反馈校正

图 6.2　反馈校正控制系统结构图

在工业过程的控制实践中，串联校正是一种最常见的校正方式。通常，测量变送后的反馈信号是弱信号，经校正环节运算后的控制信号也是弱信号，而操纵被控对象一般需要强信号，所以，在校正环节与被控对象之间，往往会有执行器，执行器能够完成由弱到强的信号转换。有时反馈信号来自于被控对象中强能量信号，在这种情况下，反馈校正作用可以不经功率放大就直接施加到被控对象中。

与前馈校正方式相比，反馈校正方式结构更为复杂，并且还存在闭环系统稳定性问题。但是，反馈方式能够抑制系统的不确定性和未知干扰，因此，反馈校正方式往往比前馈校正方式控制精度更高。

3. 复合校正

由简单校正方式组合成的一种有机整体，称为复合校正。例如，按设定值补偿的前馈加反馈校正控制系统，按扰动补偿的前馈加反馈校正控制系统，如图 6.3 所示。

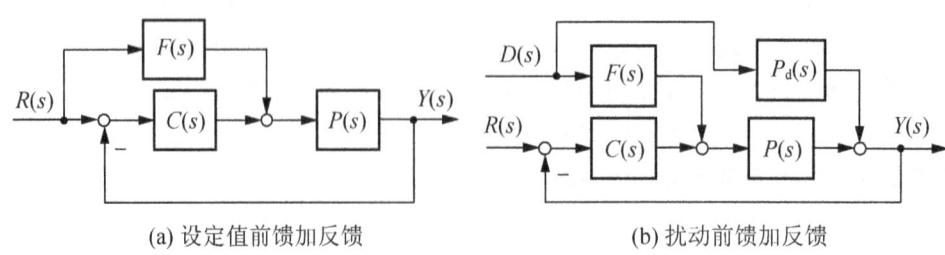

(a) 设定值前馈加反馈　　　　(b) 扰动前馈加反馈

图 6.3　复合校正控制系统结构图

一般地，复合校正能够综合简单校正的优点，使系统的性能得到很好的提升，但应该注意各个基本校正环节之间的关系。

在控制系统设计中，究竟使用哪种校正方式，取决于系统中的信号性质、技术实现的方便性、可供选用的元件、抗扰动性要求、经济性要求、环境使用条件及设计者经验等因素。

6.1.2 系统的性能指标

对设计完成或者正在运行的系统，我们需要对它的各项性能进行测试，以便能够对系统的可能工作状态进行有效合理的评估。对不同生产过程，我们注重的评价角度是不一样的。例如，对调节系统希望平稳性和稳态精度更好，而随动系统则希望快速性更好。总的来说，系统的性能评价应该包含系统在稳、快、准三方面的性质。但是，由于系统在这三方面的特性常有矛盾性，很多时候，某个方面的性能良好并不表明系统的整体工作状态良好。所以，找到实际所需的评价方式是系统设计、制造和使用时都应该关心的。

为了使系统在所希望的性能方面有好的保证，在设计时注重满足期望指标就是顺理成章的事。性能指标通常是由使用者或被控对象的设计制造者提出，而且，提出的性能指标应该符合实际系统的需要与可能。一般来说，性能指标不应当比完成给定任务所需要的指标更高。例如，若系统的主要要求是具备较高的稳态精度，则不必对系统的动态性能提出过分严格要求。实际系统能具备的各种性能指标，会受到组成元部件的固有误差、非线性特性、能源限制及机械强度限制等方面的制约。若要求控制系统具备较快的响应速度，则应该考虑系统能够提供的最大速度和加速度，以及系统容许强度的极限。除了一般性指标外，具体系统往往还有一些特殊要求，如低速平稳性、对变载荷的适应性等。

确切地阐明需要的性能指标，是控制系统设计中最重要的部分之一。性能指标实质上是对所有要综合的控制系统在运动过程行为上的一种规定。总体上，性能指标可划分为非优化型性能指标和优化型性能指标。非优化型性能指标常为等式或不等式约束型指标，目标是使综合后系统性能不得低于指定性能指标。优化型性能指标属于极值型指标，目标是使综合后系统的某个性能指标为极值。

1. 非优化型性能指标

非优化型性能指标常常表现为系统时间响应或频率响应的特征点约束表达式。相应地，性能指标也就分为时域性能指标和频域性能指标两类。时域性能指标常以系统的单位阶跃响应时间函数的特征信息给出，如峰值时间、调节时间、超调量、稳态误差及阻尼比等。频域性能指标常以开环频率响应和/或闭环频率响应的特征信息给出，如相位裕度、幅值裕度、最大灵敏度、最大余灵敏度、谐振峰值、静态误差系数、幅值穿越频率、截至频率或带宽等。

一般地，以时域性能指标作为系统性能要求时，直观地使用时域校正法，而以频域性能指标作为系统性能要求时，则考虑使用频域校正法。在系统综合过程中，有时需要将两类性能指标进行相互转化。

对二阶系统而言，系统的时域性能指标与频域性能指标之间具有准确的函数关系。其中，多数性能指标依据阻尼比而建立联系。常见的性能指标有以下几种。

（1）谐振频率 $\omega_r = \omega_n \sqrt{1-\xi^2}$，$0 < \xi < 0.707$。

(2) 谐振峰值 $M_r = \dfrac{1}{2\xi\sqrt{1-\xi^2}}$，$0<\xi<0.707$。

(3) 截止频率 $\omega_b = \omega_n\sqrt{1-2\xi^2+\sqrt{1+(1-2\xi^2)^2}}$。

(4) 幅穿频率 $\omega_c = \omega_n\sqrt{\sqrt{1+4\xi^4}-2\xi^2}$。

(5) 相位裕度 $P_M = \tan^{-1}\dfrac{2\xi}{\sqrt{\sqrt{1+4\xi^4}-2\xi^2}}$。

(6) 超调量 $\sigma\% = e^{-\frac{\pi\xi}{\sqrt{1-\xi^2}}}\times 100\%$。

(7) 调节时间 $t_s = \dfrac{4}{\xi\omega_n}$。

(8) 峰值时间 $t_p = \dfrac{\pi}{\omega_n\sqrt{1-\xi^2}}$。

(9) 幅穿频率与调节时间 $\omega_c t_s = \dfrac{8}{\tan P_m}$。

但是，高阶系统的时域与频域指标往往没有确切关系，其近似经验公式有以下几种。

(1) 谐振峰值与相位裕度

$$M_r = \dfrac{1}{\sin P_m} \tag{6.3}$$

(2) 超调量与谐振峰值

$$\sigma\% = 0.16 + 0.4(M_r - 1) \quad (1 \leqslant M_r \leqslant 1.8) \tag{6.4}$$

(3) 幅穿频率与调节时间

$$\dfrac{\omega_c t_s}{\pi} = 2 + 1.5(M_r - 1) + 2.5(M_r - 1)^2 \quad (1 \leqslant M_r \leqslant 1.8) \tag{6.5}$$

2. 优化型性能指标

有优化意义的性能指标常常与系统时间响应和/或频率响应的完整过程有关。优化型性能指标的含义和形式随问题背景的不同而异。

控制系统的性能好坏可以通过偏差信号的响应过程加以判断。一种反应偏差信号大小的综合指标为

$$J_X = \int_0^\infty t^m |e(t)|^n dt \tag{6.6}$$

式中，$e(t)$为系统的偏差信号，t为从信号开始激励起的时间，X表示m和n的不同取法，J_X为X取法下的运算结果。例如，$m=0$，$n=1$时为偏差绝对值积分（$X=$IAE）；$m=1$，$n=1$时为时间乘偏差绝对值积分（$X=$ITAE）；$m=0$，$n=2$时为平方偏差积分（$X=$ISE）；$m=1$，$n=2$时为时间乘平方偏差积分（$X=$ITSE）；$m=2$，$n=2$时为平方时间乘偏差绝对值积分（$X=$ISTAE）等。称式(6.6)所示性能指标为误差积分性能指标。

指标J_X的物理意义非常明显。例如，X为IAE时，是指将每个时刻的偏差绝对值作"累加和"而表示系统响应性能的。若系统的稳态误差不为零，或者系统响应速度慢，则IAE会很大；若系统稳态是无差的，并且系统的响应速度快，动态误差也不太大，则指标IAE就是比较小的。所以，误差积分性能指标J_X能够表示或者比较系统综合的好坏，可

用于求解使该性能指标最小的控制器参数值。

式(6.6)所示误差积分性能指标主要强调误差的优化,并不保证系统有合适的稳定裕量。在线性系统中,从兼顾工程应用和理论分析简单性的角度,性能指标可取为

$$J = \int_0^\infty [\alpha e^2(t) + (1-\alpha)u^2(t)]dt \tag{6.7}$$

式中,$u(t)$为系统的控制信号,α为0到1之间的常数。

对同一被控对象,依据不同方法,甚至是设计者的不同,就会有不同的设计结果。

另外,在设计过程中,可能需要对预先提出的性能指标进行修改,因为给定的性能指标有可能永远也得不到满足,或者导致设计出的系统造价高昂。

6.1.3 典型校正环节

选择校正环节的目的就是使系统固有特性能够朝着期望特性改变,直至满足预定指标为止。

通常情况下,工业过程的典型校正环节都由基本校正环节组合而成,正如第5章已经介绍的,这些基本环节为比例环节、积分环节、微分环节、一阶惯性环节、一阶微分环节及二阶微分环节等。控制系统需要怎样的校正环节,不但决定于系统的性能要求,而且与设计者的经验和习惯密切相关。为此,我们应该首先了解典型校正环节与期望特性之间的关系,以便选择相应的校正元件。

1. 比例环节

比例环节实质是一个具有可调增益的放大器,其放大倍数K_c也称为比例增益。比例环节的控制作用$u(t)$简单地比例于输入信号$e(t)$,即

$$C(s) = K_c, \quad u(t) = K_c \cdot e(t) \tag{6.8}$$

在串联校正中,增大比例增益可以提高系统的稳态误差系数,从而提高系统的控制精度。以开环伯德图说来,增大比例增益使整个幅值特性上移,系统的穿越频率ω_c就会增大,与之对应的相位裕度P_m一般会减小,所以,增大比例增益时,系统的响应速度增加而稳定性下降。

控制系统设计中,很少单独使用比例环节,比例环节通常和其他基本环节一起构成典型校正环节。

2. 滞后校正环节

典型滞后校正环节的传递函数为

$$C(s) = K\frac{1+Ts}{1+\beta Ts} \quad (\beta > 1) \tag{6.9}$$

式中,K为比例增益,T为时间常数,滞后因子β为大于1的系数。

该环节的伯德图和零极点图如图6.4所示。

由伯德图可见,滞后环节的相角为负,即该环节总是滞后的,故得其名。滞后相位对于系统稳定性说来是不利的。那么,我们应该怎样避免这种不利呢?

幅穿频率ω_c附近的系统相移决定系统的相对稳定性,而我们希望滞后环节对系统在幅穿频率处的附加相移小,如果选择滞后环节适当远离系统的幅穿频率,进一步说,选择滞

后环节的转折频率 $1/T$ 在 $\omega_c/6$ 以下，就能较好地保证这一点。在此情况下，滞后环节位于整个系统的低频段，它在幅穿频率处对系统附加的相移依 β 的取值而不同，通常大约为

$$\varphi(\omega_c) = \tan^{-1}(\omega_c T) - \tan^{-1}(\omega_c \beta T) \approx -5° \sim -12° \tag{6.10}$$

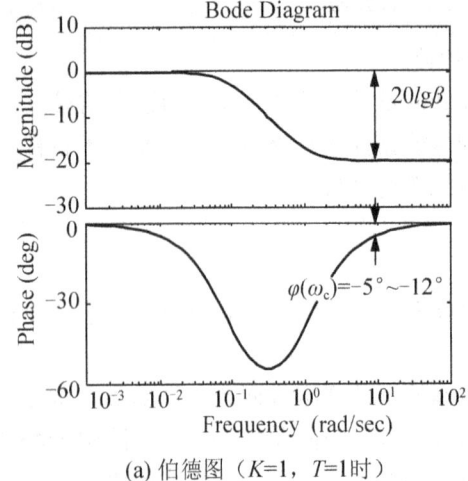

(a) 伯德图（$K=1$，$T=1$ 时）

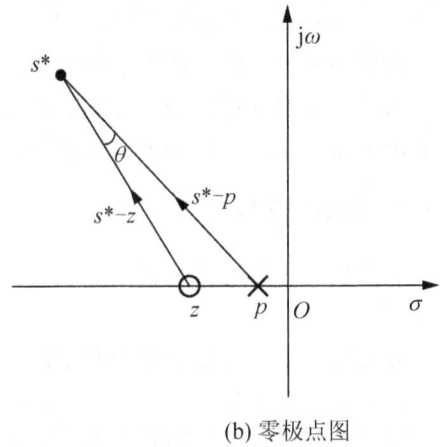

(b) 零极点图

图 6.4 典型滞后校正环节的伯德图和零极点图

另一方面，期望开环幅值特性的要求是低频高增益而高频低增益，而滞后环节的幅值特性正是这样的。如果串联滞后环节后系统的低频增益不变，那么，系统的中高频增益就会被衰减；反之也可以说，串联滞后环节后系统的高频增益不变时，系统的低频增益就增大。

滞后环节可调整的增益值与滞后因子 β 有关，它们之间的关系为

$$\Delta L = 20\lg|C(j0)| - 20\lg|C(j\infty)| = 20\lg\beta \tag{6.11}$$

下面讨论串联滞后环节对系统根轨迹的影响。我们知道，增加开环极点可使部分根轨迹分支向右方移动，从而降低系统的相对稳定性，增大系统响应时间；增加开环零点可以吸引希望段根轨迹向左方移动，从而增加系统稳定性，减小系统响应时间。滞后校正环节有一个零点 $z=-1/T$ 和一个极点 $p=-1/\beta T$，并且极点较零点更靠近虚轴，所以，极点对系统的影响更大。

考虑在系统中引入附加开环零点和开环极点的情况，即系统固有部分传递函数 $P(s)$ 串联校正环节 $C(s)$ 后，系统的开环传递函数为 $G(s)=P(s)C(s)$，且有

$$C(s) = \frac{s-z}{s-p} \tag{6.12}$$

通常，校正环节 $C(s)$ 引入的附加零点 z 和附加极点 p 靠近 S 平面的坐标原点，而系统的期望闭环极点 s^* 则距离 S 平面虚轴较远，如图 6.4(b) 所示。那么，附加零极点所成向量 (s^*-z) 和 (s^*-p) 的幅值比就会约小于 1 而相角差也会约小于零，或者粗略地说

$$|C(s^*)| = \left|\frac{s^*-z}{s^*-p}\right| \approx 1, \quad \angle C(s^*) = \angle(s^*-z) - \angle(s^*-p) = \theta \approx 0$$

对于期望闭环极点 s^*，它应该满足根轨迹的幅值条件和相角条件，即

$$\begin{cases} |G(s^*)| = |P(s^*)| \cdot \left|\dfrac{s^*-z}{s^*-p}\right| = 1 \\ \angle G(s^*) = \angle P(s^*) + \angle(s^*-z) - \angle(s^*-p) = -180° \end{cases} \quad (6.13)$$

因为附加零极点对其幅值条件和相角条件影响很小,所以,串联滞后环节后的期望闭环极点仅仅比校正前的闭环极点有微小位置变化,换句话说,就是串联滞后校正几乎不改变系统原来的动态特性。

另一方面,系统的稳态误差系数为

$$\lim_{s \to 0} s^v P(s) C(s) = \lim_{s \to 0} s^v P(s) \times \dfrac{-z}{-p} = \beta \lim_{s \to 0} s^v P(s) \quad (6.14)$$

即串联滞后校正环节 $C(s)$ 后,相当于系统的稳态增益扩大了 β 倍。

3. 比例积分环节

比例积分环节由比例环节加积分环节构成,亦简称 PI,其传递函数为

$$C(s) = K_c + \dfrac{K_i}{s} = K_c\left(1 + \dfrac{1}{sT_i}\right) = \dfrac{K_i(T_i s + 1)}{s} \quad (6.15)$$

式中,K_c、K_i 分别为比例和积分增益,T_i 为积分时间常数。

比例积分环节的伯德图和零极点图如图 6.5 所示。

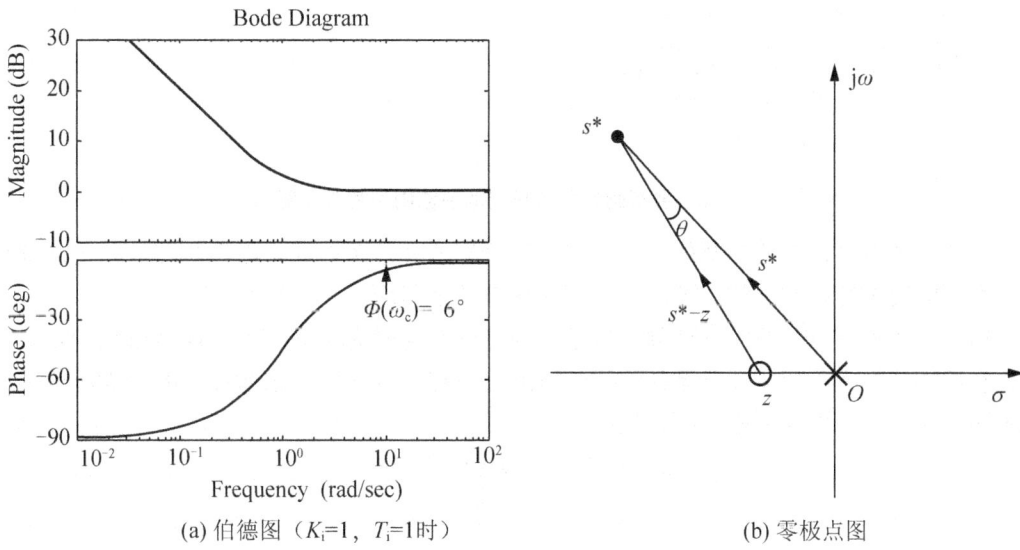

图 6.5 比例积分环节的伯德图和零极点图

由零极点图可见,比例积分环节的极点 $p=0$ 相当于滞后校正环节的极点移动至坐标原点的情形。所以,串联比例积分环节几乎不改变系统的动态特性,但是,它却提高了系统的型别,系统消除稳态误差的能力大大增强了。

从伯德图可见,比例积分环节的相角特性总是负的,幅值特性也是低频增益比高频增益更大,所以比例积分环节可视为滞后环节的一种特殊情况。串联校正使用比例积分环节可以提高系统的型别,从而大大提高稳态跟踪能力,从这一点说来,它也是改善低频增益的。串联比例积分环节会给系统带来附加相移,合理选择转折频率 $1/T_i$ 可使幅穿频率之处

的相移被控制在 $-6°$ 左右，从而串联校正对系统的动态响应影响很小。

4. 超前校正环节

典型超前校正环节的传递函数为

$$C(s) = K \frac{1+\alpha T s}{1+T s} \quad (\alpha > 1) \tag{6.16}$$

式中，K 为比例增益，T 为时间常数，超前因子 α 为大于 1 的系数。

超前环节的伯德图和零极点图如图 6.6 所示。

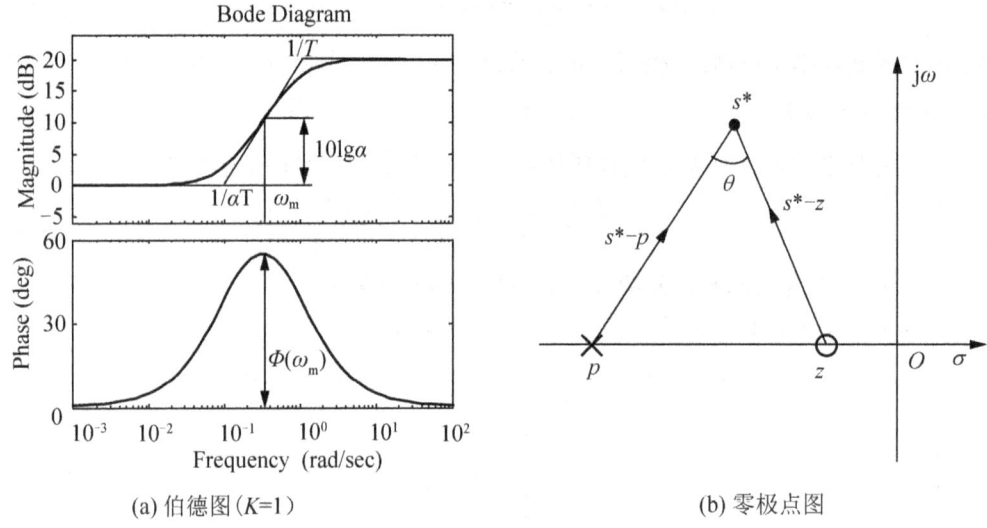

(a) 伯德图（$K=1$）　　　　　　　　(b) 零极点图

图 6.6　典型超前校正环节的伯德图和零极点图

由伯德图可见，超前环节的相角为正，即该环节总是超前的，故得其名。相位超前对提高系统的稳定性是有利的。那么，应该怎样有效地利用这一点呢？

通常，我们注重系统的开环频率特性在幅穿频率附近的相移。为了提高系统的稳定裕度，利用环节的超前相位提升系统的相位裕度是一种可行方法。超前环节的最大超前相位位于两个转折频率的几何中心频率处，即

$$\lg \omega_m = \frac{\lg(1/T) + \lg(1/\alpha T)}{2}$$

或者

$$\omega_m = \frac{1}{T\sqrt{\alpha}} \tag{6.17}$$

如果选取中心频率 ω_m 为系统的幅穿频率 ω_c，那么系统相位裕度的提升就是超前环节的最大超前相位 φ_m，也即是

$$\varphi_m = \tan^{-1}(\alpha \omega_m T) - \tan^{-1}(\omega_m T) = \sin^{-1} \frac{\alpha - 1}{\alpha + 1} \tag{6.18}$$

反过来说，如果在指定频率处使系统相位提升 φ_m，则至少应该使超前因子满足

$$\alpha = \frac{1 + \sin \varphi_m}{1 - \sin \varphi_m} \tag{6.19}$$

显然，超前校正环节应该作用在系统的中频段上。

另一方面，从期望开环幅值特性的要求看来，超前环节幅值特性的特点是高频增益值大于低频增益值，这是不希望的。超前环节可使高频增益提高的分贝数为

$$\Delta L = 20\lg|C(j0)| - 20\lg|C(j\infty)| = 20\lg\alpha$$

超前环节在中心频率 ω_m 处的幅值增长为

$$\Delta L(\omega_m) = 20\lg|C(j0)| - 20\lg|C(j\omega_m)| = 10\lg\alpha \tag{6.20}$$

为使超前环节对中高频的幅值增加不至于太大，通常应限制 α 值，或者限制 $\varphi_m \leqslant 60°$。

从零极点分布图来看，超前环节有一个零点 $z = -1/\alpha T$，一个极点 $p = -1/T$。用超前环节进行串联校正对系统附加了一个开环零点和一个开环极点，并且开环零点较开环极点更靠近虚轴，所以开环零点对系统的影响更大些，也就是说，超前校正可以增强系统的相对稳定性。

超前环节的开环零极点对期望闭环极点提供的相角为

$$\angle C(s^*) = \angle(s^* - z) - \angle(s^* - p) = \theta$$

相角 θ 通常不会很小，串联超前环节后，系统根轨迹相角条件中会引入一个大的正相角，则系统的部分根轨迹会明显地向左方移动，这对提高系统的稳定性和响应速度是有利的。需要注意的是，超前环节的幅值还会影响系统的抗噪声能力等。

5. 比例微分环节

比例微分环节由比例环节加微分环节构成，简称 PD，其传递函数为

$$C(s) = K_c + sK_d = K_c(1 + sT_d) \tag{6.21}$$

式中，K_c、K_d 分别为比例和微分增益，T_d 为微分时间常数。

比例微分环节的伯德图和零极点分布图如图 6.7 所示。

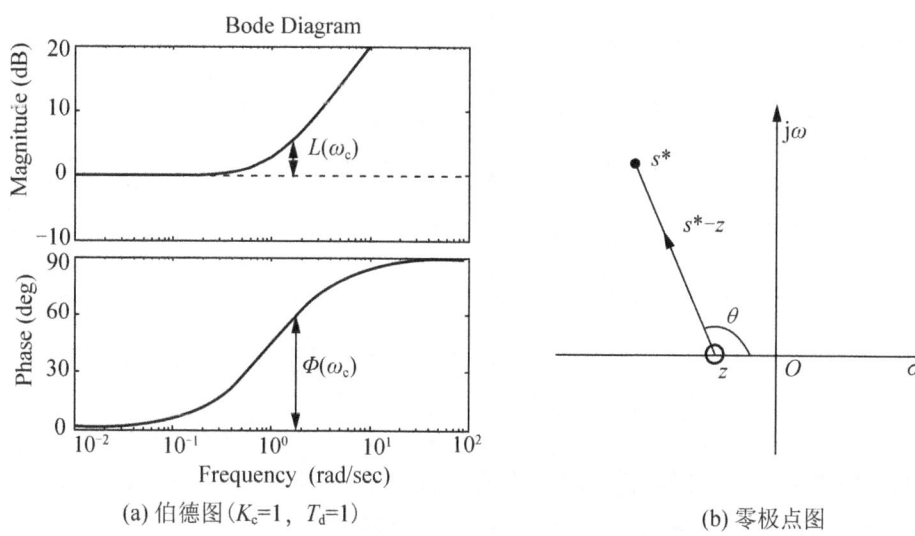

图 6.7 比例微分环节的伯德图和零极点图

由零极点图可见，比例微分环节仅含一个零点 $z = -1/T_d$，相当于超前校正环节的极点 p 沿着负实轴方向移动到无穷远的情况。而且从伯德图上可见，比例微分环节的相角特

性总是正的，幅值特性也是高频增益更大的，所以比例微分环节是超前校正的一种特殊情况。串联校正使用比例微分环节可以提高系统的相对稳定性，但是，从伯德图幅值特性可见，理想微分环节的高频增益很大，为了降低它对噪声的放大作用，通常对微分环节引入低通滤波。一种实用比例微分校正环节的传递函数为

$$C(s)=K_c(1+\frac{sT_d}{1+sT_d/N}) \tag{6.22}$$

式中，N 通常取 10。这样，比例微分环节就变为超前因子为 $(1+N)$ 的超前校正环节了，即

$$C(s)=K_c\frac{1+s(1+N)(T_d/N)}{1+s(T_d/N)}$$

6. 滞后超前校正环节

滞后超前环节是滞后环节和超前环节的串联，其传递函数为

$$C(s)=K\frac{1+T_1s}{1+\beta T_1s}\cdot\frac{1+\alpha T_2s}{1+T_2s} \quad (\alpha,\beta>1) \tag{6.23}$$

式中，K 为静态增益，T_1 和 T_2 为时间常数，α 和 β 分别为超前因子和滞后因子。

滞后超前环节的典型伯德图和零极点图如图 6.8 所示。

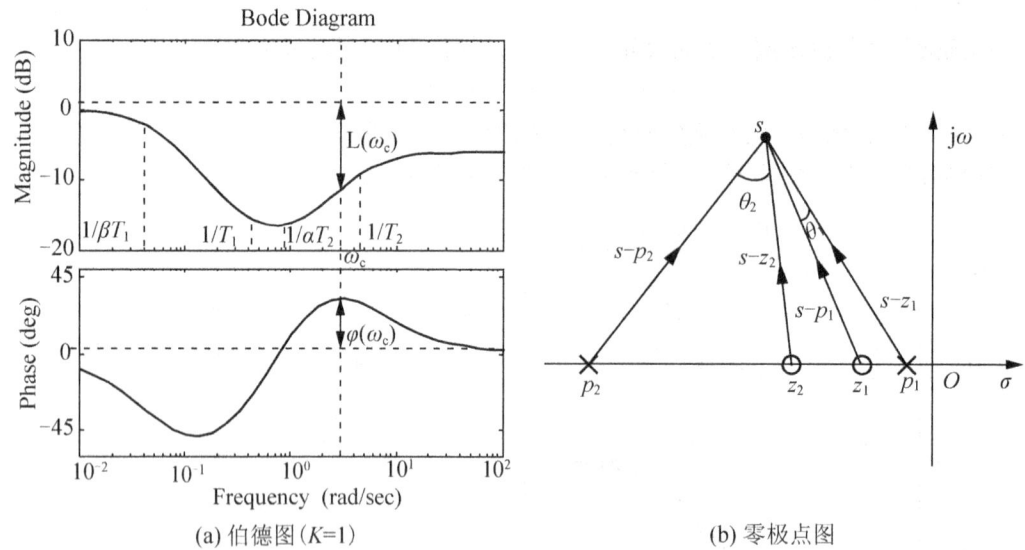

(a) 伯德图 ($K=1$)　　(b) 零极点图

图 6.8　典型滞后超前校正环节的伯德图和零极点图

在伯德图上，滞后超前环节的幅值和相角分别是滞后环节和超前环节的幅值和相角相加，所以，我们很容易地得到如下特征点信息。

使超前部分最大相位频率 ω_m 位于所选择的开环幅穿频率 ω_c 处

$$\omega_c=\omega_m=\frac{1}{T_2\sqrt{\alpha}} \tag{6.24}$$

进一步，选择滞后部分的转折频率 $1/T_1$ 适度远离开环幅穿频率，即

$$\frac{1}{T_1} = \frac{\omega_c}{6 \sim 10} \tag{6.25}$$

于是，在幅穿频率 ω_c 处，滞后超前装置对系统开环幅值的影响为

$$L(\omega_c) = -20\lg\beta + 10\lg\alpha \tag{6.26}$$

同时，在幅穿频率 ω_c 处，滞后超前装置对系统产生的相移为

$$\varphi(\omega_c) = \varphi_m - (5° \sim 12°) \tag{6.27}$$

式中，φ_m 是超前环节产生的相移。

假设校正前系统固有部分在指定穿越频率 ω_c 处离 $-180°$ 的相位为 γ_0，即

$$\gamma_0 = 180° + \angle P(j\omega_c) \tag{6.28}$$

如果希望校正后的相位裕度 P_m 至少为 γ，即

$$P_m = 180° + \angle P(j\omega_c) + \angle C(j\omega_c) \geqslant \gamma \tag{6.29}$$

将式(6.28)代入式(6.29)，可得需要设计的超前相位为

$$\varphi_m \geqslant (\gamma - \gamma_0) + (5° \sim 12°) \tag{6.30}$$

而滞后超前环节的超前因子则为

$$\alpha = \frac{1 + \sin\varphi_m}{1 - \sin\varphi_m} \tag{6.31}$$

注意，当所需要的超前相位 φ_m 大于 $60°$ 时，可以考虑使用两个超前环节。

我们通过式(6.26)选择滞后环节参数 β，可使开环幅值特性在幅穿频率 ω_c 处穿越 0 分贝线，通过式(6.30)和式(6.31)设计超前环节参数 α 使开环相位裕度满足预订指标要求。

串联滞后超前校正环节时，系统会附加两个零点 $z_1 = -1/T_1$，$z_2 = -1/\alpha T_2$ 和两个极点 $p_1 = -1/\beta T_1$，$p_2 = -1/T_2$。从零极点图上看，在期望闭环极点处，滞后超前环节提供的相角为

$$\angle C(s^*) = \theta_2 - \theta_1 \tag{6.32}$$

通常，超前角 θ_2 较大而滞后角 θ_1 较小，所以，校正前后闭环极点会发生明显变化。串联滞后超前环节可使系统的期望段根轨迹向左方明显移动，从而既提高系统的稳定性，又提高系统的响应快速性。

7. 比例积分微分环节

比例积分微分环节由比例环节加积分环节加微分环节构成，简称 PID，其传递函数为

$$\begin{aligned} C(s) &= K_c + \frac{K_i}{s} + sK_d = K_c\left(1 + \frac{1}{sT_i} + sT_d\right) \\ &= K_i \frac{T_i T_d s^2 + T_i s + 1}{s} \end{aligned} \tag{6.33}$$

式中，K_c、K_i、K_d 分别为比例、积分和微分增益，T_i、T_d 分别为积分和微分时间常数。

典型比例积分微分环节的伯德图和零极点分布图如图 6.9 所示。

由零极点图可见，比例积分微分环节的极点相当于滞后超前校正环节的两个极点分别移动至坐标原点和无穷远的情形。从伯德图上可见，比例积分微分环节可提供超前相角，也可使低频增益大大提高，所以，比例积分微分环节是滞后超前校正方式的特殊形式。应用比例积分微分环节串联校正，可以提高系统的稳态跟踪能力和系统的相对稳定性。

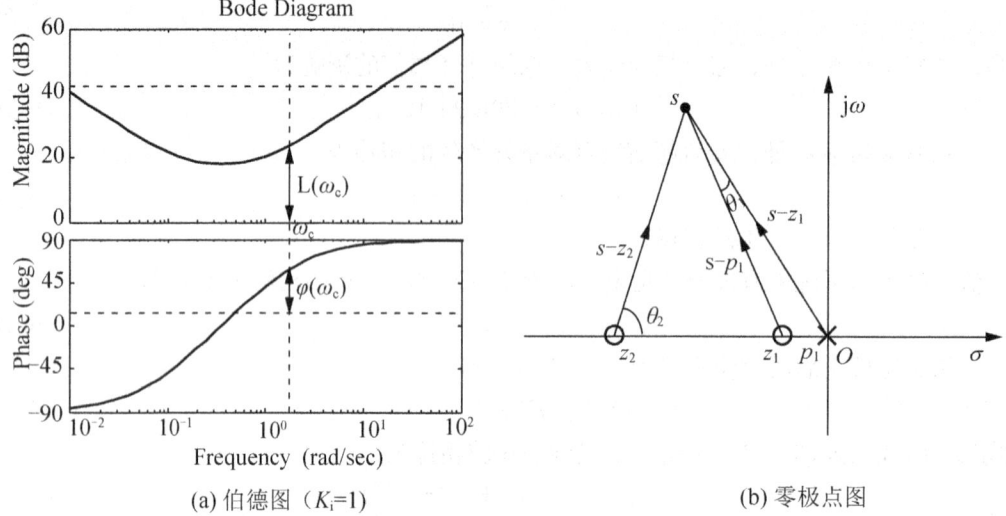

(a) 伯德图（$K_i=1$）　　　　　(b) 零极点图

图 6.9　典型比例积分微分环节的伯德图和零极点图

因为理想微分环节的高频增益太大，对微分部分引入低通滤波是实际中常见的。一种实用比例积分微分环节的传递函数为

$$C(s) = K_c \left(1 + \frac{1}{sT_i} + \frac{sT_d}{1 + sT_d/N}\right) \tag{6.34}$$

式中，N 通常取 10。

6.1.4　典型校正方法

基于经典控制理论的校正方法包含时域补偿法和频域补偿法。其中，时域法常借助根轨迹理论进行分析和设计，而频域法则常基于伯德图进行分析设计。另外，还有利用计算机数值运算对指定控制形式下校正环节参数寻优的方法。

1. 根轨迹校正法

根轨迹法校正系统的思想是把校正后系统近似为一个欠阻尼的二阶系统，即闭环系统有一对共轭主导复数极点的情况。借助二阶系统，我们可以把给定的瞬态时域指标转换为闭环系统的期望极点。如果加入串联校正环节后，系统能够通过该期望闭环极点，而且其稳态增益也能满足要求，那么校正后系统就是符合要求的。

一般情况下，仅通过调整增益参数 K 不能使系统的瞬态特性和稳态性能同时满足设计要求。为此，需要加入串联校正装置，使校正后的系统闭环极点能够穿越或者非常接近期望极点，而其他闭环极点的分布是，要么更加远离虚轴，要么附近有零点可以构成偶极子。也就是说，需要保证期望闭环极点的主导性，而非主导极点对系统瞬态响应影响很小。

2. 伯德图校正法

开环系统的伯德图是分析和设计控制系统的重要工具。分析时可将开环伯德图幅值穿越频率认为是系统的中频段，低于中频的为低频段，高于中频的为高频段。开环系统的低频段幅值表征了系统的静态特性，中频段增益表征系统的动态特性，而高频段增益则描述系统的抗噪声能力。

一般情况下，仅简单调整增益参数 K 不能使系统的相对稳定性和静态增益同时满足设计要求。为此，需要加入串联校正装置，使校正后系统的幅值特性和相角特性满足指定的稳态误差系数、穿越频率和相位裕度等频域指标要求。

3. 参数优化法

根据人的经验，选择适当控制形式和校正环节，利用计算机数值运算技术，针对某个目标和一些限制条件，在适当参数范围内，利用空间搜索法等寻找目标最优参数的一套方法。

 趣谈：适度与过度——中庸之道

在政治、经济等社会活动中，常有不同组织、不同阶层之间的合作与矛盾冲突。以"中庸之道"解决这些矛盾对立统一体，是指自然辨证地折中各组织、各阶层的不同诉求，尽力以合作共赢方式求得在矛盾对立统一中的发展。

在控制系统综合上，也常有这样的辨证折中事实。例如，反映系统行为的性能指标需要在系统的稳定性、快速性和准确性三个方面合理折中；滞后和超前校正对系统行为的影响既有有利方面也有不利的方面，需要在增益和相位补偿之间合理折中。

辨证地折中常常表现为对"度"的把握，或者说，合理与不合理就是适度与过度的差别。对生产系统而言，高性能要求往往导致系统的复杂性和困难性，以及实现系统所需付出的高昂代价；对财政和投资而言，过度的风险很可能导致灾难性的后果；对行政管理而言，公平与效率始终是把双刃剑，过度公平导致效率低下，而过度效率带来的不公平可能对社会的可持续发展带来大的隐患。

6.2 滞 后 校 正

滞后补偿设计的主要目标是，在保证系统有足够相位裕度下，对低频范围提供额外的增益。当然，它的相位滞后是不希望看到的，所以在选择参数时，应使零和/或极点转折频率适当远离拟定的幅值穿越频率，从而使相位滞后对相位裕度的影响降到较小。

6.2.1 基于根轨迹法的滞后校正技术

系统设计的一种情况是，系统已经具有满意的瞬态响应特性，但是其稳态特性不能令人满意。在此情况下，校正作用基本上是通过增大开环增益来实现的，并且不应使瞬态响应特性发生明显的变化。这意味着在闭环主导极点附近，根轨迹不应当有明显变化，但是开环增益应根据需要而有显著增大。

为了避免根轨迹的显著变化，滞后校正环节产生的幅角应当限制在较小的范围内，如 $7°$ 以内。为了做到这一点，我们将滞后补偿的极点和零点配置得相当近，并且使它们靠近 S 平面的原点。这样，被校正系统的闭环极点将稍稍偏离原来的位置，因而瞬态响应特性的变化将非常小。

对于如图 6.2(a)所示串联校正方式的系统，利用根轨迹法设计校正装置的步骤描述如下。

(1) 设未校正系统的开环传递函数为 $P(s)$，画出未校正系统的根轨迹。根据瞬态响应指标，确定系统的期望闭环主导极点。

(2) 已校正系统的开环传递函数为 $C(s)P(s)$，计算系统的静态误差常数，根据需要确定应该增加的静态误差常数值 β。

(3) 确定滞后校正装置的极点 $z=-1/\beta T$ 和零点 $p=-1/T$，即选择合适的 T，使该滞后校正装置能够满足静态误差系数要求的同时，不会使原来的根轨迹产生明显的变化。

(4) 画出已校正系统 $C(s)P(s)$ 的根轨迹图，在根轨迹上确定希望的闭环主导极点。

(5) 根据幅值条件，调整校正装置的增益 K，使主导极点落在希望的位置上。如若不满意，则返回第(3)步重新选择 T。或者返回第(1)步重新确定闭环主导极点。

【例6.1】已知系统固有部分的传递函数为

$$P(s)=\frac{1.06}{s(s+1)(s+2)}$$

该固有部分在阻尼比 $\xi=0.5$ 时的主导极点为 $s=-0.3307\pm j0.5864$，而静态速度误差系数为 $K_v=0.53$ 秒$^{-1}$。试设计串联校正环节使系统主导极点几乎不变，而静态速度误差系数提升到 $K_v=5$ 秒$^{-1}$。

【解】为了使静态误差速度常数增大约10倍，选择滞后校正环节的 $\beta=10$，并且将其零极点分别配置为 $z=-0.05$ 和 $p=-0.005$。这时，滞后校正装置的传递函数为

$$C(s)=K\frac{s+0.05}{s+0.005}$$

在主导极点附近，该滞后网络产生的幅角约为 $-4°$，所以，校正后的闭环主导极点与校正前的闭环主导极点将有一些小的变化。串联校正后的开环传递函数为

$$G(s)=C(s)P(s)=\frac{1.06K(s+0.05)}{s(s+1)(s+2)(s+0.005)}$$

已校正系统 $G(s)$ 的根轨迹如图6.10(a)中实线所示。如果选择校正后的闭环主导极点的阻尼比保持不变，则新的闭环极点为

$$s=-0.31\pm j0.55$$

此时的根轨迹增益为

$$1.06K=\left|\frac{s(s+1)(s+2)(s+0.005)}{(s+0.05)}\right|_{s=-0.31\pm j0.55}\approx 1.0235$$

因此，滞后校正环节的增益为 $K=1.0235/1.06\approx 0.9656$。

最后，已校正系统的开环传递函数为

$$G(s)=\frac{1.0235(s+0.05)}{s(s+1)(s+2)(s+0.005)}$$

系统的静态速度误差系数为

$$K_v=\lim_{s\to 0}sG(s)\approx 5.12$$

增加滞后校正装置后，系统的阶次从3增大到4，从而增加了一个闭环极点，该极点靠近滞后校正装置的零点，这样一对零、极点形成"偶极子"。

通常，设计不好的偶极子零点和极点，将在瞬态响应中产生一种幅值很小但时间较长的拖尾现象，这可以从其单位阶跃响应中看到。

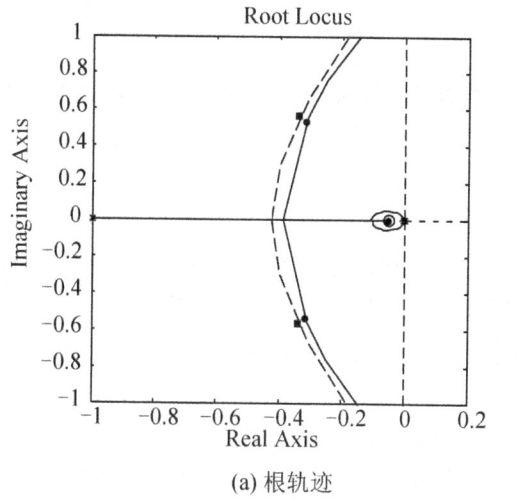
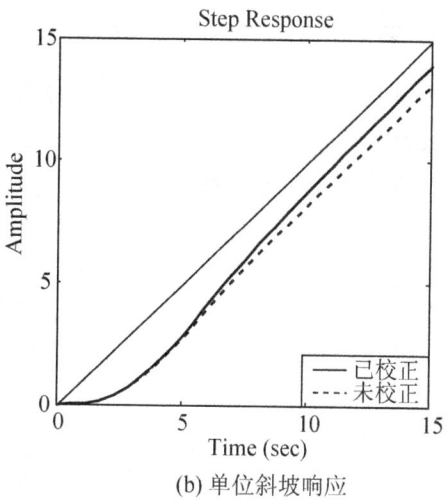

(a) 根轨迹　　　　　　　　　　　(b) 单位斜坡响应

图 6.10　例 6.1 已校正和未校正系统的根轨迹和时间响应

用 MATLAB 语句实现已校正和未校正根轨迹，以及确定闭环极点的程序如下。

```
numP=1;denP=conv([1 1 0],[1 2]);
Ps=tf(numP,denP)
rlocus(Ps)                  % 绘制未校正系统的根轨迹
axis([-1  0.2  -1  1])
grid on
rlocfind(Ps)                % 在根轨迹上找到期望闭环极点
Cs=tf([1 0.05],[1 0.005])   % 确定滞后校正环节传递函数
Gs=Ps*Cs
hold on,rlocus(Gs)          % 绘制校正后系统的根轨迹
rlocfind(Gs)                % 在校正后系统的根轨迹上选择期望闭环极点
```

下面我们用 MATLAB 来求取已校正和未校正闭环系统的单位斜坡响应，程序如下。

```
t=0:0.1:15;
numP=1.06;
denP=conv([1 1 0],[1 2]);
Ps=tf(numP,denP)
unFais=feedback(Ps,1);
Rs=tf(1,[1 0]);             % 积分环节
step(unFais*Rs,t)           % 串联一阶积分环节,等价于将阶跃响应变为斜坡响应
sbar=-0.31+0.55*i;          % 选择的校正后系统期望闭环极点 sbar
                            % 有根轨迹幅值条件确定补偿环节的增益
K=abs(sbar*(sbar+1)*(sbar+2)*(sbar+0.005)/(sbar+0.05)/1.06);
Cs=tf(K*[1 0.05],[1 0.005]);% 得到校正环节的传递函数
Gs=Ps*Cs
Fais=feedback(Gs,1);
hold on,step(Fais*Rs,t)
axis([0 15 0 1.5])
```

6.2.2 基于伯德图的滞后校正技术

如果原系统已经有合适的稳定裕度和瞬态响应特性,则使用滞后补偿能够在不明显改变系统原有瞬态响应特性情况下,通过提高系统的开环增益而改善系统的稳态响应特性。如此,滞后补偿的设计步骤如下。

(1) 设计校正增益 K 使其满足稳态误差系数要求。

(2) 绘制未动态校正系统的伯德图,拟定一个频率作为动态校正后的穿越频率,使未校正系统在该频率处的相位能够满足相位裕度要求,当然,最好留有适当余量。

(3) 计算拟定穿越频率处所需衰减的幅值,以此作为滞后校正环节对中高频衰减的尺度,从而确定其参数 β。

(4) 选择滞后校正装置的角频率 $1/T$,一般为穿越频率的 $1/8$。

(5) 验证系统的各项性能指标。若不满足,从第(2)步开始重复上述设计过程。

【例 6.2】考虑单位反馈系统,其开环传递函数为

$$G(s)=\frac{2}{s(s+1)(s+2)}$$

试对系统进行串联校正,使其静态速度误差系数 $K_v=5$ 秒$^{-1}$,相位裕量不小于 $40°$,并且增益裕量不小于 10dB。

【解】选择滞后校正装置,其传递函数为

$$C(s)=K\frac{1+Ts}{1+\beta Ts}$$

首先是调整增益 K,使系统满足要求的静态速度误差系数,即

$$K_v=\lim_{s\to 0}sC(s)P(s)=\lim_{s\to 0}K\frac{1+Ts}{1+\beta Ts}\cdot\frac{2}{s(s+1)(s+2)}=K=5$$

此时,用 MATLAB 绘制未动态校正系统

$$KP(s)=\frac{10}{s(s+1)(s+2)}$$

的伯德图,如图 6.11 所示。

依据相位裕量指标,要求系统的相位不能低于 $-140°$,考虑留有裕量,选择 $-130°$ 处频率为拟定幅穿频率,由伯德图相角特性可以看出,该频率大约为 $\omega_c=0.5\text{rad/s}$。为使拟定频率 $\omega_c=0.5\text{rad/s}$ 处降低至 0dB,由伯德图幅值特性可知,滞后校正装置应该衰减约 -20dB,即

$$20\lg\beta=20 \quad \Rightarrow \quad \beta=10$$

同时,选择滞后校正的转角频率为

$$\frac{1}{T}=\frac{\omega_c}{6} \quad \Rightarrow \quad T=12\text{s}$$

所以,滞后校正装置为

$$C(s)=K\frac{1+Ts}{1+\beta Ts}=5\frac{1+12s}{1+120s}$$

已校正系统的开环传递函数为

$$C(s)P(s) = \frac{10(1+12s)}{s(s+1)(s+2)(1+120s)}$$

其伯德图如图 6.11 所示。已校正系统的相位裕量为 43.6°，增益裕量为 14.5dB，静态增益速度误差系数为 5 秒$^{-1}$，这正是所要求的。

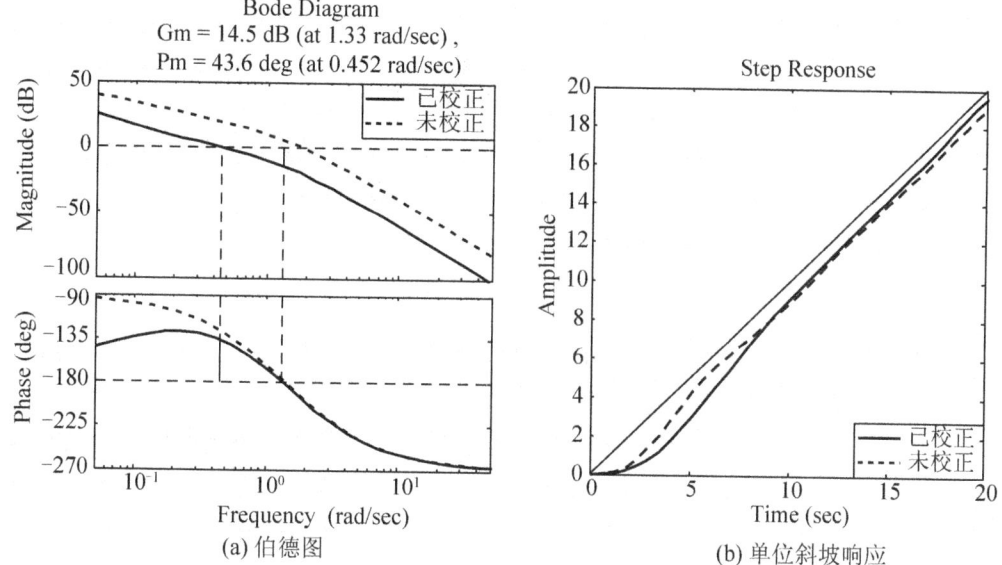

图 6.11 例 6.2 已校正和未校正系统的伯德图和时间响应

用 MATLAB 绘制伯德图以辅助分析和设计系统的程序如下

```
Ps=tf(2,[1 3 2 0])
bode(Ps*5)
grid on              % 依据相位裕度拟定幅穿频率,依据据幅值特性读取拟衰减分贝数
Cs=tf(5*[12 1],[120 1])
Gs=Ps*Cs
hold on,margin(Gs)   % 由此得到各项频域指标,如果不满足要求,则需重新设计
grid off
```

用 MATLAB 求取已校正和未校正闭环系统单位斜坡响应的程序如下。

```
t=0:0.1:20;
numG=[12 1]*10;
denG=conv([1 1 0],conv([1 2],[120 1]));
Gs=tf(numG,denG)
Fais=feedback(Gs,1);
Rs=tf(1,[1 0])
step(Fais*Rs,t)
Ps=tf(2,[1 3 2 0])
unFais=feedback(Ps,1);
hold on,step(unFais*Rs,t)
```

6.2.3 基于参数搜索的滞后校正技术

对于参数范围已知，参数空间维数不高的情形，可以利用直接空间搜索法寻找目标最优的参数值，同时，参数搜索中还可以设定一些明确的限制条件。

【例 6.3】已知系统的开环传递函数为

$$P(s) = \frac{2}{(s+1)(s+2)}$$

系统在阻尼比 $\xi=0.5$ 时的闭环极点为 $s^* = -1.5 \pm j2.6$，而稳态位置误差系数为 $K_p = 1$。试设计比例积分环节，使系统期望极点几乎不变，而位置跟踪误差为 0。

【解】使用比例积分环节串联校正，校正装置的传递函数为

$$C(s) = K\frac{s-z}{s}$$

由于串联校正后，系统类型被提升为 1 型，系统的位置跟踪误差可保为 0。但是，我们如何理解使系统的期望闭环极点几乎不变呢？

通常的滞后校正设计中，为了使系统的主导极点几乎不变，限制滞后环节的相角在 $-7°$ 以内。对于比例积分环节，限制其相角在 $-7°$ 以内时，有

$$\angle C(s^*) = \angle(s^*-z) - \angle s^* > -7° \quad \Rightarrow \quad \angle(s^*-z) > 113°$$

解得

$$z > \frac{\mathrm{Im}(s^*)}{\tan(67°)} + \mathrm{Re}(s^*) \approx -0.3964$$

选择不同的校正零点 z，就有不同的校正系统

$$G(s) = P(s)C(s) = K\frac{s-z}{s} \cdot \frac{2}{(s+1)(s+2)}$$

在 MATLAB 环境中，语句 rlocfind() 可以求解闭环极点，其用法为

[K,POLES]=rlocfind(SYS,SX)

其中，K 为系统 SYS 的根轨迹上离期望闭环极点 SX 最近点的增益，POLES 为增益 K 下系统 SYS 的闭环极点，SYS 为开环传递函数，SX 为给定的一个或一组期望闭环极点。

为此，选 z 为 -0.2、-0.4、-0.6、-0.8，用 MATLAB 绘制几种情况下的根轨迹和单位阶跃响应，如图 6.12 所示。图 6.12(a) 中 ■ 表示期望闭环极点，□ 表示 $z=-0.6$ 时根轨迹离期望极点的最近点，而 * 表示 $z=-0.2$、-0.4 和 -0.8 三种情形下根轨迹离期望极点最近的点。

由图可见，z 越远离坐标原点，校正后根轨迹离期望闭环极点越远，校正后系统的阻尼比也越小，与之对应地，校正后系统的时间响应加快，振荡会更大。

以此推理，一定有一个合适的零点 z 可以兼顾响应的快速性和超调量，例如，图 6.12(b) 中黑实线所示 $z=-0.6$ 的情况，就是一种不错的选择。

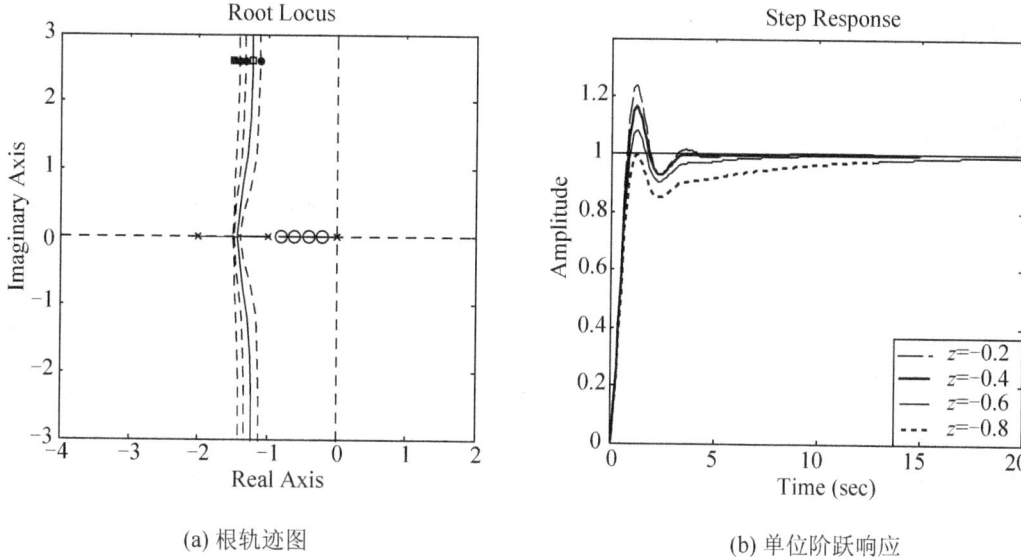

(a) 根轨迹图　　　　　　　　　　　(b) 单位阶跃响应

图 6.12　例 6.3 校正后系统的根轨迹图和时间响应波形

实现上述参数搜索的 MATLAB 程序文本如下。

```
Ps=tf(2,conv([1 1],[1 2]))
z=-0.8:0.2:-0.2;
sx=-1.5+2.6*1i;
figure(1),plot(sx,'blacks'),hold on
figure(2),hold on,t=0:0.1:20;
for n=1:length(z)
  Cs=tf([1-z(n)],[1 0]);
  Gs=Ps*Cs;
  Figure(1),rlocus(Gs)
  [K,Poles]=rlocfind(Gs,sx);
  plot(Poles(1),'black*');
  KGs=Gs*K;
  Fais=feedback(KGs,1);
  figure(2),step(Fais,t)
end
```

使用综合性能指标衡量不同校正系统的时间响应行为，是一种常用的方法。取式(6.3)中 X=IAE，作为比例积分环节的零点选择标准。对应地，在上述程序循环体中添加如下语句。

```
yt=step(Fais,t);
X(n)=sum(abs(yt-1));
vK(n)=K;
```

最后，得到 IAE 最优的校正，其 MATLAB 程序文本如下。

```
[optX,n]=min(X);
```

```
Optz=z(n);OptK=vK(n);
OptCs=tf(OptK*[1-Optz],[1 0]);
OptGs=Ps*OptCs;
```

趣谈：理想与现实

社会是大系统，人是其中的小系统。如果说人生理想是人这个系统的期望值，那么人生遭遇就是人的现实响应。人生需要控制，在有控制的人生舞台中，现实跟踪理想的过程就是人生美好的奋斗历程。

然而，在自主管理式大学校园中，许多学生犹如解开缰绳的牛犊，在校园与社会中徘徊，未曾设定人生新的坐标，对自己今后的发展茫然无知。"凡事预则立，不预则废"，志向就是人生的罗盘、指南针，指引着人生现实前进的方向。可曾想，如果没有期望值，控制系统的存在会有怎样的意义？

纵然有了人生理想、人生的定位，我们也不能光说不练。任何理想、愿望，若只停留在想象中，而未实实在在地付诸实践，那理想也只是流于形式，现实也不会朝着理想逼近。正如控制系统中没有执行作用，各种干扰和扰动都会使系统响应偏离期望值。没有千方百计践行之的勇气，理想就只能是空中楼阁，无法成为现实。

控制的目的是使系统响应达到期望值。把理想变成现实的人，就是人生满意而成功的人。

6.3 超前校正

对于这样一些设计问题，原系统或者对于所有增益均不稳定，或者虽属稳定，但具有不理想的瞬态响应特性，有必要对系统的稳定性或者响应速度进行改进。这些问题可以通过在前向传递函数中串联一个适当的超前校正装置来解决。

6.3.1 基于根轨迹的超前校正技术

当系统的稳定性不够或者瞬态响应特性不够理想时，意味着系统的极点靠近虚轴甚至位于 S 平面右半面。此时有必要对根轨迹进行修改，以便使闭环主导极点位于复平面内希望的位置上。

用根轨迹法设计超前校正装置的步骤描述如下。

（1）根据性能指标确定闭环主导极点的期望位置。

（2）绘制未校正系统的根轨迹图，确定根轨迹分支能否穿越期望极点，如果不能，计算出幅角的差缺值 θ。若 $\theta > 0$，则该角度必须由超前校正装置产生。

（3）依据根轨迹方程，应用图解法确定能产生幅角差缺值 θ 的串联超前校正装置的零、极点位置，且一般在幅角上应留适当余量。

（4）由幅值条件确定校正系统的开环增益。

（5）验算所有性能指标是不是都得到满足。如果已校正系统不能满足性能指标，需要通过调整校正装置的零点和极点重复上述过程。

【例6.4】考虑单位反馈系统具有如下开环传递函数：

$$P(s) = \frac{1}{s(s+1)}$$

试设计一个控制器使闭环系统满足瞬态响应指标：超调量 $\sigma_p \leqslant 20\%$，上升时间 $t_s \leqslant 0.25\text{s}$。

【解】 根据第3章内容，由超调量 $\sigma_p \leqslant 20\%$ 估计阻尼比 $\xi \geqslant 0.5$，由上升时间 $t_s \leqslant 0.25\mathrm{s}$ 估计无阻尼振荡频率 $\omega_n \geqslant 1.8/0.25 = 7.2\mathrm{rad/s}$，由此确定期望闭环极点位置区间。

绘制未校正系统
$$P(s) = \frac{K}{s(s+1)}$$
的根轨迹，如图6.13所示。显然，无论 K 取何值，未校正系统的根轨迹都不能通过期望区域。若想让其通过，必须将根轨迹拉向左方。超前校正装置
$$C(s) = K \frac{1+\alpha Ts}{1+Ts}$$
可以使根轨迹向左方移动。

选择 $\xi = 0.52$ 和 $\omega_n = 7.5$，则拟实现的期望闭环极点为 $\bar{s} = -3.9 + \mathrm{j}6.4$。

未校正系统在期望极点处的幅角为
$$\angle P(\bar{s}) = -\angle \bar{s} - \angle(\bar{s}+1) = -121° - 114° = -235°$$
校正后系统穿过期望闭环极点，由根轨迹的幅角条件可知，校正环节所需提供的幅角为
$$\angle C(\bar{s}) P(\bar{s}) = -180° \Rightarrow \angle C(\bar{s}) = -180° - (-235°) = 55°$$
若选择超前校正装置的零点为 $z = -0.5$，则其极点 p 应该满足
$$\angle C(\bar{s}) = \angle(\bar{s}-z) - \angle(\bar{s}-p) = 55° \Rightarrow \angle(\bar{s}-p) = 118° - 55° = 63°$$
由此解出实数极点为 $p \approx -7.16$。

校正后系统还应该满足根轨迹方程的幅值条件，即
$$|C(\bar{s})P(\bar{s})| = \frac{K \cdot |\bar{s}-z|}{|\bar{s}| \cdot |\bar{s}+1| \cdot |\bar{s}-p|} = 1$$
那么，校正装置的增益为
$$K = \frac{|\bar{s}| \cdot |\bar{s}+1| \cdot |1-\bar{s}/p|}{|1-\bar{s}/z|} = 3.5341$$

所以，校正后系统的开环传递函数为
$$C(s)P(s) = \frac{3.5341(1+s/0.5)}{s(s+1)(1+s/7.16)}$$

其对应的根轨迹如图6.13所示。

用MATLAB辅助分析和设计系统的程序文本如下。

```
Ps=tf(1,[1 1 0])
rlocus(Ps)
grid on                              % 依据阻尼比和调节时间拟定闭环极点
hold on,plot(-3.9,6.4,'blacks')
sbar=-3.9+6.4*i;                     % 拟定闭环极点为sbar
anglePs=-(angle(sbar)+angle(sbar+1))*180/pi;
angleCs=-180-anglePs;                % 超前校正需要提供的幅角
z=-0.5;  anglez=angle(sbar-z);       % 选择超前校正环节的零点并计算幅角
anglep=angle(sbar-z)-55;             % 计算超前环节的极点应该具有的幅角
p=real(sbar)-imag(sbar)/tan(anglep)  % 计算超前校正环节的极点
                                     % 依据根轨迹幅值条件计算校正装置的增益 K
```

```
K=abs(sbar*(sbar+1)*(sbar-p)/(sbar-z))
Cs=tf(K*[1-z],[1-p]),Gs=Ps*Cs
hold on,rlocus(Gs)              % 绘制补偿后系统的根轨迹
rlocfind(Gs)                    % 在补偿后系统的根轨迹上选择期望的闭环极点
grid off
```

下面我们用 MATLAB 来求取已校正和未校正闭环系统单位阶跃响应，其程序文本如下。

```
t=0:0.1:10;
Ps=tf(1,[1 1 0])
Fais0=feedback(Ps,1);
step(Fais0,t)
Cs=tf(K*[1 -z],[1-p];Gs=Ps*Cs
Fais=feedback(Gs,1);hold on,step(Fais,t)
```

所得系统的单位阶跃响应如图 6.13(b)所示。

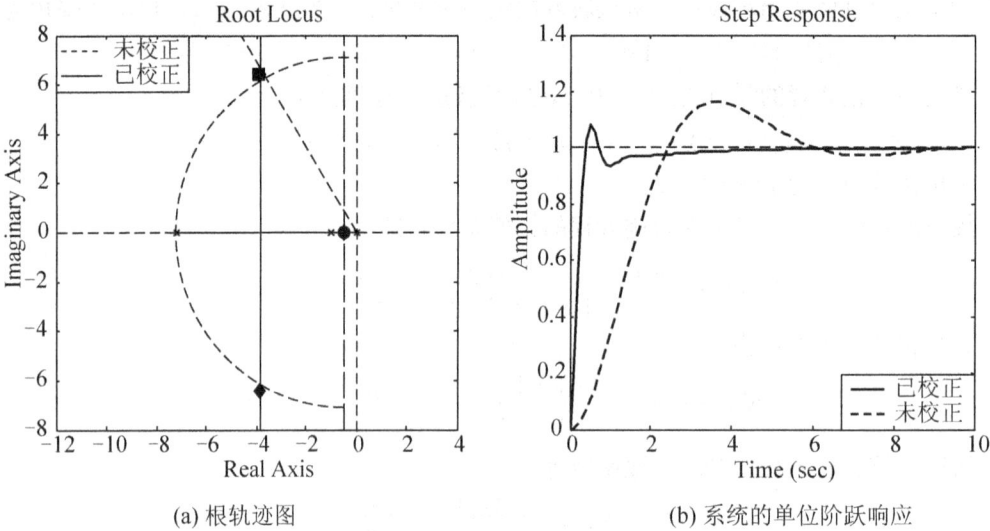

(a) 根轨迹图　　　　　　　　　　(b) 系统的单位阶跃响应

图 6.13　例 6.4 已校正和未校正系统的根轨迹图和单位阶跃响应

6.3.2　基于伯德图的超前校正技术

当系统的稳定性不够或者瞬态响应特性不够理想时，意味着系统穿越频率和/或相位裕度不够理想。有必要利用超前校正环节对伯德图的中频段进行修改，以便获取期望的动态响应。超前校正装置的设计步骤如下。

(1) 根据稳态误差要求，确定开环增益 K。

(2) 选择符合速度性能要求的穿越频率 ω_c。

(3) 计算所需的相位超前角 φ_m，考虑留有适当余量。

(4) 计算超前因子 α，并确定出超前补偿装置的时间常数 T。

(5) 画出补偿后的伯德图，检验各项指标。若未能满足要求，则返回第(2)步重新设计。

【例6.5】 一个典型温度控制系统的开环传递函数为

$$P(s)=\frac{0.8}{(s/0.5+1)(s+1)(s/2+1)}$$

试设计一个超前补偿环节，使位置误差系数 $K_p=9$，相位裕度至少为 $25°$。

【解】超前补偿装置为

$$C(s)=K\frac{\alpha Ts+1}{Ts+1}$$

首先，选择 $0.8K=K_p=9$，即可满足稳态误差系数要求。此时，未动态校正系统

$$KP(s)=\frac{9}{(s/0.5+1)(s+1)(s/2+1)}$$

的伯德图如图6.14(a)所示。

该系统未对响应速度作出要求。我们选择幅穿频率为 $\omega_c=3\text{rad/s}$，此时，系统的相位为 $-210°$，而相位裕度要求至少为 $25°$，所以有

$$P_m=180°+\varphi_p(\omega_c)+\varphi_m\geq 25° \quad \Rightarrow \quad \varphi_m\geq 25°-180°+210°=55°$$

我们选择 $\varphi_m=60°$。于是，超前因子为

$$\alpha=\frac{1+\sin 60°}{1-\sin 60°}\approx 13.9$$

依式(6.24)得超前装置的时间常数为

$$T=\frac{1}{\omega_c\sqrt{\alpha}}=\frac{1}{3\sqrt{13.9}}\approx 0.0893$$

所以，超前装置的传递函数为

$$C(s)=\frac{9}{0.8}\times\frac{13.9\times 0.0893s+1}{0.0893s+1}=11.25\times\frac{1.2413s+1}{0.0893s+1}$$

已校正系统的传递函数为

$$C(s)=\frac{9(1.2413s+1)}{(2s+1)(s+1)(0.5s+1)(0.0893s+1)}$$

其伯德图如图6.14(a)所示。超前校正后，系统的相位裕度为 $32.6°$，满足系统的性能要求。

从伯德图可见，超前校正会抬升系统中频和高频段的幅值，而之前，我们在选择幅穿频率时，实际上已经为幅值的抬升预留了空间，即选择负分贝幅值处频率为幅穿频率。

用MATLAB辅助上述分析设计过程，其程序文本如下。

```
KPs=tf(9,conv([2 3 1],[0.5 1]))
bode(KPs),grid on,hold on        % 绘制未动态校正系统的伯德图
wc=3;                             % 选择可能实现的幅穿频率,读取未校正系统的相移
Faim=60*pi /180;                  % 选择超前补偿的最大相角
arfa=(1+sin(Faim))/(1+sin(Faim)); % 计算超前因子
T=1/wc/sqrt(arfa);                % 计算超前装置的时间常数
Cs=tf([arfa*T 1],[T 1]);          % 得到超前装置的动态补偿部分传递函数
Gs=KPs*Cs;                        % 得到已校正系统的传递函数
margin(Gs);                       % 绘制已校正系统的伯德图,验证系统的其它性能指标
grid off
```

在上述程序后，用MATLAB获取系统时间响应波形的程序如下。

```
vt=0:0.1:10;
Fais0=feedback(KPs,1)
Fais=feedback(Gs,1)
step(Fais0,vt),hold on,step(Fais,vt)
```

所得系统的单位阶跃响应如图6.14(b)所示。

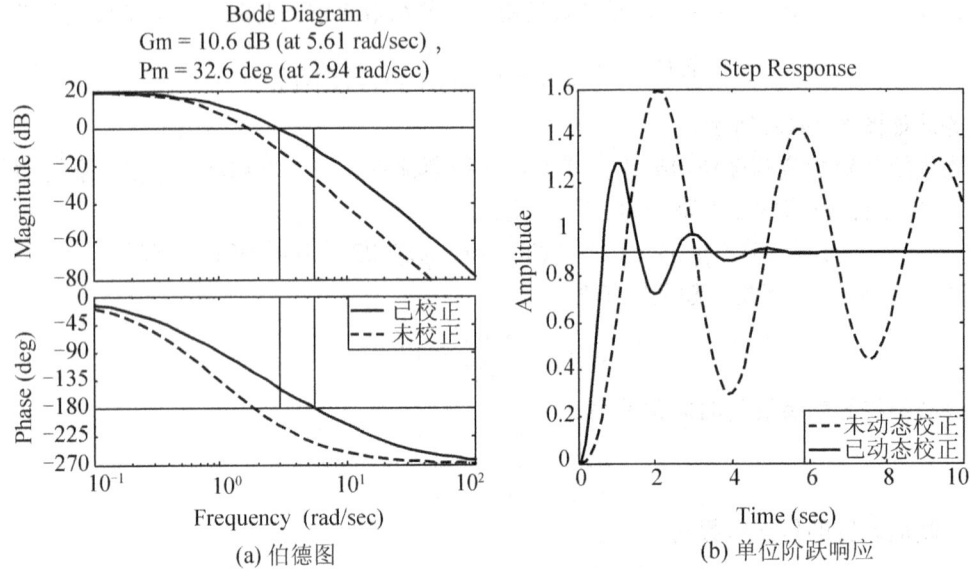

(a) 伯德图　　　　　　　　　　　(b) 单位阶跃响应

图6.14　例6.5已动态校正和未动态校正系统的伯德图和时间响应

6.3.3　基于参数搜索的超前校正技术

对于开环不稳定的系统，校正装置的首要任务是使其闭环稳定，其次，还希望闭环系统具有尽量好的响应速度和精度。

【例6.6】已知一倒立摆在不计摩擦时的归一化方程为

$$\ddot{\theta}-\theta=-v$$

式中，θ为摆的角位移，v为归一化输入。试设计一超前补偿环节，使极点配置在$-4\pm j4$处。

【解】固有部分开环传递函数为

$$P(s)=\frac{\Theta(s)}{V(s)}=\frac{-1}{s^2-1}$$

超前补偿环节为

$$C(s)=K\frac{s-z}{s-p}$$

首先推导超前环节参数与期望闭环极点之间的关系。系统的闭环特征方程为

$$1+P(s)C(s)=0 \Rightarrow s^3-ps^2-(K+1)s+(Kz+p)=0$$

将特征方程左端多项式展开成

$$(s+x)(s+4-j4)(s+4+j4)=s^3+(8+x)s^2+(32+8x)s+32x$$

有

$$\begin{cases}-p=8+x\\-(K+1)=32+8x\\Kz+p=32x\end{cases}\Rightarrow\begin{cases}K=31+8p\\-Kz=256+33p\end{cases}$$

两个方程三个未知数，假定 z 为已知量，则方程的解为

$$K=\frac{-1027}{33+8z},\quad p=-\frac{256+31z}{33+8z}$$

令 z 分别为 -0.5、-1、-1.5 和 -2 时，用 MATLAB 绘制已补偿系统的根轨迹和单位阶跃响应，如图 6.15 所示。可见，零点 z 离坐标原点太远或者太近，系统的特性都不是很理想。由根轨迹和时间响应曲线可见，$z=-1$ 时，系统的稳定裕量和响应速度较好。

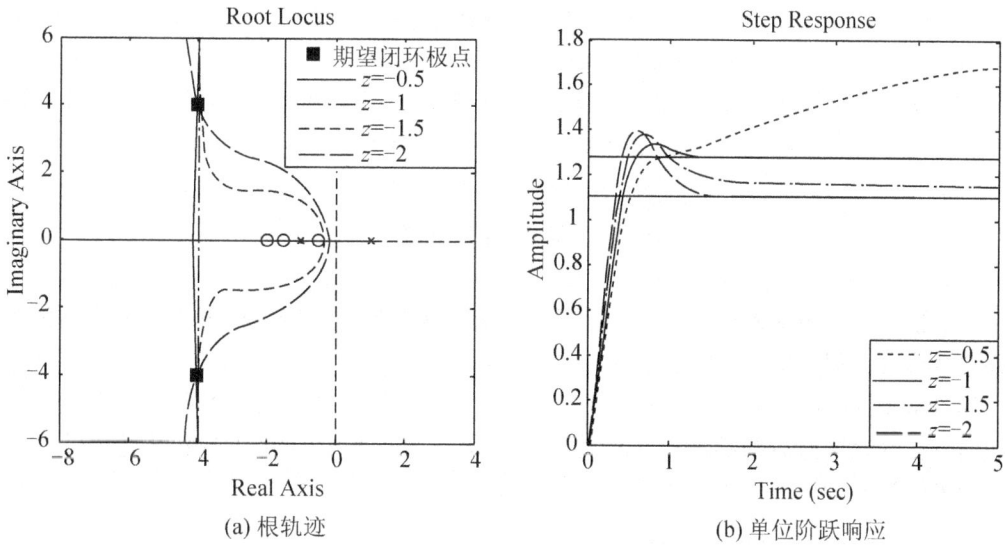

图 6.15 例 6.6 系统的根轨迹和时间响应曲线

绘制根轨迹和求解时间响应的 MATLAB 程序文本如下。

```
clear all
Ps=tf(-1,[1 0 -1]);
z=[-0.5 -1 -1.5 -2];
t=0:0.01:5;
sx(1)=-4+4*1i;sx(2)=-4-4*1i;
figure(1),plot(sx,'blacks'),hold on
figure(2),hold on
for n=1:length(z)
    K=-1027/(33+8*z(n));
    p=-(256+31*z(n))/(33+8*z(n));
    Cs=tf(K*[1 -z(n)],[1 -p]);
```

```
    Gs=Ps*Cs;
    figure(1),rlocus(Gs)
    Fais=feedback(Gs,1);
    figure(2),step(Fais,t)
end
```

趣谈：历史总结与未来预测

时至今日，比例积分微分(简称 PID)调节律在过程工业控制中依然广泛应用。经典 PID 控制器的控制作用依偏差信号的比例、积分和微分运算并和而产生。

对信号积分就是总和直至当前时刻信号的历史。以史为鉴，可知兴替。通过总结偏差信号的历史，积分作用能够自动抵消环境中恒定扰动的影响。资治通鉴，通鉴资治，说的就是这个道理。但是，系统中历史因素影响越大，历史包袱就越严重，系统的响应滞后就越明显。

对信号微分就是得到信号的变化速度，以期预测信号的未来。依据历史数据建立某种数学模型，并通过外推来预测或估计过程将来的行为，就是一种科学的预测。预测是基于历史，立足现在，面向未来的。没有预测，企业的运行计划就不能及时适应市场发展的需要。预测既是计划的前提条件，又是计划工作的重要组成部分。通过预测，企业可以降低决策的片面性，降低决策失误的可能性。但是，任何一种预测方法都不可能完全适用于某一预测问题，无论是用何种方法进行预测，预测的作用也是有限的。正如微分作用也有"悬崖"问题一样，过度微分可能导致适得其反的结果。

6.4 滞后超前校正

超前校正的作用是使系统的稳定性增加，响应速度加快。滞后校正的作用是改善系统的稳态精确度，但将减慢响应速度。

如果希望同时改善瞬态响应和稳态响应，可能需要同时采用超前和滞后校正装置。滞后超前校正综合了滞后和超前校正的优点。如果在校正系统时没有发生零点和极点的相消，则采用这种校正方法后，系统的阶次会增大两阶。

6.4.1 基于根轨迹法的滞后超前校正技术

当待校正系统的响应速度、超调量和稳态精度要求较高时，单独采用滞后校正或者超前校正往往不能满足系统的性能指标要求，建议采用滞后超前校正环节。设计滞后超前装置的基本原理是，利用超前部分配置期望的闭环极点，利用滞后部分提高系统的稳态增益。串联滞后超前装置的设计步骤如下。

(1) 根据给定的性能指标，确定期望的闭环极点 s^*。

(2) 利用未校正系统的固有传递函数 $P(s)$，确定当闭环极点位于期望位置时，幅角的缺额 θ。缺额通常留有余量，并且必须由滞后超前装置的超前部分产生。

(3) 如果规定了稳态误差系数，比如速度误差系数 K_v，则可以确定滞后因子 β。同时，滞后部分传递函数为

$$C_1(s) = \frac{s-z_1}{s-p_1} \quad (z_1 = \beta p_1)$$

并且，应该选择零点位置使滞后部分的幅值 $|C_1(s^*)|$ 接近于 1，而滞后幅角小于 7°。

（4）利用幅角缺额设计超前部分，其传递函数为

$$C_2(s) = \frac{s - z_2}{s - p_2} \quad (p_2 = \alpha z_2, \angle C_2(s^*) = \theta)$$

式中，零点 z_2 的位置依据设计者经验选择，通常介于 $\text{Re}[s^*]$ 与 z_1 之间。

（5）由前两步确定出校正装置后，得到已校正系统的传递函数为

$$G(s) = K \frac{(s - z_1)(s - z_2)}{(s - p_1)(s - p_2)} \cdot P(s)$$

绘制系统的根轨迹，观察根轨迹是否从期望闭环极点或者其附近穿越，如果是，则在根轨迹上选择最接近期望闭环极点的点，由此点计算出系统的根轨迹增益；如果不是，则返回第(2)步重新设计。

【例 6.7】已知系统的开环传递函数为

$$P(s) = \frac{4}{s(s + 0.5)}$$

试设计一校正装置，使系统满足性能指标：阻尼比为 0.5，无阻尼自然振荡频率为 5rad/s，静态速度误差常数为 80s^{-1}。

【解】系统原有的阻尼比为 0.125，无阻尼自然振荡频率为 2rad/s，静态误差常数为 8s^{-1}。可见，系统的稳定性、响应速度和稳态精度都要提高，考虑采用滞后超前校正，其传递函数为

$$C(s) = K \frac{(s - z_1)(s - z_2)}{(s - p_1)(s - p_2)}$$

根据性能指标，期望的闭环极点应该位于

$$s^* = -\xi\omega_n + j\omega_n\sqrt{1 - \xi^2} = -2.5 + j4.33$$

而未校正系统在期望极点处的幅角为

$$\angle P(s^*) = -\angle s^* - \angle(s^* + 0.5) = -235°$$

所以，滞后超前装置必须产生 55°，考虑到滞后部分会有一个小的滞后角度，取缺额 $\theta = 60°$。

为了设计补偿装置的超前部分

$$C_2(s) = \frac{s - z_2}{s - p_2}$$

选择 $z_2 = -0.5$，以便使零点与对象的极点相抵消。于是，超前部分满足幅角缺额时，有

$$\angle(s^* - p_2) = \angle(s^* - z_2) - \angle C_2(s^*) = 115° - 60° = 55°$$

解得超前部分的极点为 $p_2 = -5.53$。

依据根轨迹幅值条件

$$|G(s)| = |C(s)P(s)| = K|C_1(s)| \cdot \frac{|s + 0.5|}{|s + 5.53|} \cdot \frac{4}{|s| \cdot |s + 0.5|} = 1$$

以及补偿装置的滞后部分在期望闭环极点处幅值约为 1，可得补偿装置的静态增益

$$K \approx \frac{|s^* + 5.53| \cdot |s^*|}{4} = 6.61$$

为了设计补偿装置的滞后部分

$$C_1(s) = \frac{s-z_1}{s-p_1}$$

滞后部分应该满足稳态误差系数要求,即

$$\lim_{s \to 0} sG(s) = 6.61 \times \frac{-z_1 \times 4}{-p_1 \times 5.53} = 80$$

解得滞后因子为 $\beta = z_1/p_1 \approx 16.73$。

选择 $z_1 = -0.2$,运算滞后部分的幅值和幅角

$$C_1(s^*) = \frac{s^* - z_1}{s^* - p_1} = \frac{-2.5 + j4.33 + 0.2}{-2.5 + j4.33 + 0.2/16.73} \approx 0.9818 \angle -2°$$

可见,滞后部分在期望闭环极点处的幅值约等于1,而幅角$-2°$在缺额的余量范围内。

联合以上设计参数,可得滞后超前补偿装置的传递函数为

$$C(s) = 6.61 \frac{(s+0.2)(s+0.5)}{(s+0.2/16.73)(s+5.53)}$$

所以,已校正系统的开环传递函数为

$$G(s) = P(s)C(s) = \frac{26.44(s+0.2)(s+0.5)}{s(s+0.5)(s+0.2/16.73)(s+5.53)}$$

已校正系统的根轨迹如图6.16(a)所示,其单位阶跃响应如图6.16(b)所示。

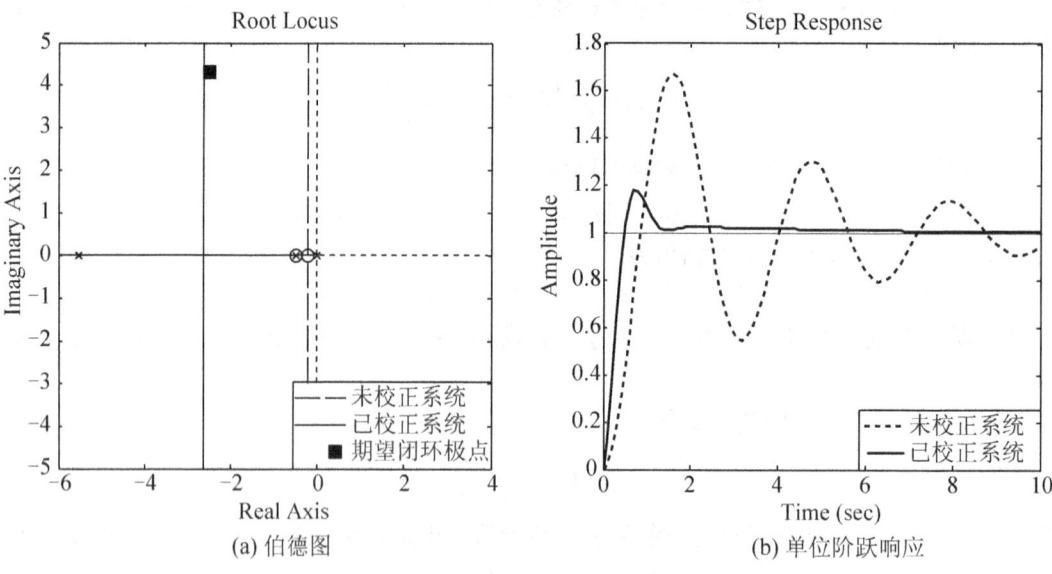

(a) 伯德图 (b) 单位阶跃响应

图6.16 例6.7系统的伯德图和时间响应波形

本例辅助分析和设计的MATLAB程序文本如下。

```
ksai=0.5;wn=5;
sx=-ksai*wn+wn*sqrt(1-ksai^2)*I;
Psx=4/sx/(sx+0.5);
angPsx=angle(Psx);
seta=-180-angPsx+5;
z2=-0.5;angsxp2=angle(sx-z2)-seta;
```

```
p2=real(sx)-imag(sx)/tan(angsxp2);
C2sx=(sx-z)/(sx-p);
K=abs(1/C2sx/Psx);
```

6.4.2 基于伯德图的滞后超前校正技术

当待校正系统的响应速度、相角裕度和稳态精度要求较高时，单独采用滞后环节或者超前环节进行串联校正一般不能满足系统要求，以采用滞后超前装置串联校正为宜。设计滞后超前装置的基本原理是：利用超前部分来增大系统的相角裕度，利用滞后部分来改善系统的稳态精度。串联滞后超前校正环节的设计步骤如下。

(1) 根据稳态精度要求确定系统的开环增益。

(2) 绘制和观察待校正系统的伯德图。根据响应速度要求，选择一个可行的幅穿频率。

(3) 计算和选择需要超前的相位，并注意留有一定余量，由此得到超前因子和超前部分的时间常数。

(4) 计算幅穿频率处应该衰减的幅值，由此得到滞后因子，并选择滞后部分的时间常数。

(5) 得到滞后超前装置后，获取已校正系统的开环传递函数，验证其各项性能指标。若未能满足规定性能，则返回第(2)步重新设计。

【例6.8】 已知某系统的开环传递函数为

$$P(s)=\frac{10}{s(s/6+1)(s/2+1)}$$

试设计一串联校正装置，使系统满足如下性能指标：速度误差系数不小于180rad/s，相角裕度不小于42°，幅值裕度不低于10dB，动态过程调节时间不超过3s。

【解】 首先满足稳态性能要求，设校正装置的静态增益为 K，则有

$$\lim_{s \to 0} s \cdot KP(s) = 10K \geqslant 180 \quad \Rightarrow \quad K=18$$

用 MATLAB 绘制未动态校正系统 $KP(s)$ 的伯德图如图 6.17(a)所示。

由调节时间和相位裕度估算高阶系统的幅穿频率，即有

$$M_r = 1/\sin P_m = 1/\sin 42° \approx 1.4945$$

$$\omega_c t_s/\pi = 2+1.5(M_r-1)+2.5(M_r-1)^2 = 3.353 \quad \Rightarrow \quad \omega_c > 3.5112$$

选择 $\omega_c=4\text{rad/s}$，由伯德图读出未动态校正系统在此频率处的幅值和相角分别为

$$L_0(\omega_c)=24.7\text{dB}, \quad \varphi_0(\omega_c)=-187°$$

在拟定幅穿频率为 4rad/s 处，若仅使用滞后校正，则相角裕度无法满足要求；若仅使用超前校正，则幅值不会为 0dB。所以，考虑使用滞后超前校正装置

$$C(s)=K\frac{1+T_1 s}{1+\beta T_1 s} \cdot \frac{1+\alpha T_2 s}{1+T_2 s}$$

滞后超前校正装置至少需要提升的相位为

$$P_m = 180°+\varphi_0(\omega_c)+\varphi_m-5° \geqslant 42° \quad \Rightarrow \quad \varphi_m \geqslant 54°$$

考虑留有余量，选择 $\varphi_m=60°$。此时，对应的超前因子为

$$\alpha = \frac{1+\sin\varphi_m}{1-\sin\varphi_m} = \frac{1+\sin60°}{1-\sin60°} \approx 13.93$$

于是，滞后超前装置至少需要衰减的分贝数为

$$L_0(\omega_c) + 10\lg\alpha - 20\lg\beta = 0 \quad \Rightarrow \quad 20\lg\beta = 24.7 + 10\lg13.93 \approx 36.14$$

即，滞后校正因子为

$$\beta = 10^{(36.14/20)} \approx 64.11$$

滞后超前环节中超前部分的时间常数为

$$\omega_c = \omega_m = \frac{1}{T_2\sqrt{\alpha}} \quad \Rightarrow \quad T_2 = \frac{1}{\omega_c\sqrt{\alpha}} = \frac{1}{4\sqrt{13.93}} \approx 0.067\text{s}$$

同时，滞后部分的时间常数可以选择为

$$\frac{1}{T_1} = \frac{\omega_c}{8} \quad \Rightarrow \quad T_1 = \frac{8}{\omega_c} = 2\text{s}$$

最后，滞后超前校正装置传递函数为

$$C(s) = 18\frac{1+2s}{1+128.22s} \cdot \frac{1+0.9333s}{1+0.067s}$$

已校正系统的传递函数为

$$G(s) = P(s)C(s) = \frac{180(1+2s)(1+0.9333s)}{s(1+s/6)(1+s/2)(1+128.22s)(1+0.067s)}$$

用MATLAB绘制已校正系统的伯德图如图6.17(a)所示。已校正系统的频域指标为：幅穿频率3.94rad/s，相位裕度46.5°，幅值裕度12.9dB，正是系统设计时所要求的。

基于伯德图的滞后超前校正方法的MATLAB程序文本如下。

```
KPs=tf(180,conv([1/6 1 0],[1/2 1]))       % 根据响应速度要求,选择幅穿频率
wc=4;
bode(KPs),grid on                          % 从选定的ωc=4rad/s处读取幅值24.7dB
                                           和相角-187°
faim=pi/3;                                 % 选取最大超前相位
arfa=(1+sin(faim));T2=1/wc/sqrt(arfa);     % 计算超前因子和时间常数
beta=10^((24.7+10*log10(arfa))/20);        % 计算滞后因子
T1=8/wc;                                   % 选择滞后部分的时间常数
Cs=tf([T1 1],[beta*T1 1])*tf([arfa*T2 1],[T2 1])% 获得动态校正环节
Gs=Cs*KPs                                  % 获得已校正系统的传递函数
margin(Gs)                                 % 绘制已校正系统的伯德图,验证其各项
                                           性能指标
grid off
```

由以上设计结果，获取已校正系统时间响应的MATLAB程序文本如下。

```
Fais=feedback(Gs,1)
step(Fais)
```

已校正系统单位阶跃响应波形如图6.17(b)所示。由图可见，系统以5%误差范围衡量的调节时间为2.97s，也是符合所设计性能指标要求的。

第6章 线性系统的校正与综合

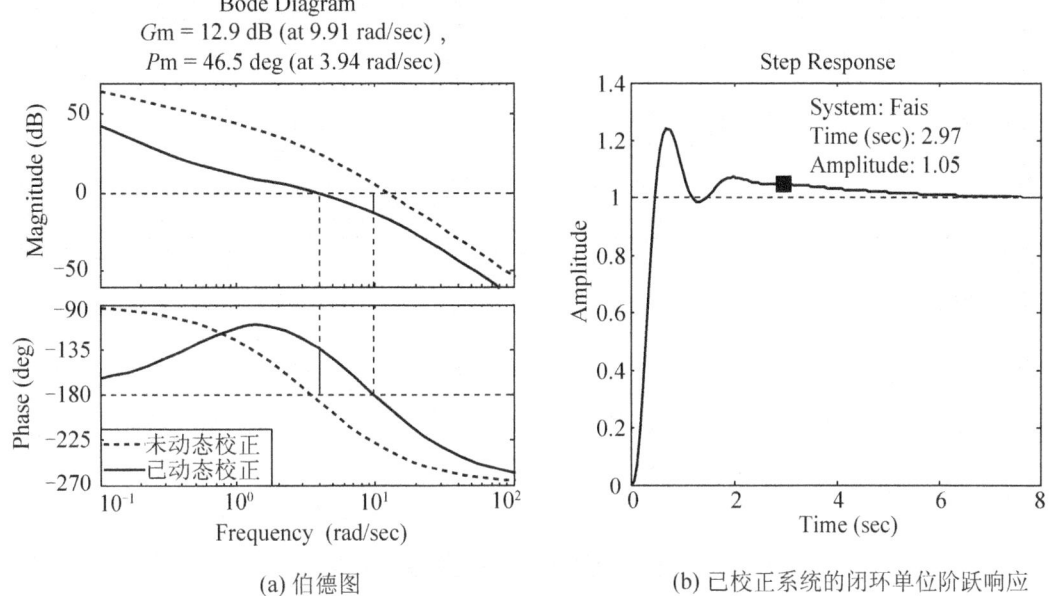

(a) 伯德图   (b) 已校正系统的闭环单位阶跃响应

图 6.17 例 6.8 系统的伯德图和时间响应波形

6.4.3 基于参数搜索的滞后超前校正技术

【例 6.9】图 6.18 是一个航天器姿态控制系统。试设计一个 PID 控制器，使对常量干扰转矩的稳态误差为零，并要求系统的相位裕度为 65°。

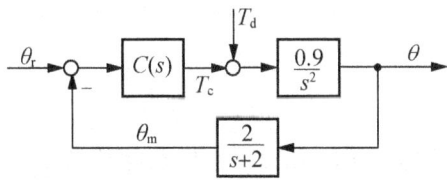

图 6.18 航天器姿态控制系统结构图

【解】首先绘制系统固有部分

$$P(s)=\frac{1.8}{s^2(s+2)}$$

的频率响应，如图 6.19(a) 所示。可以看到，曲线斜率为 -40dB/dec 和 -60dB/dec。如果没有微分反馈，对于任何的增益，系统都是不稳定的。

串联型 PID 的传递函数为

$$C(s)=K\frac{T_i s+1}{s} \cdot (T_d s+1)$$

这种形式可视为 PI 和 PD 的串联，其频率响应如图 6.19(b) 所示。

考虑相位裕度的情况，即使在低频段，系统固有部分相位也是滞后 180°的，所以 PID 至少需要提供超前 65°的相位，并且校正点应当位于系统固有部分幅值特性斜率为 -40dB/dec 的地方。

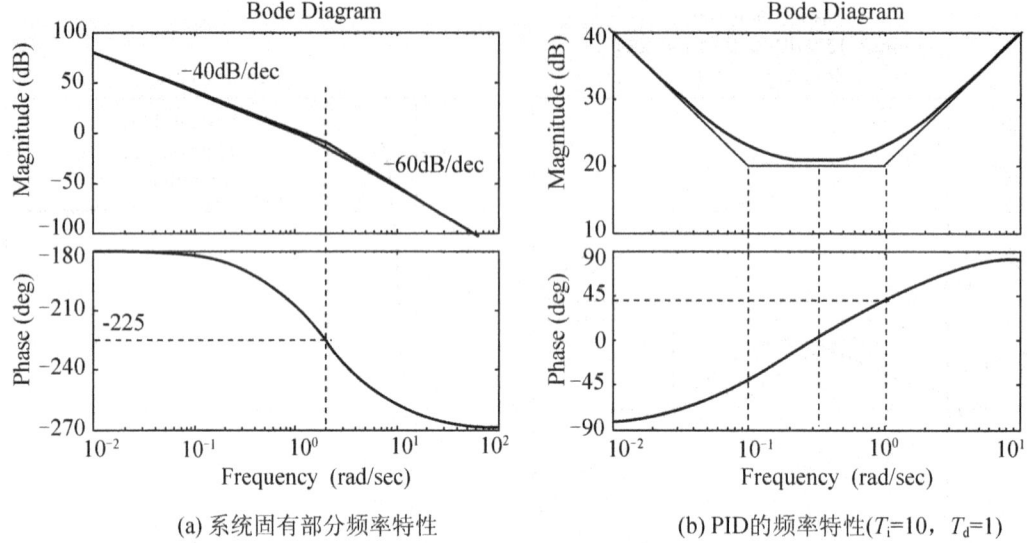

图 6.19 例 6.9 固有部分和补偿装置伯德图示意

应用 PID 补偿后，系统的相角特性为：从低频 $-270°$ 至少增长到中频幅穿频率时的 $-115°$，然后又降低到高频的 $-180°$。显然，整个相角特性存在最大相位点。校正后系统的相角为

$$\varphi(\omega)=\tan^{-1}(\omega T_i)+\tan^{-1}(\omega T_d)-\tan^{-1}(\omega/2)-270°$$

因为 $T_i \gg T_d \gg 0.5$，考虑到 PI 部分相位滞后很小，可将 PD 部分和系统固有部分的惯性环节"视为"超前环节，于是，最大相位点几乎发生在转折频率 $1/T_d$ 和 2 的几何中心处，即

$$\omega_m=\sqrt{\frac{2}{T_d}}=\frac{\sqrt{\alpha}}{T_d}=\frac{2}{\sqrt{\alpha}}$$

如果考虑补偿装置中 PI 部分相位滞后 $3°$，以及相位裕度需要 $65°$，那么，PD 部分与固有部分中惯性环节一起产生的最大相位应至少为 $68°$，即

$$\alpha=\frac{1+\sin68°}{1-\sin68°}\approx 26.4664$$

将 α 值代入前一个式子，得

$$\omega_m=0.4069, \quad T_d=12.0794$$

选幅穿频率为 $\omega_c=\omega_m$，则校正装置 PI 部分相位滞后 $3°$，有

$$\tan^{-1}(T_i\omega_c)-90°=-3° \Rightarrow T_i=46.9$$

于是，PID 的动态部分为

$$C(s)=K\frac{46.9s+1}{s} \cdot (12.08s+1)$$

补偿装置的静态增益由幅穿频率处的幅值确定，有

$$|P(j\omega_c)C(j\omega_c)|=1 \Rightarrow K \approx 0.000\,891$$

所以，最终已校正系统开环传递函数为

$$G(s) = 0.000\,891 \frac{(46.9s+1)(12.08s+1)}{s^3(0.5s+1)}$$

系统开环伯德图如图 6.20(a)所示,跟踪阶跃响应与负载阶跃响应如图 6.20(b)所示。

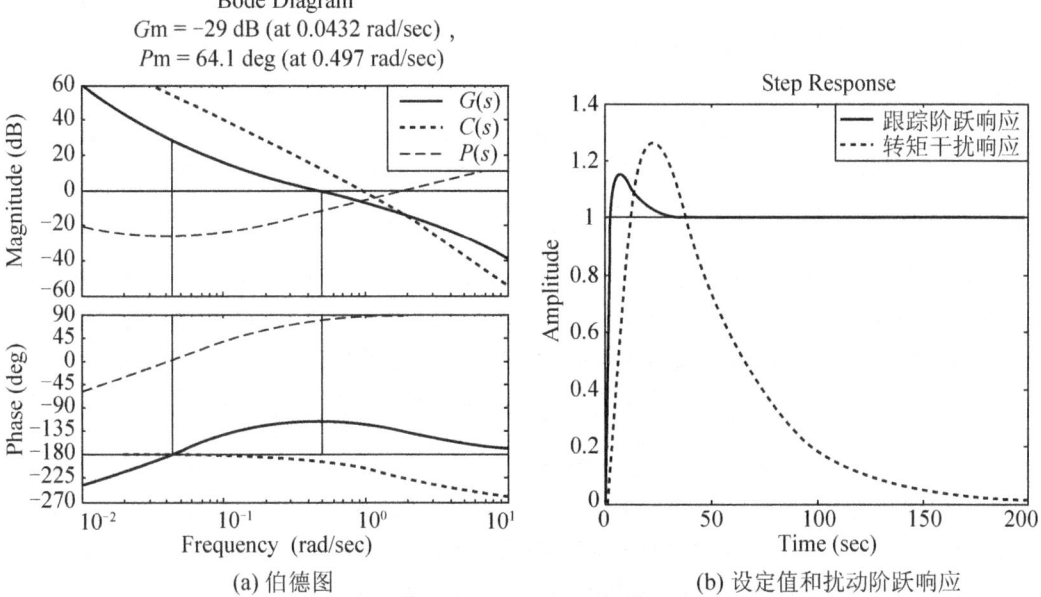

(a) 伯德图　　　　　　　　　　　(b) 设定值和扰动阶跃响应

图 6.20　例 6.9 系统的伯德图和时间响应波形

注意,图 6.20(a)中,MATLAB 给出了正相位裕度和负幅值裕度,这是正确的吗?

上面的设计过程相当于,选择 PID 控制结构,在满足相位裕度条件下,使系统的幅穿频率最大化。

本例中,在满足相位裕度条件下,以积分增益最大为搜索目标的 MATLAB 程序文本如下。

```
clear all
Ps=tf(2,[1 2 0 0]);Pm=65;
vTd=linspace(10,20,50);
for n=1:length(vTd)
  Td=vTd(n);
  wm=sqrt(2/Td);
  faiwm=atan(Td*wm)-atan(wm/2);
  Tiwm=tan(pi/2-faiwm+Pm/180*pi);
  vK(n)=wm^3*sqrt(wm^2/4+1)/sqrt((Tiwm^2+1)*(Td^2*wm^2+1));
end
[Kmax,x]=max(vK);
Td=vTd(x);
wm=sqrt(2/Td);
faiwm=atan(Td*wm)-atan(wm/2);
Ti=tan(pi/2-faiwm+65/180*pi)/wm;
Cs=tf(Kmax*conv([Ti 1],[Td 1]),[1 0]);
```

```
Gs=Ps*Cs;
margin(Gs),hold on
bode(Ps),bode(Cs)
Fais=feedback(Gs,1);
figure(2),step(Fais)
```

 小知识：科学、艺术与设计

设计是人类把自己的意志施加在自然界之上，用以创造人类文明的一种活动。应用科学技术的设计，能够支持人们对事物功能的最大需要，同时，赋有艺术特性的设计能够使事物满足人们对美学的最大追求。

"艺术"用形象思维的语言来描绘世界，更多是感性的；"科学"用逻辑思维的语言来描绘世界，更多是理性的。而设计是科学技术和艺术结合的产物。诺贝尔奖获得者李政道提出，"科学与艺术是一枚硬币的两面"。著名艺术家吴冠中说："科学揭示宇宙的奥秘，艺术揭示情感的奥秘"。科学借助艺术的想象力可以突破固有的思维框架，实现概念的跳跃；艺术借助科学的幻想和理性可以突破感性的直觉，实现情感的跳跃。科学是生活的理智，艺术是生活的快乐。缺少艺术，科学就会枯燥；缺少科学，艺术也会苍白。艺术与科学通过"设计"而统一，同宇宙中其他事物一样，是在对立统一中发展的。而人类的需求，成为推动其发展的原动力。艺术家的激情与科学家的理念合二为一，拓展出自然、人生和心灵世界的新空间。通过设计这个载体，艺术和科学技术不约而同地走向同一终点——创造。

距今2400多年的青铜编钟——曾侯乙编钟，可以称得上是一件巨型的科学与艺术结合的杰作。正是科学与艺术的完美结合使我们的古老文明经久不衰，在人类历史长河中闪烁着耀眼的光芒。

6.5 二自由度控制系统

传统上，依据设计目的的不同，控制系统常有自动调节系统（或定值控制系统）和伺服系统（或跟踪控制系统）的分类。二者之间的差别是，自动调节系统更强调干扰抑制而伺服系统更强调跟踪性能。从某种程度上说，一个简单的反馈控制系统不能同时兼顾干扰抑制性能和指令跟踪性能，或者说，系统在干扰抑制和指令跟踪这两个方面的性能不易同时满足。由此，本节介绍能够兼顾干扰抑制和指令跟踪要求的二自由度控制方法。

6.5.1 二自由度控制结构

含有干扰和噪声输入的简单反馈控制系统结构如图 6.21 所示。

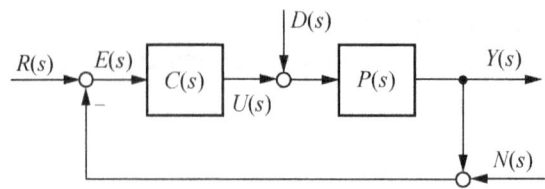

图 6.21 简单反馈控制系统结构图

系统输出 $Y(s)$ 与系统输入 $R(s)$、$D(s)$ 和 $N(s)$ 之间的传递函数为

$$\begin{cases} G_{YR}(s) = \dfrac{Y(s)}{R(s)} = \dfrac{G(s)}{1+G(s)} \\ G_{YD}(s) = \dfrac{Y(s)}{D(s)} = \dfrac{P(s)}{1+G(s)} \\ G_{YN}(s) = \dfrac{Y(s)}{N(s)} = \dfrac{-G(s)}{1+G(s)} \end{cases} \qquad (6.35)$$

式中，$G(s)=P(s)C(s)$ 为系统的开环传递函数。

式(6.35)所示的三个传递函数，相互之间不是独立的。因为一旦给定 $G(s)$，则三个函数都被唯一确定，这意味着图 6.21 所示系统是单自由度系统。

设定值前馈加反馈控制系统如图 6.22 所示。

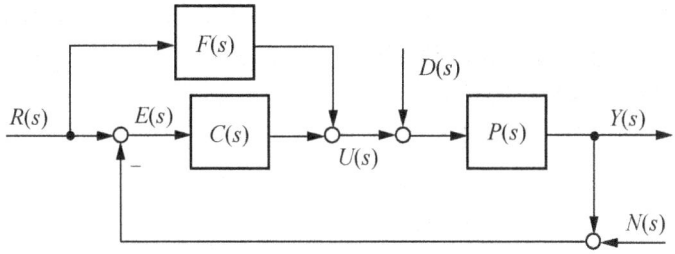

图 6.22　设定值前馈加反馈控制系统结构图

系统输出与系统输入 $R(s)$、$D(s)$ 和 $N(s)$ 之间的传递函数为

$$\begin{cases} G_{YR}(s) = \dfrac{Y(s)}{R(s)} = \dfrac{G(s)+P(s)F(s)}{1+G(s)} \\ G_{YD}(s) = \dfrac{Y(s)}{D(s)} = \dfrac{P(s)}{1+G(s)} \\ G_{YN}(s) = \dfrac{Y(s)}{N(s)} = \dfrac{-G(s)}{1+G(s)} \end{cases} \qquad (6.36)$$

式中，$G(s)=P(s)C(s)$ 为系统的开环传递函数。

式(6.36)所示的三个传递函数，相互之间不是完全独立的。一旦给定 $G(s)$，则 $G_{YD}(s)$ 和 $G_{YN}(s)$ 便被唯一确定，但 $G_{YR}(s)$ 还可以随 $F(s)$ 而变化，这意味着图 6.22 所示系统是二自由度系统。

实践中常使用的测量反馈加偏差反馈的控制系统结构如图 6.23 所示。

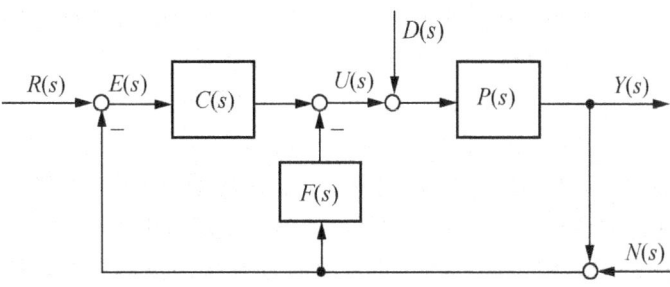

图 6.23　测量反馈加偏差反馈的控制系统结构图

系统输出与系统输入 $R(s)$、$D(s)$ 和 $N(s)$ 之间的传递函数为

$$\begin{cases} G_{YR}(s) = \dfrac{Y(s)}{R(s)} = \dfrac{P(s)C(s)}{1+G(s)} \\ G_{YD}(s) = \dfrac{Y(s)}{D(s)} = \dfrac{P(s)}{1+G(s)} \\ G_{YN}(s) = \dfrac{Y(s)}{N(s)} = \dfrac{-G(s)}{1+G(s)} \end{cases} \qquad (6.37)$$

式中，$G(s) = P(s)C(s) + P(s)F(s)$ 为系统的开环传递函数。

式(6.37)所示三个传递函数，相互之间也不是完全独立的。一旦给定 $G(s)$，则 $G_{YD}(s)$ 和 $G_{YN}(s)$ 便被唯一确定，但 $G_{YR}(s)$ 还可以随 $C(s)$ 而变化，这意味着图 6.22 所示系统也是二自由度系统。

在二自由度控制系统中，设定值跟踪响应和扰动抑制响应可以分别进行调整。并且，开环传递函数的选择应满足闭环系统稳定性和扰动抑制的需要，而"第二"自由度的引入是为了改善系统跟踪响应特性的需要。

【例 6.10】 线性模型参考控制系统结构如图 6.24 所示。试分析该系统是否为二自由度系统，并解释 $M(s)$、$F(s)$ 和 $C(s)$ 三个补偿环节的使用意义。

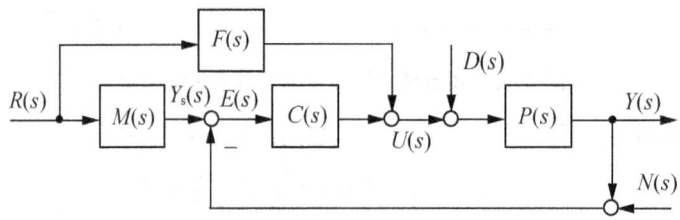

图 6.24　线性模型参考控制系统结构图

【解】 首先求取系统输出 $Y(s)$ 与系统输入 $R(s)$、$D(s)$ 和 $N(s)$ 之间的传递函数为

$$\begin{cases} G_{YR}(s) = \dfrac{Y(s)}{R(s)} = \dfrac{P(s)\left[F(s)+M(s)C(s)\right]}{1+G(s)} \\ G_{YD}(s) = \dfrac{Y(s)}{D(s)} = \dfrac{P(s)}{1+G(s)} \\ G_{YN}(s) = \dfrac{Y(s)}{N(s)} = \dfrac{-G(s)}{1+G(s)} \end{cases} \qquad (6.38)$$

式中，$G(s) = P(s)C(s)$ 为系统的开环传递函数。

从式(6.38)所示三个传递函数来看，一旦给定 $G(s)$，则 $G_{YD}(s)$ 和 $G_{YN}(s)$ 便被唯一确定，但 $G_{YR}(s)$ 还可以随 $M(s)$ 和 $F(s)$ 而变化。这意味着式(6.38)所示三个传递函数仅有两个可以独立调整，所以，图 6.24 所示系统是二自由度系统。

$F(s)$ 正如本章 6.1 节所述的那样，是设定值前馈补偿环节，目的是使设定值跟踪特性 $P(s)F(s)$ 趋于理想"1"。但是，在实际实现中，这往往是非常困难的。基于实际实现的方便性，常常将跟踪特性设置为某个期望的低通模型，该模型用 $M(s)$ 表示，称为参考模型。

如果过程模型 $P(s)$ 是精确的，同时也没有扰动和噪声进入系统，那么系统响应和参考模型响应就是相同的。显然，实际情况不会是这样的。系统中总有未知扰动和过程摄动的影响，其结果是系统响应和参考模型响应之间就会有偏差，即

第6章 线性系统的校正与综合

$$E(s) = Y_s(s) - Y(s)$$

校正环节 $C(s)$ 正是利用该偏差而实施反馈校正的。

模型匹配时,参考模型 $M(s)$ 和前馈校正 $F(s)$ 之间具有如下关系:

$$M(s) = P(s)F(s) \tag{6.39}$$

所以,由式(6.38)容易导得

$$G_{YR}(s) = M(s) = P(s)F(s) \tag{6.40}$$

可见,在该二自由度系统中,模型匹配时跟踪特性与偏差控制器 $C(s)$ 是不相关的,换句话说,就是前馈补偿环节与反馈校正环节可以独立地设计。

6.5.2 二自由度系统跟踪特性的零点配置法

单自由度控制系统因不能同时满足扰动抑制和指令跟踪响应的要求,所以,简单反馈系统控制器参数的调整常常是,要么使扰动抑制最优,要么使指令跟踪最优,或者使系统响应在二者之间折中。如果使用二自由度控制,则扰动响应特性 $G_{YD}(s)$ 和噪声响应特性 $G_{YN}(s)$ 是与系统的开环传递函数 $G(s)$ 唯一相关的,所以,应依据扰动和噪声抑制特性进行系统开环传递函数的设计。另一方面,在高性能系统中,总是希望系统的响应能以较小误差跟踪指令输入,例如,至少对于阶跃、斜坡和加速度指令信号,系统的输出能够呈现稳态无差。

下面将说明怎样设计控制系统才能使系统在跟踪阶跃、斜坡和加速度指令信号时,不产生稳态误差。

假设系统的跟踪特性由如下多项式之比描述

$$\Phi(s) = \frac{Y(s)}{R(s)} = \frac{b_m s^m + \cdots + b_2 s^2 + b_1 s + b_0}{a_n s^n + \cdots + a_2 s^2 + a_1 s + a_0} \tag{6.41}$$

回顾第5.5.1节,若系统的跟踪传递函数为 $\Phi(s)$,那么在阶跃指令输入下,系统响应达稳态无差的条件为

$$\Phi(0) = 1 \rightarrow a_0 = b_0 \tag{6.42a}$$

对斜坡指令,系统稳态无差的条件为

$$\Phi(0) = 1, \dot{\Phi}(0) = 0 \rightarrow a_0 = b_0, a_1 = b_1 \tag{6.42b}$$

系统对加速度指令稳态无差的条件是

$$\Phi(0) = 1, \dot{\Phi}(0) = 0 \text{ 和 } \ddot{\Phi}(0) = 0 \rightarrow a_0 = b_0, a_1 = b_1, a_2 = b_2 \tag{6.42c}$$

【例6.11】 已知二自由度控制系统的结构如图6.22所示。假设被控过程和反馈控制器分别为

$$P(s) = \frac{K}{(sT_1+1)(sT_2+1)} \quad (K, T_1, T_2 > 0)$$

$$C(s) = \frac{K_i(sT_i+1)}{s} \quad (K_i, T_i > 0)$$

试设计前馈校正环节 $F(s)$,使系统对斜坡指令和加速度指令的响应是稳态无差的。

【解】 系统的跟踪传递函数为

$$\Phi(s)=\frac{Y(s)}{R(s)}=\frac{P(s)C(s)+F(s)P(s)}{1+P(s)C(s)}$$
$$=\frac{K_iK(sT_i+1)+sKF(s)}{s(sT_1+1)(sT_2+1)+K_iK(sT_i+1)}$$
$$=\frac{K_iKT_is+K_iK+sKF(s)}{T_1T_2s^3+(T_1+T_2)s^2+(K_iKT_i+1)s+K_iK}$$

依据式(6.42)可得，系统对斜坡指令无差的条件是：$KF(s)$ 之常数项等于 1。所以，对斜坡指令无差时，最简单的校正方法是 $F(s)=1/K$。

同理，系统对加速度指令无差的条件是：除了 $KF(s)$ 之常数项等于 1 外，$KF(s)$ 之一次项等于 T_1+T_2。所以，对加速度指令无差时，最简单的校正方法是

$$F(s)=\frac{(T_1+T_2)s+1}{K}$$

由该例可见，通过前馈方式实现对斜坡或加速度指令的"响应无差"要求时，需要知道系统被控过程的准确模型。若模型不准确，则不能满足对斜坡和加速度指令跟踪的无差性要求。而第 3 章介绍的系统类型与误差之间的结论是，若系统的类型为 1 型(或 2 型)，则系统对斜坡(或加速度)指令的响应是稳态无差的。注意，这一结论并不要求知道过程的准确模型，只要保证闭环系统稳定即可。

【例 6.12】已知二自由度控制系统的结构如图 6.23 所示。假设被控过程为

$$P(s)=\frac{5}{s(s+1)}$$

试设计测量反馈校正环节 $F(s)$ 和偏差反馈校正环节 $C(s)$，使系统对加速度指令的响应和阶跃扰动的响应是稳态无差的，并且应该有小的超调量和调节时间。

【解】假设反馈控制器 $G_c(s)$ 采用比例积分微分控制器，即

$$G_c(s)=C(s)+F(s)=\frac{as^2+bs+c}{s}$$

于是，系统的扰动响应特性为

$$G_{YD}(s)=\frac{Y(s)}{D(s)}=\frac{P(s)}{1+P(s)G_c(s)}$$
$$=\frac{5s}{s^2(s+1)+5(as^2+bs+c)}$$

传递函数 $G_{YD}(s)$ 分子中存在的"s"保证了系统对阶跃型扰动输入的稳态无差性。

传递函数 $G_{YD}(s)$ 的分母多项式是三次的，而该式也有三个待定系数，可以"任意"指定系统的三个闭环极点而解得该参数，这常被称为系统设计的"极点任意配置法"。我们仅简单地指定三个极点如下：

$$s_{1,2}=-4\pm j2, \quad s_3=-12$$

或者，期望的闭环特征多项式为

$$\Delta(s)=(s-s_1)(s-s_2)(s-s_3)=s^3+20s^2+116s+240$$

由此得到反馈控制器 $G_c(s)$ 的参数应该满足的条件是

$$1+5a=20, \quad 5b=116, \quad 5c=240$$

即反馈控制器为

$$G_c(s) = \frac{as^2+bs+c}{s} = \frac{3.8s^2+23.2s+48}{s}$$

另一方面,系统的跟踪响应特性为

$$G_{YR}(s) = \frac{Y(s)}{R(s)} = \frac{P(s)C(s)}{1+P(s)G_c(s)} = \frac{5sC(s)}{s^3+20s^2+116s+240}$$

为使系统满足对斜坡和加速度指令输入是稳态无差的,$G_{YR}(s)$ 的分子多项式和分母多项式的最后三项系数必须对应相等。这就是说,一个简单的选择是

$$5sC(s) = 20s^2+116s+240$$

即

$$C(s) = \frac{4s^2+23.2s+48}{s}$$

最后,测量反馈环节为

$$F(s) = G_c(s) - C(s) = -0.2s$$

【例 6.13】已知二自由度控制系统的结构如图 6.24 所示。假设被控过程为

$$P(s) = \frac{10}{(s+1)^2}$$

试设计偏差反馈校正环节 $C(s)$、参考模型 $M(s)$ 和前馈校正环节 $F(s)$,使系统对斜坡指令响应和阶跃扰动响应是稳态无差的,并且应该有小的超调量和调节时间。

【解】假设反馈控制器 $C(s)$ 采用比例积分微分控制器,即

$$C(s) = \frac{as^2+bs+c}{s}$$

于是,系统的扰动响应特性为

$$G_{YD}(s) = \frac{Y(s)}{D(s)} = \frac{P(s)}{1+P(s)C(s)}$$
$$= \frac{10s}{s(s+1)^2+10(as^2+bs+c)}$$

传递函数 $G_{YD}(s)$ 分子中存在的"s"保证了系统对阶跃型扰动输入的稳态无差性。

"任意"配置系统的三个闭环极点为

$$s_{1,2} = -4 \pm j2, \quad s_3 = -12$$

即期望的闭环特征多项式为

$$\Delta(s) = (s-s_1)(s-s_2)(s-s_3) = s^3+20s^2+116s+240$$

由此得到反馈控制器 $C(s)$ 参数应满足的条件为

$$2+10a=20, \quad 1+10b=116, \quad 10c=240$$

即反馈控制器为

$$G_c(s) = \frac{as^2+bs+c}{s} = \frac{1.8s^2+11.5s+24}{s}$$

另一方面,系统的跟踪响应特性为

$$G_{YR}(s) = \frac{Y(s)}{R(s)} = F(s)P(s) = \frac{10F(s)}{(s+1)^2} = \frac{10F(s)}{s^2+2s+1}$$

为使系统满足对斜坡指令输入是稳态无差的，$G_{YR}(s)$的分子多项式和分母多项式的最后两项系数应该对应相等。这就是说，一个简单的选择是

$$F(s)=0.2s+0.1$$

即跟踪特性为

$$M(s)=F(s)P(s)=\frac{2s+1}{(s+1)^2}$$

注意，此时系统跟踪响应速度仍是原过程的响应速度，也即仍取决于原过程的两个极点位置。欲改变系统的跟踪响应速度，可选择前馈环节和参考模型为

$$F(s)=\frac{(s+1)^2(n\lambda s+1)}{10\,(\lambda s+1)^n}$$

$$M(s)=F(s)P(s)=\frac{n\lambda s+1}{(\lambda s+1)^n}$$

式中，时间常数 λ 由期望跟踪速度确定，分母阶次 n 与前馈环节 $F(s)$ 的实现方式相关，例如，依物理实现性可选 $n=3$。

6.6 内模控制系统

对于控制器设计而言，设计方法的简单性与优化性都是值得关注的。内部模型控制就提供了一种简单的结构和设计思想，使我们可以直观地、清楚地理解系统在鲁棒性和动态性能上的折中意义。本节介绍内部模型控制的基本知识和设计过程。

6.6.1 内模控制与内部稳定性

含有干扰的简单反馈控制系统结构如图 6.25 所示。

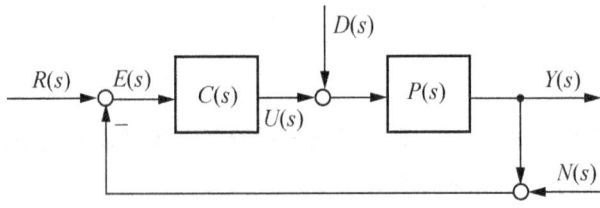

图 6.25 简单反馈控制系统结构图

系统输出 $Y(s)$ 和控制作用 $U(s)$ 与系统输入 $R(s)$ 和扰动 $D(s)$ 之间的传递函数为

$$\begin{cases} G_{YR}(s)=\dfrac{Y(s)}{R(s)}=\dfrac{P(s)C(s)}{1+P(s)C(s)}, & G_{YD}(s)=\dfrac{Y(s)}{D(s)}=\dfrac{P(s)}{1+P(s)C(s)} \\ G_{UR}(s)=\dfrac{U(s)}{R(s)}=\dfrac{C(s)}{1+P(s)C(s)}, & G_{UD}(s)=\dfrac{U(s)}{D(s)}=\dfrac{-P(s)C(s)}{1+P(s)C(s)} \end{cases} \quad (6.43)$$

式(6.43)所示四个传递函数的分母都是相同的，或者说它们有同样的特征方程和闭环极点，这是必然的。从控制角度看，我们期望对参考输入的跟踪特性 $G_{YR}(s)$ 为 "1"，此时 $G_{UD}(s)$ 为 "-1"，也就是说，控制作用能够理想地抵消扰动作用，扰动对系统输出响应的影响也为理想的 "0"。但是，这是不能实现的。理想跟踪需求 $P(s)C(s)$ 趋于 "∞"，即使很小的指令变化都会导致无穷控制作用，而控制信号能量实际上是有限的。所以，现实设

计上常常是，跟踪特性选择为一个低通的参考模型，此时控制作用也可保持在实际的有效作用范围内。

令

$$Q(s) = \frac{C(s)}{1 + P(s)C(s)} \tag{6.44}$$

则式(6.43)可以更直观地表达为

$$\begin{cases} G_{YR}(s) = Q(s)P(s), & G_{YD}(s) = [1 - Q(s)P(s)]\,P(s) \\ G_{UR}(s) = Q(s), & G_{UD}(s) = -Q(s)P(s) \end{cases} \tag{6.45}$$

已知过程模型 $P(s)$ 时，依据式(6.45)设计 $Q(s)$ 比依据式(6.43)设计 $C(s)$ 更为简便直观。得到校正环节 $Q(s)$ 后，可依式(6.44)得偏差反馈控制器 $C(s)$ 为

$$C(s) = \frac{U(s)}{E(s)} = \frac{Q(s)}{1 - P(s)Q(s)} \tag{6.46}$$

与式(6.46)对应的控制器实现结构如图 6.26 所示。

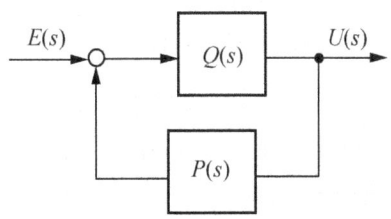

图 6.26　偏差反馈控制器实现结构图

因为偏差反馈控制器的实现需要过程模型，称此过程模型为控制器的"内部"模型，简称内模。相应地，校正环节 $Q(s)$ 常被称为内模控制器。为与实际过程有所区别，以下用 $P(s)$ 表示控制器内部模型，而真实过程用 $\widetilde{P}(s)$ 表示。将图 6.25 中控制器 $C(s)$ 用图 6.26 替换，得到内模控制系统的结构如图 6.27 所示，与之等效地也有图 6.28 所示的内模控制结构。

图 6.28 中，系统输出 $Y(s)$ 与模型输出 $Y_p(s)$ 之差被作为反馈信息。若内模 $P(s)$ 与实际过程 $\widetilde{P}(s)$ 相同，且系统中没有扰动存在，则输出偏差 $E_y(s)$ 为零。此时，系统等价于开环控制，内模控制器 $Q(s)$ 也相应于设定值前馈校正环节。正如第 6.1 节所述那样，实际的前馈补偿并非将跟踪特性理想化为"1"，而是选择为一个可以接受的低通参考模型。

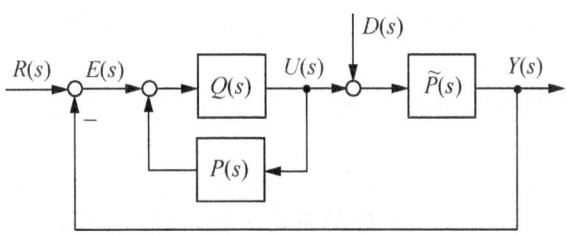

图 6.27　内模控制系统结构图一

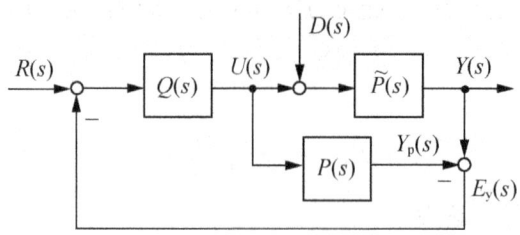

图 6.28　内模控制系统结构图二

若内部模型 $P(s)$ 和真实过程 $\widetilde{P}(s)$ 不同，称这种情况为系统的过程/模型失配，不少情况下，这也是过程摄动变化的结果。模型与过程的失配程度依频率而不同，一般在低频段过程/模型失配较轻微，在中、高频段过程/模型失配较为严重。为保证闭环系统的稳定性，对过程/模型响应的误差信号 $E_y(s)$ 作低通滤波处理是降低中、高频段过程/模型失配影响的有效方法。

不管是作为无过程/模型失配时的前馈补偿，还是作为有过程/模型失配时的稳定性保证，内模控制器 $Q(s)$ 都采用低通滤波环节来实现。常用低通滤波环节的形式为

$$F(s)=\frac{1}{(\lambda s+1)^n} \tag{6.47}$$

式中，λ 是滤波时间常数，n 是保证内模控制器 $Q(s)$ 可物理实现的阶次。

下面考察内模控制系统的稳定性问题。

定义： 若式(6.43)所示传递函数都是稳定的，则称图 6.25 所示系统是内部稳定的。与之等价地，对于图 6.27 所示的内模控制系统而言，若式(6.45)所示传递函数都是稳定的，则系统是内部稳定的。

由式(6.45)可见，若被控过程 $P(s)$ 是稳定的，则只要选择稳定的内模控制器 $Q(s)$ 就可保证系统是内部稳定的。假设过程 $P(s)$ 有单不稳定极点 p，则由式(6.45)可见，欲使内模控制系统是内稳定的，必须同时满足以下条件。

(1) 内模控制器 $Q(s)$ 是稳定的。
(2) 跟踪特性 $Q(s)P(s)$ 是稳定的。
(3) 扰动抑制特性 $[1-Q(s)P(s)]P(s)$ 是稳定的。

为使条件(2)和条件(3)成立，必须对消过程的不稳定极点，用数学描述分别为

$$\lim_{s \to p} Q(s)=0 \tag{6.48}$$

$$\lim_{s \to p} [1-Q(s)P(s)]=0 \tag{6.49}$$

即分别用 $Q(s)$ 和 $[1-Q(s)P(s)]$ 的零点对消 $P(s)$ 的极点。实际上，对 $P(s)$ 中不期望的稳定极点也可以用零极点对消法作类似处理。

【例 6.14】 已知控制系统结构如图 6.25 所示，其中过程模型为

$$P(s)=\frac{2}{s-1}$$

试设计反馈控制器 $C(s)$ 或等效的内模控制器 $Q(s)$ 使系统是内部稳定的。

【解】 因为 $P(s)$ 含不稳定极点 $p=1$，依式(6.48)知 $Q(s)$ 需要包含零点 $z=1$，同时，$Q(s)$ 还应有一个待定系数以使式(6.49)得到满足。于是，假设 $Q(s)$ 为

$$Q(s) = \frac{\alpha(s-1)}{\lambda s + 1}$$

式中，λ 是 $Q(s)$ 中的滤波时间常数，$\lambda > 0$。将该式代入式(6.49)，得

$$\lim_{s \to 1} [1 - P(s)Q(s)] = 1 - \frac{2\alpha}{\lambda + 1} = 0 \to \alpha = \frac{\lambda + 1}{2}$$

所以，使系统内稳定的反馈控制器为

$$C(s) = \frac{Q(s)}{1 - P(s)Q(s)} = \frac{\lambda + 1}{2\lambda}$$

显然，该偏差反馈控制器是一个比例校正环节。读者可用本书介绍的其他方法验证该结论。

如果希望系统对阶跃扰动是稳态无差的，我们可选择 $Q(s)$ 为

$$Q(s) = \frac{(\alpha s + 1)(s - 1)}{2(\lambda s + 1)^2}$$

式中，λ 是滤波时间常数，滤波环节阶次为 2 是为了 $Q(s)$ 可物理实现。该式代入式(6.49)得

$$\lim_{s \to 1} [1 - P(s)Q(s)] = 1 - \frac{\alpha + 1}{(\lambda + 1)^2} = 0 \to \alpha = (\lambda + 1)^2 - 1$$

所以，使系统内稳定的反馈控制器为

$$C(s) = \frac{Q(s)}{1 - P(s)Q(s)} = \frac{(\lambda^2 + 2\lambda)s + 1}{2\lambda^2 s}$$

显然，该反馈控制器 $C(s)$ 是一个比例积分型控制器。也就是说，对应系统为 1 型系统，系统对阶跃型扰动输入是无差的。

6.6.2 内模控制器设计方法

当系统存在过程/模型失配时，保证闭环系统的稳定性是系统设计最为关键的，也即是需保证系统的鲁棒性。

过程/模型失配可以是因模型化简而产生，也可以是因操作条件改变引起系统参数变化。尽管我们并不知道真实过程 $\tilde{P}(s)$，我们有理由假定它是一簇线性模型中的一员，即

$$\Pi = \{\tilde{P}: |\delta \tilde{P}| \leqslant l_m\} \tag{6.50}$$

式中，$\delta \tilde{P} = (\tilde{P} - P)/P$ 为过程与模型之间的相对误差，称为过程的乘性不确定性。l_m 为一个正数，表明过程乘性不确定性的界。通常，该相对误差的模(或者叫做范数)在高频时是等于或大于 1 的。

本书第 5.5.3 节已经依据奈奎斯特稳定性理论导出闭环系统鲁棒稳定的充分条件是

$$|T(j\omega)| \cdot |\delta \tilde{P}(j\omega)| < 1 \tag{6.51}$$

式中，$T(s)$ 是闭环系统的余灵敏度函数。

系统的最大余灵敏度值 M_t 是被人们广泛接受且比传统的增益裕度 G_m 和相角裕度 P_m 更有用的一个稳定性指标。系统的最大灵敏度值与系统的增益裕度和相角裕度之间的关系为

$$G_m \geqslant 1 + \frac{1}{M_t}, \quad P_m \geqslant 2\sin\left(\frac{1}{2M_t}\right) \tag{6.52}$$

比如，若 $M_t=1$，则有 $G_m \geq 2$ 且 $P_m \geq 60°$。

对于图 6.25 所示的典型反馈系统，系统的余灵敏度函数为

$$T(s)=\frac{P(s)C(s)}{1+P(s)C(s)} \tag{6.53}$$

该式用内模控制器表示时有

$$T(s)=Q(s)P(s) \tag{6.54}$$

显然，内模描述的余灵敏度函数用于系统的鲁棒稳定性设计是直观而方便的。因为如果知道过程的乘性不确定性界 l_m，则易于选择余灵敏度函数 $T(s)$ 并使其满足式(6.51)的限制。

若过程/模型无失配，则图 6.28 所示内模控制系统对最小相位过程存在理想控制

$$Q(s)=P^{-1}(s) \tag{6.55}$$

但是，有下面几种情况使得理想控制不能在实际中实现。

1. 右半平面零点

若模型含右半平面(Right-Half Plane)零点，则控制器选择为模型逆会产生右半面极点，这显然是闭环系统所不期望的。正如式(6.45)所示，系统内稳定要求内模控制器是稳定的。

2. 时间延迟

模型含有的时间延迟会使其逆为纯预估，这是实际中无法实现的。

3. 操作变量限制

若最小相位模型的分母阶次大于分子阶次，则称模型是严格正实的。而式(6.55)表示的理想控制使得内模控制器并非正实的，这表明微小高频扰动就会使操作变量超出物理可实现范围。

4. 模型误差

若过程/模型是失配的，则理想控制必然导致闭环系统不稳定。使闭环系统鲁棒稳定的一个充分条件是满足式(6.51)。

实用内模控制器设计应该考虑到上述四个方面的情况。因此，内模控制器的设计分解为两步：一是考虑系统的性能，将被控模型分解为可逆和不可逆两部分；二是滤波器的选择，包括滤波器的阶次和滤波时间常数的确定。

被控模型的分解表达为

$$P(s)=P_+(s)P_-(s) \tag{6.56}$$

式中，不可逆部分 $P_+(s)$ 包括右半平面零点和时间延迟，且 $P_+(0)=1$。由此，可逆部分的逆 $P_-^{-1}(s)$ 就是稳定的，并且不包含预估器。

实用内模控制器由模型可逆部分和合适的低通滤波器组成

$$Q(s)=P_-^{-1}(s)F(s)=P_-^{-1}(s)\frac{1+\sum_{i=1}^{m}a_i s^i}{(\lambda s+1)^n} \tag{6.57}$$

式中，$F(s)$是低通滤波器，λ是滤波时间常数，m是待对消的零、极点数，a_i是依据零、极点对消而待确定的系数，n是使内模控制器正实的正整数。

对过程/模型匹配的情况，由式(6.45)可得系统的跟踪和扰动传递函数分别为

$$\Phi(s) = G_{YR}(s) = P(s)Q(s) = P_+(s)F(s) \tag{6.58}$$

$$\Phi_d(s) = G_{YD}(s) = [1 - P(s)Q(s)]P(s) = [1 - P_+(s)F(s)]P(s) \tag{6.59}$$

因为跟踪和扰动传递函数的确定主要取决于设计者的选择，所以，与经典的偏差反馈控制器设计相比，内模法设计是简单、直接而不含混的。

【例6.15】 已知反馈控制系统的结构如图6.25所示，其中被控过程的模型为

$$P(s) = \frac{2}{5s+1}$$

试用两种方法设计比例积分控制器$C(s)$。

【解】方法一（内模法） 模型的可逆部分和不可逆部分分别为

$$P_-(s) = \frac{2}{5s+1}, \quad P_+(s) = 1$$

依据式(6.57)选择内模控制器为

$$Q(s) = P_-^{-1}(s)F(s) = \frac{5s+1}{2} \cdot \frac{1}{\lambda s+1}$$

所以，偏差反馈控制器为

$$C(s) = \frac{Q(s)}{1 - Q(s)P(s)} = \frac{5s+1}{2\lambda s}$$

该控制器是一个比例积分控制器，并且其比例系数和积分时间都仅取决于滤波时间常数λ。

该比例积分控制系统的跟踪和扰动传递函数分别为

$$\Phi(s) = Q(s)P(s) = \frac{1}{\lambda s+1} = \frac{5s+1}{(5s+1)(\lambda s+1)}$$

$$\Phi_d(s) = [1 - Q(s)P(s)]P(s) = \frac{2\lambda s}{(5s+1)(\lambda s+1)}$$

方法二（直接法） 比例加积分控制器为

$$C(s) = K_c\left(1 + \frac{1}{T_i s}\right) = \frac{K_i(T_i s+1)}{s}$$

式中，K_c和K_i分别为比例增益和积分增益，T_i为积分时间常数。

系统的跟踪传递函数为

$$\Phi(s) = \frac{P(s)C(s)}{1+P(s)C(s)} = \frac{T_i s+1}{s(5s+1)/2K_i + T_i s + 1}$$

该式分母是一个二次多项式，控制器的两个可调系数可使两个闭环极点"任意"配置。现假设闭环极点"任意配置"为$s_{1,2} = -\xi\omega_n \pm j\omega_n\sqrt{1-\xi^2}$，则比例积分控制器的两个参数分别为

$$K_i = \frac{5}{2}\omega_n^2, \quad T_i = \frac{10\xi\omega_n - 1}{5\omega_n^2}$$

于是，系统的跟踪和扰动传递函数分别为

$$\Phi(s) = \frac{P(s)C(s)}{1+P(s)C(s)} = \frac{(2\xi\omega_n - 0.2)s + \omega_n^2}{s^2 + 2\xi\omega_n s + \omega_n^2}$$

$$\Phi_d(s) = \frac{P(s)}{1+P(s)C(s)} = \frac{0.4s}{s^2+2\xi\omega_n s+\omega_n^2}$$

比较本例中两种设计方法：直接设计法可以对闭环系统的两个极点进行"任意"配置，但是，对于更高阶的过程则难于选择合适有效的期望闭环极点；内模设计法即使对于高阶过程也有简单直观的优点，但是，当仅有一个可调时间常数时，闭环系统的极点并非任意配置的。

【例 6.16】 已知反馈控制系统的结构如图 6.25 所示，其中被控过程模型为

$$P(s) = \frac{5(2-s)}{(5s+1)(s+1)}$$

试用两种方法设计偏差反馈控制器 $C(s)$。

【解】 方法一　模型的可逆部分和不可逆部分分别选择为

$$P_-(s) = \frac{10}{(5s+1)(s+1)}, \quad P_+(s) = 1-0.5s$$

依据式(6.57)选择内模控制器为

$$Q(s) = P^{-1}(s)F(s) = \frac{(5s+1)(s+1)}{10} \cdot \frac{1}{(\lambda s+1)^2}$$

所以，偏差反馈控制器为

$$C(s) = \frac{Q(s)}{1-Q(s)P(s)} = \frac{(5s+1)(s+1)}{5s(2\lambda^2 s+4\lambda+1)}$$
$$= \frac{1}{20\lambda+5} \cdot \frac{(5s+1)(s+1)}{s(bs+1)}$$

式中，$b=2\lambda^2/(4\lambda+1)$。该控制器实际上是一个比例积分环节串联一个滞后或超前校正环节。

最后，控制系统的跟踪和扰动传递函数分别为

$$\Phi(s) = Q(s)P(s) = \frac{1-0.5s}{(\lambda s+1)^2} \cdot \frac{(5s+1)(s+1)}{(5s+1)(s+1)}$$

$$\Phi_d(s) = [1-Q(s)P(s)] P(s) = \frac{5(4\lambda+1)s(1-0.5s)(bs+1)}{(\lambda s+1)^2(5s+1)(s+1)}$$

方法二　模型的可逆部分和不可逆部分分别选择为

$$P_-(s) = \frac{10(1+0.5s)}{(5s+1)(s+1)}, \quad P_+(s) = \frac{1-0.5s}{1+0.5s}$$

依据式(6.57)选择内模控制器为

$$Q(s) = P^{-1}(s)F(s) = \frac{(5s+1)(s+1)}{10(1+0.5s)} \cdot \frac{as+1}{(\lambda s+1)^2}$$

其中，参数 a 的目的是用于对消扰动响应中所含过程极点 $s=-0.2$，即有

$$\lim_{s \to -0.2} [1-Q(s)P(s)] = 0 \to a = \frac{50+90\lambda-9\lambda^2}{55}$$

所以，偏差反馈控制器为

$$C(s) = \frac{Q(s)}{1-Q(s)P(s)} = \frac{(5s+1)(s+1)(as+1)/10}{(1+0.5s)(\lambda s+1)^2-(1-0.5s)(as+1)}$$
$$= \frac{11}{18\lambda^2+40\lambda+10} \cdot \frac{(s+1)(as+1)}{s(bs+1)}$$

式中，$b=\dfrac{11\lambda^2}{18\lambda^2+40\lambda+10}$。该控制器实际上是一个比例积分环节串联一个滞后或超前校正环节的形式。

最后，控制系统的跟踪和扰动传递函数分别为

$$\Phi(s)=Q(s)P(s)=\frac{(1-0.5s)(as+1)}{(1+0.5s)(\lambda s+1)^2}$$

$$\Phi_d(s)=[1-Q(s)P(s)]P(s)=\frac{(18\lambda^2+40\lambda+10)s(bs+1)(1-0.5s)}{11(\lambda s+1)^2(s+1)(1+0.5s)}$$

可见，该设计法确实对消了扰动响应特性中的慢环节。

【例 6.17】已知反馈控制系统的结构如图 6.25 所示，其中被控过程模型为

$$P(s)=\frac{2}{1-5s}e^{-s}$$

试设计偏差反馈控制器 $C(s)$。

【解】模型的可逆部分和不可逆部分分别为

$$P_-(s)=\frac{2}{1-5s},\quad P_+(s)=e^{-s}$$

依据式(6.57)选择内模控制器为

$$Q(s)=P_-^{-1}(s)F(s)=\frac{1-5s}{2}\cdot\frac{as+1}{(\lambda s+1)^2}$$

其中，参数 a 的目的是用于对消扰动响应中所含过程极点 $s=0.2$，即有

$$\lim_{s\to 0.2}[1-Q(s)P(s)]=0\ \rightarrow\ a=5(0.2\lambda+1)^2 e^{0.2}-5$$

所以，偏差反馈控制器为

$$C(s)=\frac{Q(s)}{1-Q(s)P(s)}=\frac{1-5s}{2}\cdot\frac{\dfrac{as+1}{(\lambda s+1)^2}}{1-\dfrac{as+1}{(\lambda s+1)^2}e^{-s}}$$

控制器在零频处的增益为

$$\lim_{s\to 0}C(s)=\infty$$

所以，该控制器实质上是有积分功能的。

值得注意的是，对于不稳定过程而言，如本例所示如果依据图 6.26 实施内模控制，则闭环系统是不稳定的。这是因为，不稳定零极点对消在理论上可行，但是，实际中的运行偏差会使系统仍然不稳定。为此，偏差反馈控制器改进的实现结构如图 6.29 所示。

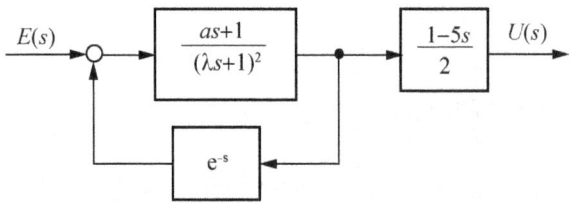

图 6.29 偏差反馈控制器的实现

本 章 小 结

本章主要讨论线性定常系统的综合问题。首先介绍了系统综合时常用的校正结构和典型校正环节，以及衡量控制系统质量的常见性能要求。在此基础上，主要介绍了在根轨迹图和伯德图上进行系统校正的方法和步骤，阐述了超前环节、滞后环节和滞后超前环节的选择与确定，也示例性地引入了参数优化的思想。最后，简洁地介绍了二自由度控制和内模控制的基本知识，讨论了二自由度控制系统和内模控制系统的典型方案和设计步骤。

习 题 6

6.1 已知电路如图 6.30 所示，求电路的传递函数，并判断其特性属于何种校正环节。

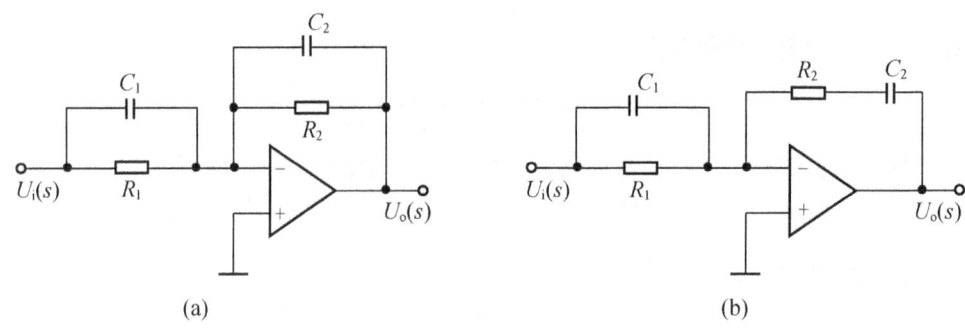

图 6.30 习题 6.1 图

6.2 已知机械系统如图 6.31 所示，假设位移 x_i 是输入量，位移 x_o 是输出量。试求系统的传递函数，并判断其特性属于何种校正环节。

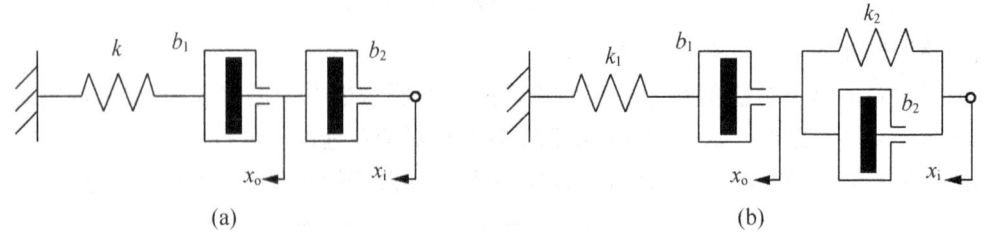

图 6.31 习题 6.2 图

6.3 已知一个控制系统的固有部分传递函数为

$$P(s) = \frac{10}{s(s+4)}$$

试用根轨迹法设计一个滞后校正装置 $C(s)$，使系统的静态误差系数 K_v 为 $50 \mathrm{s}^{-1}$，同时，系统的闭环极点保持在原闭环极点 $s = -2 \pm \mathrm{j}6$ 附近。

6.4 已知一个控制系统的固有部分传递函数为

$$P(s)=\frac{1}{s(s+1)}$$

试设计串联校正装置 $C(s)$，使系统的斜坡跟踪误差小于 0.05，相位裕量不小于 $45°$，幅值穿越频率不小于 6rad/s。

6.5 已知一个单位反馈系统的固有部分传递函数为

$$G(s)=\frac{16}{s(s+2)(s+8)}$$

试设计一个校正装置，使系统的闭环主导极点位于 $s=-2\pm j4$，且系统的静态误差系数 K_v 等于 $80s^{-1}$。

6.6 已知一个单位反馈系统的固有部分传递函数为

$$G(s)=\frac{K}{s(s+3)(s+9)}$$

（1）试调整静态系数 K，使系统的设定值单位阶跃响应的超调量不大于 20%，并计算此时系统的调节时间和静态误差系数；（2）在前述基础上设计串联校正装置，使系统的静态速度误差系数 K_v 不小于 $20s^{-1}$，超调量小于 15%，调节时间减小一半。

6.7 已知一个单位反馈控制系统的固有部分传递函数为

$$G(s)=\frac{5}{s(s+1)(s+5)}$$

试设计一个滞后—超前校正装置，使系统的静态误差系数 K_v 为 $50s^{-1}$，并且使系统的闭环主导极点的阻尼比 ξ 为 0.5。

6.8 考虑图 6.32 所示宇宙飞船模型控制系统。试设计一个超前校正装置 $C(s)$，使系统的闭环主导极点的阻尼比 ξ 和无阻尼自然振荡频率 ω_n 分别为 0.5rad/s 和 2rad/s。

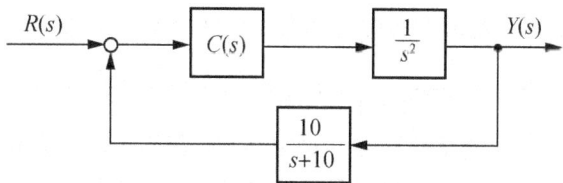

图 6.32 习题 6.8 宇宙飞船模型系统图

6.9 考虑一个单位反馈系统，其开环固有部分传递函数为

$$G(s)=\frac{K}{s(s+1)(s+2)}$$

试确定一个串联校正装置，使系统的静态误差系数为 K_v 为 $10s^{-1}$，相位裕量为 $50°$，增益裕量不少于 10dB。

6.10 考虑一个单位反馈系统，其开环固有部分传递函数为

$$G(s)=\frac{4}{s(s+2)}$$

试确定一个串联校正装置，使系统的静态误差系数为 K_v 为 $20s^{-1}$，相位裕量不小于 $50°$，增益裕量不少于 10dB。

6.11 考虑一个单位反馈系统,其开环固有部分和串联校正部分传递函数分别为

$$G(s)=\frac{4}{s^2(s+5)}, \quad C(s)=K\frac{\alpha Ts+1}{Ts+1}$$

试确定校正环节的参数 K,T,α,使闭环系统的相位裕量为 $50°$,增益裕量不少于 10dB,带宽不少于 1rad/s。并求校正后系统的谐振峰值和谐振频率为多少。

6.12 已知单位反馈系统的开环传递函数为

$$G(s)=\frac{s+0.1}{s^2+1}$$

试确定一个串联校正装置,使系统的静态误差系数为 K_v 为 $4s^{-1}$,相位裕量不小于 $50°$,增益裕量不少于 10dB。并应用 MATLAB 求已校正系统的单位阶跃响应和单位斜坡响应曲线,以及已校正系统的奈奎斯特图。

6.13 已知单位反馈系统的开环固有部分和串联 PID 校正装置的传递函数分别为

$$G(s)=\frac{1}{(s+1)^3}, \quad C(s)=K\frac{(s+a)^2}{s}$$

试确定 PID 参数 K,a,使闭环系统的阶跃响应超调量在 $5\%\sim10\%$,且调节时间尽量短。

6.14 在实践中,不可能实现真正的微分器,只能以某种函数近似实现,如图 6.33 所示。试求该实际微分器的传递函数。

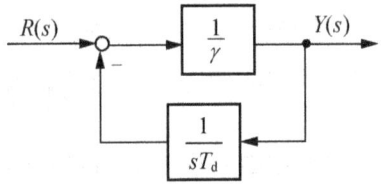

图 6.33 习题 6.14 图

6.15 已知单位反馈系统的开环固有部分和串联 PID 校正装置的传递函数分别为

$$G(s)=\frac{9}{s^2+3s+9}, \quad C(s)=K\frac{(as+1)(bs+1)}{s}$$

试确定 PID 参数 K,a,b,使系统存在一对闭环主导极点,且扰动输入阶跃响应调节时间不大于 3s。并应用 MATLAB 求已校正系统的参考输入单位阶跃响应和扰动单位阶跃响应曲线,以及已校正系统的奈奎斯特图。

6.16 已知设定值前馈加反馈的二自由度控制系统如图 6.22 所示,其可以等效改成如图 6.34 所示设定值滤波的二自由度控制。试计算使二者等效应满足的 $F_r(s)$ 和 $F(s)$ 之间的关系式。

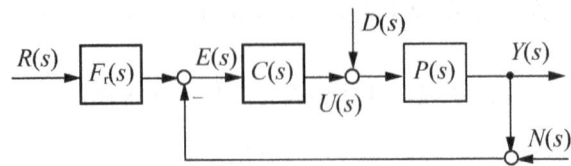

图 6.34 习题 6.16 设定值滤波的二自由度控制系统结构图

6.17 考虑图 6.22 所示的二自由度控制系统。假设噪声输入 $N(s)$ 为零,而对象为
$$P(s)=\frac{50}{s(s+1)}$$
试设计补偿器 $C(s)$ 和 $F(s)$,使系统满足对扰动阶跃响应能够在 2s 内衰减到零,对参考值单位阶跃响应的超调量小于 25%,并且跟踪斜坡参考输入和加速度参考输入的稳态误差为零。

6.18 已知单位反馈控制系统的固有部分传递函数为
$$P(s)=\frac{1}{(0.1s+1)(s+1)}$$
试用内模法设计串联校正装置,使系统的最大灵敏度不大于 1.6。

6.19 二自由度控制系统的结构如图 6.34 所示,已知被控对象为
$$P(s)=\frac{1}{1-2s}\mathrm{e}^{-s}$$
试由内模法设计偏差反馈控制器和设定值滤波器,使系统的设定值单位阶跃响应几乎无超调量,并由 MATLAB 求取系统的设定值单位阶跃响应曲线和扰动单位阶跃响应曲线。

6.20 已知单位反馈系统的固有部分传递函数为
$$P(s)=\frac{80}{s(s+2)(s+4)}$$
试设计串联校正装置,使系统的谐振峰值小于 1.3,谐振频率大于 10rad/s。

第 7 章
线性离散系统

前面各章介绍的系统都是连续系统,系统中的各个变量都是时间的连续函数。目前,数字计算机、微型机及微处理器广泛应用于控制系统中,这类控制系统中的某个或多个变量在时间上是断续的(又称离散的),这种系统称为离散系统。离散系统与连续系统有着类似的问题需要进行分析与研究,如系统数学模型的建立、系统性能(稳定性、稳态与动态性能)的分析和系统的综合等。因此,理解和掌握离散控制系统的基础理论——离散系统理论是必要的。本章简要介绍线性离散系统的基本概念、基本理论和基本方法。

教学目标

- 了解采样控制系统和数字控制系统的结构;
- 理解离散控制系统中信号的采样与复现的原理;
- 掌握 z 变换和 z 反变换的定义、性质及其求解方法;
- 理解和掌握离散控制系统的数学模型及不同数学模型间的关系;
- 理解离散控制系统稳定性的充要条件及稳态误差计算方法;
- 了解离散控制系统极点分布与系统动态响应之间的关系。

教学要求

知识要点	能力要求	相关知识
采样与复现	(1) 了解采样过程及采样函数的表示方法; (2) 理解采样定理及采样频率的选择; (3) 理解信号的复现及零阶保持器	采样器和保持器
z 变换理论	(1) 掌握 z 变换及 z 反变换的定义; (2) 理解 z 变换方法和 z 反变换方法; (3) 理解 z 变换的基本定理	复变函数
线性离散系统的数学模型	(1) 了解差分方程; (2) 掌握脉冲传递函数及其求法	连续系统的数学模型

第7章 线性离散系统

续表

知识要点	能力要求	相关知识
离散系统稳定性和稳态性能	(1) 理解离散系统稳定性的充要条件； (2) 掌握 S 平面与 Z 平面对应的关系； (3) 掌握离散系统稳定性的判别方法； (4) 理解离散系统稳定性误差的求解	连续系统稳定性和稳态性能
离散系统的动态性能	(1) 理解离散系统的动态性能指标； (2) 了解离散系统闭环极点与系统过渡过程的关系	时间响应

  推荐阅读资料

1. [美]Katsuhiko Ogata. 现代控制工程. 4版. 卢伯英，佟明安，译. 北京：电子工业出版社，2007.
2. [美]Gene F. Franklin. 自动控制原理与设计. 5版. 李中华，张雨浓，译. 北京：人民邮电出版社，2007.
3. 马洁，付兴建. 控制工程数学基础. 北京：清华大学出版社，2010.

  基本概念

离散信号：在时间上是离散的脉冲序列信号，通常是按照一定时间间隔对连续的模拟信号进行采样而得到，又称采样信号。

采样控制系统：控制系统中只要有一个及其以上的变量信号是离散信号的系统，也称离散系统。

采样过程：按照一定时间间隔把连续信号转换为时间上离散的脉冲序列信号的过程。

  引 例： 计算机与计算机控制系统

世界上第一台电子数字式计算机于1946年2月15日在美国宾夕法尼亚大学研制成功，它的名称叫ENIAC(埃尼阿克)，是电子数值积分式计算机(The Electronic Numberical Intergrator and Computer)的缩写。它使用了近18 000个真空电子管，消耗近150kW的电力，占地170m^2，重达30t，每秒可进行5 000次加法运算，3/1 000s时间内做完两个10位数乘法，主要用于弹道计算、氢弹的研制等。ENIAC奠定了电子计算机的发展基础，在计算机发展史上具有划时代的意义，它的问世标志着电子计算机时代的到来。ENIAC诞生后，数学家冯·诺依曼提出了重大的改进理论，直至今天，绝大部分的计算机还是采用冯·诺依曼方式工作。ENIAC诞生后短短的几十年间，计算机的发展突飞猛进，每一次更新换代都使计算机的体积和耗电量大大减小，功能大大增强，应用领域进一步拓宽。特别是体积小、价格低、功能强的微型计算机的出现，使得计算机迅速普及，主要应用于科学计算、过程检测与控制、信息管理及计算机辅助系统等领域。

在第一台计算机控制系统电子数字式计算机问世后，经过10多年的研究，在50年代后期计算机就可以用于工业控制，于是就产生了计算机控制系统。计算机控制系统(Computer Control System)是应用计算机参与控制并借助一些辅助部件与被控对象相联系，以获得一定控制目的而构成的系统。计算机控制系统经历了数据采集系统、计算机操作指导控制系统、直接数字控制、监督计算机控制、集散控制系统、现场总线控制系统及计算机集成制造系统等发展过程。

模拟自动控制系统由模拟部件组成，其信息为模拟信号；而计算机控制系统由数字部分和模拟部分两大部分组成，其信息包括模拟信息和数字信息，所以又称计算机控制系统为离散控制系统。前面章节介绍了模拟控制系统分析的基本理论和方法，本章节就将介绍离散控制系统的一些基本知识。

7.1 离散系统概述

如前所述，控制系统中只要有一个及以上的变量信号是离散量，就称这个系统为离散系统(Discrete System)或采样控制系统(Sampling Control System)。目前离散系统的最广泛应用形式是以数字计算机特别是微型数字计算机为控制器的数字控制系统，也就是说，数字控制系统是一种以数字计算机为控制器去控制具有连续工作状态的被控对象的闭环控制系统。数字控制系统包含工作于离散状态下的数字计算机和工作于连续状态下的被控对象两大部分，即数字控制系统通常是数字-模拟信号混合系统，因此数字控制系统中包含数字量和模拟量相互转换的环节，一般由模拟-数字转换器(Analogue–Digital Converter)(A/D 转换器)和数字-模拟转换器(Digital–Analogue Converter)(D/A 转换器)构成，其结构如图 7.1 所示。

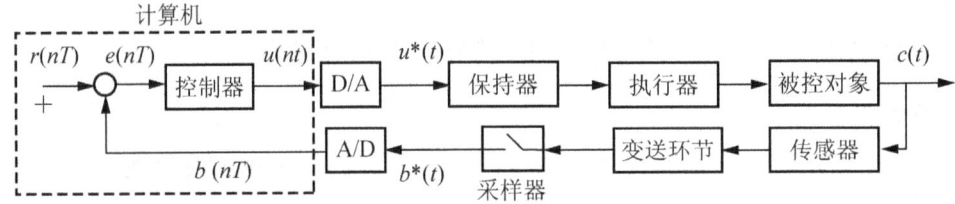

图 7.1　典型数字控制系统结构图

实践表明，数字控制可以使系统的控制精度大幅度提高；数字信号的传递，可以有效地抑制噪声(干扰)对系统的影响，从而显著提高了系统的抗干扰能力；数字控制器具有很好的通用性，只要改变软件(输入新的程序)，就能完全改变控制规律；采用计算机可对复杂的过程实现智能控制，并且可以用一台计算机分时控制若干个对象。由于数字控制具有上述显著的优点，因此在自动控制中获得越来越多的应用。

为了研究线性离散系统，给出如图 7.2 所示的典型离散控制系统结构图，图中 $G(s)$ 与 $H(s)$ 为系统中的连续部分，输入量 $r(t)$、输出量 $c(t)$ 和偏差量 $e(t)$ 均为模拟量，S 为采样开关(或称"采样器")。在系统运行中，采样开关 S 断开一定时间后又闭合，反复动作，将模拟量 $e(t)$ 变为离散量 $e^*(t)$，这种间断获取信息的过程称为"采样"，得到的值 $e^*(t)$ 称为"采样值"。采样开关每间隔一定时间 T 接通及断开一次，时间 T 称为"采样周期"(Sampling Period)。采样周期可以是等间隔的，也可以是不等间隔的，甚至是随机的，本书仅研究采样开关为等间隔的情况(即 T 为恒量)。开关每次闭合的时间 τ 称为"采样时间"，且有 $\tau < T$。采样周期的倒数 f_s 称为采样频率，即 $f_s = \dfrac{1}{T}$，而 $\omega_s = \dfrac{2\pi}{T} = 2\pi f_s$ 称为采样角频率(Sampling Frequency)，量纲为 rad/s。

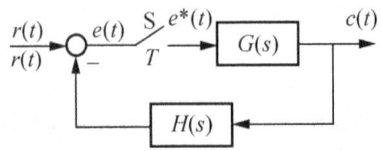

图 7.2　典型采样控制系统结构框图

7.2 信号的采样与复现

7.2.1 采样函数

如上节所述，典型的离散控制系统中模拟量 $e(t)$ 经采样器后得到采样值 $e^*(t)$，如图 7.3(b)所示，采样值 $e^*(t)$ 可写为

$$e^*(t) = \begin{cases} e(t), & kT \leqslant t \leqslant kT+\tau, \quad k=0,1,2,\cdots \\ 0, & \text{其他 } t \text{ 时刻} \end{cases} \quad (7.1)$$

采样值 $e^*(t)$ 实际是一些采样时间序列，也称采样脉冲序列，这种脉冲序列在采样时间内是连续的，在断开时间内是离散的，属于离散模拟信号。将连续时间函数通过采样器的采样变成脉冲序列的过程，称为采样过程。

为了对数字控制系统进行定量分析，需要导出描述采样信号的数学表达式。图 7.3(b)所示的实际采样脉冲序列 $e^*(t)$ 可通过下式来描述，即

$$e^*(t) = \sum_{n=0}^{\infty} e(nT+\Delta t), \quad 0 < \Delta t \leqslant \tau \quad (7.2)$$

在实际应用中，采样时间 τ 是很短的，也就是说，实际采样脉冲的持续时间 τ 通常远远小于采样周期 T，因此可将 τ 看成接近于零。这样采样脉冲便可看成是强度(幅值)为 $e(nT)$ ($n=0,1,2,\cdots$)宽度为无限小的窄脉冲序列，如图 7.3(c)所示，这种脉冲序列可借助于数学上的 δ 函数来描述，采样函数为

$$e^*(t) = \sum_{n=0}^{\infty} e(nT)\delta(t-nT) \quad (7.3)$$

式中，$\delta(t-nT)$ 表示发生在 $t=nT$ 时刻的具有单位强度的理想脉冲，即

$$\delta(t-nT) = \begin{cases} \infty, & t=nT \\ 0, & t \neq nT \end{cases} \quad (7.4)$$

且

$$\int_{-\infty}^{+\infty} \delta(t-nT)\mathrm{d}t = 1$$

$\delta(t-nT)$ 的作用在于指出采样脉冲存在的时刻 $nT(n=0,1,2,\cdots)$，而采样脉冲的强度(幅值)则由 nT 时刻的连续函数值 $e(nT)$ 来确定。

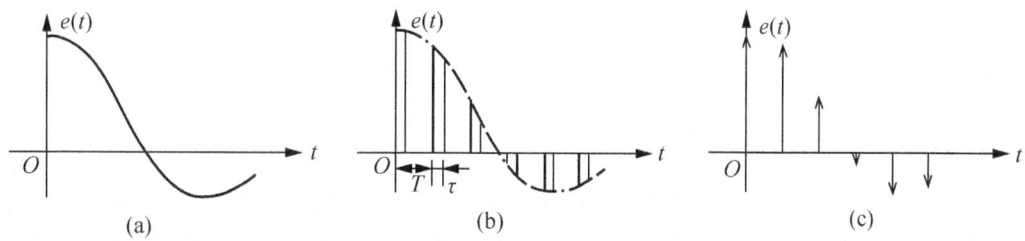

图 7.3 模拟信号采样经采样开关后变为离散信号

T—采样周期；τ—采样时间

需要指出，将采样开关视为理想脉冲发生器是近似的，有条件的。也就是说，采样持

续时间 τ 应远远小于采样周期 T 及远远小于描述系统连续部分惯性的时间常数。上述条件在实际控制系统中通常可以得到满足。

7.2.2 采样定理——采样频率的选择

不难理解，在采样过程中，若采样周期 T 越短（即采样角频率 ω_s 越高），则采样信号 $e^*(t)$ 越接近连续信号 $e(t)$ 的变化规律；反之，若采样周期 T 过大（即采样角频率 ω_s 过低），则采样信号 $e^*(t)$ 就可能反映不了连续信号 $e(t)$ 的变化规律，这时候由采样信号 $e^*(t)$ 就很难复现连续信号 $e(t)$。那么，采样角频率满足什么条件，采样信号才能复现原来的连续信号呢？采样定理（也称香农定理）给出了明确的答案。

采样定理：如果采样角频率 ω_s（或频率 f_s）大于或等于 $2\omega_m$（或频率 $2f_m$），即 $\omega_s \geqslant 2\omega_m$（或 $f_s \geqslant 2f_m$），则经采样得到的采样脉冲序列能不失真地复现原连续信号，其中 ω_m（或 f_m）是连续信号频谱的最高频率。

从物理意义上来理解采样定理就是，如果采样某连续信号，若选取采样频率 $\omega_s > 2\omega_m$ 时，即采样器在一个采样周期内能够将被采样连续信号的频率最高部分可采样两次以上，这样经采样获得的采样脉冲序列中将包含连续信号的全部信息，那就可以做到不失真地再现原连续信号。

应当指出，采样定理只是给出了一个选择采样周期或采样频率的指导原则，它给出的是由采样脉冲序列不失真地复现原连续信号所允许的最大采样周期或最低采样频率（即采样频率的下限）。在实际应用中，采样周期的选择还要受到其他因素的影响，在选择采样周期时对各种因素应予以综合考虑，有时还会根据经验数据来进行选择。表 7.1 给出了一些变量信号的采样周期的经验数据。在控制工程实践中，为了保证采样有足够的精确度，常取 $\omega_s = (5 \sim 10)\omega_m$。

表 7.1 采样周期 T 的经验数据

控制变量	采样周期/s
流量	1
压力	5
液位	5
温度	20
成分	20

7.2.3 保持器——采样信号的复现

在离散控制系统中，为了保证被控对象正常工作，需要将采样信号复现为连续信号。信号复现就是将离散脉冲序列转换成（或恢复到）连续信号过程，即信号保持，用于这种转换过程的元件称为保持器。信号保持的方法很多，常见有零阶保持和一阶保持。在数字控制系统中应用最广泛的是零阶保持器，所以在本书只介绍零阶保持器，若要了解其他信号保持方法，请参阅相关的参考文献。

零阶保持器工作的原理就是将采样信号 $u_c^*(t)$ 的每一个脉冲幅值 $u(nT)$ 一直保持到下一个采样时刻，即零阶保持器的作用是将一个脉冲信号转换成同幅值的，宽度为 T（采样周期）的矩形信号，如图 7.4 所示。由于 $u_c(t)$ 在每个采样区间的值为一恒量，它对时间的导数为零，所以称为零阶保持器。

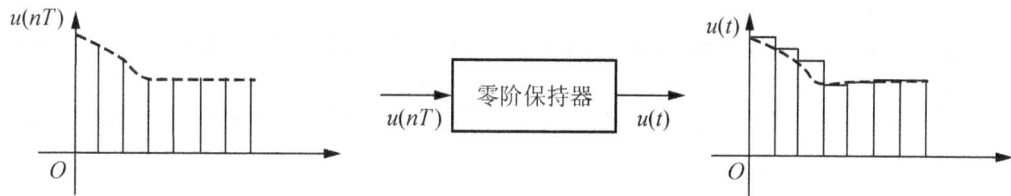

图 7.4　离散信号的复现

根据零阶保持器的工作原理，它的输入/输出特性为：若它输入信号为单位脉冲信号，则其输出信号为幅值为 1、宽度为 T 的矩形信号，此信号可看成一个单位阶跃信号 $1(t)$ 和一个延迟时间 T 的负的单位阶跃信号 $-1(t-T)$ 的叠加，如图 7.5 所示，其时域描述表达式为 $c(t)=1(t)-1(t-T)$，由此可求得零阶保持器的传递函数 $H(s)$ 为

$$H(s)=\frac{1}{s}-\frac{\mathrm{e}^{-Ts}}{s}=\frac{1-\mathrm{e}^{-Ts}}{s} \tag{7.5}$$

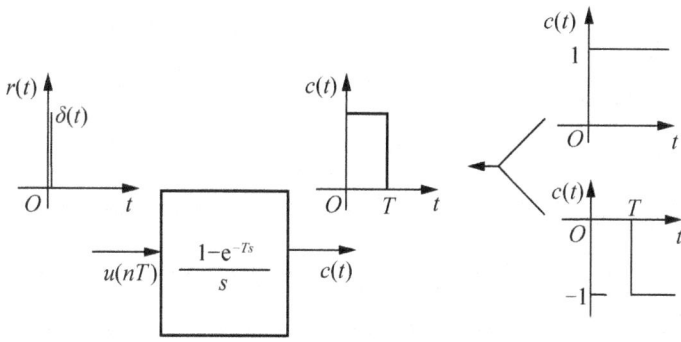

图 7.5　零阶保持器的输入输出特性

将 $s=\mathrm{j}\omega$ 代入式(7.5)可得零阶保持器的频率特性为

$$H(\mathrm{j}\omega)=\frac{1-\mathrm{e}^{-\mathrm{j}\omega T}}{\mathrm{j}\omega}=\frac{\mathrm{e}^{-\frac{\mathrm{j}\omega T}{2}}(\mathrm{e}^{\frac{\mathrm{j}\omega T}{2}}-\mathrm{e}^{-\frac{\mathrm{j}\omega T}{2}})}{\mathrm{j}\omega}=T\frac{\sin(\omega T/2)}{\omega T/2}\mathrm{e}^{-\frac{\mathrm{j}\omega T}{2}} \tag{7.6}$$

由式(7.6)可以看出，零阶保持器的频率特性存在之滞后相位，由式(7.6)可知，其恢复的信号比原连续信号在时间上平均迟后半了采样周期。

具有零阶保持器特性的器件有 D/A 转换器、寄存器、步进电动机、有源 RC 网络和无源 RC 网络等。

小知识：计算机控制系统

计算机控制系统，也就文中提到的数字控制系统，一般与采样控制系统视为同一类型，并统称为离散控制系统。而在数字控制系统中可能全是离散信号，也可能是离散与连续两种信号，其中离散信号是以数码形式出现的，从这个意义上讲，数字控制系统与采样控制系统是有区别的，因为在采样控制系统中连续与离散信号都存在,其中离散信号是调幅脉冲信号。

典型计算机控制系统的工作过程是:检测变送单元采集被控对象的运行参数,通过 A/D 转换器将模拟量转换成数字量送入计算机,计算机运行程序,根据程序承载的控制规律进行控制决策运算,得到控制信息(数字信号),计算机控制信息输出到 D/A 转换器转换成模拟量,去驱动执行机构,作用于被控对象;上述过程依次循环进行,使被控对象运行在期望的运行状态。

计算机控制系统中信号的采样由采样保持器完成,采样信号变换成数字信号(离散信号)由 A/D 转换器实现,控制信号的保持由 D/A 转换器完成。其中 D/A 转换器具有零阶保持器特性,也就是说,只要 D/A 转换器输入的数据不改变,其输出的模拟量也不会改变,该模拟信号一直保持到下一次计算机传送新的控制信息为止。

7.3 z 变换理论

描述连续系统是用微分方程来刻画连续控制系统的行为,为了求解的方便,使用拉氏变换方法实现。而离散系统的信号经采用后称为离散信号,其描述便通过采样时刻的离散信号前后之间的关系来刻画离散控制系统的行为,由此建立起来的数学表达式称为差分方程。差分方程是描述离散系统的一种基本形式,其直接求解并不容易的,与连续系统相类似,可以通过 z 域(z 变换域)法来求解,本节主要介绍 z 变换理论。

7.3.1 z 变换的定义

由式(7.3)已知采样函数为

$$f^*(t) = \sum_{n=0}^{\infty} f(nT)\delta(t-kT)$$

对上式进行拉氏变换,得

$$F^*(s) = L[f^*(t)] = L\left[\sum_{n=0}^{\infty} f(nT)\delta(t-kT)\right]$$

$$= \sum_{n=0}^{\infty} f(nT)L[\delta(t-kT)]$$

$$= \sum_{n=0}^{\infty} f(nT)e^{-nTs}$$

由于在上式中,s 在指数里,给运算带来困难,在连续时间系统中,为了避开解微分方程的困难,可以通过拉氏变换把问题从时域变换到频域中,把解微分方程转化为解代数方程,使解题得以简化。出于同样的目的,在采样系统中为了避开求解差分方程带来的困难,引进一个新的变量,将解线性时不变差分方程转化为求解代数方程,以简化求解过程。令引进的新变量为 z,且

$$z = e^{Ts} \tag{7.7}$$

将其代入前式,有

$$F^*(s) = \sum_{n=0}^{\infty} f(nT)z^{-n}$$

于是将 $F^*(s)$ 改写成 $F(z)$,上式就成为新变量 z 的函数,并称 $F(z)$ 为 $f^*(t)$ 的 z 变

换，记为 $Z[f^*(t)]$。又由于在 z 变换中，只考虑了采样瞬时的采样值 $f(nT)$，因此 $f(t)$ 的 z 变换与 $f^*(t)$ 的 z 变换具有相同的结果。于是 z 变换的定义式为

$$F(z) = Z[f(t)] = Z[f^*(t)] = \sum_{n=0}^{\infty} f(nT) z^{-n} \tag{7.8}$$

由以上定义可见，z 变换实质上跟拉氏变换相似的另一种代换形式，主要是针对离散函数的。将 z 变换与拉氏变换相比，离散函数取代了连续函数，差分方程取代了微分方程，kT 取代了 t，z 取代了 s，$\sum$ 取代了 $\int$。z 变换与拉氏变换一样，是一种数学工具，它也是一种简化运算的方法。在采样系统中，先对离散函数进行 z 变换得到象函数，然后对象函数进行计算，最后把计算所得到的象函数进行 z 反变换，求得运算后的原函数，从而得出所需要的系统结果。值得注意的是：z 变换是离散函数的变换，只反映采样时刻的信息值，反映不了非采样时刻的信息，由此可见，对原连续函数的经采样得采样函数，其 z 变换式是唯一的；反过来，z 变换式对应于采样函数是唯一的，但是对应的连续函数却不是唯一的。

7.3.2　z 变换求法

1. 级数求和法

设连续时间函数为 $x(t)$，对应的离散时间函数为 $x^*(t)$，其 z 变换表达式为

$$X(z) = \sum_{n=0}^{\infty} x(nT) z^{-n}$$

将上式的右边展开，即

$$X(z) = x(0) + x(T) z^{-1} + x(2T) z^{-2} + \cdots + x(nT) z^{-n} + \cdots \tag{7.9}$$

式(7.9)是离散时间函数 $x^*(t)$ 进行 z 变换的一种级数表达式。由这种表达形式可见，如果知道连续时间函数 $x(t)$ 在各采样时刻 $nT(n=0, 1, 2, \cdots, \infty)$ 上的采样值 $x(nT)$，便可根据式(7.9)求得其 z 变换的级数展开形式，它是无穷多项的级数，是开式，然后根据具体问题，将这种开式简化为闭式，以便于运算。

【**例 7.1**】求单位阶跃函数 $x(t)=1(t)$ 的 z 变换。

【**解**】首先求单位阶跃函数 $x(t)=1(t)$ 在个采样时刻的采样值，单位阶跃函数 $1(t)$ 在所有采样时刻的采样值均为 1，即

$$x(nT) = 1 \quad (n=0, 1, 2, \cdots, \infty)$$

根据式(7.9)可得

$$X(z) = 1 + z^{-1} + z^{-2} + \cdots + z^{-n} + \cdots$$

若 $|z|>1$，上式的无穷级数是收敛的。利用幂级数求和的公式可将上式简化为闭式，即

$$X(z) = \frac{1}{1 - z^{-1}} = \frac{z}{z-1} \tag{7.10}$$

【**例 7.2**】求单位理想脉冲序列 $x(t) = \delta_T(t) = \sum_{n=0}^{\infty} \delta(t - nT) (n=0, 1, 2, \cdots, \infty)$ 的 z 变换 $X(z)$。

【**解**】$\delta_T(t) = \sum_{n=0}^{\infty} \delta(t - nT)$ 在各采样时刻的值为

$$\delta_T(nT)=1 \quad (n=0,1,2,\cdots,\infty)$$

根据式(7.9)可写出

$$X(z)=1+z^{-1}+z^{-2}+\cdots+z^{-n}+\cdots$$

将上式简化为闭式,即

$$X(z)=\frac{z}{z-1} \quad (|z|>1) \tag{7.11}$$

比较式(7.10)及式(7.11)可以看出,不同的连续函数可以得到相同的 z 变换。这是由于阶跃信号经采样后所得的离散信号 $x^*(t)$ 与单位理想脉冲序列是一样的,这就再一次说明 z 变换只对采样点上的信息有效。因此不同的连续函数 $x(t)$,只要采样后的离散函数 $x^*(t)$ 相同,就可得到相同的 z 变换 $X(z)$。

【例 7.3】 求单位斜坡函数 $x(t)=t$ 的 z 变换。

【解】 $x(t)=t$ 在各采样时刻的值为

$$x(nT)=nT \quad (n=0,1,2,\cdots,\infty)$$

于是

$$X(Z)=\sum_{n=0}^{\infty} nTz^{-n}$$

由例 7.1 可知

$$\sum_{n=0}^{\infty} z^{-n}=\frac{z}{z-1} \tag{7.12}$$

将式(7.12)两边对 z 求倒数,并将和式与导数交换得

$$\sum_{n=0}^{\infty}(-n)z^{-n-1}=\frac{-1}{(z-1)^2}$$

将上式两边同乘以 $(-Tz)$,于是可得单位斜坡函数的 z 变换

$$X(z)=\sum_{n=0}^{\infty} nTz^{-n}=\frac{Tz}{(z-1)^2} \quad (|z|>1)$$

【例 7.4】 已知连续的衰减指数函数 $x(t)=e^{-at}(a>0)$,试求 $x(t)$ 的 z 变换。

【解】 $x(t)$ 在各采样时刻的值为

$$x(t)=e^{-naT} \quad (n=0,1,2,\cdots,\infty)$$

按照式(7.8)可写出

$$X(z)=1+e^{-aT}z^{-1}+e^{-2aT}z^{-2}+\cdots+e^{-naT}z^{-n}+\cdots \tag{7.13}$$

为了将上式化简为闭式,以 $e^{-aT}z^{-1}$ 乘以上式两端,得

$$X(z)e^{-aT}z^{-1}=e^{-aT}z^{-1}+e^{-2aT}z^{-2}+\cdots+e^{-(n+1)aT}z^{-(n+1)}+\cdots \tag{7.14}$$

式(7.13)与式(7.14)相减得

$$X(z)-X(z)e^{-aT}z^{-1}=1$$

于是

$$X(z)=\frac{1}{1-e^{-aT}z^{-1}}=\frac{z}{z-e^{-aT}}$$

2. 部分分式法

由 z 变换的定义可知,求连续函数 $x(t)$ 的 z 变换 $X(z)$ 过程是:先将 $x(t)$ 采样得采样

函数 $x^*(t)$ 进而求解出对应的 z 变换 $X(z)$。然而，在很多情况下，已知连续函数的拉氏变换 $X(s)$，需要获取对应的 z 变换 $X(z)$，即直接通过 $X(s)$ 求出对应的原函数 $x(t)$ 的 z 变换 $X(z)$，其方法是：将有理分式 $X(s)$ 展成部分分式之和的形式，使每一部分分式对应简单的时间函数，其相应的 z 变换是已知的，于是可方便地求取 $X(s)$ 的 z 变换 $X(z)$。

先将 $X(s)$ 写成部分分式之和的形式

$$X(s) = \sum_{i=0}^{k} \frac{A_i}{s - s_i}$$

式中，k 为 $X(s)$ 的级数，A_i 为常系数。s_i 为 $X(s)$ 的极点。

由拉氏反变换可知，$\dfrac{A_i}{s-s_i}$ 对应的 z 变换为 $\dfrac{A_i z}{z - \mathrm{e}^{s_i T}}$，于是

$$X(z) = \sum_{i=1}^{k} \frac{A_i z}{z - \mathrm{e}^{s_i T}} \tag{7.15}$$

由上可见，如果已知 $X(s)$，则将 $X(s)$ 写成部分分式之和的形式，然后利用式(7.15)就可以直接求出对应原函数 $x(t)$ 的 z 变换 $X(z)$。

如果已知连续函数 $x(t)$，可先通过拉氏变换求出对应的象函数 $X(s)$，然后应用上述方法求得 $X(z)$。

【例 7.5】 已知 $X(s) = \dfrac{a}{s(s+a)}$，试求原函数 $x(t)$ 的 z 变换 $X(z)$。

【解】 将 $X(s)$ 表示为部分分式之和：

$$X(s) = \frac{a}{s(s+a)} = \frac{1}{s} - \frac{1}{s+a}$$

于是，$A_1 = 1$，$A_2 = -1$，$s_1 = 0$，$s_2 = -a$。

根据式(7.14)可直接得到

$$X(z) = \frac{z}{z-1} - \frac{z}{z - \mathrm{e}^{-aT}} = \frac{z(1 - \mathrm{e}^{-aT})}{z^2 - (1 + \mathrm{e}^{-aT})z + \mathrm{e}^{-aT}}$$

【例 7.6】 已知 $x(t) = \sin at$，试求 $X(z)$。

【解】 对 $x(t)$ 做拉氏变换得

$$X(s) = \frac{a}{s^2 + a^2}$$

将 $X(s)$ 写成部分分式之和，即

$$X(s) = \frac{-\dfrac{1}{2\mathrm{j}}}{s + \mathrm{j}a} + \frac{\dfrac{1}{2\mathrm{j}}}{s - \mathrm{j}a}$$

由上式可知 $A_1 = -\dfrac{1}{2\mathrm{j}}$，$A_2 = \dfrac{1}{2\mathrm{j}}$，$s_1 = -\mathrm{j}a$，$s_2 = \mathrm{j}a$ 按式(7.15)可直接写出 $X(z)$，并简化得

$$X(z) = -\frac{1}{2\mathrm{j}} \cdot \frac{z}{z - \mathrm{e}^{-\mathrm{j}aT}} + \frac{1}{2\mathrm{j}} \cdot \frac{z}{z - \mathrm{e}^{-\mathrm{j}aT}} = \frac{z\sin aT}{z^2 - (2\cos aT)z + 1}$$

必须强调，部分分式法可用于由 $X(s)$ 求 $X(z)$，也可用于由 $x(t)$ 求 $X(z)$，虽然在计

算过程中没有出现 $x^*(t)$，但 $X(z)$ 的意义仍然是 $x^*(t)$ 的 z 变换，只是在计算过程中采用了一些简捷的方法。

3. 留数计算法

已知连续函数 $x(t)$ 的拉氏变换象函数 $X(s)$ 及其全部极点 $s_i(i=1,2,3,\cdots,n)$，则 $x(t)$ 的 z 变换 $X(z)$ 可通过下列留数计算式求得，即

$$X(z) = \sum_{i=1}^{n} \mathrm{res}\left[X(s_i)\frac{z}{z-e^{s_iT}}\right] = \sum_{i=1}^{n}\left\{\frac{1}{(r_i-1)!} \cdot \frac{d^{r_i-1}}{ds^{r_i-1}}\left[(s-s_i)^{r_i}X(s)\frac{z}{z-e^{sT}}\right]\right\}_{s=s_i}$$
(7.16)

式中，r_i 为重极点 s_i 的个数，n 为彼此不等的极点个数。

【例7.7】设连续时间函数为 $x(t)=t^2$，试应用留数计算法求 $x(t)$ 的 z 变换 $X(z)$。

【解】$x(t)$ 的拉氏变换为

$$X(s) = \frac{2}{s^3}$$

由上式知 $s_1=0$，$r_1=3$，$n=1$。

根据式(7.15)可得

$$X(z) = \frac{1}{(3-1)!} \cdot \frac{d^2}{ds^2}\left(s^3 \cdot \frac{2}{s^3} \cdot \frac{z}{z-e^{sT}}\right)\bigg|_{s=0} = \frac{T^2z(z+1)}{(z-1)^3}$$

【例7.8】设连续时间函数为 $x(t)$ 的拉氏变换式为

$$X(s) = \frac{K}{s^2(s+a)}$$

试求 $x(t)$ 的 z 变换 $X(z)$。

【解】依据式(7.16)，由 $X(s)$ 可知

$$s_1=0,\ r_1=2;\ s_2=-a,\ r_2=1;\ n=2$$

根据式(7.16)可得

$$X(z) = \frac{1}{(2-1)!} \cdot \frac{d}{ds}\left[(s-0)^2\frac{K}{s^2(s+a)} \cdot \frac{z}{z-e^{sT}}\right]\bigg|_{s=0} + (s+a)\frac{K}{s^2(s+a)}\frac{z}{z-e^{sT}}\bigg|_{s=-a}$$

$$= \frac{Kz[(aT-1+e^{-aT})z+(1-e^{-aT}-aTe^{-aT})]}{a^2(z-1)^2(z-e^{-aT})}$$

附表1列出了常用时间函数的拉氏变换和 z 变换，可供求取 $x(t)$ 的 z 变换时查用。

7.3.3 z 变换的基本定理

在 z 变换中有一些与拉氏变换类似的基本定理，应用这些定理可使 z 变换的运算变得简单方便。

1. 线性定理

若 $x_1(t)$ 和 $x_2(t)$ 的 z 变换分别为 $X_1(z)$ 和 $X_2(z)$，且 a_1 和 a_2 为常数，则有

$$Z[a_1x_1(t) \pm a_2x_2(t) = a_1X_1(z) \pm a_2X_2(z)]$$
(7.17)

证明：根据 z 变换的定义

$$Z[a_1 x_1(t) \pm a_2 x_2(t)] = \sum_{n=0}^{\infty}[a_1 x_1(nT) \pm a_2 x_2(nT)]z^{-n}$$

$$= a_1 \sum_{n=0}^{\infty} x_1(nT)z^{-n} \pm a_2 \sum_{n=0}^{\infty} x_2(nT)z^{-n}$$

$$= a_1 X_1(z) \pm a_2 X_2(z)$$

2. 滞后定理（负偏移定理）

当原函数 $x(t)$ 在时间上产生 k 个采样周期 kT 的滞后时，其相对应的 z 变换需乘以 z^{-k}，这便是滞后定理。也就是说，若连续函数 $x(t)$ 的 z 变换为 $X(z)$，并且当 $t<0$ 时有 $x(t)=0$，则有

$$Z[x(t-kT)] = z^{-k} X(z) \tag{7.18}$$

式中 k 为正整数。

证明：因为

$$Z[x(t-kT)] = \sum_{n=0}^{\infty} x(nT-kT)z^{-n} = \sum_{n=0}^{\infty} z^{-k} \cdot x(nT-kT)z^{-n} \cdot z^{k}$$

$$= z^{-k} \sum_{n=0}^{\infty} x[(n-k)T]z^{-(n-k)} = z^{-k} \sum_{i=-k}^{\infty} x(iT)z^{-i} \quad (i=n-k)$$

由于 $i<0$ 时 $x(iT)=0$，所以和式下标由 $i=0$ 开始，于是可得

$$Z[x(t-kT)] = z^{-k} \sum_{i=0}^{\infty} x(iT)z^{-i} = z^{-k} X(z)$$

3. 超前定理（正偏移定理）

超前定理与滞后定理相反，当原函数 $x(t)$ 在时间上超前产生 k 个采样周期 kT 时，其相对应的 z 变换需乘以 z^{k}。若连续函数 $x(t)$ 的 z 变换为 $X(z)$，则有

$$Z[x(t+kT)] = z^{k}\left[X(z) - \sum_{\gamma=0}^{k-1} X(\gamma T)z^{-\gamma}\right] \tag{7.19}$$

式中的 k 为正整数。

证明：因为

$$Z[x(t+kT)] = \sum_{n=0}^{\infty} x(nT+kT)z^{-n}$$

令 $n+k=\gamma$，则上式变为

$$Z[x(t+kT)] = \sum_{\gamma=k}^{\infty} x(\gamma T)z^{-(\gamma-k)}$$

$$= z^{k} \sum_{\gamma=k}^{\infty} x(\gamma T)z^{-\gamma}$$

$$= z^{k}\left[\sum_{\gamma=0}^{\infty} x(\gamma T)z^{-\gamma} - \sum_{\gamma=0}^{k-1} x(\gamma T)z^{-\gamma}\right]$$

$$= z^{k}\left[X(z) - \sum_{\gamma=0}^{k-1} x(\gamma T)z^{-\gamma}\right]$$

在零初始条件下，即在 $x(0)=x(T)=x(2T)=\cdots=x[(k-1)T]=0$ 时，则超前定理具有如下简单形式

$$Z[x(t+kT)]=z^k \cdot X(z)$$

4. 复数位移定理

已知连续函数 $x(t)$ 的 z 变换为 $X(z)$，则有

$$Z[x(t) \cdot e^{\mp at}]=X(z \cdot e^{\pm aT}) \tag{7.20}$$

式中 a 为常数。

证明：根据 z 变换的定义有

$$Z[x(t) \cdot e^{\mp at}]=\sum_{n=0}^{\infty} x(nT) \cdot e^{\mp anT} \cdot z^{-n}$$

令 $z_1 = z \cdot e^{\pm at}$，则

$$Z[x(t) \cdot e^{\mp at}]=\sum_{n=0}^{\infty} x(nT) \cdot (ze^{\pm aT})^{-n}$$

$$=\sum_{n=0}^{\infty} x(nT) \cdot z_1^{-n}$$

$$=X(z \cdot e^{\pm at})$$

【例 7.9】 已知 $x(t)=t \cdot e^{-aT}$，试求 $x(t)$ 的 z 变换为 $X(z)$。

【解】 因为

$$Z[t]=\frac{Tz}{(z-1)^2}$$

应用式(7.20)可得

$$X(z)=Z[t \cdot e^{-at}]=\frac{T(z \cdot e^{aT})}{(z \cdot e^{aT}-1)^2}$$

5. z 域微分定理

若 $x(t)$ 的 z 变换为 $X(z)$，则 $t \cdot x(t)$ 的 z 变换为

$$Z[t \cdot x(t)]=-Tz\frac{\mathrm{d}}{\mathrm{d}z}[X(z)] \tag{7.21}$$

证明：因为

$$X(z)=\sum_{n=0}^{\infty} x(nT)z^{-n}$$

将上式两边对 z 求导得

$$\frac{\mathrm{d}}{\mathrm{d}z}X(z)=\frac{\mathrm{d}}{\mathrm{d}z}\sum_{n=0}^{\infty} x(nT) \cdot z^{-n}$$

交换求导与求和次序

$$\frac{\mathrm{d}}{\mathrm{d}z}X(z)=\sum_{n=0}^{\infty} x(nT)\frac{\mathrm{d}}{\mathrm{d}z}z^{-n}=\sum_{n=0}^{\infty} x(nT)(-n)z^{-n-1}$$

$$=\frac{-z^{-1}}{T}\sum_{n=0}^{\infty}[nT \cdot x(nT)]z^{-n}=\frac{-z^{-1}}{T}Z[t \cdot x(t)]$$

于是
$$Z[t \cdot x(t)] = -Tz \cdot \frac{\mathrm{d}}{\mathrm{d}z}X(z)$$

定理得证。

进一步可得
$$Z[t^2 x(t)] = -Tz \frac{\mathrm{d}}{\mathrm{d}z}\left[-Tz \frac{\mathrm{d}}{\mathrm{d}z}X(z)\right]$$

$$Z[t^3 x(t)] = -Tz \frac{\mathrm{d}}{\mathrm{d}z}\left\{-Tz \frac{\mathrm{d}}{\mathrm{d}z}\left[-Tz \frac{\mathrm{d}}{\mathrm{d}z}X(z)\right]\right\}$$

【例 7.10】 求 $x(t) = t^2$ 的 z 变换。

【解】 可以从已知单位阶跃函数的 z 变换出发，则
$$Z[t^2] = Z[t^2 \cdot 1(t)] = -Tz \frac{\mathrm{d}}{\mathrm{d}z}\left(-Tz \frac{\mathrm{d}}{\mathrm{d}z} \cdot \frac{z}{z-1}\right) = -Tz \frac{\mathrm{d}}{\mathrm{d}z}\frac{Tz}{(z-1)^2} = \frac{T^2 z(z+1)}{(z-1)^3}$$

6. z 域尺度定理

若已知原函数 $x(t)$ 的 z 变换为 $X(z)$，则有
$$Z[a^n \cdot x(t)] = X\left(\frac{z}{a}\right) \tag{7.22}$$

式中 a 为常数。

证明：由 z 变换的定义可得
$$Z[a^n \cdot x(t)] = \sum_{n=0}^{\infty} a^n x(nT) z^{-n} = \sum_{n=0}^{\infty} x(nT)\left(\frac{z}{a}\right)^{-n} = X\left(\frac{z}{a}\right)$$

【例 7.11】 试求 $\beta^n \cos\omega t$ 的 z 变换。

【解】 由 z 变换表可知
$$Z[\cos\omega t] = \frac{z(z-\cos\omega T)}{z^2 - 2z\cos\omega T + 1}$$

应用式(7.22)可得
$$Z[\beta^n \cos\omega t] = \frac{\frac{z}{\beta}\left(\frac{z}{\beta} - \cos\omega T\right)}{\left(\frac{z}{\beta}\right)^2 - 2 \cdot \frac{z}{\beta}\cos\omega T + 1}$$
$$= \frac{1 - \beta z^{-1}\cos\omega T}{1 - 2\beta z^{-1}\cos\omega T + \beta^2 z^{-2}}$$

7. 初值定理

若原函数 $x(t)$ 的 z 变换为 $X(z)$，且极限 $\lim_{z \to \infty} X(z)$ 存在，则有
$$x(0) = \lim_{z \to \infty} X(z) \tag{7.23}$$

证明：由 z 变换的定义，有
$$X(z) = \sum_{n=0}^{\infty} x(nT) z^{-n} = x(0) + x(T)z^{-1} + x(2T)z^{-2} + \cdots$$

取极限 $z \to \infty$，有

$$x(0) = \lim_{z \to \infty} X(z)$$

8. 终值定理

若原函数 $x(t)$ 的 z 变换为 $X(z)$，且 $X(z)$ 不含有 $z=1$ 二重以上的极点，在 z 平面的单位圆外无极点，则 $x(t)$ 的终值为

$$\lim_{t \to \infty} x(t) = \lim_{z \to 1}(z-1)X(z) \tag{7.24}$$

证明：应用 z 变换的超前定理有

$$Z\{x[(n+1)T] - x(nT)\} = zX(z) - zx(0) - X(z) = (z-1)X(z) - zx(0)$$

所以

$$(z-1)X(z) = zx(0) + Z\{x[(n+1)T] - x(nT)\}$$

对上式两边同时取 $z \to 1$ 的极限，并根据 z 变换的定义，有

$$\lim_{z \to 1}(z-1)X(z) = \lim_{z \to 1}\{zx(0) + \sum_{n=0}^{\infty}[(n+1)T - x(nT)]z^{-n}\}$$
$$= x(0) + [x(T) - x(0)] + [x(2T) - x(T)] + [x(3T) - x(2T)] + \cdots$$
$$= x(0) - x(0) + x(\infty) = x(\infty)$$

即

$$\lim_{t \to \infty} x(t) = \lim_{z \to 1}(z-1)X(z)$$

7.3.4　z 反变换

由象函数 $X(z)$ 求取相应的原函数 $x^*(t)$（离散时间函数）的运算，称为 z 反变换，记为

$$Z^{-1}[X(z)] = x^*(t) \tag{7.25}$$

对于常见的典型信号，其 z 反变换可以通过查附录 z 变换表得到，但会遇到一些函数，需要通过 z 反变换法求对应的离散时间函数，下面介绍三种求 z 反变换的方法。

1. 幂级数展开法

根据 z 变换的定义，将函数 $X(z)$ 展开成 z^{-1} 的无穷幂级数，即

$$X(z) = \sum_{n=0}^{\infty} x(nT)z^{-n} = x(0) + x(T)z^{-1} + x(2T)z^{-2} + \cdots + x(nT)z^{-n} + \cdots \tag{7.26}$$

设象函数 $X(z)$ 是 z 的有理函数，可表示为两个 z 的多项式之比，即

$$X(z) = \frac{b_0 z^m + b_1 z^{m-1} + \cdots + b_m}{a_0 z^n + a_1 z^{n-1} + \cdots + a_n} \quad (n \geqslant m) \tag{7.27}$$

对上式用长除法，用分母多项式去除分子多项式，所得商按 z^{-1} 的升幂排列

$$X(z) = c_0 + c_1 z^{-1} + c_2 z^{-2} + \cdots + c_n z^{-n} = \sum_{n=0}^{\infty} c_n z^{-n} \tag{7.28}$$

由上式可见，它是一个无穷幂级数的展开式，具有与式(7.8)相同的形式，而式(7.8)是 z 变换的定义式，故系数 $c_n(n=0, 1, 2, \cdots, \infty)$ 就是 $x(t)$ 在采样时刻 $t=nT$ 时的值 $x(nT)$，即

$$c_n = x(nT)$$

故有

$$x^*(t) = z^{-1}[X(z)] = \sum_{n=0}^{\infty} x(nT)\delta(t-nT) = \sum_{n=0}^{\infty} c_n \delta(t-nT) \tag{7.29}$$

【例 7.12】 已知象函数 $X(z) = \dfrac{10z}{(z-1)(z-2)}$，试求其 z 反变换。

【解】 用长除法求取形如式(7.26)所示的无穷级数时，$X(z)$ 的分母、分子多项式均需写成 z^{-1} 的升幂形式，即

$$X(z) = \frac{10z}{(z-1)(z-2)} = \frac{10z^{-1}}{1-3z^{-1}+2z^{-2}}$$

应用长除法

$$\begin{array}{r}
10z^{-1}+30z^{-2}+70z^{-3}+\cdots \\
1-3z^{-1}+2z^{-2} \overline{\big)\,10z^{-1}\phantom{-30z^{-2}+20z^{-3}}} \\
\underline{-)\,10z^{-1}-30z^{-2}+20z^{-3}} \\
30z^{-2}-20z^{-3}\phantom{+60z^{-4}} \\
\underline{-)\,30z^{-2}-90z^{-3}+60z^{-4}} \\
70z^{-3}-60z^{-4}\phantom{+140z^{-5}} \\
\underline{-)\,70z^{-3}-210z^{-4}+140z^{-5}} \\
\cdots
\end{array}$$

所以

$$X(z) = 10z^{-1}+30z^{-2}+70z^{-3}+\cdots$$

$$x^*(t) = 0+10\delta(t-T)+30\delta(t-2T)+70\delta(t-3T)+\cdots$$

由上可见，用幂级数展开法求 z 反变换计算烦琐，且难于获得 $x^*(t)$ 的通式，其优点是数学难度低，无须作分母的因式分解，在分析实际问题时，如果只需求得序列的初段，此法还是很实用的，而且烦琐的计算可以由计算机来实现。

2. 部分分式展开法

这种方法是将 $X(z)$ 展开成若干个简单分式和的形式，然后利用熟知的一些基本对应关系，或查 z 变换表求得 $x^*(t)$。

【例 7.13】 已知 Z 变换的象函数

$$X(z) = \frac{10z}{(z-1)(z-2)}$$

试求其 z 反变换。

【解】 将 $X(z)$ 展成部分分式

$$X(z) = \frac{10z}{(z-1)(z-2)} = \frac{-10z}{z-1}+\frac{10z}{z-2}$$

由 z 变换表查得

$$Z^{-1}\left[\frac{z}{z-1}\right] = 1(t), \quad Z^{-1}\left[\frac{z}{z-2}\right] = 2^{t/T}$$

因此有

$$x(t) = -10 \times 1(t) + 10 \times 2^{t/T}$$

所以

$$x^*(t) = \sum_{n=0}^{\infty}(-10 + 10 \times 2^n)\delta(t-nT)$$

$$= 10\sum_{n=0}^{\infty}(-1 + 2^n)\delta(t-nT)$$

根据上式可求得 $x(t)$ 在各采样时刻 nT 上的值为

$$x(0)=0,\ x(T)=10,\ x(2T)=30,\ x(3T)=70,\cdots$$

可见上述结果与例 7.12 中求得的 $x(nT)$ 是一致的。

【例 7.14】已知象函数

$$X(z) = \frac{(1-\mathrm{e}^{-aT})z}{(z-1)(z-\mathrm{e}^{-aT})}$$

试求其反变换。

【解】将 $X(z)$ 展为部分分式

$$X(z) = \frac{(1-\mathrm{e}^{-aT})z}{(z-1)(z-\mathrm{e}^{-aT})} = \frac{z}{z-1} - \frac{z}{z-\mathrm{e}^{-aT}}$$

由 z 变换表查得

$$x(t) = 1(t) - \mathrm{e}^{-aT}$$

于是

$$x^*(t) = \sum_{n=0}^{\infty}(1-\mathrm{e}^{-anT})\delta(t-nT)$$

3. 留数法

由 z 变换的定义

$$X(z) = \sum_{n=0}^{\infty} x(nT)z^{-n} = x(0) + x(T)z^{-1} + x(2T)z^{-2} + \cdots + x(nT)z^{-n}$$

$$+ x[(n+1)T]z^{-n-1} + \cdots$$

用 z^{n-1} 同乘上式两端得

$$X(z)z^{n-1} = x(0)z^{n-1} + x(T)z^{n-2} + x(2T)z^{n-3} + \cdots + x(nT)z^{-1} + x[(n+1)T]z^{-2} + \cdots \tag{7.30}$$

对式(7.28)两边作闭回路积分，闭合路径 c 包围 $X(z)z^{n-1}$ 的所有极点，即

$$\oint_c X(z)z^{n-1}\mathrm{d}z = \oint_c x(0)z^{n-1}\mathrm{d}z + \oint_c x(T)z^{n-2}\mathrm{d}z + \oint_c x(2T)z^{n-3}\mathrm{d}z + \cdots$$

$$+ \oint_c x(nT)z^{-1}\mathrm{d}z + \oint_c x[(n+1)Tz^{-2}\mathrm{d}z + \cdots$$

由复变函数的柯西定理知

$$\oint_c x(nT)z^{-1}\mathrm{d}z = 2\pi \mathrm{j} x(nT)$$

其余各项积分均为零，所以有

$$\oint_c X(z)z^{n-1}\mathrm{d}z = 2\pi \mathrm{j} x(nT)$$

或
$$x(nT) = \frac{1}{2\pi j}\oint_c X(z)z^{n-1}dz \quad (7.31)$$

式(7.31)就是 z 反变换公式，根据留数定理，式(7.31)可表示为

$$x(nT) = \sum \text{res}[X(z)z^{n-1}] \quad (7.32)$$

式(7.32)表明，$x(nT)$ 等于函数 $X(z)z^{n-1}$ 在其全部极点上的留数和。

【例 7.15】 已知象函数

$$X(z) = \frac{0.5z}{(z-1)(z-0.5)}$$

试用留数法求其 z 反变换 $x^*(t)$。

【解】 根据式(7.32)可得

$$\begin{aligned} x(nT) &= \sum \text{res}\left[\frac{0.5z}{(z-1)(z-0.5)} \cdot z^{n-1}\right] = \sum \text{res}\left[\frac{0.5z^n}{(z-1)(z-0.5)}\right] \\ &= \frac{0.5z^n}{(z-1)(z-0.5)}(z-1)\Big|_{z=1} + \frac{0.5z^n}{(z-1)(z-0.5)}(z-0.5)\Big|_{z=0.5} \\ &= 1-(0.5)^n \quad (n=0,1,2,\cdots,\infty) \end{aligned}$$

因此得 z 反变换

$$x^*(t) = \sum_{n=0}^{\infty}[1-(0.5)^n]\delta(t-nT) \quad (n=0,1,2,\cdots,\infty)$$

7.3.5 用 z 变换法解差分方程

在离散系统中，用 z 变换法解差分方程的实质，是将差分方程变为以 z 为变量的代数方程，然后用 z 反变换解出相应时间解。

下面用实例来说明差分方程的求解过程。

【例 7.16】 用 z 变换法解下列二阶差分方程

$$c^*(t+2T) + 3c^*(t+T) + 2c^*(t) = 0 \quad (7.33)$$

初始条件为 $c(0)=0$，$c(T)=1$。

【解】 设 $c^*(t)$ 的 z 变换为 $C(z)$，即

$$Z[c^*(t)] = C(z) \quad (7.34)$$

由超前定理知

$$Z[c^*(t+2T)] = z^2 C(z) - z^2 C(0) - zC(T) \quad (7.35)$$
$$Z[c^*(t+T)] = zC(z) - zC(0) \quad (7.36)$$

对式(7.33)求 z 变换，并考虑到式(7.34)～式(7.36)，于是得

$$(z^2+3z+2)C(z) = z$$

$$\begin{aligned} C(z) &= \frac{z}{z^2+3z+2} = \frac{z}{(z+1)(z+2)} \\ &= \frac{z}{z+1} - \frac{z}{z+2} \end{aligned} \quad (7.37)$$

对上式求 z 反变换

$$Z^{-1}\left(\frac{z}{z+1}\right)=(-1)^n, \ Z^{-1}\left(\frac{z}{z+2}\right)=(-2)^n$$

所以

$$c^*(t)=\sum_{n=0}^{\infty}[(-1)^n-(-2)^n]\delta(t-nT) \qquad (7.38)$$

  小知识：在工程运用中连续信号离散化的常用方法

在计算机控制系统中，由于控制器是计算机，系统连续信号要离散化，即将 $X(s)$ 离散化为 $X(z)$，常用的方法有向后差分法、双线性变换法(也称 Tustin 法)、零极点匹配法等。

7.4 线性离散系统的数学模型

在经典控制理论中，连续控制系统的数学模型是微分方程、传递函数和状态空间表达式，传递函数的数学基础是拉氏变换。为了研究离散系统的性能，需要建立离散系统的数学模型。与连续系统类似，离散控制系统的数学模型是差分方程、脉冲传递函数和离散状态空间表达式三种。本节主要介绍线性离散系统的数学模型——差分方程和脉冲传递函数。有关离散状态空间表达式及其求解在线性系统的状态空间分析与综合中讨论。

7.4.1 差分方程

在离散系统中，其变量是离散信号，如 $r(nT)(n=0,1,2,\cdots)$、$x(kT)(k=0,1,2,\cdots)$，它就通过离散变量的输入/输出关系来反映离散系统特性。差分方程是处理离散变量函数关系的一种数学工具，是描述离散系统的一种基本模型(或形式)，通过采样时刻的离散信号前后之间的关系来刻画离散控制系统的行为而建立起来的数学方程。

在差分方程中，未知函数自变量的最高和最低序号的差数称为差分方程的阶数。

下面通过例子来进行说明。

已知如图 7.6 所示的 RC 电路为一被控对象，$u_r(t)$ 为控制器输出的离散信号经零阶保持器进行信号保持后的信号，仿照连续系统的研究方法，图示中的对象的输入/输出关系为

$$C\frac{du_c(t)}{dt}=\frac{u_r(t)-u_c(t)}{R}$$

即

$$\frac{du_c(t)}{dt}=-\frac{1}{RC}u_c(t)+\frac{1}{RC}u_r(t)$$

由于控制器输出为脉冲函数，所以在 $t=nT$ 时，

$$\begin{cases}u_r(t)=u_r(nT)\\ u_c(t)=u_c(nT)\\ \dfrac{du_c(t)}{dt}\approx\dfrac{u_c(nT)-u_c[(n-1)T]}{T}\end{cases}$$

这样，就可得差分方程为

$$\frac{u_c(nT)-u_c[(n-1)T]}{T}=-\frac{1}{RC}u_c(nT)+\frac{1}{RC}u_r(nT)$$

为了简便，T 往往略去不写，同时上式中令 $\alpha=1-\frac{1}{RC}$、$\beta=\frac{1}{RC}$，则上式写为

$$u_c(n)-\alpha u_c(n-1)=\beta u_r(n) \tag{7.39}$$

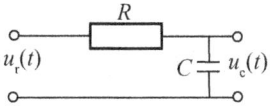

图 7.6　RC 电路

再看一个例子，某一飞机飞行高度控制系统如图 7.7 所示，用一台计算机和传感器等每隔一定时间测量计算飞机目前的高度 $c(n)$，同时，计算机根据实际需要给出该时刻飞机应有的高度 $r(n)$，利用计算机算出飞机该时刻飞行高度与应有高度的差值 $e(n)$，设控制规律为飞机改变高度的垂直速度 v 正比于高度的差值，即

$$v=Ke(n)=K[r(n)-c(n-1)]$$

所以该控制系统的输入输出关系为

$$c(n+1)-c(n)=Tv=TK[r(n)-c(n)]$$

整理得

$$c(n+1)=(1-TK)c(n)+TKr(n) \tag{7.40}$$

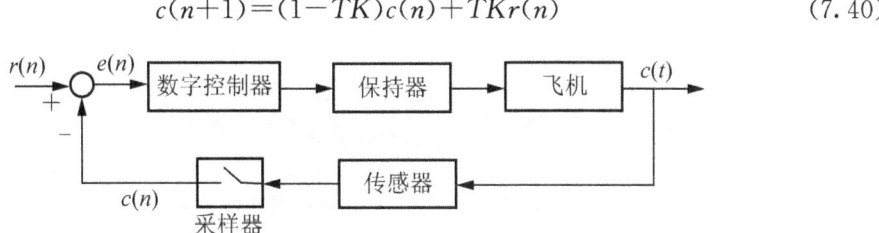

图 7.7　飞机飞行高度控制系统原理框图

在以上两例中式(7.39)、(7.40)为差分方程，由此可以看出，在采样周期 T 满足要求的情况下，可以用差分方程来描述系统行为。在差分方程中，未知函数自变量的最高和最低序号的差值称为**差分方程的阶数**，式(7.39)、(7.40)为一阶常系数差分方程。

7.4.2　脉冲传递函数

1. 脉冲传递函数的定义

在线性连续系统中，由微分方程出发，应用拉氏变换引出了传递函数的概念，并把它作为连续系统基本的数学模型。对于线性离散系统，仿照连续系统的研究方法，由差分方程出发，应用 z 变换引出脉冲传递函数的概念，并把它作为离散系统基本的数学模型。

线性离散系统(或环节)的脉冲传递函数 $G(z)$ 的定义为：在零初始条件下，系统(或环节)的输出离散信号的 z 变换式 $C(z)$ 与输入离散信号的 z 变换式 $R(z)$ 之比，即

$$G(z) = \frac{C(z)}{R(z)}\bigg|_{\text{零初始条件}} \tag{7.41}$$

式中零初始条件是指 $t=0$ 的时刻，$r(0)=r(T)=r(2T)=\cdots=r((m-1)T)=0$ 及 $c(0)=c(T)=c(2T)=\cdots=c((n-1)T)=0$。其系统结构框图如图 7.8 所示。

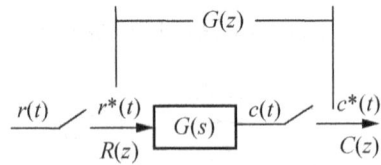

图 7.8　开环离散系统结构框图

与传递函数一样，脉冲传递函数仅与系统的结构、参数有关，它反映了系统的固有特性，是离散系统的数学模型。由此数学模型出发，便可以去定量分析系统的性能。值得注意的是，差分方程的系数与采样周期 T 有关，因此对不同的采样周期，其脉冲传递函数也将不同。

实际系统通常输出的是连续量，而由脉冲传递函数求得的输出值是输出量的采样值 $c^*(t)$（不是连续量 $c(t)$）。为了研究系统而获取脉冲传递函数或输出量的 z 变换，此时可在系统输出端虚设一个理想的同步采样开关，如图 7.9 所示，这样，就可以很方便地获取脉冲传递函数或输出量的 z 变换。

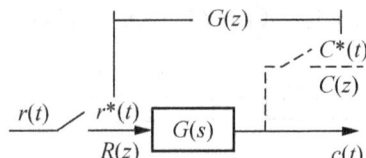

图 7.9　实际开环离散系统结构框图

如果已知 $R(z)$ 和 $G(z)$，那么 $C(z)=R(z)G(z)$，即离散系统的输出离散信号为

$$c^*(t) = Z^{-1}[C(z)] = Z^{-1}[R(z)G(z)] \tag{7.42}$$

此外，还需要指出的是：由于差分方程只能反映采样时刻的状况，而实际系统通常输出的是连续量，因而由脉冲传递函数得出的仅是近似结果，这是应用脉冲传递函数和 z 变换来分析、计算离散系统的不足之处。但若选择的采样频率足够高（相对于系统本身的信号而言），实际输出的 $c(t)$ 比较平滑，则用 $c^*(t)$ 来近似描述 $c(t)$ 也不致引起很大的误差。

脉冲传递函数具有明显的物理意义，下面仅从系统的单位脉冲响应角度略加说明。

对于线性定常离散系统，当输入信号为单位脉冲信号 $\delta(t)$ 时，其输出即为系统的单位脉冲响应 $g(t)$。于是，对于如图 7.8 所示的线性离散系统，当输入信号为一离散函数（即一脉冲系列）时

$$r^*(t) = \sum_{n=0}^{\infty} r(nT)\delta(t-nT)$$

根据线性系统的叠加性与齐次性，其输出信号为一系列脉冲响应之和为

$$c^*(t) = r(0)g(t) + r(T)g(t-T) + \cdots + r(nT)g(t-nT) + \cdots$$

在 $t=kT$ 时刻，输出的脉冲值为

$$c^*(kT) = r(0)g(kT) + r(T)g[(k-1)T] + \cdots + r(kT)g(0)$$
$$= \sum_{n=0}^{k} g[(k-n)T]r(nT)$$

由于系统的单位脉冲响应 $g(t)$ 是从 $t=0$ 时才开始出现的，当 $t<0$ 时 $g(t)=0$，故当 $n>k$ 时 $g[(k-n)T]=0$。于是上式可改写为

$$c^*(kT) = \sum_{n=0}^{\infty} g[(k-n)T]r(nT)$$

根据卷积和定理，则可得

$$C(z) = G(z)R(z)$$

式中 $C(z)$、$G(z)$ 和 $R(z)$ 分别为 $c(t)$、$g(t)$ 和 $r(t)$ 的 Z 变换。

综上所述可见，系统输出离散信号是一系列输入脉冲所产生响应叠加的结果；而系统的脉冲传递函数就是系统单位脉冲响应离散信号的 z 变换，即 $G(z)=Z[g^*(t)]$。

2. 脉冲传递函数的求法

经过前面分析，获得了离散系统的脉冲传递函数后，就可以方便地求取系统的解。因此，了解脉冲传递函数的求法是有必要的。

1) 由差分方程求取脉冲传递函数

在对线性离散系统或环节进行分析或校正时，已知线性离散系统或环节的差分方程，可以通过对差分方程进行 z 变换可求得脉冲传递函数。

【例 7.17】已知描述离散系统的差分方程为

$$C(n) + 4C(n-1) + C(n-2) - C(n-3) = 5r(n) + 10r(n-1) + 9r(n-2)$$

求该离散系统的脉冲传递函数。

【解】在零初始条件下，对上述差分方程取 z 变换

$$(1 + 4z^{-1} + z^{-2} - z^{-3})C(z) = (5 + 10z^{-1} + 9z^{-2})R(z)$$

整理可得脉冲传递函数为

$$G(z) = \frac{C(z)}{R(z)} = \frac{5 + 10z^{-1} + 9z^{-2}}{1 + 4z^{-1} + z^{-2} - z^{-3}} = \frac{5z^3 + 10z^2 + 9z}{z^3 + 4z^2 + z - 1}$$

2) 由传递函数 $G(s)$ 求取脉冲传递函数

线性离散系统或环节的脉冲传递函数 $G(z)$，可以通过其传递函数 $G(s)$ 来求取。也就是说，把脉冲传递函数 $G(z)$ 视为离散函数拉氏变换 $G^*(s)$ 经变量置换的结果，即

$$G(z) = G^*(s)\Big|_{s=\frac{1}{T}\ln z (\text{或} z = e^{Ts})} \tag{7.43}$$

对于脉冲传递函数的求法要注意系统或环节中采样开关的位置和个数，同时注意是真实的采样开关还是虚拟的采样开关。采样开关对信号进行脉冲变换使连续信号变成脉冲序列函数是推导脉冲传递函数时应注意的一个关键问题。

在实际应用中，由 $G(s)$ 求取 $G(z)$ 的方法是：将 $G(s)$ 展开成部分分式，在查 z 变换表求得 $G(z)$；或者在 T 足够小的情况下（相对于系统本身的信号而言），利用近似方法求得 s 与 z 之间的代数关系，从而求取 $G(z)$。

【例 7.18】设图 7.8 所示开环系统的传递函数 $G(s) = \dfrac{1}{s(s-1)}$，试求其脉冲传递函数 $G(z)$。

【解】 将 $G(s)$ 展开成部分分式

$$G(s)=\frac{1}{s}-\frac{1}{s+1}$$

查 z 变换表得

$$G(z)=\frac{z}{z-1}-\frac{z}{z-e^{-T}}=\frac{z(1-e^{-T})}{(z-1)(z-e^{-T})}$$

【例 7.19】 设某开环系统的传递函数 $G(s)=\dfrac{s+2}{s+15}$，试用近似方法求其脉冲传递函数 $G(z)$。

【解】 方法一 将 $z=e^{sT}$ 作近似处理，有

$$z=e^{sT}=\frac{1}{e^{-sT}}=\frac{1}{1-sT+(sT)^2-(sT)^3+\cdots}\approx\frac{1}{1-sT}$$

整理，得

$$s=\frac{z-1}{Tz} \tag{7.44}$$

将(7.42)代入 $G(s)$ 中可得

$$G(z)=G(s)\Big|_{s=\frac{z-1}{Tz}}=\frac{\frac{z-1}{Tz}+2}{\frac{z-1}{Tz}+15}=\frac{(2T+1)z-1}{(15T+1)z-1}$$

方法二 将 $z=e^{sT}$ 作近似处理，有

$$z=e^{sT}=\frac{e^{\frac{sT}{2}}}{e^{-\frac{sT}{2}}}=\frac{1+\frac{sT}{2}+\cdots}{1-\frac{sT}{2}+\cdots}\approx\frac{1+\frac{sT}{2}}{1-\frac{sT}{2}}$$

整理得

$$s=\frac{2(z-1)}{T(z+1)} \tag{7.45}$$

将(7.43)代入 $G(s)$ 中可得 $G(z)$

$$G(z)=G(s)\Big|_{s=\frac{2(z-1)}{T(z+1)}}=\frac{\frac{2(z-1)}{T(z+1)}+2}{\frac{2(z-1)}{T(z+1)}+15}=\frac{(2T+2)z+(2T-2)}{(15T+2)z+(15T-2)}$$

3）通过单位脉冲响应求取脉冲传递函数

当没有或难以获得线性离散系统或环节的传递函数，可以给系统或环节输入一单位脉冲信号 $\delta(t)$，获取系统或环节的单位脉冲响应序列 $g^*(t)$，通过 $g^*(t)$ 的 z 变换来求取 $G(z)$，即

$$G(z)=Z[g^*(t)]$$

当已经获得或可以获得线性离散系统或环节的原理结构框图时，可以通过其框图来求解其脉冲传递函数。这个内容后面还会继续讨论。

3. 离散系统原理结构框图分析及其脉冲传递函数的求取

与连续系统相比，在离散系统框图中，除了功能图、比较点外，还增加了一个新的环

节——采样开关(采样器)。此外,在离散系统中,通常既有离散元件,又有连续元件;既有离散信号,又有连续信号。这使离散系统框图的分析和变换变得复杂起来。特别是采样开关在系统中的位置,将对系统的结构、性能产生严重的影响。在论述求取脉冲传递函数之前先了解两个关于采样函数的拉氏变换的两个性质。

1) 采样拉氏变换函数的两个重要性质

(1) 采样函数的拉氏变换具有周期性,即

$$G^*(s) = G^*(s + jk\omega_s) \tag{7.46}$$

其中,ω_s 为采样角频率。

证明:由拉氏变换的复数位移定理知,采样信号的频谱为

$$G^*(s) = \frac{1}{T} \sum_{n=-\infty}^{\infty} G(s + jn\omega_s) \tag{7.47}$$

其中,T 为采样周期。因此,令 $s = s + jk\omega_s$,必有

$$G^*(s + jk\omega_s) = \frac{1}{T} \sum_{n=-\infty}^{\infty} G[s + j(n+k)\omega_s]$$

在上式中,令 $l = n + k$,可得

$$G^*(s + jk\omega_s) = \frac{1}{T} \sum_{n=-\infty}^{\infty} G(s + jl\omega_s)$$

由于级数求和与符号无关,再令 $l = n$,于是可得

$$G^*(s + jk\omega_s) = \frac{1}{T} \sum_{n=-\infty}^{\infty} G(s + jn\omega_s) = G^*(s)$$

命题得证。

(2) 若采样函数的拉氏变换 $F^*(s)$ 与连续函数的拉氏变换 $G(s)$ 相乘后再离散化,则 $F^*(s)$ 可以从离散符号中提出来,即

$$[G(s)F^*(s)]^* = G^*(s)F^*(s) \tag{7.48}$$

证明:根据式(7.44),有

$$[G(s)F^*(s)]^* = \frac{1}{T} \sum_{n=-\infty}^{\infty} [G(s + jn\omega_s)F^*(s + jn\omega_s)]$$

再由式(7.45)知

$$F^*(s + jn\omega_s) = F^*(s)$$

于是

$$[G(s)F^*(s)]^* = \frac{1}{T} \sum_{n=-\infty}^{\infty} [G(s + jn\omega_s)F^*(s + jn\omega_s)]$$

$$= F^*(s) \cdot \frac{1}{T} \sum_{n=-\infty}^{\infty} G(s + jn\omega_s) = G^*(s)F^*(s)$$

命题得证。

2) 开环离散系统脉冲传递函数

在实际的离散控制系统中,往往被控对象的信号输出是没有采样开关的,为了方便对离散系统的研究,对于输出是没有采样开关的系统假定输出变量有虚拟同步采样开关。针

对开环离散系统脉冲传递函数分析分三种情况，如图 7.10 所示。

(1) 独立环节的脉冲传递函数。如图 7.10(a)所示，依据脉冲传递函数的定义，独立环节的脉冲传递函数为

$$G(z)=\frac{C(z)}{R(z)}=G_1(z)$$

(2) 串联环节之间有同步采样开关隔离时的脉冲传递函数。如图 7.10(b)所示，在两个串联环节有同步采样开关，根据脉冲传递函数的定义，可得

$$C(z)=G_2(z)U(z)，U(z)=G_1(z)R(z)$$

式中，$G_1(z)$、$G_2(z)$ 分别为 $G_1(s)$ 和 $G_2(s)$ 的脉冲传递函数。于是有

$$C(z)=G_2(z)U(z)=G_2(z)G_1(z)R(z)$$

依据脉冲传递函数的定义，图示系统脉冲传递函数为

$$G(z)=\frac{C(z)}{R(z)}=G_1(z)G_2(z) \tag{7.49}$$

(3) 串联环节之间无同步采样开关隔离时的脉冲传递函数

如图 7.10(c)所示，在两个串联环节无同步采样开关，此时，系统输出的拉氏变换为

$$C(s)=[G_1(s)G_2(s)]R^*(s)$$

对输出 $C(s)$ 进行离散化，并根据采样拉氏变换的性质(7.46)有

$$C^*(s)=[G_1(s)G_2(s)R^*(s)]^*=[G_1(s)G_2(s)]^*R^*(s)=G_1G_2*(s)R^*(s)$$

对上式进行 z 变换，得

$$C(z)=G_1G_2(z)R(z)$$

式中，$G_1G_2(z)$ 为 $G_1(s)$ 与 $G_2(s)$ 乘积的 z 变换。依据脉冲传递函数的定义，图示系统脉冲传递函数为

$$G(z)=\frac{C(z)}{R(z)}=G_1G_2(z) \tag{7.50}$$

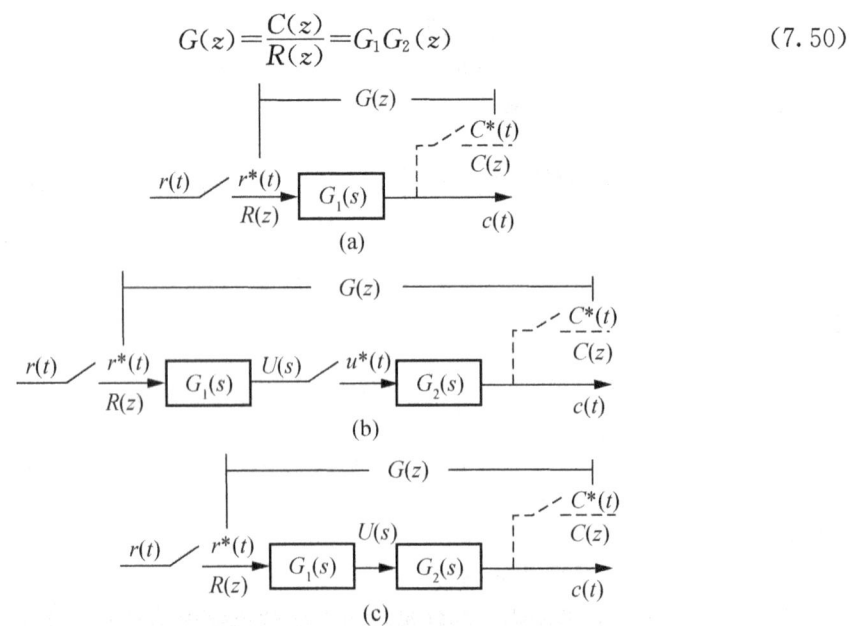

图 7.10　线性离散开环系统结构框图

【例7.20】 在如图7.10(a)、(b)及(c)所示开环离散系统中,设 $G_1(s)=\dfrac{1}{s+a}(a\neq 0)$,$G_2(s)=\dfrac{1}{s}$,输入信号 $r(t)=1(t)$,采样周期为 T,试求系统(a)、(b)及(c)的脉冲传递函数 $G(z)$ 和输出的 z 变换 $C(z)$。

【解】 查 z 变换表可得,输入信号 $r(t)=1(t)$ 的 z 变换为

$$R(z)=\frac{z}{z-1}$$

对于系统(a),有

$$G(z)=G_1(z)=Z\left[\frac{1}{s+a}\right]=\frac{z}{z-e^{-aT}}$$

$$C(z)=G(z)R(z)=\frac{z^2}{(z-1)(z-e^{-aT})}$$

对于系统(b),有

$$G_1(z)=Z\left[\frac{1}{s+a}\right]=\frac{z}{z-e^{-aT}}, \quad G_2(z)=Z\left[\frac{1}{s}\right]=\frac{z}{z-1}$$

于是

$$G(z)=G_1(z)G_2(z)=\frac{z^2}{(z-1)(z-e^{-aT})}$$

$$C(z)=G(z)R(z)=\frac{z^3}{(z-1)^2(z-e^{-aT})}$$

对于系统(c),有

$$G_1(s)G_2(s)=\frac{1}{s(s+a)}$$

于是

$$G(z)=G_1G_2(z)=Z\left[\frac{1}{s(s+a)}\right]=\frac{(1-e^{-aT})}{a}\frac{z}{(z-1)(z-e^{-aT})}$$

$$C(z)=G(z)R(z)=\frac{(1-e^{-aT})}{a}\frac{z^2}{(z-1)^2(z-e^{-aT})}$$

特别说明的是,根据前面在两个串联环节之间有无同步采样开关的情况推导串联环节脉冲传递函数和例7.20来看,有

$$G_1(z)G_2(z)\neq G_1G_2(z)$$

也就是说,在两个串联环节之间有无同步采样开关时的脉冲传递函数和输出 z 变换是不同的。从这种意义上说,z 变换无串联性。同时例7.20还可以说明 $G_1(z)G_2(z)$ 和 $G_1G_2(z)$ 不同之处在其零点不同,但极点仍然一样。

3) 闭环离散系统脉冲传递函数

现以如图7.1所示的典型的计算机控制系统为例来求取闭环离散系统脉冲传递函数。由于在实际系统的输入/输出信号通常为连续量,计算机输入/输出信号为离散量,因此系统中有两个同步采样开关位于计算机的输入/输出位置,由于系统中保持器与被控对象间没有采样开关,所以可连在一起,以 $G(z)$ 表示。经简化后的系统框图如图7.11所示。

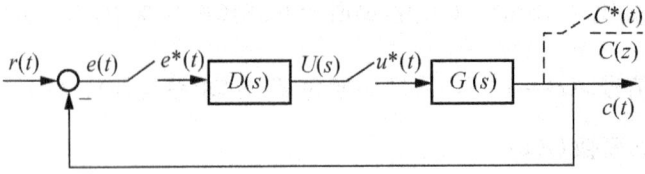

图 7.11 闭环离散系统结构框图

由图可见

$$e(t)=r(t)-c(t)$$
$$e^*(t)=r^*(t)-c^*(t)$$

对上式进行 z 变换,有

$$E(z)=R(z)-C(z)$$

而

$$C(z)=U(z)G(z)$$
$$U(z)=D(z)E(z)$$

由上列三式,消去中间变量,可得

$$C(z)=\frac{D(z)G(z)}{1+D(z)G(z)}R(z)$$

于是闭环脉冲传递函数为

$$\Phi(z)=\frac{C(z)}{R(z)}=\frac{D(z)G(z)}{1+D(z)G(z)}$$

采用上述推导方法,同样可导出如表 7.2 中所示的典型离散系统的脉冲传递函数或输出信号 z 变换式。由表 7.2 可以看出:

(1) 系统的环节相同,但采样开关的个数或位置不同,则系统的闭环脉冲传递函数(或输出信号 $C(z)$)将是不同的。

(2) 表中图 3 和 4 所示系统的输出信号 $C(z)$ 中不包含 $R(z)$,因此,该系统无闭环传递函数,只能以 $C(z)$ 表示。

表 7.2 典型离散系统的框图和输出量的 z 变换式

序号	离散系统框图	输出量 $C(z)$
1		$C(z)=\dfrac{G(z)}{1+GH(z)} \cdot R(z)$
2		$C(z)=\dfrac{GR(z)}{1+GH(z)}$

续表

序号	离散系统框图	输出量 $C(z)$
3	![框图3]	$C(z) = \dfrac{G(z)}{1+G(z)H(z)} \cdot R(z)$
4	![框图4]	$C(z) = \dfrac{G_2(z)G_1R(z)}{1+G_1G_2H(z)}$
5	![框图5]	$C(z) = \dfrac{G_2(z)G_1R(z)}{1+G_2(z)G_1H(z)}$
6	![框图6]	$C(z) = \dfrac{G_1G_2(z)}{1+G_1G_2H(z)} \cdot R(z)$

【例 7.21】 设闭环离散系统结构框图如图 7.12 所示,试求出系统输出信号的 z 变换 $C(z)$。

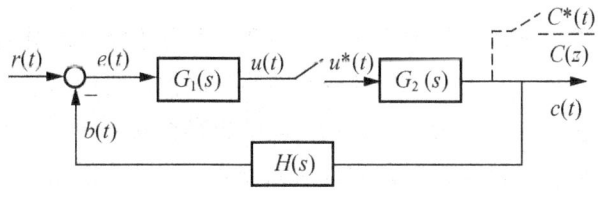

图 7.12 闭环离散系统结构框图

【解】 由图 7.12 可得

$$E(s) = R(s) - B(s)$$

$$B(s) = C(s)H(s) = G_2(s)H(s)U^*(s)$$

$$U(s) = G_1(s)E(s) = [R(s) - B(s)]G_1(s) = G_1(s)R(s) - G_1(s)G_2(s)H(s)U^*(s)$$

对上式进行采样,得

$$U^*(s) = [G_1(s)R(s)]^* - [G_1(s)G_2(s)H(s)]^*U^*(s)$$

对上式取 z 变换,有

$$U(z) = G_1R(z) - G_1G_2H(z)U(z)$$

整理可得

$$U(z) = \frac{G_1 R(z)}{1 + G_1 G_2 H(z)} \tag{7.51}$$

因为
$$C(s) = G_2(s) U^*(s)$$

对 $Y(s)$ 进行虚拟采样，得
$$C^*(s) = G_2^*(s) U^*(s)$$

对上式取 z 变换，有
$$C(z) = G_2(z) U(z)$$

将式(7.51)带入上式得
$$C(z) = G_2(z) U(z) = \frac{G_1 R(z) \cdot G_2(z)}{1 + G_1 G_2 H(z)}$$

小知识：z 变换表达式与差分方程的关系

离散控制系统（计算机控制系统）中，控制器是计算机或逻辑器件，其控制规律往往是差分方程（还有其他方式表示控制规律）。由于差分方程不便求解，用差分方程分析系统的性能以及对离散系统的设计较为困难，所以就使用工程数学中 z 变换这一数学工具，将差分方程变换为 z 变换表达式，在离散控制系统中就用脉冲传递函数来描述，通过对脉冲传递函数的处理来进行对系统的研究。当脉冲传递函数处理结束后获得的控制规律如果在数字计算机中实现的话，又必须将 z 变换表达式变换成差分方程，通过编程在计算机中实现。

7.5 离散系统的稳定性分析

线性连续系统以传递函数为基础建立起了一套行之有效的 S 域分析方法，并得到了系统特性与零极点在 S 平面上分布情况间的密切关系。同样，线性离散系统也存在零极点的概念，系统特性与零极点在 Z 平面上分布情况间的也存在紧密联系。本节中首先介绍离散系统的零极点概念，再从 S 域与 Z 域的对应关系出发，介绍离散系统的稳定条件及条件判定方法；最后介绍离散系统的稳态误差和线性离散系统的特性。

7.5.1 离散系统的零点、极点概念

离散系统的零点、极点的含义与连续系统的相类似。离散系统的极点是指，特征方程的根或无零极点相消时脉冲传递函数的极点。

离散系统的特征方程（$\Delta(z) = 0$ 或 $D(z) = 0$）有以下三种表示形式。

(1) 根据输入-输出差分方程式(7.27)齐次部分的系数表示为
$$\Delta(z) = z^n + a_{n-1} z^{n-1} + \cdots + a_1 z + a_0 = 0$$

(2) 根据状态方程的系数矩阵 A 表示为
$$\Delta(z) = \det(z\mathbf{I} - \mathbf{A}) = 0$$

（3）当无零极点向消时根据系统的开环脉冲函数 $G_k(z)$ 表示为
$$\Delta(z)=1+G_k(z)=0$$
这三种表示形式是等价的。系统的零点是指无零极点相消时脉冲传递函数的零点。若脉冲传递函数出现零极点相消，则称相消后的零点、极点为系统的传递零点、极点。

7.5.2 Z平面与S平面的映射关系

由 z 变换定义可得复变量 z 与 s 之间的映射关系，即
$$z=\mathrm{e}^{Ts} \quad \text{或} \quad s=\frac{1}{T}\ln z$$
式中 T 为采样周期，相应的采样角频率为 $\omega_s=\frac{2\pi}{T}$。

根据 z 变换的定义得到的 z 与 s 之间关系来看，若将 s 表示成直角坐标形式，那 z 表示成极坐标形式较为方便，当
$$s=\sigma+\mathrm{j}\omega$$
$$z=r\mathrm{e}^{\mathrm{j}\theta}$$
则有
$$z=r\mathrm{e}^{\mathrm{j}\theta}=\mathrm{e}^{(\sigma+\mathrm{j}\omega)T}=\mathrm{e}^{\sigma T}\mathrm{e}^{\mathrm{j}\omega T} \tag{7.52}$$
式中
$$\begin{cases} r=\mathrm{e}^{\sigma T} \\ \theta=\omega T=2\pi \cdot \dfrac{\omega}{\omega_s} \end{cases}$$

很显然，由式(7.52)可得，当 ω 为常数时，z 与 σ 是单值映射；当 σ 为常数时，z 与 ω 是非单值映射。当 σ 为常数时，r 为一定值，而每当 ω 变化 ω_s 单位量时，z 的辐角变化 2π，即 z 在 Z 平面上以原点为圆心、$\mathrm{e}^{\sigma T}$ 为半径的圆圈转动一周；当 ω 从 $-\infty$ 变到 $+\infty$ 时，z 在 Z 平面上相应的点将沿以原点为圆心、$\mathrm{e}^{\sigma T}$ 为半径的圆按逆时针方向转动无穷多圈。所以根据式(7.50)可得 Z 平面与 S 平面的映射关系如下。

（1）当 $\sigma=0$ 时（即 S 平面上虚轴），则有 $\begin{cases} r=1 \\ \theta=\omega T \end{cases}$；当 $\sigma=0$，且 $\omega=0$ 时（即 S 平面上的原点），则有 $\begin{cases} r=1 \\ \theta=0 \end{cases}$。也就是说，$S$ 平面的虚轴映射到 Z 平面上，是以原点为圆心、半径为 1 的单位圆，如图 7.13 中对应虚线所示；S 平面的原点映射到 Z 平面上则是点 $(+1, \mathrm{j}0)$。

当 $\sigma<0$ 时（即 S 平面的左半部分），有 $\begin{cases} r<1 \\ \theta=\omega T \end{cases}$；当 $\sigma>0$ 时（即 S 平面的右半部分），有 $\begin{cases} r>1 \\ \theta=\omega T \end{cases}$。也就是说，整个 S 平面的左半部分映射在 Z 平面上，是以原点为圆心的单位圆内部区域，如图 7.13 中阴影部分所示；整个 S 平面的右半部分映射在 Z 平面上，是以原点为圆心的单位圆外部区域。

(2) 当 σ 为常数且 $\sigma\neq 0$ 时（即 S 平面上虚轴的平行线），有 $\begin{cases} r=e^{\sigma T}（定值）\\ \theta=\omega T \end{cases}$。也就是说，$S$ 平面上虚轴的平行线映射到 Z 平面上是以原点为圆心、$e^{\sigma T}$ 为半径的圆，如图 7.14(a) 所示。

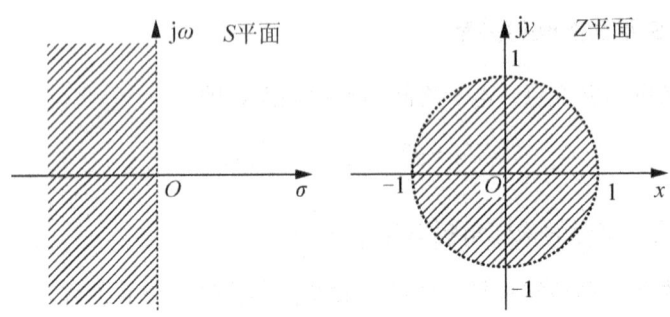

图 7.13 S 平面到 Z 平面的映射

当 $\omega=0$ 时（即 S 平面上的实轴），有 $\begin{cases} r=e^{\sigma T}\\ \theta=0 \end{cases}$。也就是说，$S$ 平面上的实轴映射到 Z 平面上是 Z 平面上的正实轴。

当 ω 为常数且 $\omega\neq 0$ 时（即 S 平面上实轴的平行线），有 $\begin{cases} r=e^{\sigma T}\\ \theta=\omega T（定值） \end{cases}$。也就是说，$S$ 平面上实轴的平行线映射到 Z 平面上是从原点出发、角度为 ωT 的射线，如图 7.14(b) 所示。

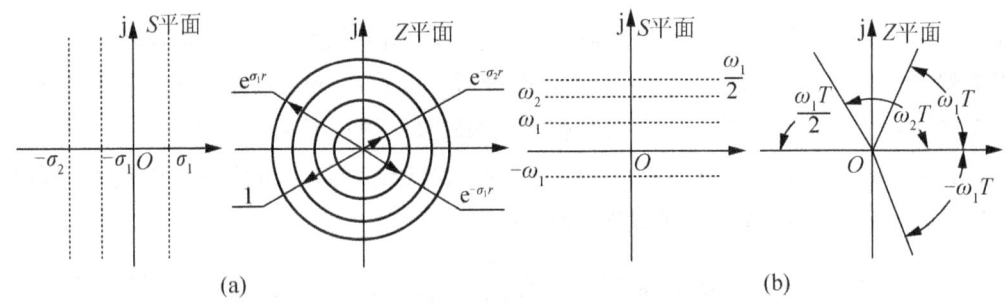

图 7.14 S 平面上实轴和虚轴的平行线到 Z 平面上的映射

根据上述讨论，Z 平面与 S 平面的映射关系如表 7.3 所示。

(3) s 与 z 之间是非单值映射。前面已经讨论，复变量 z 是 s 的周期函数，其周期为 ω_s。在 ω 从 $-\infty$ 变到 $+\infty$ 过程中，整个 S 平面可按周期 ω_s 划分无穷多个平行于实轴方向的区域。区域的纵向宽带为 ω_s、横向宽度为 $-\infty$ 到 $+\infty$，称之为频带。每个频带的映像都是整个 Z 平面上。通常称 $-\dfrac{\omega_s}{2}\sim +\dfrac{\omega_s}{2}$ 的频带为主频带，其余的频带为次频带（高频带）。S 平面上每个频带上的 s 与 Z 平面上的 z 是一一映射，S 平面上的频带及主频带的映射如图 7.15 所示。

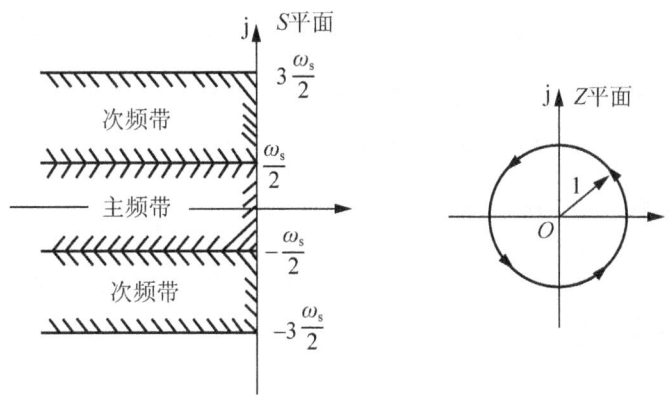

图 7.15 S 平面到 Z 平面映射的周期性

7.5.3 离散系统稳定的充要条件

根据在 S 平面系统稳定的充要条件是系统的闭环极点实部 $\sigma<0$ 可知,离散系统稳定的充要条件是系统的所有闭环极点的幅值 $r<1$,即所有的闭环极点均应分布在 Z 平面上的单位圆内。系统的所有极点中,只要有一个极点在单位圆外,系统就不稳定;若系统的所有极点中有极点在单位圆上,其余极点在 Z 平面的单位圆内,则系统处于临界稳定。表 7.3 给出了离散系统闭环极点在 Z 平面上的分布与系统稳定性间的关系。

表 7.3 Z 平面与 S 平面的映射关系及与系统稳定性的关系对应表

S 平面	Z 平面	稳定性讨论
$\sigma<0$,S 平面左半部分	$r<1$,单位圆内	稳定
$\sigma>0$,S 平面右半部分	$r>1$,单位圆外	不稳定
$\sigma=0$,虚轴	$r=1$,单位圆	临界边界
σ 为常数	r 为常数,同心圆	$\sigma<0$,稳定;$\sigma>0$,不稳定
$\omega=0$,实轴	正实轴	$\sigma<0$,稳定;$\sigma>0$,不稳定
ω 为常数,实轴的平行线	端点为原点的射线	$\sigma<0$,稳定;$\sigma>0$,不稳定

【例 7.22】图 7.16 所示系统中,设采样周期 $T=1\text{s}$,试分析当 $K=4$ 和 $K=5$ 时系统的稳定性。

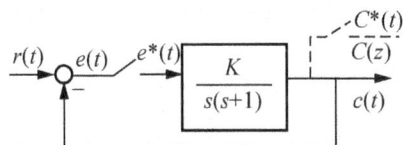

图 7.16 例 7.22 闭环离散系统结构框图

【解】系统连续部分的传递函数为

$$G(s)=\frac{K}{s(s+1)}$$

则

$$G(z)=Z\left[\frac{K}{s(s+1)}\right]=\frac{Kz(1-\mathrm{e}^{-T})}{(z-1)(z-\mathrm{e}^{-T})}$$

由此，系统的闭环脉冲传递函数为

$$\Phi(z)=\frac{C(z)}{R(z)}=\frac{G(z)}{1+G(z)}=\frac{Kz(1-\mathrm{e}^{-T})}{(z-1)(z-\mathrm{e}^{-T})+Kz(1-\mathrm{e}^{-T})}$$

所以，系统的特征方程为

$$(z-1)(z-\mathrm{e}^{-T})+Kz(1-\mathrm{e}^{-T})=0$$

① 将 $K=4$，$T=1$ 代入特征方程，得

$$z^2+1.16z+0.368=0$$

解得

$$z_1=-0.580+\mathrm{j}0.178,\quad z_2=-0.580-\mathrm{j}0.178$$

z_1，z_2 均在单位圆内，所以系统是稳定的。

② 将 $K=5$，$T=1$ 代入特征方程，得

$$z^2+1.792z+0.368=0$$

解得

$$z_1=-0.237,\quad z_2=-1.555$$

因为 z_2 在单位圆外，所以系统是不稳定的。

判定系统稳定与否对于对于一、二阶系统，可以直接解出特征根，再加以鉴别。但是对于高于二阶的系统，直接求解特征根的方法大多数情况比较复杂，可采用一些间接方法来判定系统的稳定性。

7.5.4 劳斯判据在 z 域中的应用

劳斯判据是连续系统中判别系统稳定性的一种方法，而在 Z 平面内，稳定性取决于特征方程的根是否全在单位圆内，所以劳斯判据是不能直接应用的。如果将 Z 平面再经变换使得 Z 平面单位圆内的点全部映射到一个新的平面的虚轴之左，那么就可以使用劳斯判据了。为此，将变量 z 进行坐标变换，使 Z 的单位圆在新坐标系中的映像为虚轴、Z 的单位圆内的点在新坐标系中的映像为虚轴之左半平面，这样，在此新的平面上，就可直接应用劳斯判据了。

根据复变函数理论，对变量 z 作双线性变换，获得的新平面称为 W 平面，也称这种变换为 W 变换。这种双线性变换为

$$z=\frac{w+1}{w-1} \tag{7.53}$$

则有

$$w=\frac{z+1}{z-1}$$

其中 z、w 均为复变量，写作

$$z = x + jy$$
$$w = u + jv \tag{7.54}$$

将式(7.54)代入式(7.53)，并将分母有理化，整理后得

$$w = u + jv = \frac{x+jy+1}{x+jy-1} = \frac{[(x+1)+jy][(x-1)-jy]}{(x-1)^2+y^2}$$
$$= \frac{x^2+y^2-1-2jy}{(x-1)^2+y^2} = \frac{x^2+y^2-1}{(x-1)^2+y^2} - j\frac{2y}{(x-1)^2+y^2}$$

W 平面的实部为

$$u = \frac{x^2+y^2-1}{(x-1)^2+y^2}$$

W 平面的虚轴对应于 $u=0$，则有

$$x^2 - y^2 - 1 = 0$$

即

$$x^2 + y^2 = 1 \tag{7.55}$$

式(7.53)即为 Z 平面中的单位圆方程，若极点在 Z 平面的单位圆内，即 $x^2+y^2<1$，则对应于 W 平面中的 $u<0$，即虚轴以左；若 $x^2+y^2>1$，则为 Z 平面的单位圆外，对应于 W 平面中的 $u>0$，即虚轴以右，如图 7.17 所示。

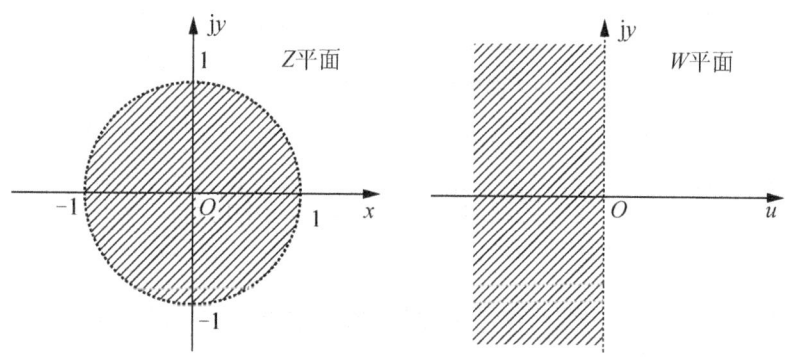

图 7.17 Z 平面到 W 平面的映射关系

这样经过式(7.53)的变量变换，离散系统的将特征方程 $\Delta(z)=0$ 转换成了 $\Delta(w)=0$，然后在新的坐标系中就可直接应用连续系统中介绍的劳斯稳定判据来判别离散系统的稳定性。

【例7.23】已知系统的闭环特征方程为

$$D(z) = 45z^3 - 117z^2 + 119z - 39 = 0$$

试用劳斯判据判别该系统的稳定性。

【解】将变换 $z = \dfrac{w+1}{w-1}$ 带入特征方程，得

$$45\left(\frac{w+1}{w-1}\right)^3 - 117\left(\frac{w+1}{w-1}\right)^2 + 119\left(\frac{w+1}{w-1}\right) - 39 = 0$$

两边乘以 $(w-1)^3$，化简得

$$w^3 + 2w^2 + 2w + 40 = 0$$

根据上式构造劳斯阵列如表 7.4 所示。

表 7.4 例 7.23 劳斯阵列

w^3	1	2	0
w^2	2	40	0
w^1	-18	0	
w^0	40		

可见，第 1 列队元素的符号有 2 次改变，这表明系统有 2 个极点分布在 W 平面的右半平面上，即系统有 2 个极点位于 Z 平面的单位圆外，故该系统不稳定。

正如连续系统中介绍的那样，劳斯判据还可以判断出有多少个根在右半平面。例 7.24 中有 2 次符号改变既有 2 个根在 W 右半平面，也有 2 个特征根位于 Z 平面的单位圆外，这是劳斯判据的优点之一。

【例 7.24】 已知系统结构如图 7.18 所示，采样周期 $T=0.1$s。试确定该系统稳定时 K 的取值范围。

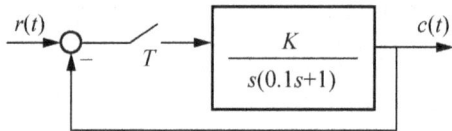

图 7.18 例 7.24 闭环离散系统结构框图

【解】 由

$$G(s) = \frac{K}{s(0.1s+1)} = K\left(\frac{1}{s} - \frac{1}{s+10}\right)$$

查表得

$$G(z) = K\left[\frac{z}{z-1} - \frac{z}{z-e^{-10T}}\right]$$

因为 $T=0.1$s，$e^{-1}=0.368$，带入上式得

$$G(z) = \frac{0.632Kz}{z^2 - 1.368z + 0.368}$$

根据图中系统结构，该系统的闭环传递函数为

$$\Phi(z) = \frac{G(z)}{1+G(z)}$$

特征方程为

$$D(z) = 1 + G(z) = 0$$

即

$$z^2 + (0.632K - 1.368)z + 0.368 = 0$$

将 $z = \dfrac{w+1}{w-1}$ 代入上式得

$$\left(\frac{w+1}{w-1}\right)^2 + (0.632K - 1.368)\left(\frac{w+1}{w-1}\right) + 0.368 = 0$$

化简后得
$$0.632Kw^2+1.264w+(2.736-0.632K)=0$$
构造劳斯阵列如表 7.5 所示。

表 7.5 例 7.24 劳斯阵列

w^2	$0.632K$	$2.736-0.632K$
w^1	1.264	
w^0	$2.736-0.632K$	

为使第一列各元素均大于零，则需
$$\begin{cases} K>0 \\ 2.736-0.632K>0 \end{cases}$$
解得
$$0<K<4.32$$

由上例可以看出，当系统中没有采样保持器时，该二阶线性连续系统 $K>0$ 总是稳定的，有了采样保持器后，系统稳定时 K 的范围就有了限制。有上例得知，加大 K 会导致系统的不稳定，通常，减小采样周期 T，使系统的工作尽可能接近于相应的连续系统，那么增益 K 的取值范围可以加大。

7.5.5 朱利判据

朱利判据是直接在 z 域内应用的稳定性判据，类似于连续系统中的赫尔维茨判据。朱利判据是根据离散系统的闭环特征方程 $D(z)=0$ 的系数来判别特征根是否全部位于 Z 平面单位圆内，从而判断系统是否稳定的。

设系统的闭环特征式为
$$D(z)=a_0+a_1z+a_2z^2+\cdots+a_nz^n=0$$
式中，a_i 为系数，n 为阶次，且有 $a_n>0$。将特征方程的各系数按照表 7.6 所示方法构造排成朱利阵列。

表 7.6 朱利阵列

行数	z^0	z^1	z^2	⋯	z^{n-k}	⋯	⋯	z^{n-1}	z^n
1	a_0	a_1	a_2	⋯	a_{n-k}	⋯	⋯	a_{n-1}	a_n
2	a_n	a_{n-1}	a_{n-2}	⋯	a_k	⋯	⋯	a_1	a_0
3	b_0	b_1	b_2	⋯	b_{n-k}	⋯	⋯	b_{n-1}	/
4	b_{n-1}	b_{n-2}	b_{n-3}	⋯	b_{k-1}	⋯	⋯	b_0	/
5	c_0	c_1	c_2	⋯	c_{n-k}	⋯	c_{n-2}	/	/
6	c_{n-2}	c_{n-3}	c_{n-4}	⋯	c_{k-2}	⋯	c_0	/	/
⋮	⋮	⋮	⋮	⋮	⋮	⋮			

续表

行数	z^0	z^1	z^2	⋯	z^{n-k}	⋯	⋯	z^{n-1}	z^n
$2n-5$	p_0	p_1	p_2	p_3	/				
$2n-4$	p_3	p_2	p_1	p_0	/				
$2n-3$	q_0	q_1	q_2		/				
$2n-2$	q_2	q_1	q_0		/				

在朱利阵列中,第一行对应的方程系数。第二行及后面的偶次行元素,分别为其前一行元素反顺序排列而得到。阵列中其他元素定义如下。

$$\boldsymbol{b}_k = \begin{vmatrix} a_0 & a_{n-k} \\ a_n & a_k \end{vmatrix}, \quad k=0, 1, \cdots, n-1$$

$$\boldsymbol{c}_k = \begin{vmatrix} b_0 & b_{n-1-k} \\ b_{n-1} & b_k \end{vmatrix}, \quad k=0, 1, \cdots, n-2$$

$$\boldsymbol{d}_k = \begin{vmatrix} c_0 & c_{n-2-k} \\ c_{n-2} & c_k \end{vmatrix}, \quad k=0, 1, \cdots, n-3$$

⋯

$$\boldsymbol{q}_0 = \begin{vmatrix} p_0 & p_3 \\ p_3 & p_0 \end{vmatrix}, \quad \boldsymbol{q}_1 = \begin{vmatrix} p_0 & p_2 \\ p_3 & p_1 \end{vmatrix}, \quad \boldsymbol{q}_2 = \begin{vmatrix} p_0 & p_1 \\ p_3 & p_2 \end{vmatrix}$$

朱利判据 系统特征方程 $D(z)=0$ 的根全部位于 Z 平面单位圆内充要条件为

$$D(z)>0, \ D(-1) \begin{cases} >0, & n\text{ 为偶数} \\ <0, & n\text{ 为奇数} \end{cases}, \text{且满足} \left. \begin{matrix} |a_0|<a_n \\ |b_0|>|b_{n-1}| \\ |c_0|>|c_{n-2}| \\ \vdots \\ |q_0|>|q_2| \end{matrix} \right\} \text{共}(n-1)\text{个约束条件} \quad (7.56)$$

当上述条件均满足,离散系统是稳定的,否则系统不稳定。

【例 7.25】 已知采样系统的闭环特征方程为
$$D(z) = z^3 + 2z^2 + 1.31z + 0.28 = 0$$
试利用朱利判据判别该系统的稳定性。

【解】 由特征方程可得
$$D(1) = 4.59 > 0, \ D(-1) = -2.31 + 2.28 = -0.03 < 0 \quad (n=3)$$
构造朱利阵列如表 7.7 所示。

表 7.7 例 7.25 朱利阵列

行数	z^0	z^1	z^2	z^3
1	0.28	1.31	2	1
2	1	2	1.31	0.28
3	−0.92	−1.63	−0.75	
4	−0.75	−1.63	−0.92	

表中第 3 行元素为

$$\boldsymbol{b}_0=\begin{vmatrix}0.28 & 1\\1 & 0.28\end{vmatrix}\approx-0.92,\ \boldsymbol{b}_1=\begin{vmatrix}0.28 & 2\\1 & 1.31\end{vmatrix}\approx-1.63,\ \boldsymbol{b}_2=\begin{vmatrix}0.28 & 1.31\\1 & 2\end{vmatrix}=-0.75$$

第 4 行只要将第 3 行元素反顺序排列即可。

现由式(7.54)判别 $n-1$ 个约束条件：

$$|\boldsymbol{a}_0|=0.28,\ a_0=1,\ 所以|\boldsymbol{a}_0|<a_n;$$
$$|\boldsymbol{b}_0|=0.92,\ |\boldsymbol{b}_2|=0.75,\ 所以|\boldsymbol{b}_0|>|\boldsymbol{b}_{n-1}|。$$

所有条件均满足，由朱利判据可得：系统是稳定的。

【例 7.26】 已知系统的闭环特征方程同例 7.23，即

$$D(z)=45z^3-117z^2+119z-39=0$$

试用朱利稳定判据判别该系统的稳定性。

【解】 由特征方程可得

$$D(1)=8>0,\ D(-1)<0\quad(n=3)$$

构造朱利阵列如表 7.8 所示。

表 7.8　例 7.26 朱利阵列

行数	z^0	z^1	z^2	z^3
1	-39	119	-117	45
2	45	-117	119	-39
3	-504	624	-792	
4	-792	624	-504	

表中第 3 行元素为

$$\boldsymbol{b}_0=\begin{vmatrix}-39 & 45\\45 & -39\end{vmatrix}=-504,\ \boldsymbol{b}_1=\begin{vmatrix}-39 & -117\\45 & 119\end{vmatrix}=624,\ \boldsymbol{b}_2=\begin{vmatrix}-39 & 119\\45 & -117\end{vmatrix}=-792$$

又因为 $|\boldsymbol{a}_0|=39<a_n=45$，而 $|\boldsymbol{b}_0|=504,\ |\boldsymbol{b}_2|=792,\ |\boldsymbol{b}_0|<|\boldsymbol{b}_2|$，根据朱利判据可知条件不满足，故该系统是不稳定的。结论同例 7.23。

7.6　离散系统的稳态性能分析

7.6.1　离散系统的稳态误差

离散系统的稳态响应特性是用稳态误差来表征的，离散系统的稳态误差的大小取决于系统特性、参数及输入信号的形式等因素，在系统特性中起主要作用的是系统的型别(或误差度)以及开环增益等。离散系统的稳态误差分析方法与连续系统类似，可以用终值定理来求取，也可以利用误差脉冲传递函数获得静态误差系数，再进一步求得稳态误差。下面仅讨论单位反馈系统在典型输入信号作用下的稳态误差。

1. 利用终值定理求取稳态误差

设闭环离散系统的结构图如图 7.19 所示，$G(s)$ 是系统连续部分的传递函数，$e(t)$ 为

连续误差信号，$e^*(t)$为采样误差信号。

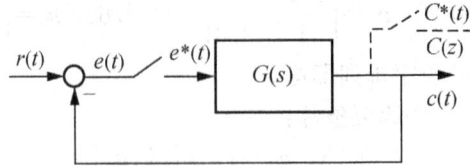

图 7.19 闭环离散系统结构框图

系统的误差脉冲传递函数为

$$\Phi_{er}(z)=\frac{E(z)}{R(z)}=\frac{1}{1+G(z)}$$

由此可得误差信号的 z 变换为

$$E(z)=\Phi_{er}(z)R(z)=\frac{1}{1+G(z)}\cdot R(z)$$

假如系统是稳定的，即 $\Phi_{er}(z)$ 的全部 Z 平面的单位圆内，则可用终值定理求出系统的稳态误差为

$$e_{ss}=e(\infty)=\lim_{z\to 1}(z-1)E(z)=\lim_{z\to 1}(z-1)\frac{1}{1+G(z)}R(z) \tag{7.57}$$

2. 利用静态误差系数求取稳态误差

离散系统的稳态误差与系统的型别、参数及输入信号的形式有关，下面介绍不同型别的离散系统在三种典型输入信号作用下的稳态误差，并建立离散系统静态误差系数的概念。

在离散系统中，与连续系统类似，将离散系统的开环脉冲传递函数 $G(z)$ 具有 $z=1$ 的极点个数 v 作为系统的型别数，即该系统为 v 型（或系统的误差度为 v）。若离散系统的开环脉冲传递函数用零、极点规范型表示为

$$G(z)=\frac{K_g\prod_{i=1}^{m}(z-z_{oi})}{(z-1)^v\prod_{j=1}^{n}(z-z_{pj})}$$

当 $v=0,1,2$ 时，则称该系统为 0 型、1 型和 2 型系统。

1) 单位阶跃输入信号作用下的稳态误差

由 $r(t)=1(t)$，可得

$$R(z)=\frac{z}{z-1}$$

将此式代入式(7.55)，得稳态误差为

$$e_{ss}=\lim_{z\to 1}(z-1)\frac{1}{1+G(z)}\cdot\frac{z}{z-1}=\lim_{z\to 1}\frac{z}{1+G(z)}$$

与连续系统类似，定义

$$K_p=\lim_{z\to 1}G(z) \tag{7.58}$$

为静态位置误差系数。则稳态误差为

$$e_{ss}=\frac{1}{1+K_p} \quad (7.59)$$

从 K_p 定义式中可以看出,当 $G(z)$ 中有一个以上 $z=1$ 的极点时,$K_p=\infty$,则稳态误差为零。也就是说,系统在阶跃输入信号作用下,无差的条件是 $G(z)$ 中至少要有一个 $z=1$ 的极点。

2) 单位斜坡输入信号作用下的稳态误差

由 $r(t)=t$,可得

$$R(z)=\frac{Tz}{(z-1)^2}$$

将此式代入式(7.60),得稳态误差为

$$e_{ss}=\lim_{z\to 1}(z-1)\frac{1}{1+G(z)}\cdot\frac{Tz}{(z-1)^2}=\lim_{z\to 1}\frac{Tz}{(z-1)[1+G(z)]}=\lim_{z\to 1}\frac{Tz}{(z-1)G(z)}$$

定义

$$K_V=\lim_{z\to 1}(z-1)G(z) \quad (7.60)$$

为静态速度误差系数,则稳态误差为

$$e_{ss}=\frac{T}{K_V} \quad (7.51)$$

从 K_V 定义式中可以看出,当 $G(z)$ 中有 2 个以上 $z=1$ 的极点是,$K_V=\infty$,则稳态误差为零。也就是说,系统在斜坡输入信号作用下,无差的条件是 $G(z)$ 中至少要有两个 $z=1$ 的极点。

3) 单位抛物线输入信号作用下的稳态误差

由 $r(t)=\frac{1}{2}t^2$,可得

$$R(z)=\frac{T^2z(z+1)}{2(z-1)^3}$$

将此式代入式(7.55),稳态误差为

$$e_{ss}=\lim_{z\to 1}(z-1)\frac{1}{1+G(z)}\frac{T^2z(z+1)}{2(z-1)^3}=\lim_{z\to 1}\frac{T^2}{(z-1)^2G(z)}$$

定义

$$K_a=\lim_{z\to 1}(z-1)^2G(z) \quad (7.62)$$

为静态加速度误差系数。则稳态误差为

$$e_{ss}=\frac{T^2}{K_a} \quad (7.63)$$

从 K_a 定义式中可以看出,当 $G(z)$ 中有 3 个以上 $z=1$ 的极点时,$K_a=\infty$,稳态误差为零。也就是说,系统在抛物线函数输入信号作用下,无差的条件是 $G(z)$ 中至少要有 3 个 $z=1$ 的极点。

从上面分析中可以看出,离散系统的稳态误差与输入信号的形式及开环脉冲传递函数 $G(z)$ 中 $z=1$ 的极点数目有关,总结上面讨论结果,列成表 7.9。

表 7.9 单位反馈离散系统的稳态误差

系统型别	位置误差 当 $r(t)=1(t)$ 时	速度误差 当 $r(t)=t$ 时	加速度误差 当 $r(t)=(1/2)t^2$ 时
0	$1/(1+K_p)$	∞	∞
1	0	T/K_v	∞
2	0	0	T^2/K_a

7.6.2 离散系统稳态性能分析举例

【例 7.27】 离散系统的框图如图 7.20 所示。假定采样周期 $T=0.1s$,试确定该系统分别在单位阶跃、单位斜坡和单位抛物线函数输入信号作用下的稳态误差。

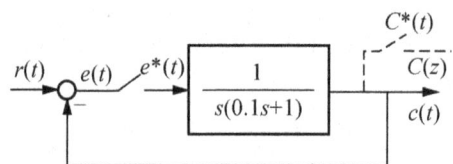

图 7.20 例 7.27 的离散结构框图

【解】系统开环传递函数为

$$G(s)=\frac{1}{s(0.1s+1)}$$

当 $T=1s$ 时,系统开环脉冲传递函数为

$$G(z)=Z[G(s)]=\frac{z(1-e^{-1})}{(z-1)(z-e^{-1})}=\frac{0.632z}{(z-1)(z-0.368)}$$

为应用终值定理,必须判别系统是否稳定,否则求稳态误差没有意义。系统闭环特征方程为

$$D(z)=1+G(z)=0$$

即

$$(z-1)(z-0.368)+0.632z=0$$
$$z^2-0.736z+0.368=0$$

令 $z=\frac{w+1}{w-1}$ 代入上式,求得

$$D(w)=0.632w^2+1.264w+2.104=0$$

构造劳斯阵列如表 7.10 所示。

表 7.10 例 7.27 劳斯阵列

w^2	0.632	2.104
w^1	1.264	
w^0	2.104	

由于第 1 列元素都大于零,所以系统是稳定的。下面用两种方法求解稳态误差。

(1) 用终值定理方法求解稳态误差。

在单位阶跃输入信号作用下，有

$$e_{ss}=e(\infty)=\lim_{z\to 1}(z-1)\frac{1}{1+G(z)}R(z)$$

$$=\lim_{z\to 1}(z-1)\cdot\frac{1}{1+\frac{0.632z}{(z-1)(z-0.368)}}\cdot\frac{z}{z-1}$$

$$=0$$

在单位斜坡输入信号作用下，有

$$e_{ss}=e(\infty)=\lim_{z\to 1}(z-1)\frac{1}{1+G(z)}R(z)$$

$$=\lim_{z\to 1}(z-1)\cdot\frac{1}{1+\frac{0.632z}{(z-1)(z-0.368)}}\cdot\frac{Tz}{(z-1)^2}$$

$$=0.1$$

在单位抛物线输入信号作用下，有

$$e_{ss}=e(\infty)=\lim_{z\to 1}(z-1)\frac{1}{1+G(z)}R(z)$$

$$=\lim_{z\to 1}(z-1)\cdot\frac{1}{1+\frac{0.632z}{(z-1)(z-0.368)}}\cdot\frac{T^2z(z+1)}{2(z-1)^3}$$

$$=\infty$$

(2) 用静态误差系数方法求解稳态误差。

静态位置误差系数为

$$K_p=\lim_{z\to 1}G(z)=\lim_{z\to 1}\frac{0.632z}{(z-1)(z-0.368)}=\infty$$

静态速度误差系数为

$$K_v=\lim_{z\to 1}(z-1)G(z)=\lim_{z\to 1}\frac{0.632z}{z-0.368}=1$$

静态加速度误差系数为

$$K_a=\lim_{z\to 1}(z-1)^2G(z)=\lim_{z\to 1}(z-1)\frac{0.632z}{z-0.368}=0$$

所以，三种不同输入信号作用下的稳态误差如下。

在单位阶跃输入信号作用下，有

$$e_{ss}=\frac{1}{1+K_p}=0$$

在单位斜坡输入信号作用下，有

$$e_{ss}=\frac{T}{K_v}=\frac{0.1}{1}=0.1$$

在单位抛物线输入信号作用下，有

$$e_{ss}=\frac{T^2}{K_a}=\infty$$

从以上两种求解方法来看，得到的结果一样。实际上，从该系统的开环脉冲传递函数可以得到该系统属于1型系统，则可根据表7.9结论可以直接得出上述结果，而不必逐步计算。

通过前面的分析可见：

(1) 离散系统稳态误差的求取方法与连续系统基本上是相同的，只是由脉冲传递函数取代了传递函数。

(2) 系统的型别越高，其稳态性能越好。

(3) 开环增益越大，其稳态性能越好。

(4) 输入信号中时间的阶数越高，则产生的稳态误差越大。

(5) 采样周期 T 越大，产生的稳态误差也越大。

7.7 离散系统的动态性能分析

离散系统动态性能的指标与分析方法和连续系统也十分相似，也是以单位阶跃响应的性能为主要讨论对象来讨论系统的稳态和动态性能指标的，如超调量、衰减比、调整时间及稳态误差等，以最大超调量 σ 和调整时间 t_s 为主要技术指标。

7.7.1 由动态响应曲线直接求得动态指标

离散系统的动态响应曲线的求取方法简单，其过程如下。

根据系统结构和参数求得闭环脉冲传递函数 $\Phi(z)$，在一定的输入信号 $r(t)$（或 $(r^*(t))$）作用下求取 $C(z)=\Phi(z) \cdot R(z)$，再经过 z 反变换，求得系统输出的时间序列 $c(kT)$（或 $c^*(t)$），即得系统的动态响应曲线，便可确定系统的稳态和动态性能指标。下面通过例题来说明分析离散系统的动态性能。

【例7.28】离散系统的框图如图7.21所示，图中 $G_c(s)$、$G_p(s)$ 和 $G_h(s)$ 分别为控制器、被控对象与零阶保持器的传递函数，假定 $G_c(s)=1$、$G_h(s)=\dfrac{1-e^{-Ts}}{s}$、$G_p(s)=\dfrac{1}{s(s+1)}$，采样周期 $T=1s$。试确定该系统在单位阶跃输入信号作用下的性能指标。

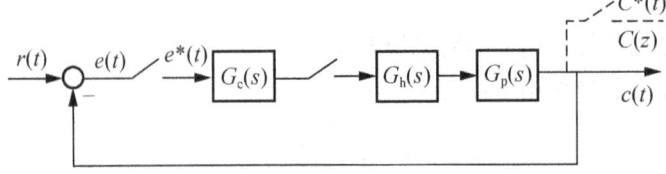

图7.21 例7.28的系统结构框图

【解】因为保持器与被控对象之间没有采样器，且 $G_c(z)=1$，所以系统的闭环传递函数为
$$\Phi(z)=\dfrac{C(z)}{R(z)}=\dfrac{G_hG_p(z)}{1+G_hG_p(z)}$$

因为系统的闭环传递函数为

$$G_h(s)G_p(s)=(1-\mathrm{e}^{-Ts})\frac{1}{s^2(s+1)}$$

将 $T=1$ 代入并进行 z 变换,得

$$G_hG_p(z)=Z\left[(1-\mathrm{e}^{-Ts})\frac{1}{s^2(s+1)}\right]=\frac{\mathrm{e}^{-1}z+1-2\mathrm{e}^{-1}}{z^2-(1+\mathrm{e}^{-1})z+\mathrm{e}^{-1}}=\frac{0.368z+0.264}{z^2-1.368z+0.368}$$

由此可得

$$\Phi(z)=\frac{G_hG_p(z)}{1+G_hG_p(z)}=\frac{0.368z+0.264}{z^2-z+0.632}$$

又由 $r(t)=1(t)$,得

$$R(z)=\frac{z}{z-1}$$

系统输出的 z 变换为

$$C(z)=\Phi(z)\cdot R(z)$$
$$=\frac{0.368z+0.264}{z^2-z+0.632}\cdot\frac{z}{z-1}$$
$$=\frac{0.368z^2+0.264z}{z^3-2z^2+1.632z-0.632}$$

用长除法进行幂级数展开,得

$C(z)=0.368z^{-1}+z^{-2}+1.4z^{-3}+1.4z^{-4}+1.147z^{-5}+0.895z^{-6}+0.803z^{-7}+$
$\quad 0.871z^{-8}+0.998z^{-9}+1.082z^{-10}+1.085z^{-11}+1.035z^{-12}+\cdots$

取 $C(z)$ 的 z 反变换,求得系统的单位阶跃响应序列值为

$c(0)=0,\quad c(1)=0.368,\quad c(1)=0.368$
$c(3)=1.4,\quad c(4)=1.4,\quad c(5)=1.147$
$c(6)=0.895,\quad c(7)=0.863,\quad c(8)=0.871$
$c(9)=0.998,\quad c(10)=1.082,\quad c(12)=1.085$
$c(12)=1.035,\quad\quad\quad\quad \cdots$

根据系统输出在采样时刻的值,可以大致描绘出系统单位响应的近似曲线(因为不能确定采样时刻之间的输出值),如图 7.22 所示。

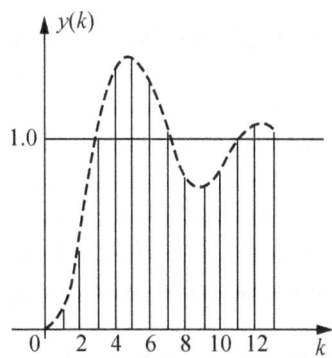

图 7.22 例 7.28 中系统的单位阶跃响应的近似曲线

用 MATLAB 绘制脉冲传递函数单位阶跃曲线的程序如下。

```
num=[0.368 0.264];
den=[1-1 0.632];
Dstep(num,den)
```

从图 7.22 中可以看出，系统的过渡过程具有衰减振荡的形式。输出的峰值发生在阶跃输入后的第 3 拍、第 4 拍之间，最大值 $Y_{max1} \approx y(3) = y(4) = 1.4$，第二个峰值发生在第 12 拍附近，其值为 $Y_{max2} \approx y(12) \approx 1.085$。由此可得出响应的最大超调量为

$$\sigma\% = \sigma_1\% = \frac{Y_{max1} - y(\infty)}{y(\infty)} \times 100\% = \frac{1.4 - 1.0}{1.0} \times 100\% = 40\%$$

衰减比为

$$n = \frac{\sigma_1\%}{\sigma_2\%} = \frac{0.4}{0.085} \approx 4.7$$

调整时间为

$$t_s(5\%) \approx 12T$$

因为此系统为单位反馈系统，所以有

$$\Phi_e(z) = \frac{E(z)}{R(z)} = \frac{R(z) - Y(z)}{R(z)} = 1 - \Phi(z)$$

$$= 1 - \frac{0.368z + 0.264}{z^2 - z + 0.632}$$

$$= \frac{z^2 - 1.368z + 0.368}{z^2 - z + 0.632}$$

由此求得误差信号的脉冲传递函数为

$$E(z) = \Phi_e(z)U(z) = \frac{z^2 - 1.368z + 0.368}{z^2 - z + 0.632} \cdot \frac{z}{z - 1}$$

应用终值定理可求得系统在单位跃输入信号作用下的稳态误差为

$$e_{ss} = \lim_{z \to 1}(z - 1)E(z) = \lim_{z \to 1}(z - 1)\frac{z^2 - 1.368z + 0.368}{z^2 - z + 0.632} \cdot \frac{z}{z - 1} = 0$$

由此可见，用 z 变换法分析采样系统的过渡过程，求取一些性能指标是很方便的。但是，正如同连续系统分析类似，要准确地分析和计算出系统的性能指标多数情况是非常困难的。如果能了解闭环极点位置与系统过渡过程之间的关系，对于分析和设计系统是十分重要的。

7.7.2 闭环极点位置与系统过渡过程的关系

研究系统闭环极点（特征根）在 Z 平面上的位置与系统单位阶跃响应过渡过程之间的关系，可以定性地了解系统参数对动态性能的影响，这对系统分析和校正均具有指导意义。设系统的框图如图 7.19 所示，则系统的闭环脉冲传递函数为

$$\Phi(z) = \frac{Y(z)}{R(z)} = \frac{G(z)}{1 + G(z)}$$

一般情况下，闭环脉冲传递函数 $\Phi(z)$ 可以表示为两个多项式之比的形式，也可以用零、极点的形式表示，即

$$\Phi(z) = \frac{Y(z)}{R(z)} = \frac{b_m + b_{m-1}z^{m-1} + \cdots + b_1 z + b_0}{a_n z^n + a_{n-1}z^{n+1} + \cdots + a_1 z + a_0}$$

$$= K \frac{(z-z_1)(z-z_2)\cdots(z-z_m)}{(z-p_1)(z-p_2)\cdots(z-p_n)}$$

$$= K \frac{\prod_{i=1}^{m}(z-z_i)}{\prod_{j=1}^{n}(z-p_j)} = K \frac{P(z)}{Q(z)}$$

式中，$z_i(i=1, 2, \cdots, m)$为系统的闭环零点；$p_j(j=1, 2, \cdots, n)$为系统的闭环极点；K为常系数，即系统稳态放大系数。

对于实际系统来说，有$n \geq m$，式中z_i和p_j可以是实数或复数。为了简化讨论，假定$\Phi(z)$无重极点，则系统在单位阶跃输入信号作用下，输出的z变换为

$$C(z) = \Phi(z)R(z) = K \frac{P(z)}{Q(z)} \cdot \frac{z}{z-1}$$

进行部分分式展开

$$C(z) = K \frac{P(z)}{Q(z)} \cdot \frac{z}{z-1} = \sum_{j=1}^{n} \frac{d_j z}{z-p_j}$$

取$C(z)$的反z变换，即可求得系统输出在采样时刻的离散值为

$$c(kT) = K \frac{P(1)}{Q(1)} + \sum_{j=1}^{n} d_j p_j^k \quad (k=0, 1, 2\cdots)$$

式中第一项为输出$c(kT)$的稳态分量；第二项为输出$c(kT)$的暂态分量，其中各分量的形式决定于闭环极点的性质及其在Z平面上的位置，闭环极点位置与系统过渡过程之间的关系现分别讨论如下。

(1) 设p_j为正实数，则对应的暂态分量按指数规律变化，且变化规律跟的p_j值有关系。

① $p_j > 1$，极点在Z平面单位圆外，系统将是不稳定的。

② $p_j = 1$，极点在Z平面单位圆与正实轴的交点上，则对应的响应分量为等幅序列，系统处于稳定边界。

③ $p_j < 1$，极点在Z平面单位圆内的正实轴上，则对应的响应分量按指数规律衰减，且极点越靠近原点，其值越小且衰减越快。

(2) 设p_j为负实数，则系统的对应暂态分量按正负交替方式震荡。因为当k为偶数时，d_j、p_j为正值，而当k为奇数时，$d_j p_j^k$为负值。振荡角频率为采样频率的一半，即$\omega = \frac{1}{2}\omega_s = \frac{\pi}{T}$。在这种情况下过渡过程特性最坏。又当：

① $p_j < -1$，极点在Z平面单位圆外的负实轴上，对应的响应分量为正负交替发散振荡形式。

② $p_j = -1$，极点在Z平面单位圆与负实轴的交点上，对应的响应分量为正负交替等幅振荡形式。

③ $-1 < p_j < 0$，极点在Z平面单位圆内的负实轴上，对应的响应分量为正负交替收敛振荡形式。

(3) 当 p_j 为复数时,必为共轭复数(即 p_j 和 p_{j+1})成对出现,且 p_j、$p_{j+1}=|p_j|\mathrm{e}^{\pm j\theta_j}$。则对应的暂态响应分量为余弦振荡形式,振荡角频率与共轭复数极点的幅角 θ_j 有关,$\omega=\theta_j/T$,θ_j 越大,振荡角频率越高。当:

① $|p_j|>1$,极点在单位圆外的平面 L 上,则对应的响应分量为增幅振荡形式,系统将是不稳定的。

② $|p_j|=1$,极点在单位圆上,则对应的响应分量为等幅振荡形式,系统处于稳定边界。

③ $|p_j|<1$,极点在单位圆内,则对应的响应分批为衰减振荡形式。

综上分析,系统闭环极点位置与系统过渡过程之间的关系图如图 7.23 所示。

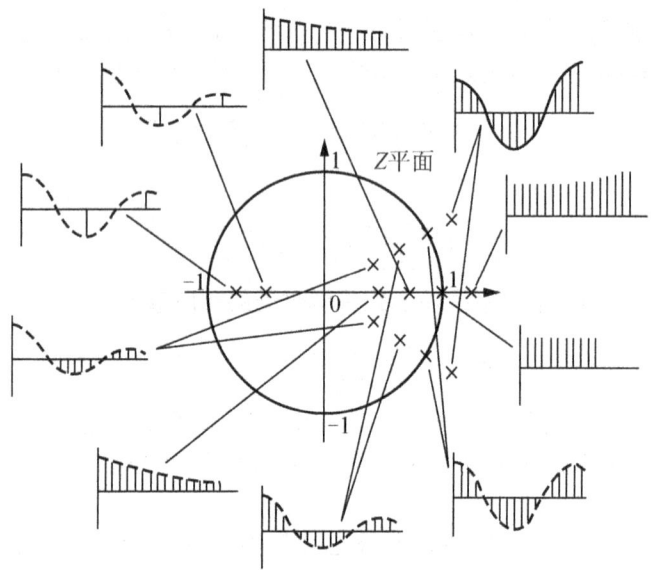

图 7.23 闭环极点在 Z 平面上的位置与系统过渡过程之间的关系

通过以上分析可知,为了使采样系统具有良好的过渡过程,其闭环极点应尽量避免配置在单位圆内的左半部,尤其不要靠近负实轴。闭环极点最好配置在单位圆内的右半部,而且是靠近原点的地方。这样,系统的过渡过程进行得较快,从而系统的快速性较好。

7.7.3 离散系统的性能分析示例

对于离散系统,跟连续系统一样,可通过系统校正(串联校正、反馈校正和前馈校正等)来改善系统的性能;也可采用频率特性法及根轨迹法对离散系统进行分析、计算与设计,本书对这些内容不作介绍,只以一示例加以说明。

【例 7.29】设采样系统框图如图 7.24 所示,图中保持器与被控对象上的传递函数分别为

$$G_h(s)=\frac{1-\mathrm{e}^{-Ts}}{s}, \quad G_p(s)=\frac{K}{s(0.05s+1)(0.1s+1)}$$

假定采样周期 $T=0.1\mathrm{s}$,试用根轨迹法确定系统稳定的临界 K 值,并确定使系统阻尼比 $\xi=0.7$ 的 K 值。

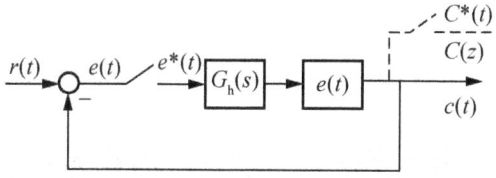

图 7.24　例 7.29 的系统结构框图

【解】由图可得系统连续部分的传递函数为

$$G(s)=G_h(s)G_p(s)=\frac{K(1-e^{-0.1s})}{s^2(0.05s+1)(0.1s+1)}$$

取 $G(s)$ 的 z 变换,求得系统的开环脉冲传递函数为

$$G_k(z)=\frac{0.0146K(z+0.12)(z+1.93)}{(z-1)(z-0.368)(z-0.135)}$$

$$=\frac{K_L(z+0.12)(z+1.93)}{(z-1)(z-0.368)(z-0.135)}$$

式中称 K_L 为根轨迹增益,且 $K_L=0.0146K$。

根据 $G_k(z)$ 的 2 个零点和 3 个极点,按根轨迹规则可画出系统的根轨迹如图 7.25 所示(也可以利用 MATLAB 软件由计算机绘制)。

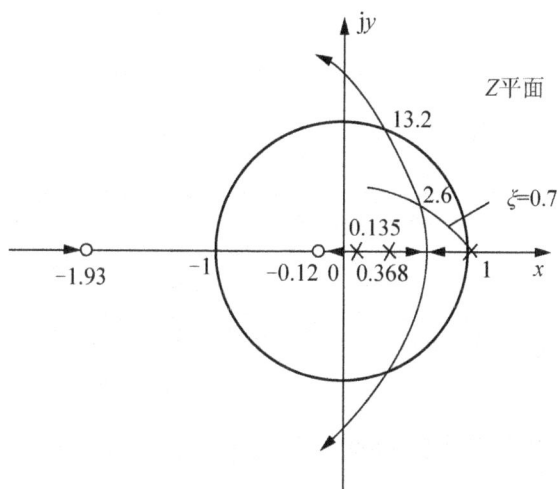

图 7.25　例 7.29 中系统的根轨迹图

由根轨迹与单位圆的交点及根轨迹的幅值条件,可求得系统稳定的临界放大系数 $K_{max}=13.2$。

在图 7.39 的 Z 平面上,画出 $\xi=0.70$ 的等 ξ 线,求得根轨迹与等 ξ 线交点处的 K 值为 2.6。

用 MATLAB 绘制系统根轨迹的程序如下。

```
num1=[1 0.12];num2=[1 1.93];
den1=[1-1];den2=[1-0.368];den3=[1 0.135];
num=conv(num1,num2);
```

```
den=conv(den1,conv(den2,den3));
sys=tf(num,den,0.1);
rlocus(sys)
```

7.8 应用 MATLAB 进行离散系统分析

在连续系统模型建立中介绍的系统的并联连接函数 parallel、串联连接函数 series、反馈连接函数 feedback、闭环连接函数 cloop 等也是用于离散系统，这里不再介绍。而模型中的 c2d 函数可将联系时间系统变换为离散时间系统。模型简化中的 dmodred 函数可将离散系统的模型阶次降低。具体使用方法请参看有关书籍。

下面介绍离散系统的模型特性分析。前面章节中介绍的很多函数，只要在函数前面加一字母"d"即可用于离散系统。

【例 7.30】对离散系统

$$G(z)=\frac{2z^2-3.4z+1.5}{z^2-1.6z+0.8}$$

求其特征值、幅值、等效衰减因子、等效自然频率等。

【解】编制程序如下。

```
num=[2 -3.4 1.5];
den=[1 -1.6 0.8];
ddamp(den,0.1);
```

运行结果：

```
Eigenvalue              Magnitude       Equiv.Damping   Equiv.Freq.(rad/s)
8.00e-001 +4.00e-001i   8.94e-001       2.34e-001       4.77e-001
8.00e-001 -4.00e-001i   8.94e-001       2.34e-001       4.77e-001
```

下面再介绍离散系统中常用的几个指令，并都以例 7.30 中所述系统示例。

1. dstep

功能：求离散系统的单位阶跃响应。

格式：

```
[y,x]=dstep(num,den)
[y,x]=dstep(num,den,n)
```

说明：

dstep 函数可计算出离散时间线性系统的单位阶跃响应，当不带输出变量引用时，dstep 可在当前图形窗口中绘出系统的阶跃响应曲线。

dstep(num,den)可绘制出以多项式传递函数 $G(z)=\frac{num(z)}{den(z)}$ 表示的系统阶跃响应曲线。

dstep(num,den,n)可利用用户指定的取样点数来绘制系统的单位阶跃响应曲线。

以例 7.30 中系统为例，编程要求其阶跃响应。

输入程序：

```
num=[2-3.4 1.5];
den=[1-1.6 0.8];
dstep(num,den)
title('Discrete Step Response')
```

执行后得到如图 7.26 所示的阶跃响应曲线。

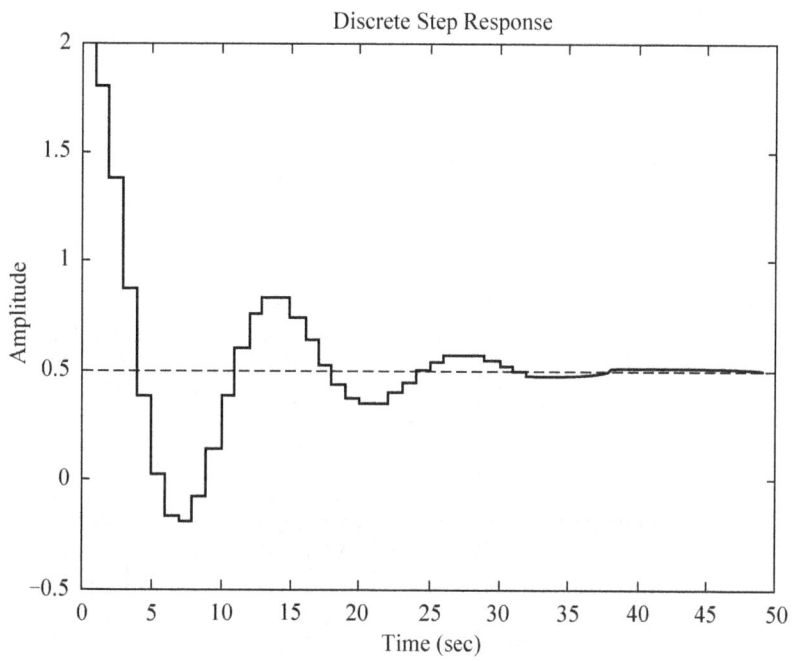

图 7.26　例 7.30 中离散系统的单位阶跃响应曲线

2. dbode

功能：求离散系统的 bode 频率响应。

格式：

[mag,phase,ω]=dbode(num,den,Ts)
[mag,phase,ω]=dbode(num,den,Ts,ω)

说明：

dbode 函数用于计算离散时间系统的幅频和相频响应(即 bode 图)，当不带输出变量引用函数时，dbode 函数可在当前图形窗口中直接绘制出系统的 bode 图。

dbode(num，den，Ts)可得到以离散时间多项式传递函数 $g(z)=\text{num}(z)/\text{den}(z)$ 表示的系统 bode 图。

dbode(num，den，Ts，ω)可利用指定的频率范围 ω 来绘制系统的 bode 图。

当带输出变量引用函数时，可得到系统 bode 图的数据，而不直接绘制出 bode 图，幅值和相位可根据以下指令获取。

mag(ω)=|g(e^{jwt})|
phase(ω)=∠g(e^{jwt})

其中 t 为内部取样时间，相位以度为单位，幅值也可以以分贝为单位表示，其指令如下：

magdb=20*log10(mag)

以例 7.30 中系统为例，设 $Ts=0.1$，输入程序：

```
num=[2-3.4 1.5];
den=[1-1.6 0.8];
dbode(num,den,0.1);
subplot(2,2,1);
title('mscrete bode plot')
```

执行后结果如图 7.27 所示。

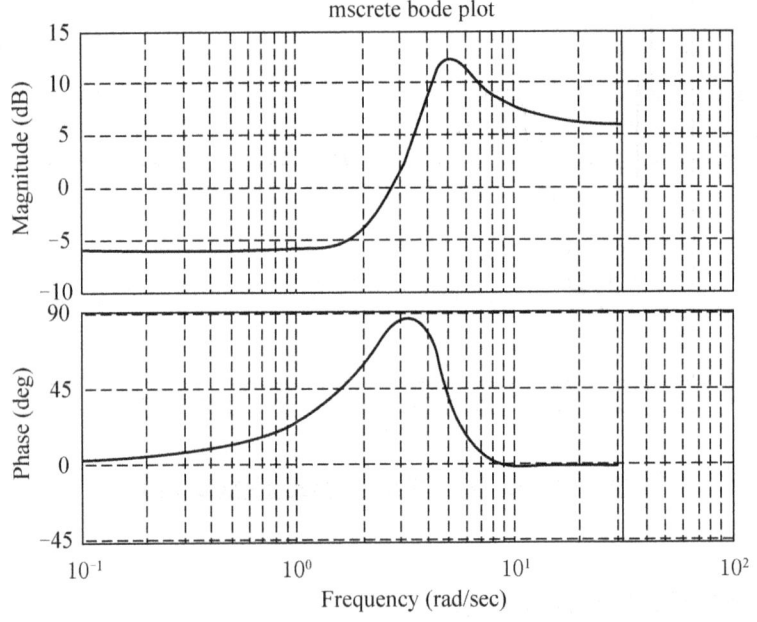

图 7.27　例 7.30 中离散系统的 bode 图

3. zgrid

功能：在离散系统根轨迹和零、极点图中绘制出阻尼系数和自然频率栅格线。

格式：

```
zgrid
zgrid('new')
zgrid(z,Wn)
zgrid(z,Wn,'new')
```

说明：

zgrid 函数可在离散系统的根轨迹图或零、极点图上绘制出栅格线，栅格线由等阻尼系数和自然频率线构成，阻尼系数线以步长 0.1 从 $\xi=0$ 到 1 绘出，自然频率以步长 $\pi/10$ 从 0 到 π 绘出。

zgrid('newr')函数先清除图形屏幕，然后绘制栅格线，并设置成 hold on，使后续的绘图命令能绘制在栅格上。典型用法如下：

```
zgrid('new')
rlocus(new,den)或pzmap(num,den)
```

zgrid(z，Wn)可指定阻尼系数 z 和自然频率 Wn；非归一化频率的等频率线可采取 zgrid(z，Wn/Ts)绘制，其中 T_s 为采样时间。

zgrid(z，Wn，'new')可指定阻尼系数 z 和自然频率 Wn，并在绘制栅格线之前清除图形屏幕窗口。

zgrid([]，[])可绘制单位圆。

以例 7.30 中系统为例，输入程序：

```
num=[2-3.4 1.5];
den=[1-1.6 0.8];
axis('square')
zgrid('new')
rlocus(num,den)
title('root locus')
```

执行后得到的如图 7.28 所示的跟轨迹。

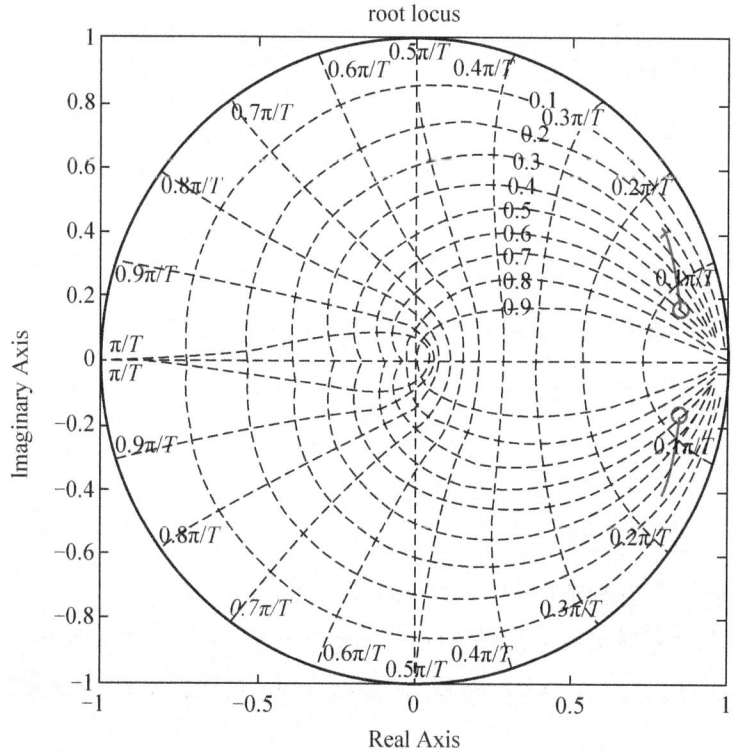

图 7.28　例 7.30 中离散系统的带栅格线的根轨迹图

本 章 小 结

本章着重讨论了离散控制系统的一些基本原理及分析与综合的方法,为读者进一步学习有关方面内容奠定一个必要的基础,还介绍了离散控制系统的结构、信号的采样与复现、采样定理及零阶保持器的特性。在研究离散系统的方法上,介绍了离散系统的数学模型描述方法、脉冲传递函数的定义和求取,以及脉冲传递函数的数学基础——z 变换理论,在此基础上,介绍了离散系统稳定性的必要性、判定方法及稳态误差计算;简单介绍了离散系统的动态性能指标及离散系统闭环极点位置与系统过渡过程的关系。

习 题 7

7.1 离散系统的主要特征是什么?

7.2 请说出采样定理的内容及其物理意义,并描述零阶保持器的特性及传递函数。

7.3 试分析拉氏变换、z 变换和 w 变换等三种变换的共同点和不同点。

7.4 试求下列表达式的 z 变换。

(1) $f(t)=1-e^{-at}$;

(2) $f(t)=\cos\omega t$;

(3) $f(t)=te^{-at}$;

(4) $f(t)=t^2$;

(5) $F(s)=\dfrac{(s+3)}{(s+1)(s+2)}$;

(6) $F(s)=\dfrac{1}{(s+2)^2}$;

(7) $F(s)=\dfrac{1}{s^2}$;

(8) $F(s)=\dfrac{1-e^{-s}}{s^2(s+1)}$。

7.5 试求下列函数的 z 反变换。

(1) $F(z)=\dfrac{z(1-e^{-T})}{(z-1)(z-e^{-T})}$;

(2) $F(z)=\dfrac{2z(z^2-1)}{(z^2+1)^2}$;

(3) $F(z)=\dfrac{z+0.5}{(z-1)(z-2)}$。

7.6 用 z 变换方法求解下列差分方程的解。

(1) $f(k+2)+2f(k+1)+f(k)=1$,初始条件为 $f(0)=0$,$f(1)=0$;

(2) $f(k+2)+5f(k+1)+6f(k)=\cos\dfrac{k}{2}\pi(k=0,1,2,\cdots)$,初始条件为 $f(0)=1$,$f(1)=0$;

(3) $f(k)-3f(k-1)+2f(k-2)=1$。

7.7 求下列函数的脉冲序列，并用中值定理确定函数的终值。

(1) $E(z)=\dfrac{z^{-1}}{(1+z^{-1})(1-0.5z^{-1})}$；

(2) $E(z)=\dfrac{1+z^{-1}}{(1-z^{-1})(1+0.5z^{-1})}$。

7.8 求图 7.29 中所示系统的闭环脉冲传递函数，假定图中采样开关是同步的。

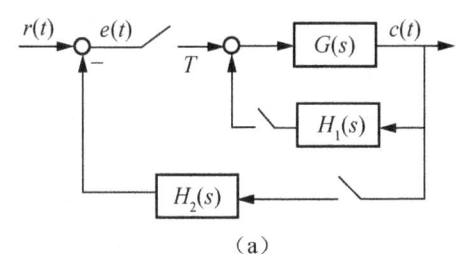

（a）

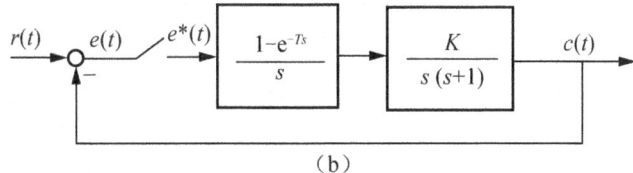

（b）

图 7.29 习题 7.8 图

7.9 求图 7.30 中所示线性离散系统输出的变量的 z 反变换 $C(z)$。

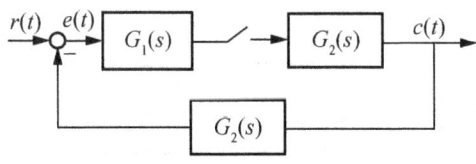

图 7.30 习题 7.9 图

7.10 已知下列闭环系统的特征方程，请分别用劳斯判据和朱利判据两种方法判断系统的稳定性。

(1) $D(z)=z^3-1.5z^2-0.25z+0.4=0$；

(2) $D(z)=z^4+0.2z^3+z^2+0.36z+0.8=0$。

7.11 设离散系统的结构如图 7.31 所示，试分析该系统的稳定性，并确定使系统稳定的参数 K 的取值范围。

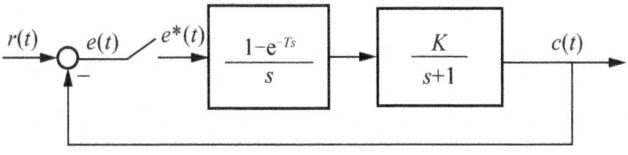

图 7.31 习题 7.11 图

7.12 已知系统结构如图7.32所示，当$K=10$，$T=0.2$s，输入$r(t)=1(t)+t+\dfrac{t^2}{2}$时，试用静态误差系数方法求系统的稳态误差。

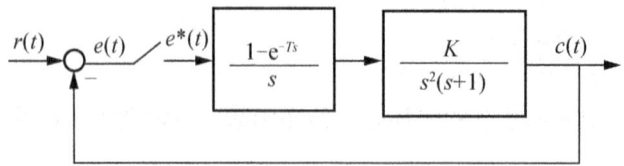

图 7.32 习题 7.12 图

7.13 已知离散系统结构图如图7.33所示，其中$T=0.25$s，当$r(t)=2+t$时，欲使稳态误差小于0.1，试求K的值。

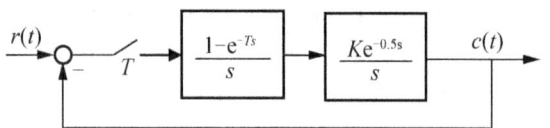

图 7.33 习题 7.13 图

7.14 设离散系统的结构如图7.34(a)、(b)所示，试求当$T=1$s时系统的单位阶跃响应$c(nT)$。

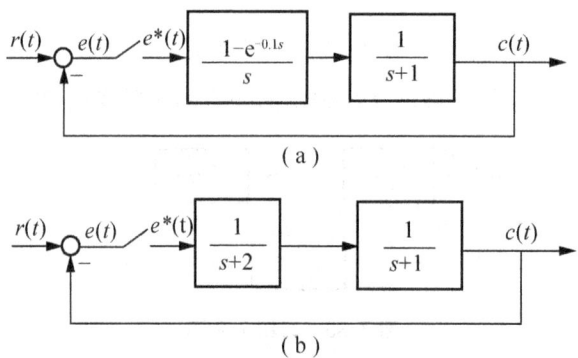

图 7.34 习题 7.14 图

第 8 章
非线性控制系统分析

线性系统是人们研究最多、最深入的系统，过去的大多数自然科学理论都是建立在线性系统之上的。但是，线性化方程所描述的系统只不过是在一定范围内和一定近似程度上的理想化抽象，其所得结论是近似的。随着人类认识自然的不断深入和生产实践不断产生新的需要，科学研究问题也逐渐从简单到复杂，从线性到非线性发展。非线性系统在运动类型和研究方法方面，与线性系统有着本质的差异，出现许多线性系统所没有的现象。为此，本章介绍几种典型非线性特性，以及非线性系统的一些特点和基本分析方法，为非线性系统的进一步研究和工程应用奠定基础。

教学目标

- 了解几种典型非线性特性；
- 理解典型非线性环节的描述函数的求取方法；
- 掌握非线性系统的描述函数分析法；
- 掌握非线性系统的相平面分析法；
- 理解非线性系统的几种运动现象。

教学要求

知识要点	能力要求	相关知识
典型非线性特性	(1) 了解非线性的普遍存在性和影响； (2) 理解典型非线性特性	非线性器件
描述函数	(1) 理解描述函数的意义和求解方法； (2) 理解常见非线性系统的描述函数分析方法； (3) 掌握自振荡的存在条件与求解方法	频率特性 奈奎斯特稳定性
相平面	(1) 了解相平面图的基本概念； (2) 掌握线性二阶系统的相平面图及其特征； (3) 理解低阶非线性系统的相平面图绘制方法； (4) 理解奇点与极限环概念； (5) 理解运用相平面法求解非线性系统动态响应的方法和步骤	二阶线性定常系统 时间响应与初始条件

推荐阅读资料

1. Hassan K. Khalil. 非线性系统(英文版).3 版.北京：电子工业出版社，2005.
2. 李友善.自动控制原理.3 版.北京：国防工业出版社，2007.
3. 胡寿松.自动控制原理.5 版.北京：科学出版社，2007.
4. 黄家英.自动控制原理(下册).北京：高等教育出版社，2010.
5. 方纯勇.非线性系统理论.北京：清华大学出版社，2009.
6. Daizhen Cheng, Xiaoming Hu, Tielong Shen. 非线性控制系统的分析与设计(英文版).北京：科学出版社，2010.
7. 龚延风.非线性科学的哲学观与智能控制系统的发展.南京建筑工程学院学报(社会科学版)，2000，2：31—35.
8. 沈正维.非线性科学兴起的思维特征及其对自然观的影响.科学技术与辩证法，2006，2：14—17.

基本概念

非线性系统：逻辑上说，就是不满足叠加原理的系统；结构上说，就是含有非线性环节的系统；响应上说，就是用线性理论不能解释其运动现象的系统。

描述函数：利用谐波线性化对非线性特性建立的一种数学模型表示。

相平面法：绘制系统相轨迹的一种图示方法。

奇点：在相轨迹上其斜率不能确定的点。通常，奇点处常有多条相轨迹相交。

极限环：是指相平面图中的一种孤立封闭相轨迹曲线。若相轨迹图有极限环，则意味着任何一条相轨迹不能从极限环内部穿越到其外部，或从极限环外部穿越到其内部。相图有极限环表示系统存在自激振荡。

引例：非线性振荡现象

一般说来，机械运动在小范围内可视为线性运动，超过一定范围，就是非线性运动了。在非线性机械运动中，系统的恢复力与位移不成比例或者阻力与速度不成比例。例如，对于保守非线性自治机械系统而言，其自由振动虽仍是周期性的，但系统的振荡周期还依赖于振幅。对于渐硬弹簧，振幅越大，周期越短；对于渐软弹簧，振幅越大，周期越长。而在非保守非线性自治系统中，系统的阻尼是非线性的，阻尼系数随运动而变化，在某个特殊振幅下其等效阻尼可以为零。从而在外界非振荡波激励下，该系统也可建立稳定的自激振动，简称自振。弦乐器和钟表就是类似的自振动系统例子。

在自然科学和工程技术里，许多现象不能采用线性理论加以解释，如摆的大幅度摆动、继电器二极管的特性、自激振荡电路的机理等。每一门学科都有它自己的非线性问题，并形成各自的非线性学科分支。从逻辑上说，非线性就是不满足线性叠加原理的性质，但人们真正关注的是怎样分析线性理论所不能解释的那些非线性现象。

8.1 非线性系统概述

前面各章讨论了线性系统的分析与综合问题。线性系统是为了数学处理上的简化而导出的，是忽略了一些非线性因素或在一定条件下进行了线性化近似的一种理想化模型。毫无疑问，只要允许，就应该尽可能地通过线性化方法来分析系统的特性。然而，线性化有两个基本限制。第一，线性化是系统在工作点附近的近似，因此仅能得到工作点附近的"局部"特性，而不能分析远离工作点的非局部特性或者全局特性。第二，并不是所有的系统都可以采取线性化近似处理。当系统中非线性因素较强时，用线性化方法分析所得到的结论必然存在很大的误差，甚至得到错误的结论。因此，对系统的处理仅仅依赖于线性化是不够的，我们必须开发用于非线性系统的方法。

所谓非线性系统，是指系统的运动规律要用非线性代数方程或非线性微分方程描述。严格地说，现实中的一切系统都是非线性系统，线性只是系统中的一种特例。

8.1.1 非线性现象

非线性系统中会出现一些在线性系统中见不到的奇特现象，以下介绍其中的一些。

1. 非线性性

线性系统必定满足线性性，也即同时满足比例性与叠加性。具体地说，若线性系统在激励为 $x_1(t)$ 和 $x_2(t)$ 时的响应分别为 $y_1(t)$ 和 $y_2(t)$，那么，该系统在激励为 $ax_1(t)+bx_2(t)$ 时的响应应为 $ay_1(t)+by_2(t)$，式中，a 和 b 是常数。

但是，对于非线性系统，上述关系不能成立。例如，一个非线性系统在初始条件 $x(0)$ 下的响应为 $y(t)$ 时，该系统在初始条件 $kx(0)$ 下的响应不一定等于 $ky(t)$。这就是说，分析系统的零输入响应时，必须分析系统在不同初始状态下的响应。

与线性系统相比，非线性系统分析的一个不同之点是不能采用叠加原理，这就决定了在系统分析和综合上的复杂性。线性系统的稳定性和输出特性只决定于系统本身的结构和参数，而非线性系统的稳定性和输出特性，不仅与系统的结构和参数有关，而且还与系统的初始条件和输入信号大小有关。

由于数学处理上的困难，至今还没有一种通用的方法可用来处理所有类型的非线性系统。

2. 自持振荡现象

一个不受外部激励的线性系统，其运动过程无非是向平衡点趋近的收敛运动或者远离平衡点的发散运动。虽然线性系统在理论上在平衡点附近有临界振荡运动，但是，若系统参数有微小变化时，系统在虚轴上的共轭极点便会离开虚轴，其最终运动过程仍然会演变到前述两种运动类型中。所以，线性系统所表现的临界振荡现象难以在实际中观察到。

在某些非线性系统中，却可以在没有外部激励下也会产生有特定振幅和频率的临界振荡，称为自持振荡或者自激振荡。虽然系统的参数仍然会有微小变化，但参数的变化达不到一定的幅度时，系统的自持振荡不会停止，仅仅是其振幅和频率发生适当改变。这种稳定的自持振荡是非线性系统的一个极其重要的特征。这个特性可应用于实际工程问题，以达到某种技术目的。例如，根据所测温度来影响自激振荡的条件，使其振荡或消振，可以构成双位式温度调节器。

在非线性系统中，还存在与自持振荡现象类似的更为复杂的近似周期振荡，如分谐波振荡、跳跃谐振等。

3. 对正弦信号的复杂响应

稳定线性定常系统的正弦稳态响应是与激励信号同频率的正弦信号。激励信号与响应信号之间的差别仅在相位和幅值上。但对非线性系统施加正弦信号激励时，系统的响应一般是非正弦函数，即使系统的响应可以是周期函数信号，它也包含有与激励信号相应的高次谐波信号。这就是说，系统的响应会产生倍频、分频、频率侵占及多值响应等现象。因此，已经不能用频率特性来描述非线性系统的动态性质。同样，也不能使用阶跃、斜坡等典型信号激励下的系统响应来表征非线性系统的动态性质。

此外，复杂的非线性系统在一定条件下还会产生突变、分岔、混沌等现象。

8.1.2 典型非线性特性

非线性控制系统的形成基于两类原因：一是控制系统中包含有不能忽略的非线性因素；二是为提高系统性能而人为引入非线性元件。实际控制系统中，非线性特性有很多类型，下面介绍几种常见的非线性特性。

1. 饱和特性

具有饱和非线性特性的元件，其工作特点是：当输入信号较小时，元件工作在线性区域；当输入信号较大时，元件工作于饱和区域。图 8.1 示意了这种饱和非线性特性的响应。图中 $e(t)$ 为非线性环节的输入信号，$x(t)$ 为非线性环节的输出信号，其数学表达式为

$$x(t)=\begin{cases} K \cdot e, & |e| \leqslant a \\ b \cdot \text{sign}(e), & |e| > a \end{cases} \tag{8.1}$$

式中，K 为线性区的斜率，a 为线性区的宽度，$\text{sign}(\cdot)$ 为符号函数，也叫做开关函数。

可见，对于饱和非线性特性，当输入信号 $e(t)$ 超出线性范围后，输出信号 $x(t)$ 不再随输入的增大而变化，而是被限制在一个特定值 b 上，值 b 称为饱和值，它满足 $b=Ka$。

实际系统中的磁饱和、放大器输出饱和、执行器的功率限制等都可用饱和非线性特性描述。一般情况下，系统中存在饱和特性的元件，可导致系统响应的过渡时间延长以及稳态误差增大。但在某些自动控制系统中，饱和特性也可起到抑制系统振荡的作用。在自动调速系统中，常人为地引入饱和特性，以限制电动机的最大电流。

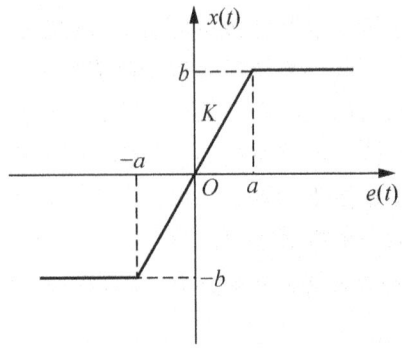

图 8.1 饱和特性

2. 死区特性

死区特性出现在一些对小信号不灵敏的装置中,如测量元件、执行机构或传动耦合部件的间隙等。其特点是:当输入信号较小时,元件无输出信号;当输入信号大于某个数值后,元件输出信号才随着输入信号变化。其时间函数的数学描述为

$$x(t)=\begin{cases} K(e-a), & e>a \\ 0, & -a\leqslant e\leqslant a \\ K(e+a), & e<-a \end{cases} \tag{8.2}$$

式中,a 为死区宽度,K 为斜率。

该特性表现为,激励在 $|e|\leqslant a$ 范围内时,元件输出 $x(t)$ 无反应,这一范围称为死区,也称为不灵敏区;当输入 $e(t)$ 超出死区范围时,即 $|e|>a$ 时,元件输出 $x(t)$ 与输入 $e(t)$ 成比例变化,如图8.2所示。

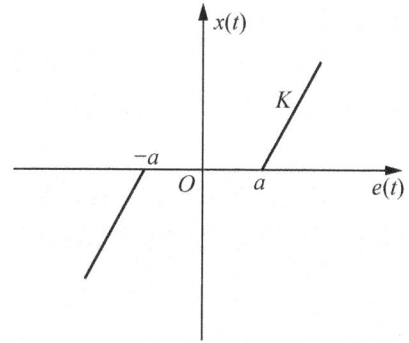

图 8.2 死区特性

当系统中存在有死区特性的元件时,其对系统产生的影响有:

(1) 降低了系统的稳态准确度,使稳态误差不可能小于死区值。

(2) 对系统暂态性能影响的利弊与系统的结构和参数有关,如某些系统,由于死区特性的存在,可以抑制系统的振荡;而对另一些系统,死区又能导致系统产生自振荡。

(3) 死区能滤去从输入引入的小幅值干扰信号,提高系统抗干扰能力。一些场合,为提高系统的抗干扰能力,有时要故意引入或增大死区。

(4) 由于死区的存在,常会引起系统在输出端的滞后。

3. 滞环特性

滞环特性又称为回环特性或间隙非线性,其特性如图8.3(a)所示,其数学表达式为

$$x(t)=\begin{cases} K(e-a), & e\text{ 持续正向变化} \\ K(e+a), & e\text{ 持续反向变化} \\ b, & e\text{ 改变方向且未使从动件移动} \end{cases} \tag{8.3}$$

式中,a 为主动件与从动件之间的间隙宽度,b 为主动件未实际驱动从动件时从动件的保持位置,K 为从动件位移与主动件位移变化之比值,如图8.3(b)所示的直线传动装置的 K 为1。

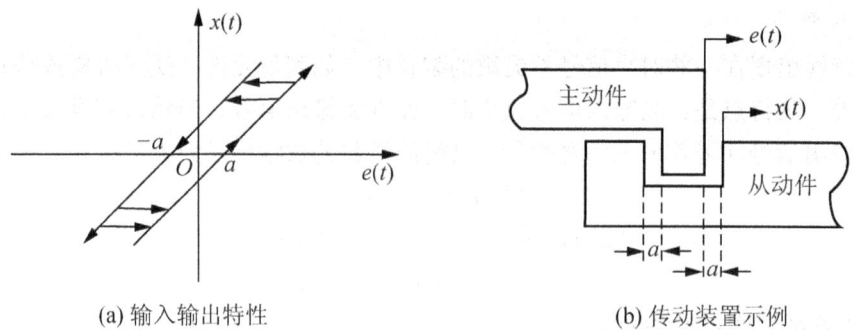

(a) 输入输出特性　　　　　　　　　(b) 传动装置示例

图 8.3　滞环特性

假设主动件初始位置位于从动件凹槽中心位置，则输入 $e(t)$ 向左（或者向右）移动位移 a 后，输出 $x(t)$ 才会按比例系数 K 跟随输入 $e(t)$ 移动。而当输入 $e(t)$ 改变方向时，如由左移变为右移，则 $e(t)$ 需要移动位移 $2a$ 后，输出 $x(t)$ 方才按比例系数 K 跟随移动。

滞环特性主要由机械加工中运动设备之间的间隙以及运动磁场而产生。其特点为当输入信号改变方向时，输出不会立即跟随变化，而是暂时保持原位不变，直到输入变化超过一定数值时，输出才随之而变。

当系统含有滞环特性时，系统的相位滞后增大，暂态特性变坏，稳态误差也会增大，甚至使系统不稳定或产生自持振荡，实际应用中应设法消除或减弱其影响。

4. 继电器特性

理想继电器特性就是一种理想开关，如图 8.4(a)所示，其数学表达式为

$$x(t)=b \cdot \text{sign}(e)=\begin{cases} b, & e \geqslant 0 \\ -b, & e < 0 \end{cases} \tag{8.4}$$

式中，b 为正常数。

实际继电器因制作工艺不同，常常会含有一些附加特性，如死区继电器、滞环继电器和带死区和滞环的继电器，其特性分别如图 8.4(b)、(c)和(d)所示。
死区继电器特性的数学表达式为

$$x(t)=\begin{cases} b, & e > a \\ 0, & -a \leqslant e \leqslant a \\ -b, & e < -a \end{cases} \tag{8.5}$$

滞环继电器特性的数学表达式为

$$x(t)=\begin{cases} b, & e > a \text{ 之后且 } e \geqslant -a \\ -b, & e < -a \text{ 之后且 } e \leqslant a \end{cases} \tag{8.6}$$

带有死区和滞环继电器特性的数学表达式为

$$x(t)=\begin{cases} b, & e > a \text{ 之后且 } e \geqslant ma \\ 0, & -ma < e < ma \\ -b, & e < -a \text{ 之后且 } e \leqslant -ma \end{cases} \tag{8.7}$$

式中，a 为吸合电压值，ma 为释放电压值，b 为继电器输出值。

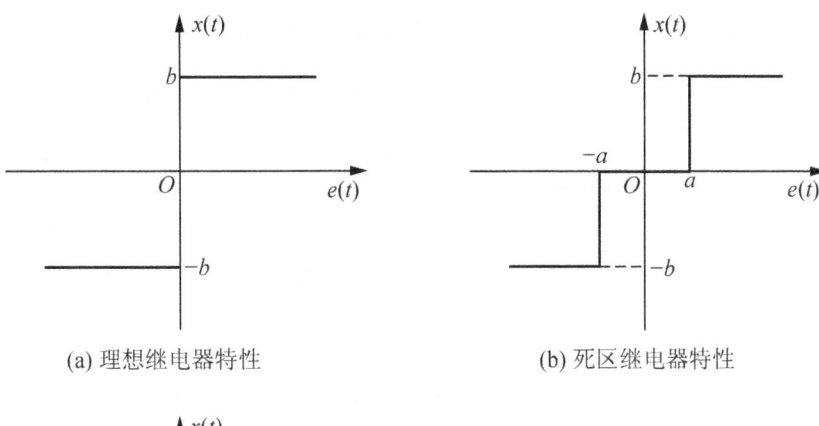

(a) 理想继电器特性　　　　　　(b) 死区继电器特性

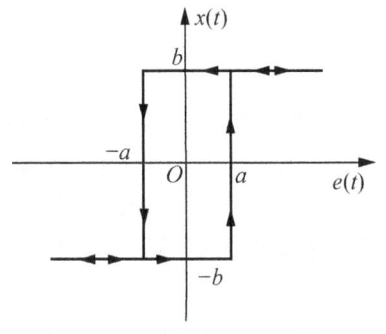
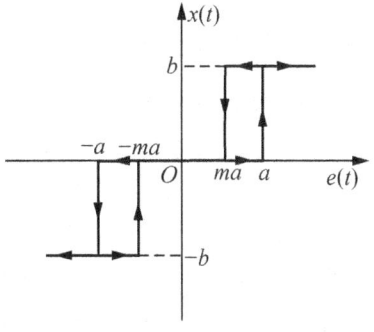

(c) 滞环继电器特性　　　　　　(d) 带死区和滞环的继电器特性

图 8.4　几种典型继电器特性

一般继电器总有一定的吸合电压值和反应不灵敏区，所以实际继电特性通常含有死区和滞环。当继电器吸合电压值 a 和释放电压值 ma 都趋于零时，可视其为理想继电器；当吸合电压值与释放电压值相同但不等于零时，可视其为死区继电器；当反向释放电压与正向吸合电压相同，并且正向释放电压与反向吸合电压相同时，可视其为滞环继电器。

系统含有继电器特性时，一般会使系统产生自持振荡，其稳态误差也会增大，甚至导致系统不稳定。但继电特性能够使被控制的执行电机始终工作在额定或最大电压下，可以充分发挥其调节能力，实现快速控制。

5. 变放大系数特性

变放大系数特性如图 8.5 所示，其数学表达式为

$$x(t)=\begin{cases}K_1e, & |e|\leqslant a\\ K_2e, & |e|>a\end{cases} \tag{8.8}$$

式中，K_1、K_2 为输出特性的斜率，a 为切换点。

该特性表示，当输入信号幅值不同时，元件的放大系数也不同。从而使系统在大误差时具有较大的放大系数，系统的响应迅速；而在小误差时，系统具有较小的放大系数，从而系统的响应缓而稳。

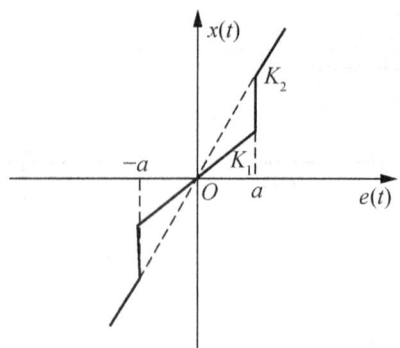

图 8.5 变放大系数特性

8.1.3 非线性系统的分析方法

非线性控制系统在许多领域都具有广泛的应用。除了一般工程系统外，在机器人、生态系统和经济系统的控制中也具有重要意义。在某些工程问题中，非线性特性还常被用来改善控制系统的品质。例如，将死区特性环节和微分环节(见控制系统的典型环节)同时加到某个二阶系统的反馈回路中去，就可以使系统的控制既快速又平稳。又如，可以利用继电特性来实现系统最速控制。

非线性控制系统与线性控制系统有很大的差异，因此，不能直接用前面介绍的线性理论去分析它，否则会导致错误的结论。对非线性控制系统的分析，还没有一种像线性控制系统那么普遍的分析、设计方法。

现代广泛应用于工程上的分析方法有基于频率域分析的描述函数法和波波夫超稳定性理论，以及基于时间域分析的相平面法和李雅普诺夫稳定性理论等。这些方法分别在一定的假设条件下，能提供关于系统稳定性或过渡过程的信息。而计算机技术的迅速发展为分析和设计复杂的非线性系统提供了有利的条件。

1. 描述函数法

描述函数法是一种基于频率域的分析方法。在一定条件下，用非线性元件输出的基波信号代替在正弦作用下的非正弦输出，使非线性元件近似于一个线性元件，从而可以应用奈奎斯特稳定判据对系统的稳定性进行判别。这种方法主要用于研究非线性系统的稳定性和自振荡问题。例如，系统产生自振荡，如何求出其振荡的频率和幅值，以及寻求消除自振荡的方法等该法虽不受系统阶次的限制，但只能给出系统的稳定性和自振荡的信息。尽管如此，它仍不失为目前分析非线性控制系统的有效方法。

2. 相平面法

相平面法是一种基于时域的图解分析方法。它根据绘制出的 $\dot{x}-x$ 相轨迹图，去研究非线性系统的稳定性和动态性能，给出稳态和暂态性能的全部信息，这种方法常用于一、二阶系统的分析。

3. 李雅普诺夫第二法

李雅普诺夫第二法是一种对线性系统和非线性系统都适用的方法。根据非线性系统动态方程的特征，用相关的方法求出李雅普诺夫函数 $V(x)$，然后根据 $V(x)$ 和 $\dot{V}(x)$ 的性质去判别非线性系统的稳定性。

4. 计算机求解法

用模拟计算机或数字计算机直接求解非线性微分方程，对于分析和设计复杂的非线性系统，几乎是唯一有效的方法。随着计算机的广泛应用，这种方法定会有更大的发展。

此外，常用的非线性系统的分析方法还有神经网络、分形理论、专家系统等方法。到目前为止，对非线性控制系统的分析研究，实际上还没有一种普遍适用的方法。已有的方法，在应用上都有一定的局限性。所以对某类非线性控制系统，必须考虑相应的分析和设计方法。

限于篇幅，本章主要介绍描述函数法和相平面法。

小知识：海岸线长度与世界的复杂性

1967 年，数学家 B. B. Mandelbrot 在美国权威的《科学》杂志上发表了题为《英国的海岸线有多长?》的著名论文。这个问题依赖于测量时所使用的尺度。

用直线连接大不列颠岛外缘上几个突出的点，这样计算的总长度可认为是海岸线长度的一种下界，使用比这更长的尺度是没有意义的。组成海岸的海沙石的最小尺度是原子和分子，使用比这更小的尺度也是没有意义的。在这两个自然限度之间，存在着多种标度选择。如果用公里作测量单位，从几米到几十米的一些曲折岸边会被忽略，如果用米做单位，一些厘米量级的岸线特征也不能反映出来。通常而言，更细小尺度所测得海岸线长度会更长。可见，海岸线作为曲线段，其岸线长度并不是海岸线的一个定量特征。

1904 年，数学家 Koch 构造了"Koch 曲线"。具体方法为，将线段三等分，并把三分中段用向外折起的线段代替，如此不断进行下去。一个迭代 6 次的构建过程如图 8.6 所示。用显微镜观察迭代多次的图形与肉眼观察到的图形是相似的。事实上，具有自相似性的形态广泛存在于自然界中。如连绵的山川、飘浮的云朵、布朗粒子运动轨迹、树冠、花菜、大脑皮层等。

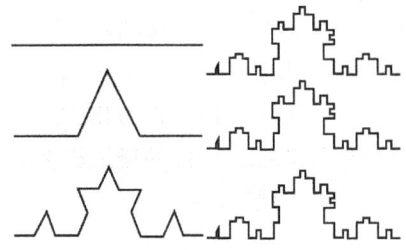

图 8.6 Koch 曲线构建过程图

如果将等边三角形按照 Koch 曲线法迭代下去，所构造图形具有"无穷长线段"围成有限面积的特征。这与有限大脑容积中存在近乎"无限面积"大脑皮层的现实是类似的。

英国的海岸线为什么测不准？因为欧氏一维测度与海岸线的维数不一致。在传统几何学中，研究的是有规则的光滑图形，它们具有整数的维数值。如点定义为零维，直线为一维，平面为二维，空间为三维。而英国海岸线是蜿蜒复杂的曲线，既不表现为单一方向的一维，也不是可随意变化的二维，其维数在一维与二维之间。使用分数维的概念，海岸线的长度就确定了。分数维是"分形几何"中的一个重要概念，它在几何上说明了自然界存在的客观事物在形态上的复杂性。

8.2 描述函数法

第 2 章中介绍的线性化方法是基于泰勒级数展开原理的,它是在平衡点附近将非线性方程展开成泰勒级数,忽略高次项而得系统的线性化方程。这种方法有两个方面的局限性:第一是它仅反映平衡点附近的线性运动特点,非线性特性随线性化而丧失了;第二是如果非线性函数在平衡点的一阶导数或偏导数不存在,则该种方法无意义。

本节介绍研究非线性系统的另一种工程线性化方法,即描述函数法。它是将非线性特性通过谐波线性化而建立非线性环节的描述函数模型。在此基础上,对线性系统的频率响应分析法进行推广,利用奈奎斯特稳定性判据分析系统的稳定性以及自持振荡问题。

8.2.1 谐波线性化与描述函数

典型非线性系统结构如图 8.7 所示。其中 N 是系统的非线性部分,$G(s)$ 为其线性部分。

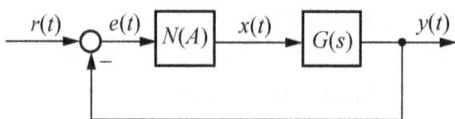

图 8.7 非线性系统典型结构图

我们知道,对于稳定的线性环节,在正弦信号激励时,环节的稳态响应是同频率的正弦信号。于是,线性环节可用正弦传递函数模型描述。但是,对于一般非线性元件而言,正弦信号激励下的元件响应较为复杂。对前述介绍的典型非线性特性说来,其在正弦信号激励下的响应为同频率的非正弦周期函数。此时,元件的输出信号除具有与输入频率相同的基波(也叫一次谐波)分量外,还含有高次谐波分量,故非线性元件不能直接用正弦传递函数模型描述。但是,由于工程系统通常具有明显的低通滤波特性,高次谐波分量的影响一般说来并不会太大,将高次谐波忽略可简化系统描述。因此,用一次谐波近似典型非线性元件的输出,可建立类似正弦传递函数模型的一种描述,从而可用类似线性频率特性的分析方法研究这类非线性系统。称这种一次谐波近似化方法为**谐波线性化法**,依谐波线性化法建立的非线性元件数学模型称为非线性元件的**描述函数**。

如图 8.8 所示,设非线性元件 N 的输入为

$$e(t) = A\sin\omega t \tag{8.9}$$

非线性元件的输出 $x(t)$ 一般为非正弦的周期函数,可以将它表示为傅立叶级数

$$x(t) = A_0 + \sum_{n=1}^{\infty}(A_n\cos n\omega t + B_n\sin n\omega t) \tag{8.10}$$

式中,

$$A_0 = \frac{1}{2\pi}\int_0^{2\pi}x(t)\mathrm{d}(\omega t), A_n = \frac{1}{\pi}\int_0^{2\pi}x(t)\cos n\omega t\,\mathrm{d}(\omega t), B_n = \frac{1}{\pi}\int_0^{2\pi}x(t)\sin n\omega t\,\mathrm{d}(\omega t)$$

这就是说,信号 $x(t)$ 是由直流分量、基波分量和众多的高次谐波分量所组成。在 $x(t)$ 作用下,系统线性部分的输出 $y(t)$ 也包含有直流分量、一次谐波分量和高次谐波分量。

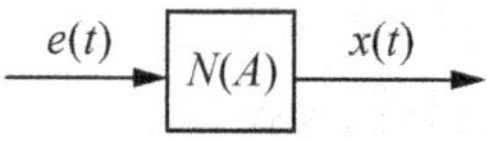

$$e(t) \longrightarrow \boxed{N(A)} \longrightarrow x(t)$$

图 8.8 非线性元件

假定非线性特性是关于原点对称的,则 $x(t)$ 中的直流分量 $x_0=0$;又假定线性部分 $G(j\omega)$ 具有明显低通特性,则可以忽略 $y(t)$ 中的高次谐波分量。所以,系统的响应可简单近似为

$$y(t) \approx y_1(t) = Y_1 \sin(\omega t + \varphi_1) \tag{8.11}$$

这也可视为响应 $y(t)$ 是在一次谐波信号激励下所产生的,即认为非线性元件的近似输出为

$$x(t) \approx x_1(t) = A_1 \cos\omega t + B_1 \sin\omega t = C_1 \sin(\omega t + \theta_1) \tag{8.12}$$

式中,$C_1 = \sqrt{A_1^2 + B_1^2}$,$\theta_1 = \tan^{-1}(B_1/A_1)$。

这样处理后,观察非线性元件的激励式(8.9)和响应式(8.12),可见其激励和响应具有同样频率。仿照线性元件的频率响应描述方法,把非线性元件的基波响应与其正弦波激励信号相比较,可导出"振幅比"和"相位差",即

$$M = \frac{C_1}{A}, \quad \varphi = \angle\theta - \angle 0 = \theta \tag{8.13}$$

或者,非线性元件的激励正弦波及其对应的基波响应都可用相应的相量描述:

$$e(t) \leftrightarrow \dot{E} = A\angle 0° = A e^{j0}, \quad x_1(t) \leftrightarrow \dot{X} = C_1 \angle \theta_1 = C_1 e^{j\theta_1}$$

于是,非线性元件的正弦响应特性 N 可以借用其响应与激励的相量之比来描述:

$$N = \frac{\dot{X}}{\dot{E}} = \frac{C_1}{A} e^{j\theta} = M e^{j\varphi} = \frac{B_1}{A} + j\frac{A_1}{A} \tag{8.14}$$

称式(8.14)所示非线性元件的正弦响应特性为非线性元件的描述函数。

线性系统可视为非线性系统的特例。如果对线性环节施加正弦波信号激励,其正弦稳态响应是同频率的正弦波函数。因为线性元件的稳态响应中并无高次谐波分量存在,所以不存在"高次谐波"的问题。但是,它对理解描述函数的一些性质非常重要。

一般而言非线性元件的描述函数 N 是与激励频率 ω 和激励振幅 A 相关的,这表示为 $N=N(\omega, A)$。如果非线性元件 N 不含储能机构,也就是其特性可用代数方程而不是微分方程描述,那么,该非线性元件的描述函数就与激励频率 ω 无关,即可表示为 $N=N(A)$。对于本章8.1节所述的几种典型非线性特性而言,它们都是不含储能机构的,所以它们的描述函数都是与激励频率无关的。

若无储能非线性元件的特性是单值的并且是关于原点对称的,则有

$$x = f(e) = -f(-e) \tag{8.15}$$

这说明函数 f 是奇函数,元件 N 的傅氏级数展开式系数 $A_1=0$。此时,式(8.14)所得非线性元件 N 的描述函数为一个实数,且该实数值应是与激励振幅 A 相关的,称这种情况为非线性增益 $N(A)$。若非线性元件 N 虽无储能机构但却并不呈单值函数特性,则非线性元件 N 的描述函数 $N(A)$ 为一个复数非线性增益。

描述函数描述了非线性元件 N 在传递正弦信号时对应的基波响应在振幅和相位上的改

变,从这一点上说来,它与线性元件的频率特性描述具有相当的物理意义。但是,因为线性性质使得线性元件的响应振幅是与其激励振幅呈比例关系的,所以其振幅比是与激励幅值无关的。例如,线性元件为比例系数 K 时,其响应为激励正弦波函数乘以常数 K,按照式(8.14)运算其"描述函数"就为常数 K,显然常数 K 是与激励信号的振幅无关的。而非线性元件一般并不满足响应信号振幅 C_1 与其激励信号振幅 A 的比例关系,在求取振幅比时不能对消激励振幅 A,所以非线性元件的描述函数 N 常表现为是激励振幅 A 的函数,即 $N(A)$。从这一点看来,描述函数在实质上保留了非线性元件的基本特征,它是非线性理论中的一个概念。

8.2.2 典型非线性特性的描述函数

1. 饱和非线性特性

如图 8.9 所示,为饱和非线性特性及其输入输出的波形图。当 $A<a$ 时,系统工作在元件的线性段,此时没有非线性因素的影响;当 $A \geqslant a$ 时,元件工作在非线性段,只有在 $A \geqslant a$ 时才能体现饱和的含义。

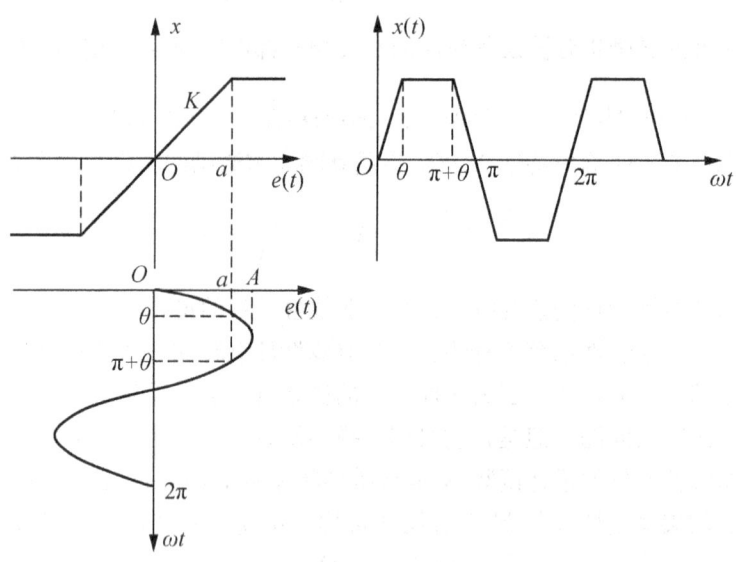

图 8.9 饱和非线性特性的输入输出波形图

由图 8.9 可知,饱和特性为单值奇对称特性,其输出 $x(t)$ 为一个周期性的奇函数,故是对称波形。当 $e(t)=A\sin(\omega t)$ 时,元件输出在 $0 \sim \pi/2$ 区段的表达式为

$$x(t)=\begin{cases} KA\sin\omega t, & 0 \leqslant \omega t \leqslant \theta \\ Ka, & \theta \leqslant \omega t \leqslant \dfrac{\pi}{2} \end{cases} \quad (8.16)$$

式中,$\theta=\sin^{-1}(a/A)$。

由于输出波形的对称性,式(8.7)中有 $A_0=0$,$A_1=0$,只需确定 B_1。根据式(8.16)可求得

$$B_1 = \frac{1}{\pi}\int_0^{2\pi} x(t)\sin\omega t\, \mathrm{d}(\omega t) = \frac{4}{\pi}\left[\int_0^{\theta} KA\sin^2\omega t\, \mathrm{d}(\omega t) + \int_{\theta}^{\frac{\pi}{2}} Ka\sin\omega t\, \mathrm{d}(\omega t)\right]$$

$$= \frac{2KA}{\pi}\left[\sin^{-1}\frac{a}{A} + \frac{a}{A}\sqrt{1-\left(\frac{a}{A}\right)^2}\right] \quad (A \geqslant a)$$

由此依式(8.14)求得饱和非线性特性的描述函数为

$$N(A) = \frac{B_1}{A} = \frac{2K}{\pi}\left[\sin^{-1}\frac{a}{A} + \frac{a}{A}\sqrt{1-\left(\frac{a}{A}\right)^2}\right] \quad (A \geqslant a) \tag{8.17}$$

由式(8.17)可见,饱和非线性特性的描述函数只与输入信号的幅值 A 有关,与频率 ω 无关。它可视为一个变系数的比例环节,且在 $A > a$ 时是小于斜率 K 的数值。以 a/A 为自变量,$N(A)/K$ 为因变量,画出二者的归一化关系曲线,如图 8.10 所示。

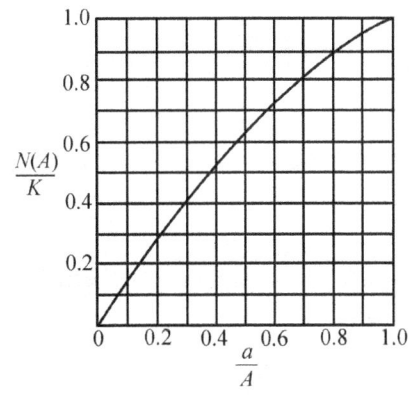

图 8.10 饱和非线性特性的描述函数

当 $a/A > 1$(即 $a > A$)时,$N(A)/K$ 总是等于1,因为在线性区内,$N(A) = K$。该图适合于不同 K 值的饱和特性。

2. 死区非线性特性

如图 8.11 所示,为具有死区特性的输入输出波形图。当输入 $e(t) = A\sin\omega t$ 时,其输出 $x(t)$ 为

$$x(t) = \begin{cases} 0, & 0 \leqslant \omega t \leqslant \theta \\ K(A\sin\omega t - a), & \theta \leqslant \omega t \leqslant \pi - \theta \\ 0, & \pi - \theta \leqslant \omega t \leqslant \pi \end{cases} \tag{8.18}$$

式中,$\theta = \sin^{-1}(a/A)$,K 为线性区的斜率。

由于死区特性为单值奇对称,所以 $A_0 = 0$,$A_1 = 0$,$\varphi_1 = 0$,而

$$B_1 = \frac{1}{\pi}\int_0^{2\pi} x(t)\sin\omega t\, \mathrm{d}(\omega t) = \frac{4}{\pi}\left[\int_{\theta}^{\frac{\pi}{2}} K(A\sin\omega t - a)\sin\omega t\, \mathrm{d}(\omega t)\right]$$

$$= \frac{2KA}{\pi}\left[\frac{\pi}{2} - \sin^{-1}\frac{a}{A} - \frac{a}{A}\sqrt{1-\left(\frac{a}{A}\right)^2}\right], \quad (A \geqslant a)$$

于是死区特性的描述函数为

$$N(A) = \frac{B_1}{A} = \frac{2K}{\pi}\left[\frac{\pi}{2} - \sin^{-1}\frac{a}{A} - \frac{a}{A}\sqrt{1-\left(\frac{a}{A}\right)^2}\right], \quad (A \geqslant a) \tag{8.19}$$

该描述函数也是实数。$N(A)/K$ 与 a/A 的关系曲线图如图 8.12 所示。

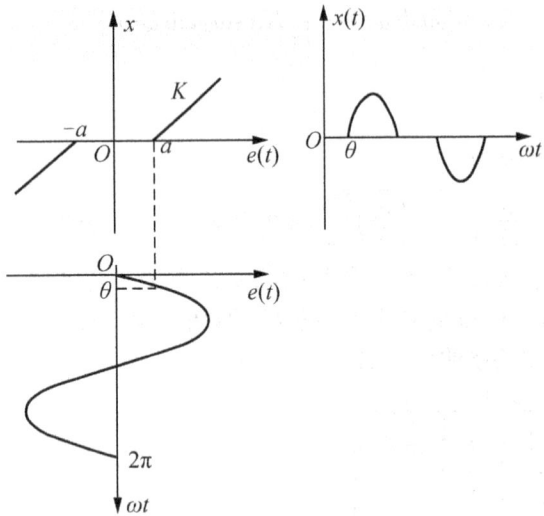
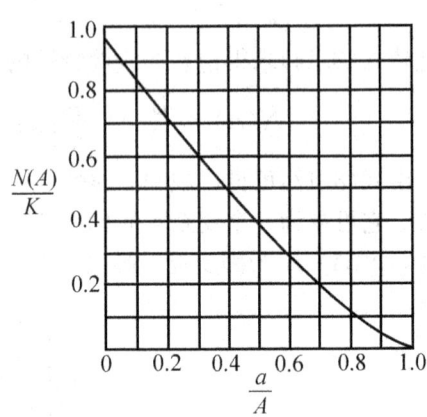

图 8.11 死区特性及输入输出波形图 　　图 8.12 死区非线性特性的描述函数

3. 继电器非线性特性

具有死区和滞环的继电器特性及其正弦输入下的输出波形如图 8.13 所示。该输出信号在一个周期中的数学表达式为

$$x(t)=\begin{cases} b, & \theta_1 \leqslant \omega t < \theta_2 \\ 0, & 0 \leqslant \omega t < \theta_1, \theta_2 \leqslant \omega t < \pi+\theta_1, \pi+\theta_2 \leqslant \omega t \leqslant 2\pi \\ -b, & \pi+\theta_1 \leqslant \omega t < \pi+\theta_2 \end{cases} \quad (8.20)$$

式中，b 为继电器的输出幅值，幅值 ma 和 a 之间为继电器的滞环区，$\theta_1 = \arcsin(a/A)$，$\theta_2 = \pi - \arcsin(ma/A)$。

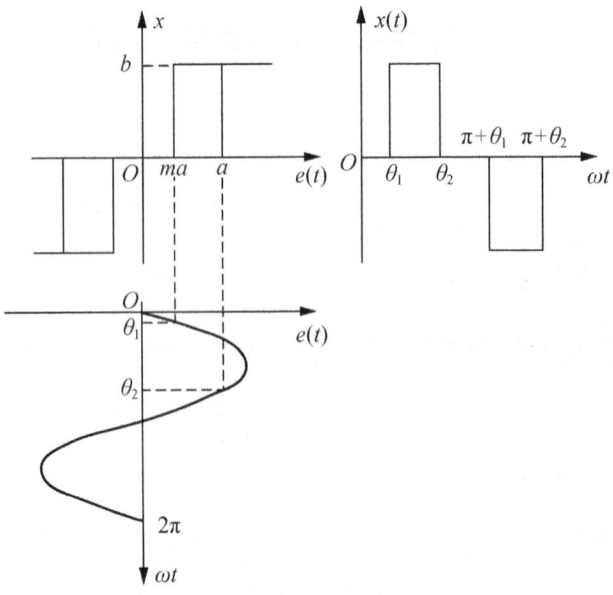

图 8.13 死区-滞环继电器特性及输入/输出波形

具有死区和滞环的继电器特性为多值奇对称函数，故 $A_0=0$，计算 A_1 和 B_1 得

$$A_1 = \frac{1}{\pi}\left[\int_{\theta_1}^{\theta_2} b\cdot\cos\omega t\,\mathrm{d}(\omega t) - \int_{\pi+\theta_1}^{\pi+\theta_2} b\cdot\cos\omega t\,\mathrm{d}(\omega t)\right]$$

$$= \frac{2ba}{\pi A}(m-1),\quad (A\geqslant a)$$

$$B_1 = \frac{1}{\pi}\left[\int_{\theta_1}^{\theta_2} b\cdot\sin\omega t\,\mathrm{d}(\omega t) - \int_{\pi+\theta_1}^{\pi+\theta_2} b\cdot\sin\omega t\,\mathrm{d}(\omega t)\right]$$

$$= \frac{2b}{\pi}\left[\sqrt{1-\left(\frac{ma}{A}\right)^2} + \sqrt{1-\left(\frac{a}{A}\right)^2}\right],\quad (A\geqslant a)$$

从而求得有死区和滞环的继电器特性的描述函数为

$$N(A) = \frac{B_1}{A} + \mathrm{j}\frac{A_1}{A}$$

$$= \frac{2b}{\pi A}\left[\sqrt{1-\left(\frac{ma}{A}\right)^2} + \sqrt{1-\left(\frac{a}{A}\right)^2}\right] + \mathrm{j}\frac{2ba}{\pi A^2}(m-1) \quad (A\geqslant a) \tag{8.21}$$

其图形如图 8.14 所示。

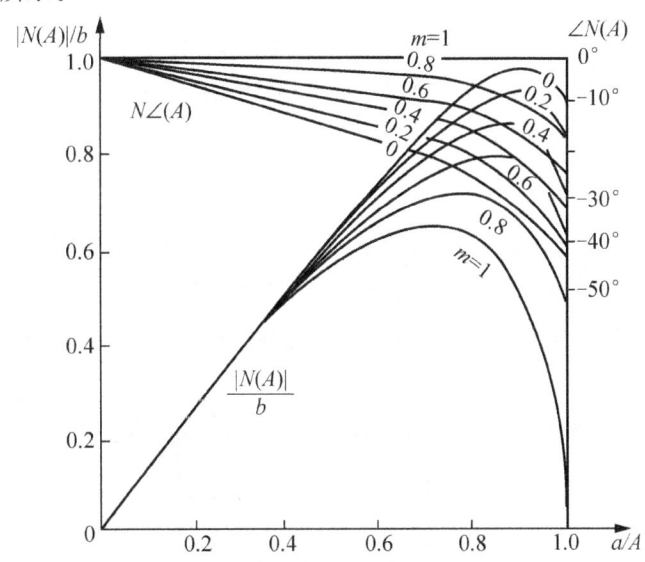

图 8.14　死区-滞环继电器特性的描述函数

1) 理想继电器特性

理想继电器特性相当于图 8.13 中的 $a=0$。令式(8.20)和式(8.21)中的 $a=0$，则理想继电器特性的正弦激励输出一个周期表达式和描述函数，分别为

$$x(t) = \begin{cases} b, & 0\leqslant\omega t<\pi \\ -b, & \pi\leqslant\omega t<2\pi \end{cases} \tag{8.22}$$

$$N(A) = \frac{4b}{\pi A} \tag{8.23}$$

理想继电器特性描述函数的 $1/A\sim N(A)/b$ 特性曲线如图 8.15 所示。

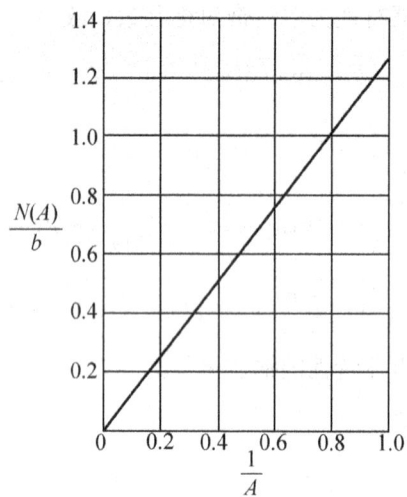

图 8.15 理想继电特性描述函数

2) 死区继电器特性

死区继电器特性对应于图 8.13 中的 $m=1$。令式(8.20)和式(8.21)中的 $m=1$，则死区继电器特性的正弦激励输出一个周期表达式和描述函数，分别为

$$x(t)=\begin{cases} b, & \theta \leqslant \omega t < \pi-\theta \\ 0, & 0 \leqslant \omega t < \theta,\ \pi-\theta \leqslant \omega t < \pi+\theta,\ 2\pi-\theta \leqslant \omega t \leqslant 2\pi \\ -b, & \pi+\theta \leqslant \omega t < 2\pi-\theta \end{cases} \quad (8.24)$$

$$N(A)=\frac{4b}{\pi A}\sqrt{1-\left(\frac{a}{A}\right)^2},\ (A \geqslant a) \quad (8.25)$$

式中，$\theta=\arcsin(a/A)$。死区继电特性描述函数的 $a/A \sim N(A)/b$ 特性曲线如图 8.16 所示。

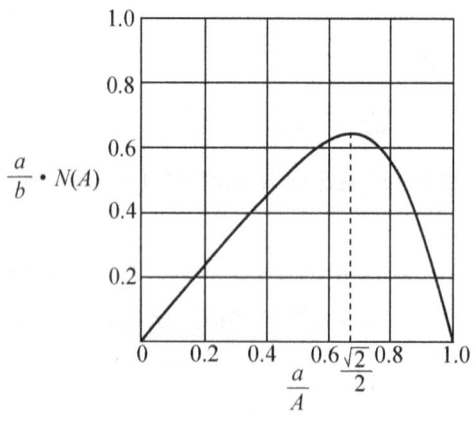

图 8.16 死区继电特性描述函数

3) 滞环继电器特性

滞环继电器特性相应于图 8.13 中的 $m=-1$。令式(8.20)式(8.21)中的 $m=-1$，则滞环继电器特性的正弦激励输出一个周期表达式和描述函数分别为

$$x(t) = \begin{cases} b, & \theta \leqslant \omega t < \pi + \theta \\ -b, & \pi + \theta \leqslant \omega t < 2\pi, \ 0 \leqslant \omega t < \theta \end{cases} \quad (8.26)$$

$$N(A) = \frac{4b}{\pi A}\sqrt{1-\left(\frac{a}{A}\right)^2} - j\frac{4ba}{\pi A^2} \quad (A \geqslant a) \quad (8.27)$$

式中，$\theta = \arcsin(a/A)$。滞环继电特性描述函数的 $a/A \sim N(A) \cdot a/b$ 特性曲线如图 8.17 所示。

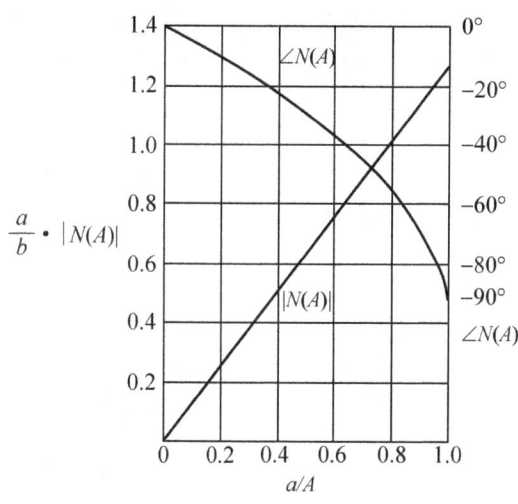

图 8.17 滞环继电特性描述函数

附表 2 列出了一些典型非线性特性的输入/输出特性及其描述函数 $N(A)$，以供查阅。

8.2.3 组合非线性特性

应用描述函数法分析非线性系统时，常假设闭环系统的结构为一个非线性环节与一个线性部分串联的典型结构，如图 8.7 所示。当实际系统不符合这样的要求时，例如，非线性部分由多个非线性环节组合而成，这时可以通过适当等效变换的方法将系统化为图 8.7 所示的典型结构，只要保证非线性环节的输入/输出关系不变即可。下面讨论几种基本连接形式的组合非线性特性。

1. 非线性特性的并联

两个非线性环节的并联连接如图 8.18 所示。并联后输出信号的一次谐波分量 $y(t)$ 等于并联的两个信号的一次谐波分量 $y_1(t)$ 和 $y_2(t)$ 的叠加，即表达式为

$$y(t) = y_1(t) + y_2(t) \quad (8.28)$$

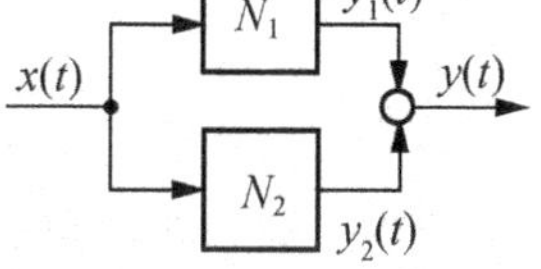

图 8.18 两个非线性环节的并联连接

正弦激励信号 $x(t)$ 和式(8.28)所示信号是同频率的信号,假设其极坐标描述分别为

$$\begin{cases} x(t) \leftrightarrow Ae^{j0} \\ y_1(t) \leftrightarrow A_{11}e^{j\varphi_1} + A_{21}e^{j\varphi_2} \end{cases}$$

则并联后总的描述函数为

$$N(A) = \frac{A_{11}e^{j\varphi_1} + A_{21}e^{j\varphi_2}}{Ae^{j0}} = \frac{A_{11}e^{j\varphi_1}}{Ae^{j0}} + \frac{A_{21}e^{j\varphi_2}}{Ae^{j0}} = N_1(A) + N_2(A) \tag{8.29}$$

即,并联系统的描述函数为所并联的两个非线性特性的描述函数的叠加。由此可见,若干个非线性环节并联后总的描述函数,等于各个并联环节描述函数之和。

2. 非线性特性的串联

两个非线性环节的串联连接如图 8.19 所示。假设非线性环节 N_1 和 N_2 的映射关系分别为 f_1 和 f_2,则串联后的数学表达式为

$$z = f_1(x), \quad y = f_2(z) \rightarrow y = f_2(f_1(x)) \tag{8.30}$$

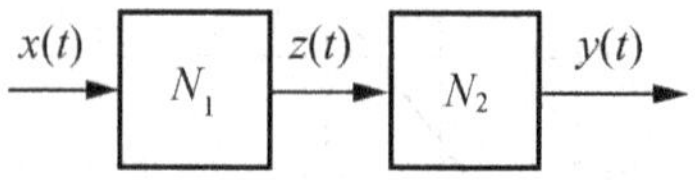

```
x(t) → [ N₁ ] → z(t) → [ N₂ ] → y(t)
```

图 8.19　两个非线性环节串联

一般而言,串联后总的非线性特性表达式是一种复合映射关系式。并且这种复合映射关系的描述函数并不简单地等于两个串联环节描述函数的乘积。所以,我们应该先求出这两个串联非线性特性的等效非线性特性,然后再求这个等效非线性特性的描述函数。

例如,考虑如图 8.20 所示两个非线性特性相串联。

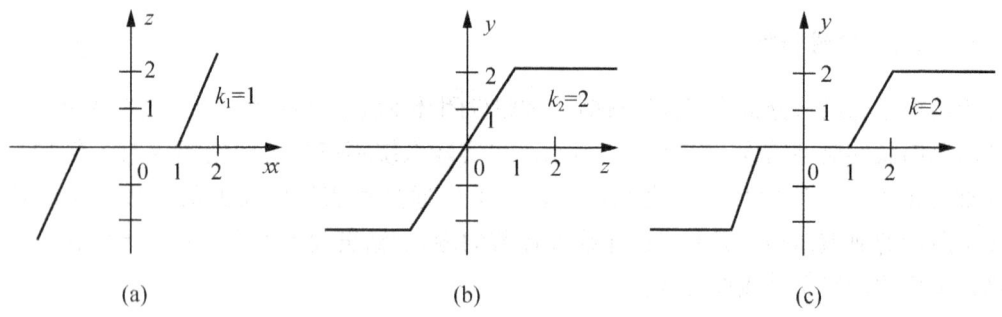

图 8.20　两个非线性环节串联特性

串联后的等效非线性特性如图 8.20(c)所示。对附录 2 的死区加饱和非线性特性,可得 $k=2$、$a=2$ 和 $\Delta=1$ 时的等效非线性特性描述函数为

$$N(A) = \frac{2k}{\pi}\left[\arcsin\frac{a}{A} - \arcsin\frac{\Delta}{A} + \frac{a}{A}\sqrt{1-\left(\frac{a}{A}\right)^2} - \frac{\Delta}{A}\sqrt{1-\left(\frac{\Delta}{A}\right)^2}\right]$$

$$= \frac{4}{\pi}\left[\arcsin\frac{2}{A} - \arcsin\frac{1}{A} + \frac{2}{A}\sqrt{1-\left(\frac{2}{A}\right)^2} - \frac{1}{A}\sqrt{1-\left(\frac{1}{A}\right)^2}\right]$$

注意,非线性环节串联后的描述函数一般并非简单运算。

8.2.4 基于描述函数的非线性系统分析

如果非线性器件中不存在储能元件,那么,该非线性特性的描述函数 $N(A)$ 在系统中可以作为一个实变量或复变量的非线性比例环节来处理,这样就可以应用线性系统中频率法的某些结论来研究非线性系统。但由于描述函数仅表示非线性元件在正弦信号作用下,其输出的基波分量与输入正弦信号的关系,因而它不能全面表征系统的性能,只能近似用于分析一些与系统稳定性有关的问题。

本节介绍如何应用描述函数分析法分析系统的稳定性、自振荡产生的条件及振幅和频率的确定。

1. 闭环稳定性分析

如图 8.21 所示,为一个非线性环节与线性部分串联连接的典型结构形式。非线性部分用描述函数 $N(A)$ 表示,线性部分用频率特性 $G(j\omega)$ 表示。假设系统的闭合回路中只有基波信号流动。仿照线性系统分析的情况。该非线性系统产生临界振荡的条件是

$$[1+N(A)G(s)]|_{s=j\omega}=0$$

即该特征方程在某个振幅 A 下存在纯虚数特征根。为使用方便,将该方程改写为

$$G(j\omega)=-\frac{1}{N(A)} \tag{8.31}$$

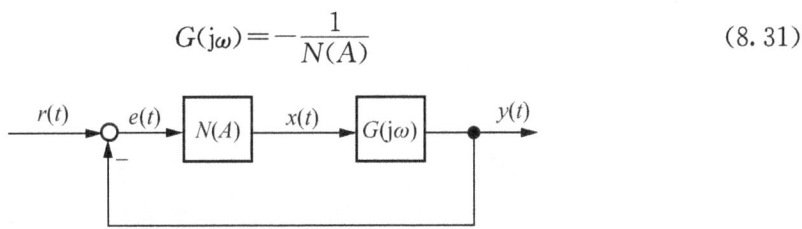

图 8.21 非线性系统典型结构图

对于式(8.31)而言,若 $N(A)=1$,等式右端就是本书第 5 章中所述线性定常系统的临界点 $(-1,j0)$。换句话说,当系统开环极坐标频率特性曲线穿越该临界点时,系统处于临界稳定状态,其响应是周期振荡的。若 $N(A)$ 为实常数 K,线性定常系统的临界点就变为 $(-1/K,j0)$,此时,闭环系统的稳定性可依据开环奈奎斯特曲线对点 $(-1/K,j0)$ 的包围情形而判定。若 $N(A)$ 不是固定常数而是随激励振幅 A 变化的,则式(8.31)右端可以理解为系统的临界点不再是一个固定点,而是随激励振幅 A 变化的一条**临界稳定线**,此时称 $-1/N(A)$ 为**负倒描述函数**,其轨线称为**负倒描述函数曲线**。

于是,对非线性系统进行稳定性分析时,需要在复平面上分别绘出以频率 ω 为变量的线性部分 $G(j\omega)$ 的极坐标曲线和以幅值 A 为变量的非线性部分的负倒描述函数曲线,并由它们所处的位置依据奈奎斯特稳定性判据来确定闭环系统的稳定性。为分析直观方便,规定负倒描述函数曲线的方向为随幅值 A 增大的方向。

奈奎斯特稳定性判据:对于如图 8.21 所示非线性系统,如果线性部分传递函数 $G(s)$ 在右半 S 平面有 P 个极点,则闭环系统稳定的充分必要条件是,$G(s)$ 的极坐标曲线逆时针包围 G 平面上的负倒(或负逆)描述函数 $-1/N(A)$ 曲线 P 周。

注释1：如果传递函数 $G(s)$ 在右半 S 平面内没有极点，即 $P=0$，则闭环系统稳定的充分必要条件是，$G(s)$ 的极坐标曲线不包围 $-1/N(A)$ 曲线。

注释2：当 $G(s)$ 的极坐标曲线穿越 $-1/N(A)$ 时，意味着闭环系统是临界稳定的。

图 8.22 示意了 $G(j\omega)$ 曲线与 $-1/N(A)$ 曲线的三种典型位置分布状况。假设传递函数 $G(s)$ 在右半 S 平面内没有极点。我们来判定这三种情形下闭环系统的稳定性。

(1) 如图 8.22(a) 所示，$G(j\omega)$ 曲线不包围 $-1/N(A)$ 曲线。这表明不论幅值 A 如何变化，该非线性系统都是稳定的。而且进一步说，两曲线相距越远，系统的稳定裕量越大，这与线性系统的情况类似。

(2) 如图 8.22(b) 所示，$G(j\omega)$ 曲线包围 $-1/N(A)$ 曲线。这表明不论幅值 A 如何变化，该非线性系统都是不稳定的。

(3) 如图 8.22(c) 所示，$G(j\omega)$ 曲线与 $-1/N(A)$ 曲线相交。这与线性系统中开环频率特性曲线穿越 $(-1, j0)$ 点的情况相当，但又有所不同。对于线性系统说来，闭环系统在临界稳定状态下的响应是正弦周期振荡，但是，该周期振荡波形却是易于发生变化的。这可在两个方面体现出来：一是振荡的幅值取决于系统中能量转化的规模，即振幅大小取决于初始能量与激励能量大小；二是受扰系统的特性发生微小变化时，其振幅可转变为随时间发散或者衰减的响应特性。而对非线性系统说来，当系统处于临界稳定时，它可以产生可自行维持的周期振荡，并且其振荡幅值和频率是系统所固有的，称非线性系统的这种周期振荡为系统的**自持振荡**或**自激振荡**。

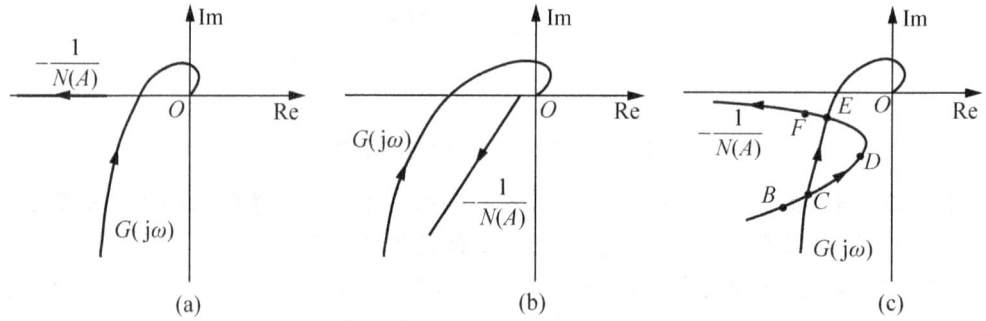

图 8.22 非线性系统的线性部分和非线性部分特性的典型几何分布

2. 自持振荡分析

如图 8.22(c) 所示，为分析方便，考虑传递函数 $G(s)$ 在右半 S 平面内没有极点的情形。

(1) 系统初始工作在 C 点的情形。若非线性元件的输入幅值因微小扰动而变大，则依负倒描述函数曲线随幅值增大方向可知，系统的工作点会由 C 点往 D 点方向移动。对于 D 点来说，$G(j\omega)$ 曲线包围该点，此时闭环系统不稳定，系统响应振幅将发散，也就是振幅 A 将增大，于是，系统工作点将继续远离 D 点向 E 点方向移动。反之，若系统工作点因小扰动作用由 C 点变到 B 点，此时 $G(j\omega)$ 曲线不包围 B 点，闭环系统是稳定的，则系统响应的振幅 A 将减小，也就是系统工作点将沿着负逆描述函数曲线的反方向移动，即更加远离 C 点，直至振荡幅值减小到零为止。总而言之，$G(j\omega)$ 曲线与 $-1/N(A)$ 曲线相交时的

C 点描述了闭环系统的一种临界稳定,其对应系统响应是周期振荡的,但是,即使系统中存在微小扰动,在系统自身反馈作用下,系统工作点也会逐渐远离该临界点,称临界点 C 点为不稳定临界点。

(2) 系统初始工作在 E 点的情形。在小扰动作用下,假设振幅 A 增大,系统工作点由 E 点移到 F 点,因 $G(j\omega)$ 曲线不包围 F 点,此时闭环系统是稳定的,那么幅值 A 将减小,工作点将回复到 E 点。反之,如果小扰动使振幅 A 减小,系统工作点由 E 点移动到 D 点,因 $G(j\omega)$ 曲线包围 D 点,此时系统是不稳定的,那么幅值 A 将增大,从而工作点将由 D 点又回复到 E 点。总之,$G(j\omega)$ 曲线与 $-1/N(A)$ 曲线相交的 E 点是与 C 点不同的临界点,系统在该点处的响应即使在一定扰动作用下也能够自行维持其周期振荡,称临界点 E 点是稳定临界点,而其对应的周期振荡常称为**自持振荡**或**自激振荡**。

综上所述,在非线性系统中,当线性部分 $G(j\omega)$ 极坐标曲线与非线性部分 $N(A)$ 负倒描述函数曲线有交点时,交点即为系统的临界点,它对应了系统的临界稳定,此时系统响应将呈现为周期振荡响应。进一步地,若临界点是不稳定的,则其对应的周期振荡将不能保持,或者说其响应因扰动会发散或者衰减;而若临界点是稳定的,则系统会保持其周期振荡,或者说系统在此时有自持振荡现象。

为简便判断系统临界点是否稳定,以 $-1/N(A)$ 曲线被 $G(j\omega)$ 曲线分割包围的不同而将负 $-1/N(A)$ 曲线划分为稳定部分和不稳定部分。若基波振幅对应 $-1/N(A)$ 曲线的稳定部分,则在闭环系统作用下,该基波振幅将衰减;而若基波振幅对应 $-1/N(A)$ 曲线的不稳定部分,则在闭环系统作用下该基波振幅将发散。对于临界点说来,当 $-1/N(A)$ 曲线是从不稳定部分走向稳定部分时,该临界点所对应的周期振荡是稳定的,此时系统存在自持振荡现象。反之,负倒描述函数曲线是从稳定部分走向不稳定部分时,系统在此点不存在自持振荡现象,或者说系统响应将演变为发散或衰减响应。

【例 8.1】 具有饱和非线性元件的非线性控制系统如图 8.23 所示。
(1) 当比例系数 $K=15$ 时,试确定系统自持振荡的幅值 A_0 和频率 ω_0;
(2) 试确定闭环系统的临界稳定增益 K_{oc}。

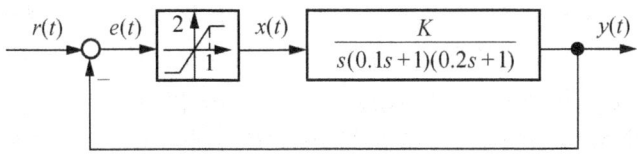

图 8.23 非线性系统结构图

【解】(1) 在复平面上分别绘制 $-1/N(A)$ 曲线和 $G(j\omega)$ 曲线。
已知饱和非线性特性的描述函数为

$$N(A)=\frac{2b}{\pi}\left[\sin^{-1}\frac{a}{A}+\frac{a}{A}\sqrt{1-\left(\frac{a}{A}\right)^2}\right] \quad (A\geqslant a)$$

代入 $b=2$ 和 $a=1$ 后,可得负逆描述函数为

$$-\frac{1}{N(A)}=\frac{-\pi}{4\left[\sin^{-1}\left(\frac{1}{A}\right)+\frac{1}{A}\sqrt{1-\frac{1}{A^2}}\right]}$$

随着 A 由 $1\to\infty$ 变化，负倒/逆描述函数 $-1/N(A)$ 由 $-0.5\to-\infty$ 变化，其曲线如图 8.24 中负实轴上粗实线所示。

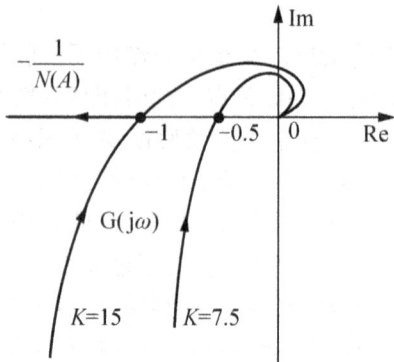

图 8.24　例 8.1 系统的频率特性图

当 $K=15$ 时，系统线性部分的频率特性可化为实部加虚部的形式：

$$G(j\omega)=\frac{-4.5\omega-j15(1-0.02\omega^2)}{\omega(1+0.05\omega^2+0.0004\omega^4)}=X(\omega)+jY(\omega)$$

令虚部 $Y(\omega)=0$，有 $1-0.02\omega^2=0$，解得 $\omega_o=\sqrt{50}\approx7.07$，再代入其实部 $X(\omega)$ 得

$$X(7.07)=\frac{-4.5}{1+0.05\omega^2+0.0004\omega^4}\bigg|_{\omega_o=7.07}=-1$$

这就是说 $(-1,j0)$ 点为 $G(j\omega)$ 曲线与负实轴的交点，亦是 $-1/N(A)$ 和 $G(j\omega)$ 的交点。

由负逆描述函数曲线与 $G(j\omega)$ 曲线的交点可算得该点对应的非线性环节激励振幅为

$$-\frac{1}{N(A)}=-1\to\sin^{-1}\left(\frac{1}{A}\right)+\frac{1}{A}\sqrt{1-\frac{1}{A^2}}=\frac{\pi}{4}\to A_o\approx2.47$$

式中，可用解析法、试算法或作图法解该方程得到振幅解。

由图 8.24 可见，$G(j\omega)$ 曲线将负逆描述函数曲线分为两个部分。其中，实轴上的区间 $(-1,-0.5)$ 对应振幅范围 $M_1=(1,2.47)$，$(-\infty,-1)$ 对应振幅范围 $M_2=(2.47,\infty)$。因为 $G(j\omega)$ 是最小相位的，当振幅 $A\in M_1$ 时，其负逆描述函数特性属于被 $G(j\omega)$ 曲线包围的情形，由奈奎斯特稳定性判据可知，闭环系统在此情形下是不稳定的，故系统的运动趋势是振幅发散，即振幅向 2.47 靠拢。反之，当振幅 $A\in M_2$ 时，其负逆描述函数特性属于不被 $G(j\omega)$ 曲线包围的情形，此时闭环系统是稳定的，系统的运动趋势是振幅衰减，即振幅向 2.47 靠拢。综上可得，当系统中非线性环节的初始激励信号振幅为 $A\in(1,\infty)$ 时，闭环系统的响应结果都是其响应振幅趋于 $A_o\approx2.47$。同时，可由 $G(j\omega)$ 计算此时系统响应的振荡频率应为 $\omega_o\approx7.07$。由此得到系统自持振荡的数学表达式为

$$y(t)=A_o\sin(\omega_o t+\theta_o) \tag{8.32}$$

式中，θ_o 是与系统初始条件和激励时刻有关的一个参数。

注意到，此时负逆描述函数曲线在交点 $(-1,j0)$ 处是由不稳定部分指向稳定部分的。

如果 $A\in(0,1)$ 时，闭环系统工作在非线性元件的线性区，此时 $-1/N(A)=-0.5$，因为 $G(j\omega)$ 曲线包围 $(-0.5,j0)$ 点，故闭环系统不稳定，系统响应的最后形式仍如式 (8.32) 所示。

（2）因为 $G(j\omega)$ 是最小相位的，为保持闭环系统稳定，应该满足 $G(j\omega)$ 曲线不包围 $-1/N(A)$ 曲线，即满足条件 $X(\omega) > -0.5$。显然，$X(\omega) = -0.5$ 是系统稳定和自激振荡的分界条件，称此时的 K 值为临界增益（或临界比例系数）。此处闭环系统的临界增益为

$$\left.\frac{K}{j\omega(1+j0.1\omega)(1+j0.2\omega)}\right|_{\omega=\sqrt{50}} = -\frac{1}{2} \rightarrow K_{\infty} = 7.5$$

【例 8.2】非线性系统的结构图如图 8.25 所示，用描述函数法判断该系统的稳定性。

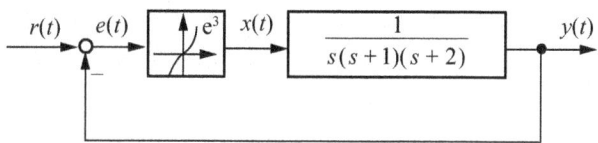

图 8.25　例 8.2 系统结构图

【解】（1）求解非线性部分的描述函数。

设 $e(t) = A\sin\omega t$，则 $x(t) = A^3(\sin\omega t)^3$；因此 $x(t)$ 是奇函数，故有 $A_0 = 0$，$A_1 = 0$，$\phi_1 = 0$，其中

$$B_1(A) = \frac{1}{\pi}\int_0^{2\pi} x(t)\sin\omega t\, d(\omega t) = \frac{1}{\pi}\int_0^{2\pi} A^3(\sin\omega t)^4 d(\omega t) = \frac{3}{4}A^3$$

非线性部分的描述函数为

$$N(A) = \frac{B_1}{A} = \frac{3}{4}A^2$$

（2）分析系统稳定性。

负倒数描述函数特性为

$$-\frac{1}{N(A)} = -\frac{4}{3A^2}$$

当 $A = 0 \rightarrow \infty$ 时，$-1/N(A) = -\infty \rightarrow 0$。$-1/N(A)$ 曲线为整个负实轴，如图 8.26 所示。

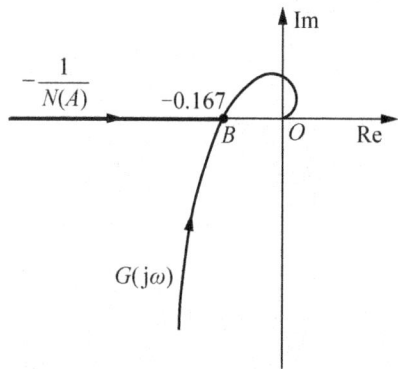

图 8.26　例 8.2 系统的频率特性图

系统中线性部分的频率特性为

$$G(j\omega) = \frac{1}{j\omega(j\omega+1)(j\omega+2)} = \frac{1}{-3\omega^2 + j\omega(2-\omega^2)}$$

令式中 $2-\omega^2=0$ 解得 $\omega_\circ=\sqrt{2}$，代入 $G(j\omega)$ 求得

$$G(j\sqrt{2})=\frac{1}{-3\omega^2}\bigg|_{\omega_\circ=\sqrt{2}}\approx-0.167$$

这就是说，B 点为 $G(j\omega)$ 曲线与负实轴的交点，亦是 $-1/N(A)$ 和 $G(j\omega)$ 的交点。依描述函数可进一步求得交点处的振幅应为

$$-\frac{1}{N(A)}\approx-0.167\rightarrow A_\circ=2\sqrt{2}$$

于是，实轴上区间 $(-0.167, 0)$ 对应非线性元件的激励振幅范围为 $M_1=(2\sqrt{2}, \infty)$，而区间 $(-\infty, -0.167)$ 对应激励振幅范围 $M_2=(0, 2\sqrt{2})$。因 $G(j\omega)$ 是最小相位的，且 $G(j\omega)$ 曲线包围 $-1/N(A)$ 曲线中振幅范围 M_1 而不包围振幅范围 M_2，故当初始信号振幅属于 M_1 时系统不稳定，而属于 M_2 时系统稳定。显然，负逆描述函数曲线方向是从 M_2 指向 M_1 的，即由不稳定振幅范围指向稳定振幅范围。如此，其与 $G(j\omega)$ 曲线交点为不稳定临界点。这意味着，即使系统初始时刻工作于该临界点，也会因为实际系统中的微小扰动而离开该初始工作点。所以，最终的结论是，当扰动使 $A>2\sqrt{2}$ 时，系统不稳定，其响应振幅会发散至无穷大；而当扰动使 $A<2\sqrt{2}$ 时，系统稳定，其响应振幅会衰减至零。

【例 8.3】 非线性系统的结构图如图 8.27 所示，其中死区继电特性的参数 $b=1.7$，$a=0.7$，试确定系统是否存在自振荡，若有自持振荡，试求出自持振荡的幅值和频率。

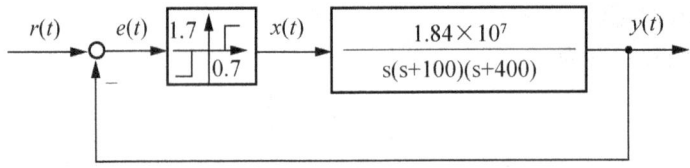

图 8.27 系统结构图

【解】 含死区继电特性的描述函数为

$$N(A)=\frac{4b}{\pi A}\sqrt{1-\left(\frac{a}{A}\right)^2}\quad(A\geqslant a)$$

该死区继电特性的相对负倒数描述函数为

$$-\frac{1}{N(A)}=-\frac{\pi A}{4b\sqrt{1-\left(\frac{a}{A}\right)^2}}$$

当 $A=a\rightarrow\infty$ 时，$-1/N(A)=-\infty\rightarrow-\infty$，显然，负逆描述函数存在一个最大值，其对应点为 C。最大值所对应的振幅 A_m 及其最大值为

$$\max\left[-\frac{1}{N(A)}\right]=\left[-\frac{1}{N(A)}\right]_{A_m=\sqrt{2}a}=-\frac{\pi a}{2b}\approx-0.646$$

由此可知，该死区继电特性的负逆描述函数曲线随振幅 A 的增大，首先从 $-\infty$ 出发往右直到 C 点，然后再从 C 点又变化到 $-\infty$，如图 8.28 所示。图中，为了示意曲线的变化过程，我们将本应位于负实轴上的负逆描述函数曲线绘制为负实轴附近的一条来回线。

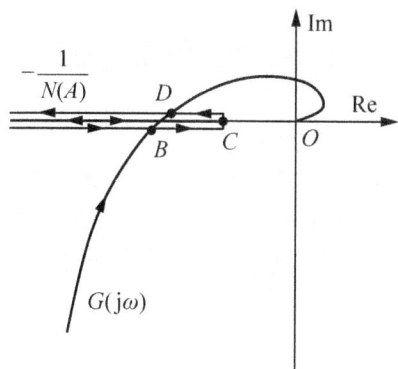

图 8.28 例 8.3 的频率特性图

系统线性部分的频率特性为

$$G(j\omega) = \frac{460}{j\omega(0.01j\omega+1)(0.0025j\omega+1)}$$

$$= \frac{460}{j\omega(1-25\times10^{-6}\omega^2+125\times10^{-4}j\omega)}$$

令 $1-25\times10^{-6}\omega^2=0$,解得 $G(j\omega)$ 与负实轴的交点对应频率 $\omega_o=200\text{rad/s}$,且有

$$G(j200) = \frac{460}{j200(j2+1)(j0.5+1)} = -0.92$$

于是,$-1/N(A)$ 曲线与 $G(j\omega)$ 曲线的交点为 B、D 两点,其对应的振幅分别为

$$-1/N(A) = -0.92 \rightarrow A_{o1} = 0.76, \quad A_{o2} = 1.83$$

因为 $G(j\omega)$ 是最小相位的,且负逆描述函数曲线在 B 点处是由稳定区进入不稳定区的,故 B 点所对应的周期运动是不稳定的,B 点是不稳定临界点。但是,对 D 点说来,负逆描述函数曲线是由不稳定区进入稳定区的,故 D 点对应的周期运动是稳定的,D 点是稳定临界点。最后结论是,系统在 D 点存在自持振荡,其振幅为 $A_{o2}=1.83$,振荡频率为 $\omega_o=200\text{rad/s}$。

 小知识:既确定又随机——混沌现象

与线性系统相比,非线性系统不再满足叠加原理。从子系统到整个系统,其表现不仅有量的积累,更有质的飞跃。系统整体也会出现个体所体现不出来的新行为,如孤立子、分形、混沌、涌现及耗散结构等,其中混沌现象是最典型的非线性现象。

1963 年,美国气象学家洛伦兹在《大气科学杂志》上发表了关于液体对流的一个简化模型。他把含有几个变量的天气预报方程简化为三维一阶自治常微分方程组。特别有意思的是,求解这个确定的方程组,却在一定参数范围内给出了具有无规涨落的"混乱"输出。

混沌是指在确定性系统中出现的无规则性或随机性。观察一个混沌系统可以发现,描述系统的演化方程确定,但演化行为不确定;系统短期行为确定,但长期行为不确定。系统的这种行为既不同于传统的确定现象,也不同于传统的随机现象,而是系统确定性与随机性的有机结合。

混沌在自然界中普遍存在。例如,受迫阻尼摆、湍流流体、生态竞争、受激心脏、地磁运动、化学振荡反应、脑电图及人工神经网络系统等都存在着混沌现象。可以说,混沌无处不在,没有混沌,就没有复杂性,就没有进化和发展,大概也不会有生命乃至宇宙。

8.3 相平面法

相平面法是系统运动的一种图解展示法，它是在1885年由庞加莱首先提出的。该方法是将系统的运动过程转化为位置和速度平面上的轨迹（相轨迹），从而直观地反映系统的平衡态、稳定性、动态过程以及初始条件和参数对系统运动的影响。基于系统相轨迹的分析方法特别适用于包含典型非线性特性的一、二阶非线性系统。

8.3.1 相轨迹的基本概念

考虑两个标量微分方程表示的二阶自治系统

$$\begin{cases} \dot{x}_1 = f_1(x_1, x_2) \\ \dot{x}_2 = f_2(x_1, x_2) \end{cases} \tag{8.33}$$

令 $x(t) = (x_1(t), x_2(t))$ 是式(8.28)的解，其初始状态为 $x(0) = (x_1(0), x_2(0))$，或 $x_0 = (x_{10}, x_{20})$。对于某个特定时刻，如 $t = t_1$ 时，有 $x_1(t_1) = a$ 和 $x_2(t_1) = b$，则 $x(t_1)$ 可映射为平面 $x_1 - x_2$ 上的一点 (a, b)。随时间 t 的变化，$x(t)$ 在平面 $x_1 - x_2$ 上是一条通过 x_0 点的曲线，该曲线被称为式(8.33)始于 x_0 点的轨线或轨道。$x_1 - x_2$ 平面通常称为**状态平面**，特别地，$x_2 = \dot{x}_1$ 时，$x_1 - x_2$ 平面即 $x_1 - \dot{x}_1$ 平面又叫**相平面**。式(8.33)所示系统在相平面上的运动轨线常称为**相轨迹**。所有轨线或解的曲线称为式(8.33)的**相图**。由于已有解一般非线性微分方程的数值算法，很容易通过计算机仿真构造已知非线性状态方程的相图。

因为相轨迹表示的仅仅是相变量之间的关系，如果从式(8.33)入手将两式相除，则可直接得到两个相变量之间的关系

$$\frac{dx_2}{dx_1} = \frac{f_2(x_1, x_2)}{f_1(x_1, x_2)} \tag{8.34}$$

称该式为系统**相轨迹微分方程**。

根据常微分方程理论，只要式(8.33)的右端函数是解析的，则相平面上从任一初始状态出发的相轨迹存在且唯一。也就是说，相平面上的任一解析点有且只有一条相轨迹通过，这样的点称为系统的**常点**（或**普通点**），反之则称为系统的**奇点**。

系统的平衡状态为式(8.33)中 $\dot{x}_1 = 0$ 和 $\dot{x}_2 = 0$ 的解，在平衡状态处式(8.34)变为

$$\frac{dx_2}{dx_1} = \frac{0}{0} \tag{8.35}$$

此时，系统的平衡点也是系统的奇点。在奇点处，系统相轨迹的存在性和唯一性不能得到保证，就是说可能没有相轨迹通过它，也可能有多条相轨迹通过它。而在系统常点上，系统的速度和加速度不同时为零，表明系统是运动的，所以系统相轨迹在常点上的斜率是唯一的。

式(8.33)可简洁地用向量符号表示为

$$\dot{x} = \begin{bmatrix} \dot{x}_1 \\ \dot{x}_2 \end{bmatrix} = f(x) = \begin{bmatrix} f_1(x_1, x_2) \\ f_2(x_1, x_2) \end{bmatrix} = \begin{bmatrix} f_1(x) \\ f_2(x) \end{bmatrix} \tag{8.36}$$

其中，x 是向量 $[x_1, x_2]^T$，$f(x)$ 是向量 $[f_1(x), f_2(x)]^T$。我们把 $f(x)$ 看成是状态平面的**向量场**，即对平面内的每一点 x 都赋予一个向量 $f(x)$。因为 $f(x) = \dot{x}$，所以，向量

$f(x)$ 表示系统在状态点 x 处的演化趋向，即**向量场是通过该点的状态轨线的切线**。例如，$t=t_1$ 时刻状态轨线经过状态点 $x(t_1)$，而系统的状态轨线由点 $x(t_1)$ 出发时沿向量场 $f(x(t_1))$ 移动。

【例 8.4】 没有摩擦力的单摆系统方程为

$$\begin{cases} \dot{x}_1 = x_2 \\ \dot{x}_2 = -10\sin x_1 \end{cases} \tag{8.37}$$

试图解示意系统在初始条件 x_0 下运动过程的相轨迹及其与向量场的关系。

【解】 对于图中的一个给定点 x，其箭头长度正比于 $f(x)$ 的长度，即 $\sqrt{f_1^2(x)+f_2^2(x)}$。为方便起见，图中各点画等长的箭头。例如，对于初始点 $x_0=(3,0)$，其向量场为 $f(x_0)=(0,-10\sin(3))$，即系统的状态轨线从点 x_0 出发沿向量场 $f(x_0)$ 方向移动，这样可以到达新的一点 x_a，然后在点 x_a 沿向量场继续构造轨线。仔细构造上述过程，就可以得到由起点出发的一条合理的近似轨线。

图 8.29 示意了三个不同初始点的演化轨线分别对应三条闭合曲线的情形。注意，因为轨线中未显示地出现时间变量，所以轨线只是定性给出系统解的相关特性而不是定量特性。例如，对本例而言闭合轨线表示系统有周期解。

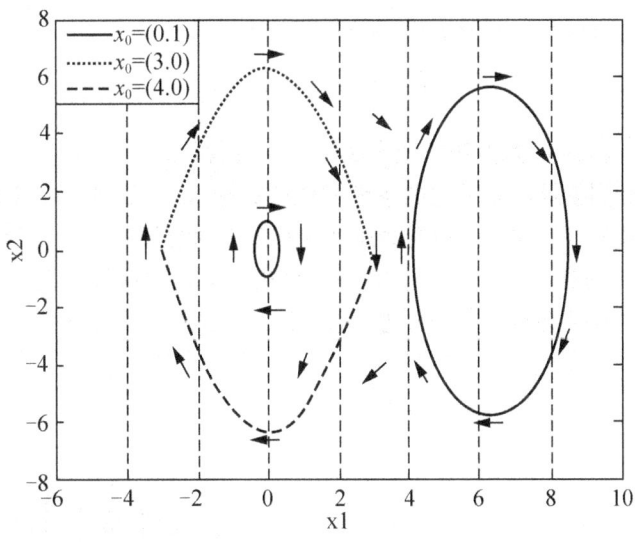

图 8.29 单摆方程的向量场示意

另外，系统向量场轨线为收缩螺线表明系统存在幅值衰减的振荡，发散螺线表明系统存在增幅振荡。

8.3.2 线性二阶系统的相轨迹与特性

线性系统是非线性系统的特例。许多非线性系统可在平衡点附近作增量线性化处理，进而可以借助增量线性微分方程研究其在平衡点附近的运动特性。因此，研究线性系统的相轨迹及其特点是很有必要的，其所得结论也可作为进一步分析非线性系统的基础。

线性二阶系统自由运动的规范型微分方程为

$$\ddot{y}+2\xi\omega_n\dot{y}+\omega_n^2 y=0 \tag{8.38}$$

令 $x_1=y$, $x_2=\dot{y}$，可得两个标量一阶微分方程

$$\begin{cases} \dot{x}_1=x_2 \\ \dot{x}_2=-\omega_n^2 x_1-2\xi\omega_n x_2 \end{cases} \tag{8.39}$$

令 $\dot{x}_1=0$ 和 $\dot{x}_2=0$ 得系统的平衡点为 $(0,0)$，而系统的相轨迹微分方程为

$$\frac{\mathrm{d}x_2}{\mathrm{d}x_1}=-\frac{\omega_n^2 x_1+2\xi\omega_n x_2}{x_2} \tag{8.40}$$

可见，系统的平衡状态为一奇点。

奇点的相轨迹和特性主要取决于系统极点的分布。下面根据二阶线性系统的自由运动对奇点进行分类研究。

1. $\xi=0$

系统的极点为一对纯虚根，如图 8.30(a) 所示。由式(8.40)知，系统相轨迹的微分方程为

$$\frac{\mathrm{d}x_2}{\mathrm{d}x_1}=-\frac{\omega_n^2 x_1}{x_2} \tag{8.41}$$

于是有 $x_2 \mathrm{d}x_2=-\omega_n^2 x_1 \mathrm{d}x_1$，积分后可得系统的相轨迹方程为

$$\left(\frac{x_1}{c}\right)^2+\left(\frac{x_2}{c\omega_n}\right)^2=1 \tag{8.42}$$

式中，$c=\sqrt{x_{10}^2+(x_{20}/\omega_n)^2}$ 为由初始状态决定的积分常数。

式(8.42)为一椭圆方程，其描述的系统相轨迹如图 8.30(b) 所示。由图可见，系统只产生一种运动，即持续的等幅振荡。尽管系统初始状态不同时相应的系统相轨迹亦不同，但它们皆为围绕奇点的椭圆族，且运动的基本特性是相同的。称这种类型的奇点为**中心点**。此时，仅需画出典型的几条甚至一条相轨迹，就可以表征系统全部相轨迹的性质和形状。

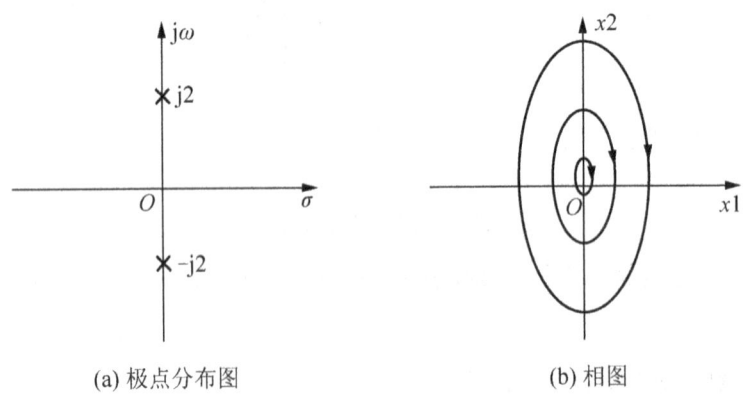

(a) 极点分布图　　　　　(b) 相图

图 8.30　中心点

2. $0 \neq |\xi| < 1$

系统的极点为 $p_{1,2}=-\xi\omega_n \pm j\omega_n\sqrt{1-\xi^2}=-\alpha \pm j\beta$。令

$$x_1 = -\frac{\alpha z_2 + \beta z_1}{\alpha^2 + \beta^2}, \quad x_2 = z_2 \tag{8.43}$$

可将式(8.39)化为

$$\begin{cases} \dot{z}_1 = -\alpha z_1 - \beta z_2 \\ \dot{z}_2 = \beta z_1 - \alpha z_2 \end{cases} \tag{8.44}$$

再令 $r^2 = z_1^2 + z_2^2$，$\theta = \tan^{-1}(z_2/z_1)$，可得

$$\begin{cases} \dot{r} = -\alpha r \\ \dot{\theta} = \beta \end{cases} \tag{8.45}$$

于是，对于给定的初始状态 (r_0, θ_0)，式(8.45)的解为

$$r(t) = r_0 e^{-\alpha t}, \quad \theta(t) = \theta_0 + \beta t \tag{8.46}$$

因为式(8.46)是式(8.44)的极坐标解，而式(8.44)又是式(8.39)线性变化后的结果，故可知 $z_1 - z_2$ 平面和 $x_1 - x_2$ 上的相轨迹都是对数螺旋型曲线。当 $0 < \xi < 1$ 时，不同初始状态的相轨迹为从外向奇点不断趋近的一族向心螺旋线，如图 8.31(b) 所示。可见，系统只产生一种运动，即减幅振荡运动，称这种类型的奇点为**稳定焦点**。

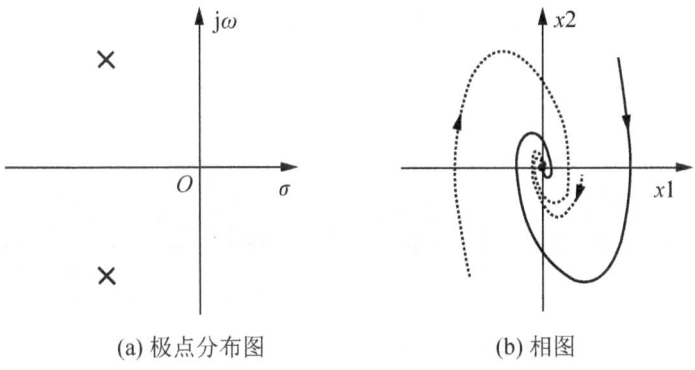

(a) 极点分布图　　　　　　　　(b) 相图

图 8.31　稳定焦点

当 $-1 < \xi < 0$ 时，不同初始状态的相轨迹为从奇点向外不断远离的一族背离螺旋线，如图 8.32(b) 所示。可见，系统只产生一种运动，发散振荡运动，称这种类型的奇点为**不稳定焦点**。

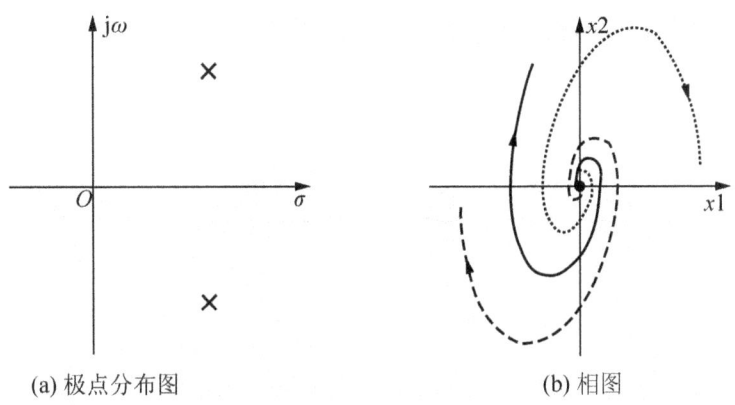

(a) 极点分布图　　　　　　　　(b) 相图

图 8.32　不稳定焦点

3. $|\xi|>1$

系统的极点为相异实数,即 $p_{1,2}=-\xi\omega_n\pm\omega_n\sqrt{\xi^2-1}$。令

$$z_1=x_2-p_2x_1, \quad z_2=x_2-p_1x_1 \tag{8.47}$$

可将式(8.39)化为

$$\begin{cases}\dot{z}_1=p_1z_1\\ \dot{z}_2=p_2z_2\end{cases} \tag{8.48}$$

于是,对于给定的初始状态(z_{10}, z_{20}),其解为

$$z_1(t)=z_{10}e^{p_1t}, \quad z_2(t)=z_{20}e^{p_2t} \tag{8.49}$$

联合两个方程可消去时间 t,得

$$z_2=\frac{z_{20}}{(z_{10})^{p_2/p_1}}z_1^{p_2/p_1} \tag{8.50}$$

系统相图的形状与系统极点的符号有关。当 $p_2<p_1<0$ 时,式(8.49)的两个指数响应都趋于0,且 z_2 比 z_1 更快趋于零,称 p_2 为快特征值而 p_1 为慢特征值。其典型相图为一族通过奇点的抛物线,如图 8.33(b)所示。可见,系统只产生非周期响应,称这种类型的奇点为**稳定结点**。

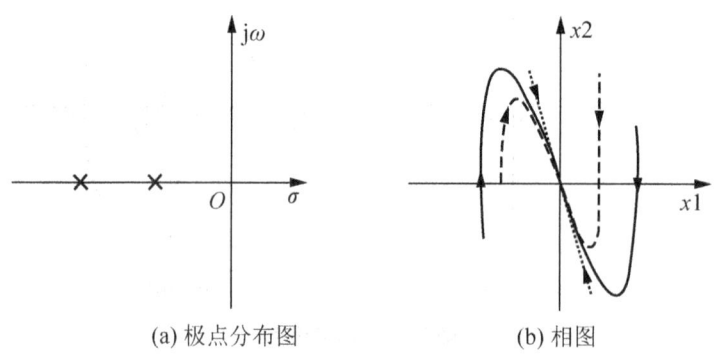

(a) 极点分布图　　　　　(b) 相图

图 8.33 稳定结点

当两个极点都为正时,其相图仍然为一族通过奇点的抛物线,但是方向与图 8.33 所示正好相反,这是指数项响应随时间增大而按指数规律增加导致的,如图 8.34(b)所示。称这种类型的奇点为**不稳定结点**。

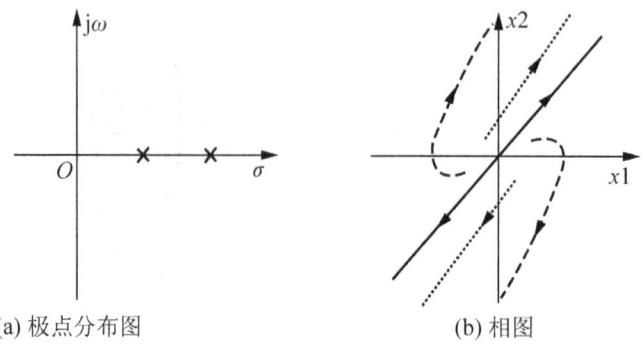

(a) 极点分布图　　　　　(b) 相图

图 8.34 不稳定结点

当两个极点为一正一负时，假设 $p_2<0<p_1$。此时 p_2 为稳定极点而 p_1 为不稳定极点。其相图为一族通过奇点的双曲线，如图 8.35(b)所示，称这种类型的奇点为**鞍点**。

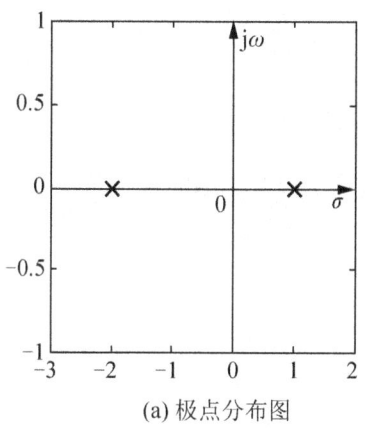
(a) 极点分布图

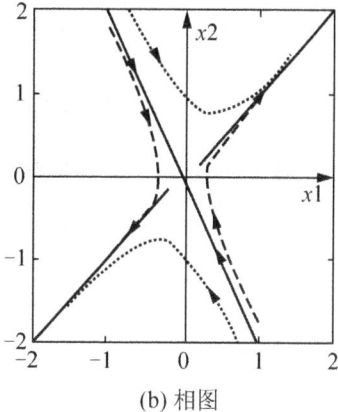
(b) 相图

图 8.35 鞍点

如果非线性系统在平衡点处是连续可微的，我们有理由相信，非线性系统在平衡点的一个小领域内的轨线接近其在该点线性化后系统的轨线。从而，非线性系统平衡点类型可以通过平衡点处的线性化方程确定，不必构造非线性系统的全局相图。

【例 8.5】隧道二极管电路的系统方程为

$$\begin{cases} \dot{x}_1=0.5(-17.76x_1+103.79x_1^2-229.62x_1^3+226.31x_1^4-83.72x_1^5+x_2) \\ \dot{x}_2=0.2(-x_1-1.5x_2+1.2) \end{cases} \quad (8.51)$$

试分析其平衡点的性质。

【解】首先求解式(8.51)所示系统的平衡点。令 $\dot{x}_1=0$ 和 $\dot{x}_2=0$ 可得系统的三个平衡点，分别为 $Q_1=(0.0626, 0.7582)$、$Q_2=(0.2854, 0.6098)$ 和 $Q_3=(0.8844, 0.2104)$。

将方程式(8.51)在平衡点 $Q=(a,b)$ 处按泰勒级数展开并忽略高次项，有

$$\begin{cases} \dot{x}_1 \approx f_1(a,b)+a_{11}(x_1-a)+a_{12}(x_2-b) \\ \dot{x}_2 \approx f_2(a,b)+a_{21}(x_1-a)+a_{22}(x_2-b) \end{cases} \quad (8.52)$$

我们仅对平衡点附近的轨线感兴趣，因此，定义新变量为 $z_1=x_1-a$，$z_2=x_2-b$。注意到在平衡点处有 $f_1(a,b)=0$ 和 $f_2(a,b)=0$。于是非线性方程的逼近表示为

$$\begin{cases} \dot{z}_1=a_{11}z_1+a_{12}z_2 \\ \dot{z}_2=a_{21}z_1+a_{22}z_2 \end{cases} \text{或 } \dot{z}=Az \quad (8.53)$$

其中，

$$A=\begin{bmatrix} a_{11} & a_{12} \\ a_{21} & a_{22} \end{bmatrix}=\begin{bmatrix} \dfrac{\partial f_1}{\partial x_1} & \dfrac{\partial f_1}{\partial x_2} \\ \dfrac{\partial f_2}{\partial x_1} & \dfrac{\partial f_2}{\partial x_2} \end{bmatrix}\bigg|_{x=Q}=\dfrac{\partial f}{\partial x}\bigg|_{x=Q} \quad (8.54)$$

矩阵 $[\partial f/\partial x]$ 称为 $f(x)$ 的**雅可比矩阵**，A 是雅可比矩阵在 Q 点的数值。

分别计算三个平衡点处的雅可比矩阵，得到三个矩阵及其特征值分别为

$$A_1 = \begin{bmatrix} -3.6247 & 0.5 \\ -0.2 & -0.3 \end{bmatrix}, \text{特征值：} -3.5943, -0.3304;$$

$$A_2 = \begin{bmatrix} 1.8197 & 0.5 \\ -0.2 & -0.3 \end{bmatrix}, \text{特征值：} 1.7714, -0.2517;$$

$$A_3 = \begin{bmatrix} -1.4669 & 0.5 \\ -0.2 & -0.3 \end{bmatrix}, \text{特征值：} -1.3738, -0.3931。$$

因此，Q_1 和 Q_3 点是稳定结点，Q_2 点是鞍点。隧道二极管电路的相图如图 8.36 所示。

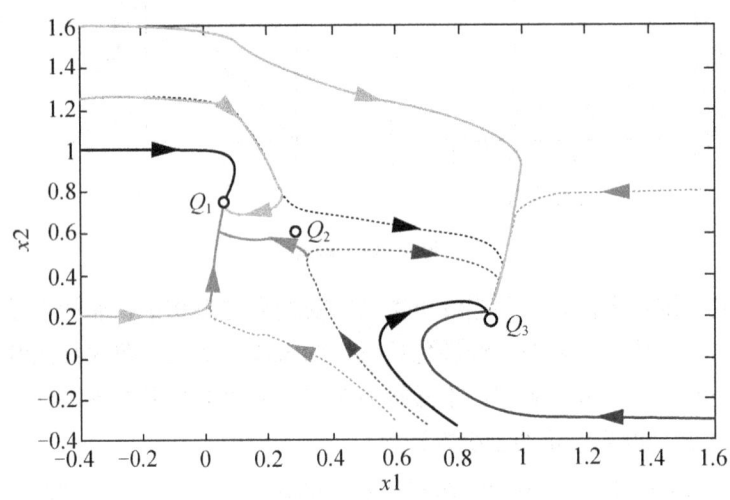

图 8.36　隧道二极管电路的相图

8.3.3　相轨迹绘制方法及其一般特性

相轨迹可以通过解析法作出，也可以通过图解法或实验法作出。上节线性系统的相图就是通过解析方式绘制的，本节介绍相图的数值构造法。

等倾线法是求取系统相图的一种常用作图方法。等倾线法的基本思想是确定系统相轨迹的等倾线，在此基础上进一步绘出相轨迹的切线方向场，然后从初始条件出发，沿方向场逐步绘出相轨迹。

对于二阶非线性系统

$$\ddot{y} = f(y, \dot{y}) \tag{8.55}$$

若取状态变量为相变量 $x_1 = y$，$x_2 = \dot{y}$，则系统可表示为状态变量的两个一阶微分方程

$$\begin{cases} \dot{x}_1 = x_2 \\ \dot{x}_2 = f(x_1, x_2) \end{cases} \tag{8.56}$$

相平面上任一点 (x_1, x_2)，都存在一个向量值 $(x_2, f(x_1, x_2))$，因此它是一个向量场。而相轨迹上任一点的切线方向为

$$\frac{\mathrm{d}x_2}{\mathrm{d}x_1} = \frac{f(x_1, x_2)}{x_2} = \tan\theta = k \tag{8.57}$$

令 k 为某个常数可得一条曲线，由式(8.57)得曲线方程为

$$f(x_1, x_2) = kx_2 \tag{8.58}$$

显然，相轨迹穿越该曲线时其切线方向场数值都为 k，所以称式(8.58)所示曲线为**等倾线**。若取 k 为不同的值，便可在平面上绘出不同的等倾线。同时，每条等倾线上的切线方向值也都是可标示出来的。

于是，相轨迹可以这样绘制：以相平面上初始状态所在点为相轨迹起点，相轨迹沿每条等倾线上的切线方向前进。一般地，相平面上的等倾线越密集，则沿等倾线上切线方向连接的光滑曲线就越接近真实相轨迹。

另外，了解相轨迹的几个一般性质也有助于相轨迹的绘制。

1. 相轨迹运动方向

可根据相轨迹的切线方向来判断，它决定相轨迹的走向。在上半相平面上，$x_2 > 0$ 且 $\dot{x}_1 = x_2$，表明 x_1 是随着时间 t 增长的，所以系统相轨迹是向右运动的。反之，在下半相平面上有 $x_2 < 0$，表明 x_1 是随着时间 t 而减小的，故系统相轨迹是向左运动的。

2. 相轨迹穿越横轴

在横轴上有 $\dot{x}_1 = x_2 = 0$，故 x_1 是瞬间不变量，如果相轨迹所穿越横轴点不是平衡点，虽然 x_1 瞬间不变，但 x_2 是变化的，故相轨迹以垂直方式变化。简而言之，相轨迹穿越右半横轴时垂直向下变化，而穿越左半横轴时垂直向上变化。

3. 相图的对称性

若用 $-x_1$ 或 $-x_2$ 代替式(8.57)中 x_1 或 x_2 而该方程仍然保持不变时，那么相图是对称于 x_1 轴或 x_2 轴的。

4. 直线形相轨迹

若用 $x_2 = cx_1$ 代入方程式(8.57)时方程存在实数解，则表明相平面上存在 $x_2 = cx_1$ 的直线形相轨迹。因为除奇点外，相轨迹方程的解是唯一的，即相轨迹不能相交，因此直线相轨迹起到一种分界线作用，分界线的存在表明系统没有围绕该奇点的封闭相轨迹存在。

5. 封闭相轨迹

封闭相轨迹称为非线性微分方程的极限环，这是非线性系统特有的现象。下节做专门讨论。

【例8.6】绘制下列系统的相轨迹图。

$$\ddot{y} + 3\dot{y} + 2y = 0 \tag{8.59}$$

【解】式(8.59)所示系统的平衡点为相平面原点，而系统极点为两个负实根，故奇点为稳定结点。取状态变量 (x_1, x_2) 为相变量 $(y, \dot{y})$ 则系统相轨迹微分方程为

$$\frac{dx_2}{dx_1} = -\frac{2x_1 + 3x_2}{x_2} \tag{8.60}$$

由此，系统相轨迹有如下特征量。

(1) 相图关于原点对称。用 $-x_1$ 和 $-x_2$ 分别代替 x_1 和 x_2 时，方程(8.60)的形式不变，故相图是关于原点对称的。

(2) 相轨迹走向。在相平面的上半面有 $x_2=\dot{y}=\mathrm{d}x_1/\mathrm{d}t>0$，$x_1$ 随时间增加而增加，即相轨迹走向是从左向右的；同理，在相平面下半面，x_1 随时间增加而减小，相轨迹走向是从右往左的。

(3) 水平等倾线。令式(8.60)等于 0，可得 $x_2\approx-0.667x_1$，即相轨迹沿水平方向穿越该直线。

(4) 铅垂等倾线。令式(8.60)趋于 ∞，可得 $x_2=0$，即相轨迹沿铅垂方向穿越横轴。

(5) 不变直线。令 $x_2=kx_1$ 代入方程式(8.60)可得 $k=-3-2/k$，该式有 $k_1=-1$ 和 $k_2=-2$ 两个解，故相平面上有两条直线相轨迹：$x_2=-x_1$ 和 $x_2=-2x_1$。因为除奇点外，相轨迹不能相交，故两条直线相轨迹起到了分界线的作用，同时它们的存在表明系统没有围绕圆点的封闭相轨迹存在。

根据以上信息，可较快地绘制出系统的相轨迹，如图 8.37 所示。

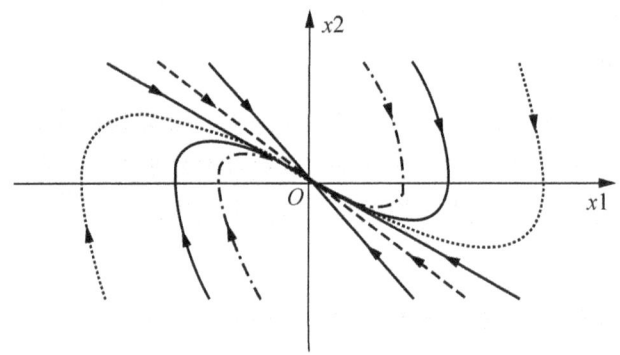

图 8.37 例 8.6 系统相图

8.3.4 极限环

前面已叙述非线性系统的运动除了发散和收敛两种模式外，还有另外的运动模式。例如，在非线性系统描述函数法分析中，存在一种具有一定振幅和频率的自持振荡，这种自持振荡在相平面上的图形为一条闭合曲线。称闭合曲线为**周期轨道**，称孤立周期轨道为**极限环**。

在前面介绍线性二阶系统的相轨迹时，已经看到周期轨道的例子。若线性二阶系统的特征值为一对共轭虚数，则该系统相平面的原点是中心。线性 LC 电路就是这样一个有周期轨道的谐振器模型，其振荡机制是储存在电容电场里的能量与储存在电感磁场里的能量无耗散地交换。但是，此线性振荡器存在两个基本问题：其一是稳定性问题，即系统中的无穷小扰动会破坏振荡；其二是振荡幅度问题，其振荡幅度取决于电路的初始条件。

非线性振荡器可以消除线性振荡器的这两个基本问题，即非线性振荡器可以是结构稳定的，非线性振荡器在稳态时的振荡幅度可以与初始条件无关。

【例 8.7】已知 Van der Pol 方程为

$$\begin{cases} \dot{x}_1 = x_2 \\ \dot{x}_2 = -x_1 + \varepsilon(1-x_1^2)x_2 \end{cases} \tag{8.61}$$

当参数 ε 分别取 0.2、1 和 5 时,系统的相图分别如图 8.38(a)、(b)和(c)所示。试解释形成上述孤立周期轨道的原因。

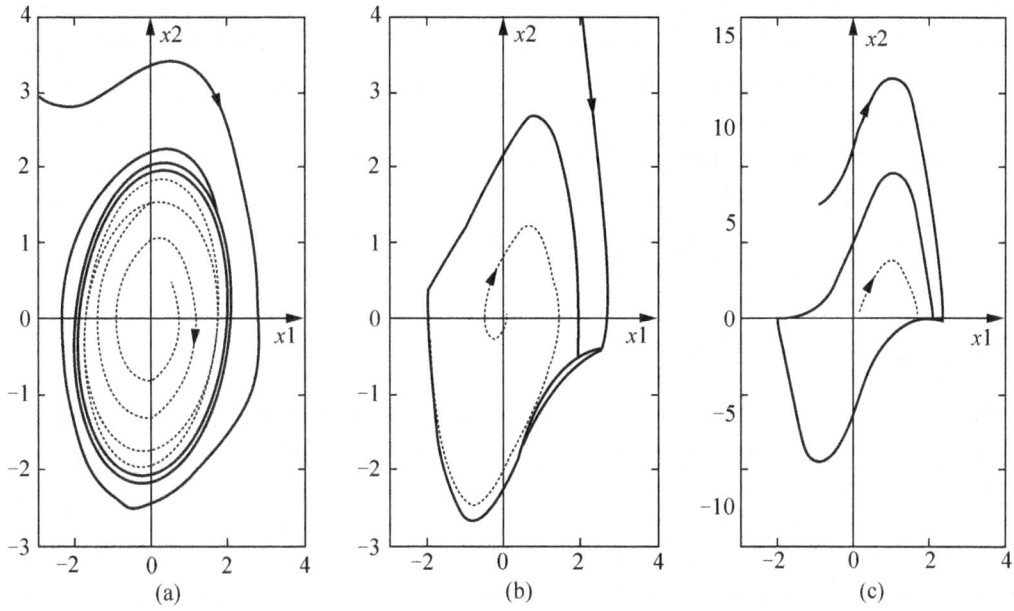

图 8.38 例 8.7 系统相图

【解】式(8.61)所示系统的平衡点为相平面原点。在该点的雅可比矩阵为

$$\boldsymbol{A} = \frac{\partial f}{\partial x}\bigg|_{x=0} = \begin{bmatrix} 0 & 1 \\ -1 & \varepsilon \end{bmatrix} \tag{8.62}$$

在平衡点附近线性化后,线性系统的特征值为

$$\lambda_{1,2} = \frac{\varepsilon \pm \sqrt{\varepsilon^2-4}}{2} \tag{8.63}$$

由于题设三种情况中 ε>0,对应地系统特征值有正实部,于是所有始于原点附近的轨线都从原点向外发散,如图 8.38 中虚线部分所示。

考虑状态变量的一个能量函数

$$E = \frac{1}{2}x_1^2 + \frac{1}{2}[\varepsilon(x_1^3/3 - x_1) + x_2]^2 \tag{8.64}$$

其能量变化率为

$$\begin{aligned} \mathrm{d}E/\mathrm{d}t &= x_1\dot{x}_1 + [\varepsilon(x_1^3/3 - x_1) + x_2][\varepsilon(x_1^2\dot{x}_1 - \dot{x}_1) + \dot{x}_2] \\ &= x_1x_2 + [\varepsilon(x_1^3/3 - x_1) + x_2][\varepsilon(x_1^2-1)x_2 - x_1 + \varepsilon(1-x_1^2)x_2] \\ &= -\varepsilon x_1^2(x_1^2/3 - 1) \end{aligned} \tag{8.65}$$

上面表达式说明,在原点附近满足 $x_1^2 < 3$ 时,系统的能量变化率为正,所以轨线获得能量,系统轨线会从原点向外发散,这个结论与上面的线性化系统分析结果是一致的。

另一方面，如果系统状态远离原点，也即是满足 $x_1^2 > 3$ 时，系统的能量变化率为负，轨线将失去能量，系统轨线不可能向无穷远处发散，如图 8.38 中实线部分所示。这说明，系统存在一条闭轨道将系统状态分为两个区域，系统轨线在闭轨道内获得能量而在闭轨道外失去能量，在一个循环内沿闭轨道的净能量交换是零，从而系统产生稳定振荡，且系统的振荡特性与系统初始条件无关。图 8.38 中虚线与实线最后都趋于一个孤立闭轨道，这就是非线性系统所特有的极限环。本例所示三种情形的极限环都是稳定的极限环。

另外，我们还会遇到不稳定极限环，其性质是：当时间增长时，所有开始于极限环附近初始点的轨线都将远离极限环。

一般地，用解析法确定极限环在相平面上的准确位置是非常困难的，甚至是不可能的。极限环在相平面上的准确位置通常由图解法或实验方法确定。对于实际控制系统而言，一般并不希望系统中存在极限环现象，若不能把它消除，也要设法将其振幅限制在工程允许范围内。

8.3.5 非线性系统的相平面分析

用相平面法分析非线性系统时，首先要绘制相平面图。对于任意的二阶非线性系统，虽然从原理上说都可以用图解法绘制相图，但这仍然是件不容易的事。在绘制相平面图时，通常会遇到两种情况。一种情况是系统的非线性方程可解析处理，即在奇点附近将非线性方程线性化，可根据线性化方程式根的性质去确定奇点的类型，然后用图解法或解析法画出奇点附近的相轨迹。另一种情况是非线性方程不可解析处理。对于这类非线性系统，一般将非线性元件的特性作分段线性化处理，即把整个相平面分成若干个区域，使每一个区域成为一个单独的线性工作状态，有其相应的微分方程和奇点。若奇点位于该区域内，则称该奇点为实奇点。反之，若奇点位于该区域外，则表示这个区域内的相轨迹实际上不可能到达该平衡点，因而这种奇点被称为虚奇点。只要把各个区域内的相轨迹作出，然后在各区域的边界线（又称相轨迹的切换线）上把相应的相轨迹依次连接起来，就可得到系统完整的相轨迹图。

下面举例说明，用相平面法对上述两种情况的非线性系统进行具体分析。

【例 8.8】试分析下列方程所描述系统奇点的稳定性。

$$\ddot{y} + 0.5\dot{y} + 2y + y^2 = 0 \tag{8.66}$$

【解】假设 $x_1 = y$，$x_2 = \dot{y}$，得系统的状态方程为

$$\begin{cases} \dot{x}_1 = x_2 \\ \dot{x}_2 = -2x_1 - x_1^2 - 0.5x_2 \end{cases} \tag{8.67}$$

由奇点的定义，令 $\dot{x}_1 = 0$，$\dot{x}_2 = 0$，求得系统的奇点为 $Q_1 = (0, 0)$ 和 $Q_2 = (-2, 0)$。系统函数式(8.67)在奇点 Q_1 和 Q_2 点处的雅可比矩阵分别为

$$\boldsymbol{A}_1 = \frac{\partial f}{\partial x}\bigg|_{x=Q_1} = \begin{bmatrix} 0 & 1 \\ -2 & -0.5 \end{bmatrix}, \quad \boldsymbol{A}_2 = \frac{\partial f}{\partial x}\bigg|_{x=Q_2} = \begin{bmatrix} 0 & 1 \\ 2 & -0.5 \end{bmatrix}$$

在奇点 Q_1 处线性化后系统的特征根为 $-0.25+j1.39$ 和 $-0.25-j1.39$，故奇点 Q_1 是稳定焦点。在奇点 Q_2 处线性化后系统的特征根为 1.19 和 -1.69，故奇点 $(-2, 0)$ 为鞍

点。系统的相轨迹如图 8.39 所示。

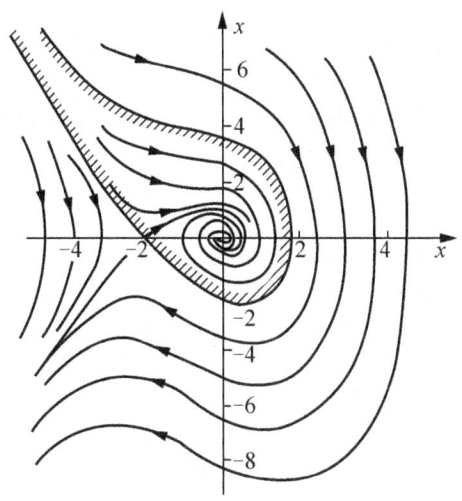

图 8.39　例 8.8 系统相图

系统相平面被分界线划分为两个区域。若系统的初始状态点位于图中阴影区域内，则其相轨迹会收敛于坐标原点，相应地系统是稳定的。若初始点落在阴影区域外部，则其相轨迹会趋于无穷远，相应地系统为不稳定。由此可见，非线性系统的稳定性是与其初始条件有关的。

【例 8.9】图 8.40 为一个具有理想继电特性的系统。假设开始时系统处于静止状态，试求系统在阶跃输入 $r(t)=U_0$ 作用下的相轨迹。

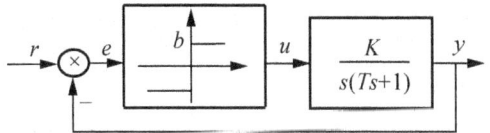

图 8.40　含理想继电特性的系统结构图

【解】（1）系统的运动方程式。

由被控过程传递函数可得输出 y 的运动方程为

$$T\ddot{y}+\dot{y}=Ku \tag{8.68}$$

因为 $r=1(t)$，所以 $\dot{r}=\ddot{r}=0$，又 $e=r-y$，故式(8.68)可改写为

$$-T\ddot{e}-\dot{e}=Ku$$

所以，系统误差信号满足运动方程

$$\begin{cases} T\ddot{e}+\dot{e}+Kb=0 & (e>0) \\ T\ddot{e}+\dot{e}-Kb=0 & (e<0) \end{cases} \tag{8.69}$$

令 $x_1=e$ 和 $x_2=\dot{e}$，得式(8.69)的状态方程为

$$\text{I}: \begin{cases} \dot{x}_1=x_2 \\ \dot{x}_2=-x_2/T-Kb/T \end{cases} \quad (x_1>0) \tag{8.70a}$$

和

$$\text{II}: \begin{cases} \dot{x}_1 = x_2 \\ \dot{x}_2 = -x_2/T + Kb/T \end{cases} \quad (x_1 < 0) \tag{8.70b}$$

可以看出，因理想继电器的非线性特性，系统相平面被分割为两个状态方程的轨迹区：I区和II区，其分界线为 x_2 轴，如图8.41所示。

(2) 对称性和奇点。用 $-x_1$ 和 $-x_2$ 分别代替 x_1 和 x_2 时，方程式(8.70)的形式不变，故相图是关于原点对称的。在系统的运动方程式(8.70a)和(8.70b)中，若令 $\dot{x}_1 = \dot{x}_2 = 0$，可知方程无解，所以系统无奇点。

(3) 渐近线。注意到状态方程中第二个方程与状态变量 x_1 无关，于是由

$$\dot{x}_2 = -x_2/T \pm Kb/T = 0 \tag{8.71}$$

得

$$x_2 = \mp Kb \tag{8.72}$$

即在I区，状态变量 x_2 趋于稳态 $x_2 = -Kb$，而在II区，状态变量 x_2 趋于稳态 $x_2 = Kb$。

(4) 相轨迹的方向。

① 第一象限。由式(8.70a)得 $\dot{x}_1 = x_2 > 0$，且 $\dot{x}_2 = -(x_2 + Kb)/T < 0$，由此可知相轨迹向右下方向前进。

② 第四象限。由式(8.70a)得 $\dot{x}_1 = x_2 < 0$，且当 $x_2 < -Kb$ 时，$\dot{x}_2 = -(x_2 + Kb)/T > 0$，此时相轨迹向左上方前进；当 $x_2 > -Kb$ 时，$\dot{x}_2 = -(x_2 + Kb)/T < 0$，此时相轨迹向左下方前进。

③ 依相轨迹的关于原点的对称性。第二象限和第三象限相轨迹分别与第四象限和第一象限相轨迹对称。

5. 阶跃函数激励下的相轨迹

依据上述特性，可容易地绘出系统相图如图8.41所示。当初态为 $y(0) = \dot{y}(0) = 0$ 时，对应地有 $x_1(0) = e(0) = r(0) - y(0) = U_0$ 和 $x_2(0) = \dot{e}(0) = \dot{r}(0) - \dot{y}(0) = 0$。此时，相轨迹从横轴上 $A(U_0, 0)$ 点出发，依相轨迹前行方向围绕原点旋转多次，最后趋向于坐标原点，如图8.41中实线所示。值得注意的是，坐标原点并不是该系统的奇点，它仅是系统的动平衡点。

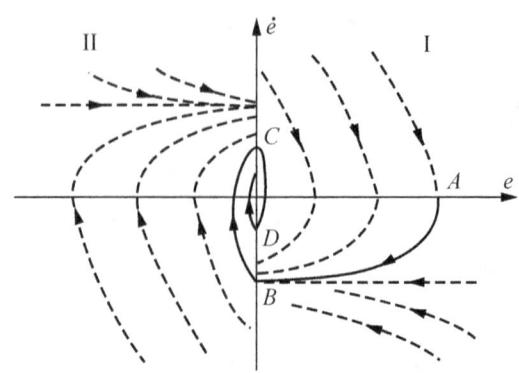

图8.41 例8.9系统的相图

小知识：机械决定论

法国天文学家拉普拉斯曾生动地描述了牛顿力学决定论。他认为，如果有一个智慧之神，在某个给定的时刻，能够辨识出赋予大自然以生机的全部的力和组成自然之物的个别位置，那么他将能把宇宙中最微小的原子和最庞大物体的运动都同样地包括在一个公式之中。对于他来说，没有什么东西是不确定的，未来就如同过去那样是完全显著无遗的。按此观点，牛顿决定论可以理解为，牛顿系统（宇宙）的过去和未来可以从其当前的状态唯一地推断出来。

本 章 小 结

（1）非线性元件的输入/输出关系随输入信号的大小而变化，因此，非线性系统的动态响应也随系统内部信号幅值的大小而不同，这就使得在研究方法上与线性系统有着本质的差异，即不能应用叠加原理。由于非线性系统很复杂，到目前为止，对非线性系统的分析没有一种普遍适用的方法。

（2）非线性系统的分析方法大致可分为三类。运用相平面法或数字计算机可以求得非线性系统的精确解，进而分析非线性系统的性能，但是相平面法只适用于一阶、二阶系统；建立在描述函数基础上的谐波平衡法可以对非线性系统作出定性分析；基于智能计算的方法，如人工神经网络、模糊逻辑等。

（3）描述函数法是分析系统稳定性和自振荡的有效方法。其要点是在满足假设条件下，系统中只有基波信号在流动，因此可借用线性系统频率法的一些结论来分析非线性系统。

关于自振幅和频率的计算，当交点为实数时，用解析法比较方便；当交点为复数时一般应采用列表描点或试算法。

（4）相平面法是一种求取系统时间响应的图解法，相平面图能给出系统在任意初态下的动态响应过程，因此可全方位地观察出系统的各项品质。它是一种较为精确的非线性系统分析方法，但它只适用于一、二阶系统。

使用相平面法的关键是作相图，本章只重点介绍了概略相图的绘制方法。概略相图的绘制比较简便，且不受设备条件的限制。因图中的特殊点——奇点，和特殊线——渐近线、分界线的几何位置是准确的，作图时再注意奇点的性质、横轴上下邻域相轨迹对称和相轨迹斜率的变化规律等，作出的概略相图一般能满足系统分析的精度要求。如需再对系统进行精确分析，可用计算机来绘制相图。

（5）非线性控制系统在许多领域都具有广泛的应用。除了一般工程系统外，在机器人、生态系统和经济系统的控制中也具有重要意义。

习 题 8

8.1 求如图 8.42 所示的非线性特性的描述函数，图中 a、b 和 k 为正常数。

图 8.42　习题 8.1 图

8.2　非线性控制系统如图 8.43 所示，试确定其自振荡的幅值和频率。

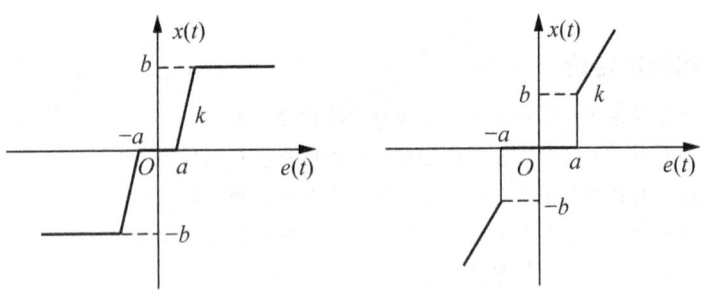

图 8.43　习题 8.2 图

8.3　非线性控制系统如图 8.44 所示，试求 K 为何值时系统处于临界稳定；$K=10$ 时，系统产生自振荡的幅值和频率。

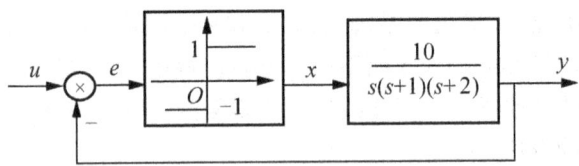

图 8.44　习题 8.3 图

8.4　已知非线性系统的结构图如图 8.45 所示。试用描述函数法确定系统不产生自振荡，继电特性的参数 a 和 b 的值。

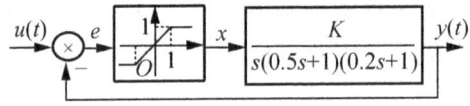

图 8.45　习题 8.4 图

8.5　非线性控制系统如图 8.46 所示，试确定其自振荡的幅值和频率。

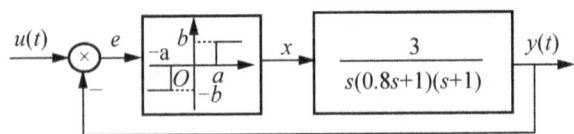

图 8.46　习题 8.5 图

8.6 试绘制如图 8.47 所示系统的相轨迹图。

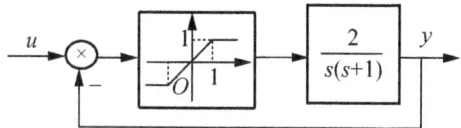

图 8.47 习题 8.6 图

8.7 判别下列方程奇点的性质和位置,并画出相应相轨迹的大致图形。

(1) $\ddot{e}+\dot{e}+e=0$;
(2) $\ddot{e}+1.5\dot{e}+0.5e=0$;
(3) $\ddot{e}+1.5\dot{e}+0.5e+0.5=0$。

8.9 试绘制如图 8.48 所示系统的相轨迹图。已知 $u(t)=0, e(0)=2, \dot{e}(0)=3$。

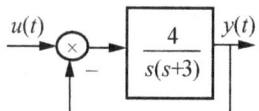

图 8.48 习题 8.9 图

8.10 设系统的结构图如图 8.49 所示,其中 $a=0.2, b=0.2, K=4, T=1s$。试分析当输入信号为下列函数时系统的相轨迹。设系统在初始零时刻处于静止状态。

(1) $u(t)=2$;
(2) $u(t)=-2+0.4t$;
(3) $u(t)=-2+0.8t$;
(4) $u(t)=-2+1.2t$。

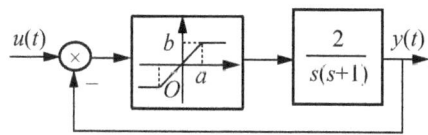

图 8.49 习题 8.10 图

8.11 设系统结构如图 8.50 所示。

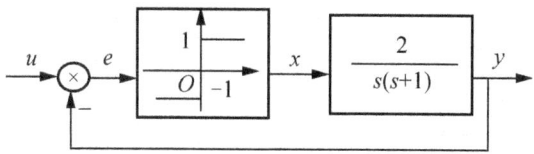

图 8.50 习题 8.11 图

试绘制:(1) $u(t)=U \cdot 1(t)$;(2) $u(t)=U \cdot 1(t)+V \cdot t$ 时的 $e-\dot{e}$ 相平面图,设 U、v 为常数,初态 $y(0)=0, \dot{y}(0)=0$。

8.12 设系统结构如图 8.51 所示。试绘制 $u(t)=1(t)$ 时的 $e-\dot{e}$ 相平面图,初态 $y(0)=0$, $\dot{y}(0)=0$。

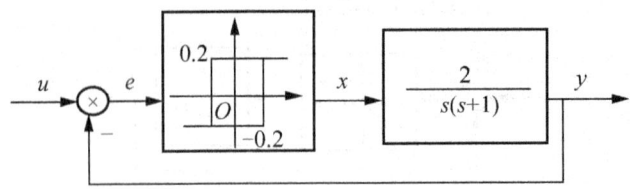

图 8.51 习题 8.12 图

8.13 设系统结构如图 8.52 所示。试在 $e-\dot{e}$ 相平面图上绘制 $u(t)=U \cdot 1(t)$ 和 $u(t)=U \cdot 1(t)+Vt$ 时的相轨迹。

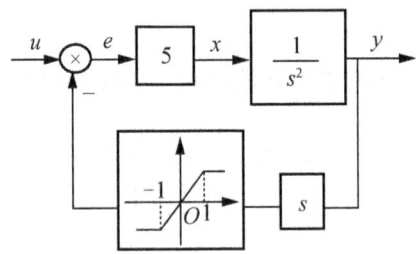

图 8.52 习题 8.13 图

附表 I 常用函数的拉氏变换及 z 变换对照表

序号	原函数 $f(t)$	拉氏变换 $F(s)$	z 变换 $F(z)$
1	$\delta(t)$	1	1
2	$\delta(t-kT)$	e^{-kTs}	z^{-k}
3	$1(t)$	$\dfrac{1}{s}$	$\dfrac{z}{z-1}$
4	t	$\dfrac{1}{s^2}$	$\dfrac{zT}{(z-1)^2}$
5	$\dfrac{t^2}{2}$	$\dfrac{1}{s^3}$	$\dfrac{T^2 z(z+1)}{2(z-1)^3}$
6	e^{-at}	$\dfrac{1}{s+a}$	$\dfrac{z}{z-e^{-aT}}$
7	te^{-at}	$\dfrac{1}{(s+a)^2}$	$\dfrac{zTe^{-aT}}{(z-e^{-aT})^2}$
8	$1-e^{-at}$	$\dfrac{-a}{s(s+a)}$	$\dfrac{z(1-e^{-aT})}{(z-1)(z-e^{-aT})}$
9	$e^{-at}-e^{-bt}$	$\dfrac{b-a}{(s+a)(s+b)}$	$\dfrac{z(e^{-aT}-e^{-bT})}{(z-e^{-aT})(z-e^{-bT})}$
10	$\sin\omega t$	$\dfrac{\omega}{s^2+\omega^2}$	$\dfrac{z\sin\omega T}{z^2-2z\cos\omega T+1}$
11	$\cos\omega t$	$\dfrac{s}{s^2+\omega^2}$	$\dfrac{z^2-z\cos\omega T}{z^2-2z\cos\omega T+1}$
12	$e^{-at}\sin\omega t$	$\dfrac{\omega}{(s+\alpha)^2+\omega^2}$	$\dfrac{ze^{-aT}\sin\omega T}{z^2-2ze^{-aT}\cos\omega T+e^{-2aT}}$
13	$e^{-at}\cos\omega t$	$\dfrac{s+\alpha}{(s+\alpha)^2+\omega^2}$	$\dfrac{z^2-ze^{-aT}\cos\omega T}{z^2-2ze^{-aT}\cos\omega T+e^{-2aT}}$
14	a^k		$\dfrac{z}{z-a}$
15	$a^k\cos k\pi$		$\dfrac{z}{z+a}$
16	$\dfrac{k(k-1)\cdots(k-m+1)}{m!}$		$\dfrac{z}{(z+1)^{m+1}}$

附表 2　常见典型的非线性特性及描述函数

非线性特性	正弦输入时输出波形	描述函数 $N(A)$	负倒特性 $-1/N(A)$
1. 饱和非线性特性		$N(A)=\dfrac{2K}{\pi}\left[\sin^{-1}\dfrac{a}{A}+\dfrac{a}{A}\sqrt{1-\left(\dfrac{a}{A}\right)^2}\right]$ $(A\geq a)$	
2. 死区非线性特性		$N(A)=\dfrac{2K}{\pi}\left[\dfrac{\pi}{2}-\sin^{-1}\dfrac{a}{A}+\dfrac{a}{A}\sqrt{1-\left(\dfrac{a}{A}\right)^2}\right]$ $(A\geq a)$	
3. 回环非线性特性		$N(A)=K\left\{\dfrac{1}{\pi}\left[\dfrac{2}{\pi}+\sin^{-1}\left(1-\dfrac{2a}{A}\right)\right.\right.$ $\left.+2\left(1-\dfrac{2a}{A}\right)\sqrt{\dfrac{a}{A}\left(1-\dfrac{a}{A}\right)}\right]$ $\left.+\mathrm{j}\dfrac{4}{\pi}\cdot\dfrac{a}{A}\left(\dfrac{a}{A}-1\right)\right\}$ $(A\geq a)$	

续表

非线性特性	正弦输入时输出波形	描述函数 $N(A)$	负倒特性 $-1/N(A)$
4. 理想继电非线性特性		$N(A)=\dfrac{4b}{\pi A}\quad (A\geqslant a)$	
5. 死区-回环继电器非线性特性		$N(A)=\dfrac{4a}{\pi A}\sqrt{1-\left(\dfrac{a}{A}\right)^2}\quad (A\geqslant a)$	
6. 死区继电器非线性特性		$N(A)=\dfrac{4b}{\pi A}\sqrt{1-\left(\dfrac{a}{A}\right)^2}-\mathrm{j}\dfrac{4ba}{\pi A^2}\quad (A\geqslant a)$	
7. 回环继电器非线性特性		$N(A)=\dfrac{2b}{\pi A}\left[\sqrt{1-\left(\dfrac{ma}{A}\right)^2}+\sqrt{1-\left(1-\dfrac{a}{A}\right)^2}\right]$ $+\mathrm{j}\dfrac{2ba}{\pi A^2}(m-1)\quad (A\geqslant a)$	

参 考 文 献

[1] [美]维纳. 控制论. 郝季仁,译. 北京:科学出版社,1961.
[2] 李少远,蔡文剑. 工业过程辨识与控制. 北京:化学工业出版社,2005.
[3] 肖田元. 连续系统建模与仿真. 北京:电子工业出版社,2010.
[4] 陈复扬. 自动控制原理. 北京:国防工业出版社,2010.
[5] 张晓华. 系统建模与仿真. 北京:清华大学出版社,2006.
[6] 胡寿松. 自动控制原理. 5 版. 北京:科学出版社,2009.
[7] 胡寿松. 自动控制原理习题集. 2 版. 北京:科学出版社,2009.
[8] 吴麟. 自动控制原理. 北京:清华大学出版社,2001.
[9] 卢京潮. 自动控制原理. 2 版. 西安:西北工业大学出版社,2009.
[10] [日]绪方胜彦. 现代控制工程. 4 版. 卢伯英,等译. 北京:科学出版社,2006.
[11] 李友善. 自动控制原理. 3 版. 北京:国防工业出版社,2007.
[12] 黄家英. 自动控制原理(上,下册). 北京:高等教育出版社,2010.
[13] [美]Katsuhiko Ogata. 现代控制工程. 卢伯英,佟明安,译. 北京:电子工业出版社,2007.
[14] 薛定宇. 反馈控制系统设计与分析-MATLAB语言应用. 北京:清华大学出版社,2000.
[15] [美]Gene F. Franklin. 自动控制原理与设计. 5 版. 李中华,张雨浓,译. 北京:人民邮电出版社,2007.
[16] 马洁,付兴建. 控制工程数学基础. 北京:清华大学出版社,2010.
[17] 方纯勇. 非线性系统理论. 北京:清华大学出版社,2009.
[18] [美]DaizhenCheng,XiaomingHu,TielongShen. 非线性控制系统的分析与设计(英文版). 北京:科学出版社,2010.
[19] [美]HassanK. Khalil. 非线性系统. 3 版. 朱义胜,董辉,李作洲,等译. 北京:电子工业出版社,2005.
[20] 郑大钟. 线性系统理论. 2 版. 北京:清华大学出版社,2002.

北京大学出版社本科计算机系列实用规划教材

序号	标准书号	书名	主编	定价	序号	标准书号	书名	主编	定价
1	7-301-10511-5	离散数学	段禅伦	28	38	7-301-13684-3	单片机原理及应用	王新颖	25
2	7-301-10457-X	线性代数	陈付贵	20	39	7-301-14505-0	Visual C++程序设计案例教程	张荣梅	30
3	7-301-10510-X	概率论与数理统计	陈荣江	26	40	7-301-14259-2	多媒体技术应用案例教程	李 建	30
4	7-301-10503-0	Visual Basic 程序设计	闵联营	22	41	7-301-14503-6	ASP .NET 动态网页设计案例教程(Visual Basic .NET 版)	江 红	35
5	7-301-21752-8	多媒体技术及其应用(第2版)	张 明	39	42	7-301-14504-3	C++面向对象与 Visual C++程序设计案例教程	黄贤英	35
6	7-301-10466-8	C++程序设计	刘天印	33	43	7-301-14506-7	Photoshop CS3 案例教程	李建芳	34
7	7-301-10467-5	C++程序设计实验指导与习题解答	李 兰	20	44	7-301-14510-4	C++程序设计基础案例教程	于永彦	33
8	7-301-10505-4	Visual C++程序设计教程与上机指导	高志伟	25	45	7-301-14942-3	ASP .NET 网络应用案例教程(C# .NET 版)	张登辉	33
9	7-301-10462-0	XML 实用教程	丁跃潮	26	46	7-301-12377-5	计算机硬件技术基础	石 磊	26
10	7-301-10463-7	计算机网络系统集成	斯桃枝	22	47	7-301-15208-9	计算机组成原理	娄国焕	24
11	7-301-10465-1	单片机原理及应用教程	范立南	30	48	7-301-15463-2	网页设计与制作案例教程	房爱莲	36
12	7-5038-4421-3	ASP .NET 网络编程实用教程(C#版)	崔良海	31	49	7-301-04852-8	线性代数	姚喜妍	22
13	7-5038-4427-2	C 语言程序设计	赵建锋	25	50	7-301-15461-8	计算机网络技术	陈代武	33
14	7-5038-4420-5	Delphi 程序设计基础教程	张世明	37	51	7-301-15697-1	计算机辅助设计二次开发案例教程	谢安俊	26
15	7-5038-4417-5	SQL Server 数据库设计与管理	姜 力	31	52	7-301-15740-4	Visual C# 程序开发案例教程	韩朝阳	30
16	7-5038-4424-9	大学计算机基础	贾丽娟	34	53	7-301-16597-3	Visual C++程序设计实用案例教程	于永彦	32
17	7-5038-4430-0	计算机科学与技术导论	王昆仑	30	54	7-301-16850-9	Java 程序设计案例教程	胡巧多	32
18	7-5038-4418-3	计算机网络应用实例教程	魏 峥	25	55	7-301-16842-4	数据库原理与应用(SQL Server 版)	毛一梅	36
19	7-5038-4415-9	面向对象程序设计	冷英男	28	56	7-301-16910-0	计算机网络技术基础与应用	马秀峰	33
20	7-5038-4429-4	软件工程	赵春刚	22	57	7-301-15063-4	计算机网络基础与应用	刘远生	32
21	7-5038-4431-0	数据结构(C++版)	秦 锋	28	58	7-301-15250-8	汇编语言程序设计	张光长	28
22	7-5038-4423-2	微机应用基础	吕晓燕	33	59	7-301-15064-1	网络安全技术	骆耀祖	30
23	7-5038-4426-4	微型计算机原理与接口技术	刘彦文	26	60	7-301-15584-4	数据结构与算法	佟伟光	32
24	7-5038-4425-6	办公自动化教程	钱 俊	30	61	7-301-17087-8	操作系统实用教程	范立南	36
25	7-5038-4419-1	Java 语言程序设计实用教程	董迎红	33	62	7-301-16631-4	Visual Basic 2008 程序设计教程	隋晓红	34
26	7-5038-4428-0	计算机图形技术	龚声蓉	28	63	7-301-17537-8	C 语言基础案例教程	汪新民	31
27	7-301-11501-5	计算机软件技术基础	高 巍	25	64	7-301-17397-8	C++程序设计基础教程	郗亚辉	30
28	7-301-11500-8	计算机组装与维护实用教程	崔明远	33	65	7-301-17578-1	图论算法理论、实现及应用	王桂平	54
29	7-301-12174-0	Visual FoxPro 实用教程	马秀峰	29	66	7-301-17964-2	PHP 动态网页设计与制作案例教程	房爱莲	42
30	7-301-11500-8	管理信息系统实用教程	杨月江	27	67	7-301-18514-8	多媒体开发与编程	于永彦	35
31	7-301-11445-2	Photoshop CS 实用教程	张 瑾	28	68	7-301-18538-4	实用计算方法	徐亚平	24
32	7-301-12378-2	ASP .NET 课程设计指导	潘志红	35	69	7-301-18539-1	Visual FoxPro 数据库设计案例教程	谭红杨	35
33	7-301-12394-2	C# .NET 课程设计指导	龚自霞	32	70	7-301-19313-6	Java 程序设计案例教程与实训	董迎红	45
34	7-301-13259-3	VisualBasic .NET 课程设计指导	潘志红	30	71	7-301-19389-1	Visual FoxPro 实用教程与上机指导(第2版)	马秀峰	40
35	7-301-12371-3	网络工程实用教程	汪新民	34	72	7-301-19435-5	计算方法	尹景本	28
36	7-301-14132-8	J2EE 课程设计指导	王立丰	32	73	7-301-19388-4	Java 程序设计教程	张剑飞	35
37	7-301-21088-8	计算机专业英语(第2版)	张 勇	42	74	7-301-19386-0	计算机图形技术(第2版)	许承东	44

序号	标准书号	书名	主编	定价	序号	标准书号	书名	主编	定价
75	7-301-15689-6	Photoshop CS5 案例教程(第2版)	李建芳	39	84	7-301-16824-0	软件测试案例教程	丁宋涛	28
76	7-301-18395-3	概率论与数理统计	姚喜妍	29	85	7-301-20328-6	ASP.NET 动态网页案例教程(C#.NET版)	江 红	45
77	7-301-19980-0	3ds Max 2011 案例教程	李建芳	44	86	7-301-16528-7	C#程序设计	胡艳菊	40
78	7-301-20052-0	数据结构与算法应用实践教程	李文书	36	87	7-301-21271-4	C#面向对象程序设计及实践教程	唐 燕	45
79	7-301-12375-1	汇编语言程序设计	张宝剑	36	88	7-301-21295-0	计算机专业英语	吴丽君	34
80	7-301-20523-5	Visual C++程序设计教程与上机指导(第2版)	牛江川	40	89	7-301-21341-4	计算机组成与结构教程	姚玉霞	42
81	7-301-20630-0	C#程序开发案例教程	李挥剑	39	90	7-301-21367-4	计算机组成与结构实验实训教程	姚玉霞	22
82	7-301-20898-4	SQL Server 2008 数据库应用案例教程	钱哨	38	91	7-301-22119-8	UML 实用基础教程	赵春刚	36
83	7-301-21052-9	ASP.NET 程序设计与开发	张绍兵	39					

北京大学出版社电气信息类教材书目(已出版)
欢迎选订

序号	标准书号	书　名	主编	定价	序号	标准书号	书　名	主编	定价
1	7-301-10759-1	DSP技术及应用	吴冬梅	26	38	7-5038-4400-3	工厂供配电	王玉华	34
2	7-301-10760-7	单片机原理与应用技术	魏立峰	25	39	7-5038-4410-2	控制系统仿真	郑恩让	26
3	7-301-10765-2	电工学	蒋中	29	40	7-5038-4398-3	数字电子技术	李元	27
4	7-301-19183-5	电工与电子技术(上册)(第2版)	吴舒辞	30	41	7-5038-4412-6	现代控制理论	刘永信	22
5	7-301-19229-0	电工与电子技术(下册)(第2版)	徐卓农	32	42	7-5038-4401-0	自动化仪表	齐志才	27
6	7-301-10699-0	电子工艺实习	周春阳	19	43	7-5038-4408-9	自动化专业英语	李国厚	32
7	7-301-10744-7	电子工艺学教程	张立毅	32	44	7-5038-4406-5	集散控制系统	刘翠玲	25
8	7-301-10915-6	电子线路CAD	吕建平	34	45	7-301-19174-3	传感器基础(第2版)	赵玉刚	30
9	7-301-10764-1	数据通信技术教程	吴延海	29	46	7-5038-4396-9	自动控制原理	潘丰	32
10	7-301-18784-5	数字信号处理(第2版)	阎毅	32	47	7-301-10512-2	现代控制理论基础(国家级十一五规划教材)	侯媛彬	20
11	7-301-18889-7	现代交换技术(第2版)	姚军	36	48	7-301-11151-2	电路基础学习指导与典型题解	公茂法	32
12	7-301-10761-4	信号与系统	华容	33	49	7-301-12326-3	过程控制与自动化仪表	张井岗	36
13	7-301-19318-1	信息与通信工程专业英语(第2版)	韩定定	32	50	7-301-12327-0	计算机控制系统	徐文尚	28
14	7-301-10757-7	自动控制原理	袁德成	29	51	7-5038-4414-0	微机原理及接口技术	赵志诚	38
15	7-301-16520-1	高频电子线路(第2版)	宋树祥	35	52	7-301-10465-1	单片机原理及应用教程	范立南	30
16	7-301-11507-7	微机原理与接口技术	陈光军	34	53	7-5038-4426-4	微型计算机原理与接口技术	刘彦文	26
17	7-301-11442-1	MATLAB基础及其应用教程	周开利	24	54	7-301-12562-5	嵌入式基础实践教程	杨刚	30
18	7-301-11508-4	计算机网络	郭银景	31	55	7-301-12530-4	嵌入式ARM系统原理与实例开发	杨宗德	25
19	7-301-12178-8	通信原理	隋晓红	32	56	7-301-13676-8	单片机原理与应用及C51程序设计	唐颖	30
20	7-301-12175-7	电子系统综合设计	郭勇	25	57	7-301-13577-8	电力电子技术及应用	张润和	38
21	7-301-11503-9	EDA技术基础	赵明富	22	58	7-301-20508-2	电磁场与电磁波(第2版)	邹春明	30
22	7-301-12176-4	数字图像处理	曹茂永	23	59	7-301-12179-5	电路分析	王艳红	38
23	7-301-12177-1	现代通信系统	李白萍	27	60	7-301-12380-5	电子测量与传感技术	杨雷	35
24	7-301-12340-9	模拟电子技术	陆秀令	28	61	7-301-14461-9	高电压技术	马永翔	28
25	7-301-13121-3	模拟电子技术实验教程	谭海曙	24	62	7-301-14472-5	生物医学数据分析及其MATLAB实现	尚志刚	25
26	7-301-11502-2	移动通信	郭俊强	22	63	7-301-14460-2	电力系统分析	曹娜	35
27	7-301-11504-6	数字电子技术	梅开乡	30	64	7-301-14459-6	DSP技术与应用基础	俞一彪	34
28	7-301-18860-6	运筹学(第2版)	吴亚丽	28	65	7-301-14994-2	综合布线系统基础教程	吴达金	24
29	7-5038-4407-2	传感器与检测技术	祝诗平	30	66	7-301-15168-6	信号处理MATLAB实验教程	李杰	20
30	7-5038-4413-3	单片机原理及应用	刘刚	24	67	7-301-15440-3	电工电子实验教程	魏伟	26
31	7-5038-4409-6	电机与拖动	杨天明	27	68	7-301-15445-8	检测与控制实验教程	魏伟	24
32	7-5038-4411-9	电力电子技术	樊立萍	25	69	7-301-04595-4	电路与模拟电子技术	张绪光	35
33	7-5038-4399-0	电力市场原理与实践	邹斌	24	70	7-301-15458-8	信号、系统与控制理论(上、下册)	邱德润	70
34	7-5038-4405-8	电力系统继电保护	马永翔	27	71	7-301-15786-2	通信网的信令系统	张云麟	24
35	7-5038-4397-6	电力系统自动化	孟祥忠	25	72	7-301-16493-8	发电厂变电所电气部分	马永翔	35
36	7-5038-4404-1	电气控制技术	韩顺杰	22	73	7-301-16076-3	数字信号处理	王震宇	32
37	7-5038-4403-4	电器与PLC控制技术	陈志新	38	74	7-301-16931-5	微机原理及接口技术	肖洪兵	32

序号	标准书号	书名	主编	定价	序号	标准书号	书名	主编	定价
75	7-301-16932-2	数字电子技术	刘金华	30	103	7-301-20394-1	物联网基础与应用	李蔚田	44
76	7-301-16933-9	自动控制原理	丁 红	32	104	7-301-20339-2	数字图像处理	李云红	36
77	7-301-17540-8	单片机原理及应用教程	周广兴	40	105	7-301-20340-8	信号与系统	李云红	29
78	7-301-17614-6	微机原理及接口技术实验指导书	李千林	22	106	7-301-20505-1	电路分析基础	吴舒辞	38
79	7-301-12379-9	光纤通信	卢志茂	28	107	7-301-20506-8	编码调制技术	黄 平	26
80	7-301-17382-4	离散信息论基础	范九伦	25	108	7-301-20763-5	网络工程与管理	谢 慧	39
81	7-301-17677-1	新能源与分布式发电技术	朱永强	32	109	7-301-20845-8	单片机原理与接口技术实验与课程设计	徐懂理	26
82	7-301-17683-2	光纤通信	李丽君	26	110	301-20725-3	模拟电子线路	宋树祥	38
83	7-301-17700-6	模拟电子技术	张绪光	36	111	7-301-21058-1	单片机原理与应用及其实验指导书	邵发森	44
84	7-301-17318-3	ARM 嵌入式系统基础与开发教程	丁文龙	36	112	7-301-20918-9	Mathcad 在信号与系统中的应用	郭仁春	30
85	7-301-17797-6	PLC 原理及应用	缪志农	26	113	7-301-20327-9	电工学实验教程	王士军	34
86	7-301-17986-4	数字信号处理	王玉德	32	114	7-301-16367-2	供配电技术	王玉华	49
87	7-301-18131-7	集散控制系统	周荣富	36	115	7-301-20351-4	电路与模拟电子技术实验指导书	唐 颖	26
88	7-301-18285-7	电子线路 CAD	周荣富	41	116	7-301-21247-9	MATLAB 基础与应用教程	王月明	32
89	7-301-16739-7	MATLAB 基础及应用	李国朝	39	117	7-301-21235-6	集成电路版图设计	陆学斌	36
90	7-301-18352-6	信息论与编码	隋晓红	24	118	7-301-21304-9	数字电子技术	秦长海	49
91	7-301-18260-4	控制电机与特种电机及其控制系统	孙冠群	42	119	7-301-21366-7	电力系统继电保护(第2版)	马永翔	42
92	7-301-18493-6	电工技术	张 莉	26	120	7-301-21450-3	模拟电子与数字逻辑	邹春明	39
93	7-301-18496-7	现代电子系统设计教程	宋晓梅	36	121	7-301-21439-8	物联网概论	王金甫	42
94	7-301-18672-5	太阳能电池原理与应用	靳瑞敏	25	122	7-301-21849-5	微波技术基础及其应用	李泽民	49
95	7-301-18314-4	通信电子线路及仿真设计	王鲜芳	29	123	7-301-21688-0	电子信息与通信工程专业英语	孙桂芝	36
96	7-301-19175-0	单片机原理与接口技术	李 升	46	124	7-301-22110-5	传感器技术及应用电路项目化教程	钱裕禄	30
97	7-301-19320-4	移动通信	刘维超	39	125	7-301-21672-9	单片机系统设计与实例开发（MSP430）	顾 涛	44
98	7-301-19447-8	电气信息类专业英语	缪志农	40	126	7-301-22112-9	自动控制原理	许丽佳	30
99	7-301-19451-5	嵌入式系统设计及应用	邢吉生	44	127	7-301-22109-9	DSP 技术及应用	董 胜	39
100	7-301-19452-2	电子信息类专业 MATLAB 实验教程	李明明	42	128	7-301-21607-1	数字图像处理算法及应用	李文书	48
101	7-301-16914-8	物理光学理论与应用	宋贵才	32	129	7-301-22111-2	平板显示技术基础	王丽娟	52
102	7-301-16598-0	综合布线系统管理教程	吴达金	39	130	7-301-22448-9	自动控制原理	谭功全	44

相关教学资源如电子课件、电子教材、习题答案等可以登录 www.pup6.com 下载或在线阅读。

扑六知识网(www.pup6.com)有海量的相关教学资源和电子教材供阅读及下载(包括北京大学出版社第六事业部的相关资源)，同时欢迎您将教学课件、视频、教案、素材、习题、试卷、辅导材料、课改成果、设计作品、论文等教学资源上传到 pup6.com，与全国高校师生分享您的教学成就与经验，并可自由设定价格，知识也能创造财富。具体情况请登录网站查询。

如您需要免费纸质样书用于教学，欢迎登陆第六事业部门户网(www.pup6.com)填表申请，并欢迎在线登记选题以到北京大学出版社来出版您的大作，也可下载相关表格填写后发到我们的邮箱，我们将及时与您取得联系并做好全方位的服务。

扑六知识网将打造成全国最大的教育资源共享平台，欢迎您的加入——让知识有价值，让教学无界限，让学习更轻松。

联系方式：010-62750667，pup6_czq@163.com，szheng_pup6@163.com，linzhangbo@126.com，欢迎来电来信咨询。